复杂非线性时滞系统的
控制及应用

杨仁明　张广渊　孙丽瑛　著

科学出版社

北　京

内 容 简 介

本书主要介绍了作者近几年在非线性时滞系统控制方面的研究成果，依据待研究系统的特征，针对性地提出了一些解决方法，有效克服了在研究该类问题时存在的困难。特别是为研究有限时间控制问题构造了相应的李雅普诺夫泛函，使得基于李雅普诺夫泛函方法研究该类问题成为可能。

本书可作为高等院校控制理论与控制工程等专业高年级本科生和研究生的教材，也可供从事相关领域研究的科研人员和工程人员参考。

图书在版编目(CIP)数据

复杂非线性时滞系统的控制及应用/杨仁明，张广渊，孙丽瑛著. —北京：科学出版社，2021.5

ISBN 978-7-03-068692-3

Ⅰ.①复… Ⅱ.①杨… ②张… ③孙… Ⅲ.①非线性–时滞系统–研究 Ⅳ.①TP13

中国版本图书馆 CIP 数据核字（2021）第 078024 号

责任编辑：王 哲 / 责任校对：胡小洁
责任印制：吴兆东 / 封面设计：迷底书装

科 学 出 版 社 出版
北京东黄城根北街 16 号
邮政编码：100717
http://www.sciencep.com

北京中石油彩色印刷有限责任公司 印刷
科学出版社发行 各地新华书店经销

*

2021 年 5 月第 一 版 开本：720×1000 B5
2021 年 5 月第一次印刷 印张：14 3/4
字数：290 000
定价：119.00 元
（如有印装质量问题，我社负责调换）

前　言

时滞现象大量存在于现实系统中，一方面使得系统的动态性能变差甚至导致系统不稳定；另一方面，在某些控制系统中又可以利用时滞改善控制效果，因此关于时滞系统的研究不仅具有重要的理论意义，而且具有重大的实用价值。近几十年来，广大学者对时滞系统尤其是线性时滞系统的稳定性和控制设计问题进行了广泛和深入的研究，取得了丰硕的成果，推动了时滞系统理论的发展。所采用的方法主要是时域方法和频域方法。频域方法通过特征方程根分布来判别系统的稳定性，应用频域方法可以得到系统稳定的充要条件，但由于运算复杂，并且难以处理不确定性或时变时滞问题，其应用受到了限制。而应用时域方法可以处理不确定性或时变时滞问题以及用于控制器设计，其已经成为目前处理时滞系统稳定性和控制设计的主要方法。

由于在电力工程、生物和医学工程领域以及经济活动中普遍存在着非线性问题，而且时滞现象不可避免，所以关于非线性时滞系统的分析与控制设计问题受到了学者们的关注，并取得了一些重要的结果，然而这些结果主要关注线性系统或拟线性系统等。众所周知，线性系统是非线性系统的近似，是人们早期处理实际系统的一种简化，但随着人们认识的深入和技术的发展，对系统控制的精度和控制性能提出了更高的要求，人们必须要面对和解决更为复杂的非线性现象。例如，一般的非线性结构形式、时滞现象、饱和现象，以及有限时间镇定问题等，它们给控制理论的研究带来了更多的挑战。近年来，学者们对这些问题展开了系统和广泛的研究，提出了许多有效的方法，得到了一些较好的结果。然而，现有研究大多集中于可线性化的系统和无穷时间控制问题，对具有一般结构形式的非线性时滞系统没有有效的研究方法。特别是，由于无法推广传统的李雅普诺夫泛函来研究该类系统的有限时间镇定问题，其研究进展缓慢，得到的理论结果较少，极大地阻碍了其实际应用。

针对以上问题，作者在前人研究成果的基础上，对一般非线性时滞系统的控制问题进行了多年研究，发展了一些有效的方法，同时得到了一些有益的成果，形成了特有的研究该类问题的理论体系。本书系统地研究了一般形式非线性时滞系统的稳定性、镇定性，以及有限时间稳定性、鲁棒控制等问题，发展了许多新的研究方法和结果。

(1) 引入正交线性化方法来研究复杂形式的非线性时滞系统, 建立了一种研究非线性时滞系统的新方法——正交线性化方法。该方法的引入, 弥补了应用近似线性化方法所带来的不足, 使得精确线性化成为可能。

(2) 提出并应用哈密顿泛函方法来研究复杂形式非线性时滞系统的渐近稳定性问题, 给出了若干实现方法, 发展了一种新的研究复杂非线性时滞系统的方法——基于能量的泛函方法。该方法的创新之处是从系统整体化角度来考虑时滞对系统的影响, 克服了现有研究方法存在的局限性, 为发展该类系统较小保守性的结果奠定了基础, 同时为复杂非线性时滞系统的稳定性研究开辟了一条新思路。

(3) 为研究非线性时滞系统的有限时间问题, 创新性地构造了具体的李雅普诺夫泛函, 有效解决了在研究非线性时滞系统的有限时间稳定性时, 构造具体的李雅普诺夫泛函这一挑战性难题, 使得基于李雅普诺夫泛函方法研究非线性时滞系统的有限时间控制问题成为可能。

本书在内容安排上力求由易到难、循序渐进、重点突出、互相衔接。首先分别基于正交线性化方法以及哈密顿泛函和函数方法, 对复杂形式非线性时滞系统的稳定性进行了分析, 得到了时滞无关和时滞相关的一些结果。接着研究了各类控制器设计问题, 发展了若干简洁的结果。在此基础上, 给出了吸引域估计结果, 以及基于观测器方法的鲁棒和自适应鲁棒控制结果。最后把所得结果应用于船舶动力定位系统控制中, 给出了各类控制器设计方案。本书各章自成体系, 按照无穷时间到有限时间的研究顺序, 使读者对复杂非线性时滞系统从理论体系上有一个较为全面的认识。

本书所涉及的研究工作先后得到了国家自然科学基金项目 (61773015)、山东省重点研发计划项目 (2018GGX105003, 2018GGX105014)、山东省农业重大应用技术创新项目 (SD2019NJ008)、历下区科技计划项目 (20181005)、山东交通学院博士启动基金项目以及 "1251" 人才培养计划项目、山东交通学院交通信息工程及控制研究所项目等的资助, 作者在此深表谢意。另外也特别感谢山东大学王玉振教授、魏爱荣教授, 齐鲁工业大学郭荣伟教授, 上海电机学院孙丽瑛教授, 曲阜师范大学孙炜伟教授, 山东师范大学李海涛教授, 原山东大学 503 实验室的各位老师和同仁们, 研究生周佩、张炳华、崔建阔、张海英、石鑫, 他们对作者的科研工作给予了极大帮助和支持。

由于作者水平有限, 本书难免存在不妥之处, 敬请广大读者批评指正。

作　者

2021 年 4 月于山东交通学院长清校区

目　　录

第 1 章 绪　　论

本章介绍了非线性时滞系统的研究现状, 并对本书研究的内容进行了梳理。
1.1 节是非线性时滞系统概述; 1.2 节是非线性时滞系统的控制研究概述; 1.3 节
是本书研究内容和结构安排。

1.1　非线性时滞系统概述

线性系统是最基本和最简单的一类系统, 它的本质属性是具有叠加性和齐次
性, 这也是线性系统的等价描述。线性系统的这一特性可以极大地简化该类系统
的研究, 并得到许多好的结果。相比于线性系统, 非线性系统的表示相当复杂, 其
研究也更加困难。但鉴于许多现实的系统具有非线性特性, 且设计的非线性控制
方法也更加有效, 它受到了研究人员和工程技术人员的青睐, 应用也更加广泛。

非线性系统根据其数学性质可以分为连续和不连续两类。由于不连续的非线
性特性不能用线性函数逼近, 故称为硬非线性特性, 这些特性常常以间隙、时滞、
饱和等形式出现。对于连续系统来说, 当工作区域较小, 且具有光滑的非线性特性
时, 为简化需要, 可用线性系统近似。

在研究非线性系统时, 应注意其与线性系统的不同, 这些不同表现在以下几
个方面。

(1) 多平衡点。非线性系统可以有多个平衡点, 这是由其非线性特性决定的。

例 1-1　考虑非线性系统 $\dot{x} = x^2 - 2x$。很明显, 其平衡点有两个, 分别是 0
和 2。

非线性系统的多平衡点特性决定了在研究该类系统时要注意其工作区域。

(2) 极限环。极限环是指在没有外部激励的情况下, 一个系统表现为具有固定
幅值和固定频率的简谐振动, 也称为自激震荡。

极限环是非线性系统的一种重要的现象, 一个常见的例子是质量-弹簧-阻尼
系统, 在特定的系数条件下可表现为自激震荡, 极限环有时是自发的, 有时需要人
为设计。

(3) 混沌。混沌也是非线性系统的一种特定的现象, 它表明了输出对初始条件
的敏感性。混沌的基本特征是尽管系统模型是精确的, 但其输出也是不可预测的。

其他的特性还有非同步抑制、跳跃式共鸣等, 这也说明了非线性系统的特性异常丰富, 且极其复杂, 意味着研究非线性系统相当重要且难度很大 [1]。

时滞普遍存在于客观世界与工程应用中, 其研究可追溯到 18 世纪, 在 20 世纪初期, 生物、经济、工程等系统的建模使得时滞系统的研究受到了广泛重视。由于含有时滞项, 时滞系统本质上是一个无穷维问题, 求解这样的无穷维条件相当困难。近三十年来, 在广大科研工作者和工程技术人员的努力下, 特别是线性矩阵不等式工具的出现 [2], 使得研究线性时滞系统变得更加方便, 取得了许多重要的成果, 极大地推动了时滞系统的发展。然而, 对非线性时滞系统来说, 远没有这样幸运, 由于含有无穷维条件, 加之形式复杂多样, 且缺乏有效的研究工具, 至今没有大的进展。根据现有的研究结果, 对非线性时滞系统总体上可以分为如下几类。

(1) 准时滞非线性系统 (近似线性化模型) [3,4]。

$$\dot{x}(t) = Ax(t) + A_1 x(t-h) + f(t, x(t)) + f_1(t, x(t-h))$$

其中, A 和 A_1 是两个常矩阵, f 和 f_1 是两个非线性向量场并满足一定的有界条件。

研究这类系统时, 主要利用矩阵范数的性质将非线性项转换为线性形式, 进而得到该系统的时滞无关以及相关的渐近稳定性结果, 这些结果改进了已有的关于线性时滞系统的相关结果, 使所得结果有更广泛的应用, 并且研究该类系统时, 对非线性部分进行了放大处理, 因此所得结果比较简洁, 但保守性大。

(2) 三角形结构的非线性时滞系统 [5]。

$$\begin{cases} \dot{x}_i = x_{i+1} + f(\bar{x}_i, \bar{x}_{it}, p) \\ \dot{x}_n = u + f_n(x, \bar{x}, p) \end{cases} \tag{1.1}$$

其中, $\bar{x}_i = [x_1, x_2, \cdots, x_i]^{\mathrm{T}}$, $\bar{x}_{it} = [x_{1t}, \cdots, x_{it}]^{\mathrm{T}}$ 和 $x_{it} = x_i(t-h)$。

一般研究该类系统主要是通过步步迭代方法。在文献 [5] 中, 作者应用步步迭代技术以及 Lyapunov-Krasovskii(L-K) 方法得到该类系统的几个时滞相关的结果。

(3) 非线性时滞哈密顿系统 [6,7]。

$$\dot{x} = [J(x) - R(x)]\nabla_x H(x) + T(x)\nabla_{\tilde{x}} H(\tilde{x})$$

其中, $J(x)$ 是反对称矩阵, $R(x)$ 是对称矩阵且满足 $R(x) > 0$, $T(x)$ 是系统的结构矩阵, $\tilde{x} = x(t-h)$。

研究该类系统时, 基于哈密顿系统的结构特征, 通过选取哈密顿函数为李雅普诺夫函数, 可以得到该类系统的稳定性和渐近稳定性的简洁判断条件。

(4) 一般的非线性时滞系统 [8–10]。

$$\dot{x}(t) = f(x) + g(x, \, x(t-h))$$
$$\dot{x}(t) = f(x, \, x(t-h))$$

处理该类系统时, 需要拓展或给出一些新的方法或假设条件, 如步步迭代技术、正交分解法、哈密顿泛函方法、极限方法、平方和分解方法等。

此外, 还有学者研究某些特殊形式的非线性时滞系统, 如微分代数系统 [11]

$$\begin{cases} \dot{x}(t) = A_1(x, \tilde{x}, \delta)x + A_2(x, \tilde{x}, \delta)\tilde{x} + A_3(x, \tilde{x}, \delta), p)\pi(x, \tilde{x}, \delta) \\ 0 = \Omega_1(x, \tilde{x}, \delta)x + \Omega_2(x, \tilde{x}, \delta)\tilde{x} + \Omega_3(x, \tilde{x}, \delta), p)\pi(x, \tilde{x}, \delta) \end{cases} \quad (1.2)$$

以及一些具体的非线性时滞系统 [12]

$$\dot{x}_i(t) = x_i(t) + \frac{\beta_i}{\beta_i + f(x^{\tau_i})}x_i(t) + \alpha_i, \quad i = 1, 2, \cdots, n$$

除了以上研究的非线性时滞系统模型外, 还有奇异时滞系统 [13]、中立型时滞系统 [14]、离散时滞系统 [14]、随机时滞系统等, 由于它们不在本书的研究之列, 在此不再赘述。

此外也有其他的分类方法, 比如根据系统中所含时滞的个数, 可分为单时滞和多时滞系统; 根据时滞是否依赖于时间, 可分为常时滞和变时滞系统; 根据时滞的表现形式, 可以把时滞系统分为离散时滞系统和分布时滞系统等。本书主要研究连续非线性时滞系统。

1.2　非线性时滞系统控制研究概述

众所周知, 许多实际的系统, 如通信系统、电力系统、网络传输系统等, 其当前状态都不可避免地受到过去状态的影响, 即当前状态的变化率不仅与当前时刻的状态有关, 而且也依赖于过去某时刻或某段时间的状态。系统的这种特性称为时滞, 具有时滞的系统称为时滞系统。在研究自然界客观事物的运动规律时, 由于其复杂性和多样性, 总是不可避免地存在滞后现象, 所以时滞与时滞系统是现实生活与工程技术中会普遍遇到的一个实际问题 [15–22]。它起源于 18 世纪, 在 20 世纪初期, 伴随着系统建模的发展而受到了广泛的重视。在 20 世纪 50 和 60 年代就已经建立起了时滞系统的相关概念和基本理论, 并表达为各种不同的数学模型 [18,23], 现在主要采用泛函微分方程模型的形式。

时滞的存在, 一方面使得系统的动态性能变差甚至导致系统不稳定 [20,22]; 另一方面, 在某些控制系统中人们又可以利用时滞改善控制效果。比如, 在重复控制系统以及有限时间稳定性控制系统中 [24,25], 都需要利用时滞。

关于时滞系统的研究方法, 除传统的李雅普诺夫泛函方法外, 又出现了反馈线性化 [26]、步步迭代 [5,27]、一阶近似方法 [28]、平方和分解 [29,30]、极限方法 [11]、控制李雅普诺夫函数方法、正交线性化方法和哈密顿函数方法 [6,10]、描述系统方法 [31] 以及非线性矩阵不等式方法 [24,10] 等。

步步迭代技术适用于上下三角结构的非线性系统。应用一阶近似方法的优势在于能够得到便于检验、不含变量 x 的条件, 但该方法的保守性较大。描述系统方法给出了研究非线性时滞系统的一种新方法, 通过把原系统等价转化为一个描述系统的形式, 可以得到较小保守性的稳定性结果。为了得到更小的保守性, 文献 [24] 把不含时滞变量非线性矩阵不等式方法推广到非线性时滞系统中, 并给出了较小保守性的关于输入到状态稳定的几个结果。然而在应用该方法时, 人们需要解一些含变量 x 和 $x(t-h)$ 的矩阵不等式, 由于其为无穷维的变量, 如何验证这些条件成为了一个挑战性的问题。正交线性化方法可以适用于一般形式的非线性系统的研究, 其缺点是运算麻烦。哈密顿函数方法是一种重要的关于非线性系统的研究方法, 其优点是系统的能量函数可以作为李雅普诺夫函数, 有效解决了构造李雅普诺夫函数的困难, 但应用该方法的关键是建立原系统的等价哈密顿结构。

1) 无穷时间控制研究概述

近几十年来, 广大学者对线性时滞系统进行了广泛和深入的研究, 取得了丰硕的成果, 推动了时滞系统理论的极大发展。所采用的方法主要是时域方法 [32,33] 和频域方法 [34,35]。频域方法是最早的研究时滞系统稳定性的方法, 主要通过特征方程根分布的解来判别系统的稳定性, 应用频域方法可以得到系统稳定的充要条件, 但由于运算复杂, 并且难于处理不确定性或时变时滞问题, 其应用受到了限制。后来, 针对泛函微分方程, Krasovskii 将经典的李雅普诺夫函数推广到 L-K 泛函, 并给出了基于此泛函的稳定性判据, 使得对时滞系统的稳定性和渐近稳定性的研究得到了空前发展。同时应用时域方法可以处理不确定性或时变时滞问题以及用于控制器设计, 其成为目前处理时滞系统稳定性和控制设计的主要方法。在应用时域方法时主要有两类处理方法, 即 L-K 泛函方法以及 Lyapunov-Razumikhin(L-R) 函数方法。应用时域方法得到的稳定性条件一般为充分条件, 分为两类, 即时滞相关条件和时滞无关条件。将所得结果中不含时滞的称为时滞无关条件, 反之称为时滞相关条件。对小时滞系统来说, 时滞无关条件有较大的保守性。在 20 世纪 90 年代以前, 所得到的关于线性时滞系统的结果大多是时滞无关的, 即所得结果对任意时滞都是成立的。然而在现实领域中, 许多实际系统中的时滞都是有界的, 这样在应用时滞无关的结果来解决该类问题时会带来较大的保守性。因此, 如何得到更小保守性的时滞相关的结果一直是许多学者致力于研究的问题, 而为了得到较小保守性的结果, 应用 L-K 泛函方法来研究线性时滞系统的稳定性和控制设计受到了许多学者青睐。特别是自 20 世纪 90 年代以来, 随着凸优化技术的发展以及一些科学计算软件的出现, 求解线性矩阵不等式 (Linear Matrix Inequality, LMI) 变得更加方便 [36], 因此 L-K 泛函方法在时滞系统稳定性分析中得到了广泛的应用。事实上, 关于线性或非线性时滞系统的许多稳定性结果是通过构造适当的 L-K 泛函并结合 LMI 得到的。在应用 L-K 泛函方法研究稳定性时, 主要是基于两个方面来降低结论的保守性。一方面, 构造适合的 L-K 泛函。比如, 文献 [22] 通过利用离散化 L-K 泛函方法, 得到了较小保守性的结果；文献 [37] 和文献 [38] 通过时滞分解方法, 降低了结果的保守性；文献 [39] 提出了一种增广 L-K 泛函方法, 通过更多地应用时滞的信息, 得到了较小保守性的结果。另一方面, 为了得到小的保守性, 在应用 L-K 泛函方法进行分析和控制设计时, 需要对导数进行合理的估计和放大。比如, 文献 [33] 和文献 [40] 基于所发展的新的不等式得到了保守性小的结果；文献 [32] 和文献 [41] 通过引入自由权矩阵方法进一步降低了结果的保守性；文献 [10] 通过应用正交条件结合自由权矩阵方法, 给出了较小保守性的稳定性结果；文献 [31] 提出了一种描述系统方法来等价表示原系统, 该方法的优势是变换前后系统的稳定性或渐近稳定性是相同的。另外, 值得一提的是, 在研究稳定性时, 文献 [32]、文献 [39] 和文献 [42] 等引入了自由权矩阵方法以及增广矩阵方法, 通过引入更多的信息, 避开了不等式放大时的保守性, 使得相应的结论具有更小的保守性。关于时滞系统的相关结果还有很多, 由于不是本书研究的主要内容, 故不再详述。

关于时滞系统的控制问题, 早期主要采用 PID 控制、Smith 预估控制等, 但由于未考虑建模误差以及外部干扰, 所设计这类控制器的鲁棒性差。这样研究目标转向鲁棒镇定和鲁棒控制 [43]、镇定问题 [27,44]、保成本控制 [45,46]、神经网络自适应控制 [47,48] 等问题。

在控制器的构造上, 根据是否含有时滞项分为记忆型控制器和无记忆型控制器。将所设计的控制器中含有时滞项的称为记忆型控制器, 反之称为无记忆型控制器。在现有的文献中, 由于无记忆型控制器设计简单、便于应用而广受青睐。另一方面, 由于记忆型控制器有其自身优势, 为了达到某种目的, 在某些情形下, 研究人员倾向于设计记忆型控制器 [25], 即时滞状态反馈控制器。但由于复杂非线性时滞系统的控制器难以设计, 现阶段对非线性时滞系统的控制问题的研究仅限于一部分特殊的系统, 例如, 满足三角形结构的系统 [5,47,49]、可通过微分几何线性化的系统 [26] 等。另外, 有些学者将可以递推得到李雅普诺夫函数的反步控制技术应用到此类系统的控制器设计中 [49]。文献 [50] 通过扩展的 T-S 模糊模型, 研究了连续时滞系统和离散时滞非线性系统的稳定性和控制设计, 给出了模糊状态和基于观测器的模糊控制器镇定的设计方法。文献 [51] 对于具有不确定项的准时滞非线性系统提出了变结构自适应控制方法, 在假设系统的未知时滞非线性项具有高维有界条件时, 基于 L-K 泛函方法, 通过构造依赖于时滞的滑动面, 提出了自适应模糊逻辑系统分别逼近包含当前状态的未知连续非线性函数和包含时滞状态的未知非线性函数。

受控制李雅普诺夫函数的启发, 文献 [52] 和文献 [53] 分别提出了控制 L-R 函数和控制 L-K 泛函的概念, 通过应用 Domination-redesign 方法研究了控制器的构造问题, 并指出如果系统存在控制 L-R 函数或控制 L-K 泛函, 那么总可以构造控制器使得闭环系统稳定或渐近稳定。

2) 有限时间控制研究概述

在实用的控制系统中, 除了稳定性或渐近稳定性, 快的收敛性也十分重要, 即有限时间稳定性。需要指出的是, 有限时间镇定控制器除了具有快的收敛性外, 还具有较好的鲁棒性和抗干扰性 [54], 因此在某些控制问题中需要考虑有限时间稳定和镇定问题。比如, 关于永磁同步电机中的混沌有限时间控制问题 [55]、多智能体系统的有限时间一致性问题 [56] 以及空间飞行器姿态的有限时间镇定与跟踪问题 [57,58] 等。此外, 有限时间控制方法在其他领域的应用还有许多, 如轮式机器人的有限时间控制问题 [59]、机械臂的有限时间跟踪问题等。

为了说明有限时间稳定问题, 首先区分两类不同的有限时间稳定。

考虑非线性系统

$$\dot{x} = f(x, t) \tag{1.3}$$

其中, $x \in \mathbb{R}^n$ 为系统状态, 初值 $x(t_0) = x_0$, $f : \mathbb{R}^n \times [t_0, t_0 + T] \longrightarrow \mathbb{R}^n$ 为充分光滑函数。

定义 1-1[60]   对给定的 $\mathcal{K}_\infty$ 类函数 $\alpha(\cdot)$, 初始时刻 t_0 和正数 c_1, c_2, T, 其中 $c_1 < c_2$, 如果对系统 (1.3) 的每一条轨迹 $x(t)$ 均有

$$\alpha(\|x(t_0)\|) \leqslant c_1 \Longrightarrow \alpha(\|x(t)\|) < c_2, \quad \forall t \in [t_0, t_0 + T] \tag{1.4}$$

则称系统 (1.3) 关于 $(c_1, c_2, t_0, T, \alpha(\cdot))$ 是有限时间稳定的。关于 $\mathcal{K}_\infty$ 类函数以及 $\mathcal{K}$ 类函数的定义详见文献 [61]。

在定义 1-1 中, 若取 $\alpha(\cdot) = \|\cdot\|$, 则简化为文献 [62] 和文献 [63] 中研究的非线性系统有限时间稳定的定义. 定义 1-1 是 Dorato 于 1961 年提出的短时间稳定的概念 [64], 即所谓的有限时间稳定的概念.

另一种有限时间稳定概念是由 Bhat 和 Bernstein 于 1998 年提出的, 其具体定义如下.

定义 1-2[60,65]　　考虑如下的时不变系统

$$\dot{x} = f(x), \quad f(0) = 0, \quad x \in \mathbb{R}^n \tag{1.5}$$

其中, $f : D \to \mathbb{R}^n$ 是定义在包含原点的开邻域 D 上的连续但非光滑的函数. 系统 (1.5) 的平衡点 $x = 0$ 称为有限时间稳定的, 如果

① $x = 0$ 在 $0 \in U \subseteq D$ 上是李雅普诺夫稳定的;

② $x = 0$ 在 U 上是有限时间收敛的,

则称系统 (1.5) 的平衡点 $x = 0$ 是有限时间收敛的, 如果存在一个包含原点的开邻域 U 和一个函数 $T : U \backslash \{0\} \to (0, \infty)$, 满足对 $\forall x_0 \in U \subset D$, 系统 (1.5) 满足初值条件为 x_0 的解 $x(t; 0, x_0)$ 有定义 (前向时间解唯一), 对 $t \in [0, T(x_0))$, $x(t; 0, x_0) \in U \backslash \{0\}$ 且满足

$$\begin{cases} \lim_{t \to T(x_0)} x(t; 0, x_0) = 0 \\ x(t; 0, x_0) \equiv 0, \quad t \geqslant T(x_0) \end{cases} \tag{1.6}$$

则称 $T(x_0)$ 为系统 (1.5) 关于初值条件 x_0 的停息时间. 当 $U = D = \mathbb{R}^n$ 时, 平衡点 $x = 0$ 为全局有限时间稳定的.

值得指出的是, 定义 1-1 给出的有限时间稳定性, 实质是有限时间有界, 称为有限时间有界稳定性, 因此这种定义和渐近稳定性概念没有关联. 这种有限时间有界稳定性理论目前已经发展得相当成熟, 主要适用于工作时间比较短暂、系统状态偏离平衡点不能过大的系统, 比如导弹系统、通信网络系统、机器人操控及 ATM 网络控制系统 [60,66-68] 等.

定义 1-2 中的有限时间稳定性比传统的渐近稳定性要求更强, 也更难于研究.

(1) 为了保证系统 (1.5) 是有限时间稳定的, 要求该系统的解向后时间必须不唯一, 即 $f(x)$ 不满足传统的 Lipschitz 条件.

(2) 在应用李雅普诺夫第二方法研究系统 (1.5) 的有限时间稳定性, 要求满足下述导数条件 [65,69,70]

$$\dot{V}(x) \leqslant -kV^{\alpha}(x)$$

其中, $V(x)$ 正定, 是李雅普诺夫函数, $k > 0$, $0 < \alpha < 1$.

这样要研究某个系统的有限时间稳定性, 需同时满足上述两个条件. 对第一个条件, 要求所研究的系统解向后时间不唯一, 而前向时间的解是唯一的, 关于该条件的判定, 详见文献 [71]～文献 [73]. 对第二个条件, 关键在于构造适当的李雅普诺夫函数, 并证明其导数沿系统的轨道演化时, 满足条件② 中的不等式. 显然, 由系统的有限时间稳定性可以推得渐近稳定性, 反之不成立.

关于有限时间控制最早起源于最优控制理论, 如文献 [74] 中的最小能量控制等, 但该类控制器存在的问题是不具有鲁棒性和抗干扰性. 另外一个典型的最优控制的例子是双积分系统的 Bang-Bang 控制器 [75], 其具体模型如下

$$\dot{x} = Ax + Bu, \quad x \in \mathbb{R}^n, \ u \in \mathbb{R}, \ |u| \leqslant 1 \tag{1.7}$$

其他的非连续有限时间控制策略还有终端滑模控制 [76] 等. 注意到 Bang-Bang 控制器和终端滑模控制器是非连续的, 会引起系统的抖动. 因此, 许多学者致力于设计连续但非光滑的控制器.

对连续有限时间控制问题, 早期曾经有过一些结果 [77,78], 但由于没有建立清晰的有限时间稳定的概念和理论, 所以关于有限时间稳定性的研究没有太大进展. 此后, 由于文献 [79] 的开创性工作, 以及文献 [70] 的工作, 给出了有限时间稳定和停息时间函数的关系, 解决了困扰有限时间稳定性的许多关键问题. 自此, 有限时间稳定性理论进入快速发展阶段, 并得到了许多较好的结果 [54,70,77−82]. 总体上, 研究有限时间控制问题的主要方法有李雅普诺夫函数方法、终端滑模控制方法以及齐次系统方法, 进一步的细节可参考综述文献 [83] 和文献 [84]. 其中, 由于李雅普诺夫函数方法有成熟的处理方法, 受到了广泛关注. 文献 [70] 给出了自治非线性系统有限时间稳定的精确定义. 文献 [85] 推广这个结果到非自治系统, 给出了下述结论.

考虑如下的时变系统

$$\dot{x} = f(t, x), \quad f(t, 0) = 0, \quad x \in \mathcal{D} \subset \mathbb{R}^n, \ t \in \mathcal{I}_{x_0, t_0} \tag{1.8}$$

其中, x_0 是系统的初值状态, t_0 表示初始时刻, $\mathcal{I}_{x_0, t_0} = [t_0, \tau_{x_0, t_0})$, $t_0 \leqslant \tau_{x_0, t_0} \leqslant +\infty$ 是解存在的最大区间.

考虑系统 (1.8), 下列结论成立.

定理 1-1[85]　如果存在连续可微的函数 $V : [0, +\infty) \times \mathcal{D} \to \mathbb{R}$, 一个 $\mathcal{K}$ 类函数 $\alpha(\cdot)$, 一个函数 $k : [0, +\infty) \to \mathbb{R}_+$ 使得对几乎所有的 $t \in [0, +\infty)$ 有 $k(t) > 0$, 另外存在实数 $\lambda \in (0, 1)$ 以及一个原点的开邻域 $\mathcal{M} \subseteq \mathcal{D}$ 使得对所有 $t \in [0, +\infty)$, $x \in \mathcal{M}$ 有

① $V(t, 0) = 0$;

② $\alpha(\|x\|) \leqslant V(t, x)$;

③ $\dot{V}(t, x) \leqslant -k(t)(V(t, x))^\lambda$,

则系统 (1.8) 的零解是有限时间稳定的。

关于非线性系统的有限时间稳定性, 其他学者也进行了深入的研究 [54,70,79,80,82], 得到了有限时间稳定的诸多性质和判定方法。结合齐次系统 (包含线性可控系统) 的相关知识, 文献 [54]、文献 [65]、文献 [69] 和文献 [80], 得到了一系列关于齐次系统有限时间问题的成果。对输出反馈问题, 主要结果详见文献 [54] 和文献 [86]~ 文献 [89]。而自适应有限时间问题的主要成果详见文献 [80], 该文献给出了所谓的 "p-规范形" 系统的自适应有限时间控制器。对于有外部干扰的系统, 文献 [57] 设计了带外部干扰的双积分系统的稳定控制器, 调节控制参数使得收敛区域任意小, 而且若选用不连续状态反馈控制器, 则可以使系统状态在有限时间内回到原点。对控制器饱和的有限时间稳定问题, 主要的结果有文献 [65]。而当系统为随机情形时, 文献 [90] 给出了其有限时间稳定的定义及判定方法。文献 [91] 给出了多智能体系统的有限时间一致性结果。关于非线性哈密顿系统的有限时间稳定性结果, 文献 [92] 和文献 [60] 分别研究了一类哈密顿函数为同次幂和异次幂情形下有限时间稳定性问题。

以上综述了非线性无时滞系统的有限时间稳定性的一些主要成果, 对于时滞系统的有限时间问题, 研究成果主要有文献 [25]、文献 [81]~ 文献 [82] 和文献 [93]~ 文献 [103]。文献 [82] 推广非线性系统的相关结果到非线性时滞系统, 给出了一般非线性时滞系统的有限时间稳定性的定义及判据。

考虑一般非线性时滞系统

$$\dot{x} = f(x, \ x(t - h)) \tag{1.9}$$

其中, $f(x, \ x(t - h))$ 是一个连续向量场并满足 $f(0, \ 0) = 0$。

定义 1-3[82]　假设系统 (1.9) 的解前向时间唯一, 如果

① 系统 (1.9) 稳定;

② 对 $\delta > 0$ 和任意 $\phi \in C_\delta$, 存在 $0 \leqslant T(\phi) < +\infty$ 使得 $x(t, \ \phi) = 0$ 对所有 $t \geqslant T(\phi)$ 成立, 其中 $C_\delta := \{\phi \in L_h^n : \|\phi\|_{L_h^n} < \delta\}$, L_h^n 表示连续可微的函数 $\phi : [-h, \ 0] \to \mathbb{R}^n$ 依范数 $\|\phi\|_h = \sup\limits_{-h \leqslant t \leqslant 0} \|\phi(t)\|$ 构成的函数空间, 则 $T_0(\phi) = \inf\{T(\phi) \geqslant 0 : x(t, \ \phi) = 0, \ \forall t \geqslant T(\phi)\}$ 是系统 (1.9) 的一个停息时间函数。

其有限时间稳定性判据如下。

定理 1-2[82]   考虑系统 (1.9) 并假设解是前向时间唯一的, 如果存在 $\delta > 0$ 以及一个连续泛函 $V : C_\delta \to \mathbb{R} \geqslant 0, \epsilon > 0$, 两个 $\mathcal{K}$ 类函数 α 和 γ 使得对所有 $\phi \in C_\delta$, 有

① $\alpha(\|\phi(0)\|_n) \leqslant V(\phi)$;

② $\dot{V} \leqslant -r(V(\phi)), \int_0^\epsilon \dfrac{\mathrm{d}z}{r(z)} < +\infty$, 则系统 (1.9) 是有限时间稳定的, 且停息时间函数满足下列不等式

$$T_0(\phi) \leqslant \int_0^{V(\phi)} \frac{\mathrm{d}z}{r(z)}$$

定理 1-2 在研究一般非线性时滞系统的有限时间稳定性时是有效的, 然而在应用该定理时, 需要构造一个适当的李雅普诺夫泛函并证明其满足导数条件, 这是很困难的, 因为对一个给定的非线性系统或非线性时滞系统, 构造其李雅普诺夫函数或泛函不是一件容易的事情。

1.3   本书研究的内容和结构安排

虽然非线性时滞系统的稳定和镇定性问题经过了近年来的发展, 取得了较大进展, 并得到了若干好的结果, 但由于形式复杂, 以及有限时间控制系统的非 Lipschitz 性和一般性研究工具的缺乏, 该类系统的控制问题, 尤其是一般非线性时滞系统的有限时间稳定以及镇定问题, 仍需要进一步研究。

(1) 鉴于许多现实的系统不具有特殊的结构, 对一般的非线性形式, 如何建立它们的稳定性结果?

(2) 在基于李雅普诺夫函数方法研究非线性时滞系统的有限时间稳定性时, 由于传统的泛函不能直接应用, 如何为其构造适当的泛函仍是一个挑战性的话题。

(3) 由于含有时滞项, 如何验证非线性时滞系统的无穷维条件成立, 也是一个开放性的问题。

(4) 如何将所得的理论结果成功应用于实际系统, 设计其实用的控制器也是值得深入研究的课题。

针对以上问题, 本书系统地研究了一般形式非线性时滞系统的稳定性、镇定性, 以及有限时间稳定性、鲁棒控制等问题, 发展了许多新的研究方法和结果。

(1) 为研究非线性时滞系统的有限时间问题, 创新性地构造了具体的李雅普诺夫泛函, 有效解决了在研究非线性时滞系统的有限时间稳定性时, 构造具体的李雅普诺夫泛函这一挑战性难题, 使得基于李雅普诺夫泛函方法研究非线性时滞系统的有限时间控制问题成为可能。

(2) 首次引入正交线性化方法来研究复杂形式的非线性时滞系统, 弥补了应用近似线性化方法所带来的不足, 使得精确线性化成为可能。

(3) 提出并应用哈密顿泛函方法来研究复杂形式非线性时滞系统的渐近稳定性问题, 给出了若干实现方法, 发展了一种新的研究复杂非线性时滞系统的方法——基于能量的泛函方法。该方法的创新之处是从系统整体化角度来考虑时滞对系统的影响, 克服了现有研究方法存在的局限性, 为发展该类系统较小保守性的结果奠定了基础, 同时为复杂非线性时滞系统的稳定性研究开辟了一条新思路。

(4) 应用所得的理论结果研究了某些实际系统的控制问题, 例如, 船舶动力定位系统等, 期望能够使理论与实际结合, 为实际应用提供理论支撑和技术支持。

本书的主要研究内容和结构安排如下。

第 1~2 章主要对课题的研究意义、现状、存在的问题等进行了阐述。其次对本书要用到的基本理论和方法进行了总结。

第 3~7 章是一般形式非线性时滞系统的分析及各类控制器设计, 分别建立了无穷时间和有限时间的稳定性判据、鲁棒控制、同时镇定控制、基于观测器的鲁棒镇定以及吸引域估计等。

第 8 章通过研究船舶动力定位系统, 分别给出了该类系统的有限时间鲁棒控制结果, 并通过设计适当的观测器建立了若干基于观测器的鲁棒控制结果。同时对两艘动力定位船舶系统的鲁棒同时镇定问题进行了研究, 设计了同时镇定控制器, 对所设计的控制器进行仿真验证, 实验结果表明控制效果比较理想, 达到了预期的目的。

参 考 文 献

[1] 斯洛坦. 应用非线性控制. 程代展译. 北京: 机械工业出版社, 2006.

[2] 俞立. 鲁棒控制: 线性矩阵不等式处理方法. 北京: 清华大学出版社, 2002.

[3] Chen W H, Zheng W X. Robust stability and H_∞ control of uncertain impulsive systems with time-delay. Automatica, 2009, 45(1): 109-117.

[4] Zhou K M, Huang Y P. Robust stability of uncertain time-delay systems. IEEE Transactions on Automatic Control, 2000, 45(11): 2169-2173.

[5] Jiao X H, Shen T L. Adaptive feedback control of nonlinear time-delay systems: the Lasalle-Razumikhin-based approach. IEEE Transactions on Automatic Control, 2005, 50(11): 1909-1913.

[6] Pasumarthy R, Kao C Y. On stability of time-delay Hamiltonian systems// American Control Conference, St. Louis, 2009.

[7]   Sun W W, Wang Y Z. Stability analysis for some class of time-delay nonlinear Hamiltonian systems. Journal of Shandong University (Natural Science), 2007, 42(12): 1-9.

[8]   Chen W H, Zheng W X. Input-to-state stability and integral input-to-state stability of nonlinear impulsive systems with delays. Automatica, 2009, 45(6): 1481-1488.

[9]   Mazenc F, Niculescub S I. Lyapunov stability analysis for nonlinear delay systems. Systems and Control Letters, 2001, 42(4): 245-251.

[10]   Yang R M, Wang Y Z. Stability for a class of nonlinear time-delay systems via Hamiltonian functional method. Science China: Information Sciences, 2012, 55(5): 1218-1228.

[11]   Choi J Y. Global stability analysis scheme for a class of nonlinear time delay systems. Automatica, 2009, 45(10): 2462-2466.

[12]   Coutinho D F, de Souza C E. Delay-dependent robust stability and L_2-gain analysis of a class of nonlinear time-delay systems. Automatica, 2008, 44(4): 2006-2018.

[13]   Xu S Y, Dooren P V, Stefan R, et al. Robust stability and stabilization for singular systems with state delay and parameter uncertainty. IEEE Transactions on Automatic Control, 2002, 47(7): 1122-1128.

[14]   Lien C H, Chen J D. Discrete delay-independent and discrete delay-dependent criteria for a class of neural systems. Journal of Dynamic Systems Measurement and Control, 2003, 125(1): 33-41.

[15]   Bellman R E, Cooke K L. Defferential-Difference Equations. New York: Academic Press, 1963.

[16]   Gorecki H, Fuksa S, Grabowskii P, et al. Analysis and Synthesis of Time-Delay Systems. Warszawa: Polish Scientific Publishers, 1989.

[17]   Guan Z H, Chen G R. On delayed impulsive Hopfield neural networks. Neural Networks, 1999, 12(2): 273-280.

[18]   Hale J K, Verduyn L S M. Introduction to Functional Differential Equations. New York: Springer, 1993.

[19]   Kwakernaak H. Optimal filtering in linear systems with time delays. IEEE Transactions on Automatic Control, 2003, 12(12): 169-173.

[20]   Richard J P. Time-delay systems: an overview of some recent advances and open problems. Automatica, 2003, 39(10): 1667-1694.

[21]   Zhong Q C. Robust Control of Time-Delay Systems. Berlin: Springer, 2006.

[22]   Gu K Q, Kharitonov V L, Chen J. Stability of Time-Delay Systems. Berlin: Springer, 2003.

[23]   Morse S A. Ring models for delay differential systems. Automatica, 1976, 12(5): 529-531.

[24]   Fridman E, Dambrine M, Yeganefar N. On input-to-state stability of systems with time-delay: a matrix inequalities approach. IEEE Transactions on Automatic Control, 2008, 44(9): 2364-2369.

[25] Karafyllis I. Finite-time global stabilization by means of time-varying distributed delay feedback. SIAM Journal on Control and Optimization, 2006, 45(1): 320-342.

[26] Wu W. Robust linearising controllers for nonlinear time-delay systems. IEE Proceedings-Control Theory and Applications, 1999, 146(1): 91-97.

[27] Nguang S K. Robust stabilization of a class of time-delay nonlinear systems. IEEE Transactions on Automatic Control, 2000, 45(4): 756-762.

[28] Daniel M A, Silviu-Iulian N. Estimates of the attraction region for a class of nonlinear time delay systems. IMA Journal of Mathematical Control and Information, 2007, 24(4): 523-550.

[29] Papachristodoulou A. Analysis of nonlinear time-delay systems using the sum of squares decomposition// American Control Conference, Boston, 2004.

[30] Papachristodoulou A. Robust stabilization of nonlinear time delay system: using convex optimization// The 44th IEEE Conference on Decision and Control, and the European Control Conference, Seville, 2005.

[31] Fridman E. A descriptor system approach to nonlinear singularly perturbed optimal control problems. Automatica, 2001, 37(4): 543-549.

[32] He Y, Wu M, She J H, et al. Parameter-dependent Lyapunov functional for stability of time-delay systems with polytopic-type uncertainties. IEEE Transactions on Automatic Control, 2004, 49(5): 828-832.

[33] Park P. A delay-dependent stability criterion for system with uncertain time-invairiant delay. IEEE Transactions on Automatic Control, 1999, 44(4): 876-877.

[34] Brierley S, Chiasson J, Lee E, et al. On stability independent of delay for linear systems. IEEE Transactions on Automatic Control, 1982, 27(1): 252-254.

[35] Mori T, Kokame H. Stability of $\dot{x} = Ax(t) + Bx(t - h)$. IEEE Transactions on Automatic Control, 1989, 34(4): 460-462.

[36] Boyd S, Ghaoui L E, Feron E, et al. Linear Matrix Inequalities in Systems and Control Theory. Philadelphia: SIAM, 1994.

[37] Han Q L. A delay decomposition approach to stability of linear neutral systems// Proceedings of the 17th World Congress, Seoul, 2008.

[38] Zhao Y, Gao H J, Lam J, et al. Stability and stabilization of delayed T-S fuzzy systems: a delay partitioning approach. IEEE Transactions on Fuzzy Systems, 2009, 17(4): 750-762.

[39] He Y, Wang Q G, Lin C, et al. Augmented Lyapunov functional and delaydependent stability criteria for neutral systems. International Journal of Robust and Nonlinear Control, 2005, 15(18): 923-933.

[40] Moon Y S, Park P, Kwon W H, et al. Delay-dependent robust stabilization of uncertain state-delayed systems. Computing Technology and Automation, 2001, 74(14): 1447-1455.

[41] 吴敏, 何勇. 时滞系统鲁棒控制: 自由权矩阵方法. 北京: 科学出版社, 2008.

[42] He Y, Wang Q G, Lin C, et al. Delay-range-dependent stability for systems with time-varying delay. Automatica, 2007, 43(2): 371-376.

[43] Curtain R F. Robust stabilization of normalized coprime factors: the infinite-dimensional case. International Journal of Control, 1990, 51(6): 1173-1190.

[44] Richard J P, Goubet-Bartholome A, Tchangani P A, et al. Nonlinear delay systems: tools for a quantitative approach to stabilization//Lecture Notes in Control and Information Sciences, London: Springer, 1997.

[45] Chen W H, Xu J X, Guan Z H. Guaranteed cost control for uncertain Markovian jump systems with mode-dependent delays. IEEE Transactions on Automatic Control, 2003, 48(12): 2270-2277.

[46] Guan X P, Chen C L. Delay-dependent guaranteed cost control for T-S fuzzy systems with time delays. IEEE Transactions on Fuzzy Systems, 2004, 12(2): 236-249.

[47] Ho D W C, Li J, Niu Y. Adaptive neural control for a class of nonlinearly parametric time-delay systems. IEEE Transactions on Neural Networks, 2005, 16(3): 625-635.

[48] Ge S S, Hong F, Lee T H. Adaptive neural network control of nonlinear systems. IEEE Transactions on Automatic Control, 2005, 48(11): 2004-2010.

[49] Hua C Q, Guan X P, Shi P. Robust backstepping control for a class of time delayed systems. IEEE Transactions on Automatic Control, 2005, 50(6): 894-899.

[50] Cao Y Y, Frank P M. Analysis and synthesis of nonlinear time-delay systems via fuzzy control approach. IEEE Transactions on Neural Networks, 2000, 8(2): 200-211.

[51] Hua C Q, Guan X P, Duan G R. Variable structure adaptive fuzzy control for a class of nonlinear time delay systems. Fuzzy Sets and Systems, 2004, 148(3): 453-468.

[52] Jankovic M. Control Lyapunov-Razumikhin functions and robust stabilization of time-delay systems. IEEE Transactions on Automatic Control, 2001, 46(7): 1048-1060.

[53] Jankovic M. Control of nonlinear systems with time delay// The 42th IEEE Conference on Decision and Control, Hawaii, 2003.

[54] Hong Y G, Huang J, Xu Y S. On an output feedback finite-time stabilization problem. IEEE Transactions on Automatic Control, 2001, 46(2): 305-309.

[55] Wei D Q, Zhang B. Controlling chaos in permanent magnet synchronous motor based on finite-time stability theory. Chinese Physics B, 2009, 18(4): 1399-1403.

[56] Jiang F C, Wang L. Finite-time information consensus for multi-agent systems with fixed and switching topologies. Physica D, 2009, 238(16): 1550-1560.

[57] Ding S H, Li S H, Li Q. Stability analysis for a second-order continuous finite-time control system subject to a disturbance. Journal of Control Theory and Application, 2009, 7(3): 171-176.

[58] Jin E D, Sun Z W. Robust controllers design with finite time convergence for rigid spacecraft attitude tracking control. Aerospace Science and Technology, 2008, 12(4): 324-330.

[59] 祝晓才, 董国华, 胡德文. 轮式移动机器人有限时间镇定控制器设计. 国防科技大学学报, 2006, 28(4): 121-127.

[60] 马世敏, 王玉振. 一类广义 Hamiltonian 系统的有限时间稳定性及其在仿射非线性系统控制设计中的应用. 山东大学学报 (工学版), 2011, 41(2): 119-125.

[61] Khalil H. Nonlinear Systems. 北京: 电子工业出版社, 2007.

[62] Heinen J, Wu S. Further results concerning finite-time stability. IEEE Transactions on Automatic Control, 1969, 14(2): 211-212.

[63] Weiss L, Infante E F. Finite time stability under perturbing forces and on product spaces. IEEE Transactions on Automatic Control, 1967, 12(1): 54-59.

[64] Dorato P. Short-time stability. IEEE Transactions on Automatic Control, 1961, 6(1): 86.

[65] Bhat S P, Bernstein D S. Continuous finite time stabilization of the translational and rotational double integrators. IEEE Transactions on Automatic Control, 1998, 43(5): 678-682.

[66] Amato F, Ariola M, Abdallah C T, et al. Application of finite-time stability concepts to the control of ATM networks//The 40th Allerton Conference, New York, 2002.

[67] Filippo F A S, Dorato P. Short-time parameter optimization with fight control application. Automatica, 1974, 10(4): 425-430.

[68] Mastellone S, Abdallah C T, Dorato P. Stability and finite-time stability analysis of discrete-time nonlinear networked control systems// American Control Conference, Portland, 2005.

[69] Bhat S P, Bernstein D S. Finite-time stability of homogeneous systems// American Control Conference, Albuquerque, 1997.

[70] Bhat S P, Bernstein D S. Finite time stability of continuous autonomous systems. SIAM Journal of Control and Optimization, 2000, 38(3): 751-766.

[71] Agarwal R P, Lakshmikantham V. Uniqueness and nonuniqueness criteria for ordinary differential equations. Singapore: World Scientific, 1993.

[72] Filippov A F. Differential Equations with Discontinuous Right-hand Sides. Dordrecht: Springer, 1988.

[73] Kawski M. Stabilization of nonlinear systems in the plane. System and Control Letters, 1989, 12(2): 169-175.

[74] Athans M, Falb P L. Optimal Control: An Introduction to The Theory and Its Application. New York: Dover Publications, 1985.

[75] Bryson A E, Ho Y C. Applied Optimal Control. New York: John Wiley, 1975.

[76] Feng Y, Yu X H, Man Z H. Non-singular terminal sliding mode control of rigid manipulators. Automatica, 2002, 38(9): 2159-2167.

[77] Rang E. Isochrone families for second-order systems. IEEE Transactions on Automatic Control, 1963, 8(1): 64-65.

[78] Salehi S V, Ryan E P. On optimal nonlinear feedback regulation of linear plants. IEEE Transactions on Automatic Control, 2003, 27(6): 1260-1264.

[79] Haimo V T. Finite time controllers. SIAM Journal of Control and Optimization, 1986, 24(4): 760-770.

[80] Hong Y G, Jiang Z H. Finite-time stabilization of nonlinear systems with parametric and dynamic uncertainties. IEEE Transactions on Automatic Control, 2006, 51(12): 1950-1956.

[81] Wang X H, Huang S P, Xiang Z R. Output feedback finite-time stabilization of a class of nonlinear time-delay systems in the p-normal form. International Journal of Robust and Nonlinear Control, 2020, 30(11): 4418-4432.

[82] Moulay E, Dambrine M, Yeganefar N, et al. Finite time stability and stabilization of time-delay systems. Systems and Control Letters, 2008, 57(7): 561-566.

[83] 丁世宏, 李世华. 有限时间控制问题综述. 控制与决策, 2011, (2): 4-12.

[84] 刘洋, 井元伟, 刘晓平, 等. 非线性系统有限时间控制研究综述. 控制理论与应用, 2020, 37(1): 1-12.

[85] Haddad W, Nersesov S, Du L. Finite-time stability for time-varying nonlinear dynamical systems// American Control Conference, Washington, 2008.

[86] Li J, Qian C J. Global finite-time stabilization by dynamic output feedback for a class of continuous nonlinear systems. IEEE Transactions on Automatic Control, 2006, 51(5): 879-884.

[87] Li J, Qian C J. Global finite-time stabilization of a class of uncertain nonlinear systems using output feedback// IEEE Conference on Decision and Control, Seville, 2005.

[88] Li J, Qian C J. Global finite-time stabilization by output feedback for a class of linearly unobservable systems// American Control Conference, Minneapolis, 2006.

[89] Qian C J, Li J. Global finite-time stabilization by output feedback for planar systems without observable linearization. IEEE Transactions on Automatic Control, 2005, 50(6): 885-890.

[90] Chen W S, Jiao L C. Finite-time stability theorem of stochastic nonlinear systems. Automatica, 2010, 46(12): 2105-2108.

[91] Wang X L, Hong Y G. Finite-time consensus for multi-agent networks with second-order agent dynamics. IFAC Proceedings Volumes, 2008, 41(2): 15185-15190.

[92] Sun L Y, Feng G, Wang Y Z. Finite-time stabilization and H_∞ control for a class of nonlinear Hamiltonian descriptor systems with application to affine nonlinear descriptor systems. Automatica, 2014, 50(8): 2090-2097.

[93] Yang R M, Pei W H, Han Y Z, et al. Finite-time adaptive robust simultaneous tabiliza-tion of nonlinear delay systems by the Hamiltonian function method. Science China: Information Sciences, 2021, 64(6): 1-3.

[94] Yang R M, Zhang G Y, Sun L Y. Observer-based finite-time robust control of nonlinear time-delay systems via Hamiltonian function method. International Journal of Control, 2020, (4): 1-32.

[95] Yang R M, Zhang G Y, Sun L Y. Finite-time robust simultaneous stabilization of a set of nonlinear time-delay systems. International Journal of Robust and Nonlinear Control, 2020, 30(5): 1733-1753.

[96] Yang R M, Zang F Y, Sun L Y, et al. Finite-time adaptive robust control of nonlinear time-delay uncertain systems with disturbance. International Journal of Robust and Nonlinear Control, 2019, 29(4): 919-934.

[97] Yang R M, Sun L Y, Zhang G Y. Finite-time stability and stabilization of nonlinear singular time-delay systems via Hamiltonian method. Journal of the Franklin Institute, 2019, 356(12): 5961-5992.

[98] Yang R M, Sun L Y. Finite-time robust control of a class of nonlinear time-delay systems via Lyapunov functional method. Journal of the Franklin Institute, 2019, 356(3): 1155-1176.

[99] Yang R M, Guo R W. Adaptive finite-time robust control of nonlinear delay Hamilto-nian systems via Lyapunov-Krasovskii method. Asian Journal of Control, 2018, 20(1): 332-342.

[100] Yang R M, Wang Y Z. Finite-time stability analysis and H_∞ control for a class of nonlinear time-delay Hamiltonian systems. Automatica, 2013, 49(2): 390-401.

[101] Wang X H, Huang S P, Xiang Z R. Output feedback finite-time stabilization of a class of nonlinear time-delay systems in the p-normal form. International Journal of Robust and Nonlinear Control, 2020, 30(11): 4418-4432.

[102] Wang X H, Huang S P, Zou W C, et al. Finite-time stabilization for a class of nonlin-ear systems with time-varying delay. International Journal of Robust and Nonlinear Control, 2020, 30(8): 3164-3178.

[103] Hu J T, Sui G X, Du S L, et al. Finite-time stability of uncertain nonlinear systems with time-varying delay. Mathematical Problems in Engineering, 2017, 9: 1-9.

第 2 章 预 备 知 识

本章将对本书所用到的一些基本概念、引理, 以及在研究复杂非线性时滞系统时常用到的控制方法等基本知识和内容进行简单介绍, 目的是为后面的章节奠定理论基础。2.1 节介绍基本概念, 包括同胚映射、饱和函数等; 2.2 节介绍时滞系统的稳定性理论, 包括无穷时间、有限时间稳定性理论及常用的引理; 2.3 节介绍本书要用到的基本方法; 2.4 节是本章小结。

2.1 基 本 概 念

本节将介绍本书用到的一些基本概念, 以及稳定性、有限时间稳定性相关概念和重要结论。

定义 2-1(拓扑及拓扑空间)[1] 设 M 是一个非空集合, $\jmath$ 是 M 的一个子集族。若 $\jmath$ 满足如下条件

① M, $\varnothing \in \jmath$;

② 若 A, $B \in \jmath$, 则 $A \cap B \in \jmath$;

③ 若 $\jmath_1 \subset \jmath$, 则 $\bigcup_{A \in \jmath_1} A \in \jmath$,

则称 $\jmath$ 是 M 的一个拓扑, 且偶对 $(M, \jmath)$ 是一个拓扑空间。此外, $\jmath$ 的每一个元素都称为拓扑空间 $(M, \jmath)$ 中的一个开集。

注意, 定义 2-1 中的 $\varnothing$ 代表空集。很明显, 实数集 $\mathbb{R}$ 也是一个拓扑空间。

定义 2-2(连续映射)[1] 设 X 和 Y 是两个拓扑空间, $f: X \to Y$。如果 Y 中每一个开集 U 的原像 $f^{-1}(U)$ 是 X 中的一个开集, 则称 f 是从 X 到 Y 的一个连续映射, 或简称为 f 连续。

性质 2-1(连续映射的性质)[1] 设 X、Y 和 Z 都是拓扑空间, 则

① 恒同映射 $i_X: X \to X$ 是一个连续映射;

② 若 $f: X \to Y$ 和 $g: Y \to Z$ 都是连续映射, 则 $g \circ f: X \to Z$ 也是连续映射。

下面给出一类重要的连续映射。

定义 2-3 (同胚映射)[1,2] 设 X 和 Y 是两个拓扑空间, 如果 $f: X \to Y$ 是一个一一映射, 且 f 和 $f^{-1}: Y \to X$ 都是连续的, 则称 f 是一个同胚映射, 或简

称为同胚。如果这映射及其逆映射都是无穷次可微的, 则称 f 和 f^{-1} 是 C^∞ 可比较的。

定义 2-4 (n 维流形)[2] 一个 n 维流形 M, 如果在它上面存在一族坐标邻域 $(U_\lambda, \varphi_\lambda)|\lambda \in \Lambda$ 使得

① $\bigcup_{\lambda \in \Lambda} U_\lambda = M$;

② 这族坐标邻域中, 任何两个相交的坐标邻域都是 C^∞ 可比较的;

③ 与这族中每一个坐标邻域 (如果相交) 均为 C^∞ 可比较的坐标邻域本身也属于这个族,

则称 M 为一个 C^∞ 微分流形, 或称光滑流形。

流形的概念最早是由 Bernhard 在 1854 年提出的, 它是一类特殊的连通, 意味着在此空间每一点的邻近预先建立了坐标系, 使得任何两个局部坐标系间的坐标变换都是连续的。微分几何学的研究是建立在微分流形基础上的。

定义 2-5 (光滑映射)[2] 设 M 和 N 是两个光滑流形, 其维数分别为 m 和 n。若 $F : M \to N$ 是一个映射, 且 F 在每个坐标卡上的局部坐标表示都是光滑的, 则称 F 是光滑映射。

定义 2-6 (微分同胚)[3] 对给定的两个微分流形 M、N, 若对光滑映射 $f : M \to N$, 存在光滑映射 $g : N \to M$ 使得 $f \circ g = I_N, g \circ f = I_M$, 则称 f 为微分同胚。此时逆映射 g 是唯一的。若在微分流形 M、N 之间存在微分同胚, 则称 M 与 N 是微分同胚的, 通常记为 $M \simeq N$。

定义 2-7[3,4] 称连续函数 $\pi : \mathbb{R}^+ \to \mathbb{R}^+$ 是 $\mathcal{K}$ 类函数 (或者属于 $\mathcal{K}$ 类函数), 如果

① $\pi(0) = 0$;

② $\pi(s) > 0, \forall s > 0$;

③ π 是非减的,

进一步地, π 属于 $\mathcal{K}_\infty$ 类函数, 如果 π 同时满足①、②和③, 并且 $\pi(s) \to \infty$ ($\forall s \to \infty$)。

定义 2-8[3](饱和函数) 考虑如下执行器饱和函数

$$\dot{x} = Ax + B\sigma(u) \tag{2.1}$$

其中, $\sigma : \mathbb{R}^m \to \mathbb{R}^m$ 是一个饱和函数。饱和函数通常可以表示为 $\mathrm{sat}(u) = [\mathrm{sat}(u_1), \cdots, \mathrm{sat}(u_m)]^\mathrm{T}$, 其特征为

$$
\text{sat}(u) = \begin{cases} \phi_i, \ u_i > \phi_i \\ u_i, -\phi_i \leqslant u_i \leqslant \phi_i, \quad i = 1, 2, \cdots, m \\ -\phi_i, u_i \leqslant \phi_i \end{cases}
$$

定义 2-9[5](齐次函数) $f : \mathbb{R}^n \to \mathbb{R}^n$ 为向量函数, 若对任意的 $\varepsilon > 0$, 存在 $r_i > 0(i = 1, 2, \cdots, n)$ 且 $(r_1, r_2, \cdots, r_n) \in \mathbb{R}^n$, 使得 $f(x)$ 满足 $f_i(\varepsilon^{r_1} x_1, \cdots, \varepsilon^{r_n} x_n) = \varepsilon^{k+r_i} f_i(x_i)(i = 1, 2, \cdots, n)$, 其中 $k \geqslant -\max\{r_i, \ i = 1, 2, \cdots, n\}$, 则称 $f(x)$ 关于 $(r_1, \cdots, r_n)$ 具有齐次度 k 的齐次函数。

定义 2-10[6](高阶项) 给定两个函数 $F(x)(x \in \mathbb{R}^n)$ 和 $G(x)(x \in \mathbb{R}^n)$, 如果 $F(x)$ 和 $G(x)$ 是两个齐次函数, 且函数 $G(x)$ 的每个变量的阶次低于函数 $F(x)$ 中对应变量的阶次 (如果存在的话), 则称 $F(x)$ 是 $G(x)$ 的高阶项。例如, 假设 $F(x_1, x_2) = x_1^2 x_2 + 3x_2^2, G(x_1, x_2) = x_1 + 3x_2$, 则 $F(x)$ 是 $G(x)$ 的高阶项。

注 2-1 若 $F(x)$ 是 $G(x)$ 的高阶项, 则能够得到 $\lim\limits_{\|x\| \to 0} \dfrac{\|F(x)\|}{\|G(x)\|} = 0$, 意味着对某充分小正数 c, 总存在实数 $\mu > 0$ 使得当 $0 \neq \|x\| \leqslant \mu$ 时, $\dfrac{\|F(x)\|}{\|G(x)\|} < c$ 成立。

2.2 时滞系统的稳定性理论

在研究一个系统时, 我们一般要求其是稳定或渐近稳定的, 因此稳定性问题是研究各类实际的动态系统时所必须要解决的首要问题。控制理论中存在着许多关于稳定性问题的不同提法, 如无穷时间渐近稳定、输入输出稳定、有限时间有界稳定及有限时间渐近稳定等, 其中工程中比较关心的是系统在平衡点附近的一类稳定性问题, 因此本节重点给出无穷时间渐近稳定和有限时间渐近稳定的相关概念和理论。

2.2.1 无穷时间渐近稳定性理论

考虑如下非线性时滞泛函微分方程

$$
\begin{cases} \dot{x} = f(t, x_t) \\ x(\theta) = \phi(\theta), \quad \forall \theta \in [-\tau, \ 0] \end{cases} \tag{2.2}
$$

其中, $x(t) \in \mathbb{R}^n$ 为系统状态, $f : \mathbb{R} \times \mathcal{C} \to \mathbb{R}^n$ 是连续向量场, $\tau > 0$ 为时滞常数, $x_t \in \mathcal{C}$ 是时滞函数段, 且定义为 $x_t = x_t(\theta) := x(t + \theta), \theta \in [-\tau, 0]$。$\mathcal{C} = \mathcal{C}([-\tau, 0], \mathbb{R}^n)$ 表示从区间 $[-\tau, 0]$ 映射到 $\mathbb{R}^n$ 的连续函数空间。本节假设系统 (2.2) 的解是存在唯一的, 并且原点是系统 (2.2) 的唯一平衡点。

定义 2-11[7] 考虑系统 (2.2), 如果对任意 $t_0 \in \mathbb{R}$ 和 $\varepsilon > 0$, 存在 $\delta = \delta(t_0, \varepsilon) > 0$ 使得从 $\|\phi(\theta)\|_{\mathcal{C}} < \delta$ 能得到 $\|x(t)\| < \varepsilon(t \geqslant t_0)$, 则该系统的零解 $x(t) = 0$ 是稳定的。如果系统的零解是稳定的, 且对任意 $t_0 \in \mathbb{R}$ 和 $\varepsilon > 0$, 存在 $\delta = \delta(t_0, \varepsilon) > 0$ 使得从 $\|\phi(\theta)\| < \delta$ 能得到 $\lim\limits_{t \to \infty} x(t) = 0$ 和 $\|x(t)\| < \varepsilon(t \geqslant t_0)$, 则该系统的零解 $x(t) = 0$ 是渐近稳定的。系统的零解是一致稳定的, 如果它是稳定的, 且 $\delta(t_0, \varepsilon)$ 与 t_0 无关。系统是一致渐近稳定的, 如果它是一致稳定的, 并且存在某个 $\delta > 0$ 使得对任意的 $\eta > 0$, 总存在某个 $T = T(\delta, \eta)$ 使得由 $\|\phi(\theta)\| < \delta$ 能得到对所有 $t \geqslant t_0 + T$ 和 $t_0 \in \mathbb{R}$, $\|x(t)\| < \eta$ 成立。系统是全局 (一致) 渐近稳定的, 如果它是 (一致) 渐近稳定的, 且 δ 可以为任意大的有限数。

注 2-2 尽管在定义 2-11 中给出了不同的稳定性概念, 然而在本书中, 我们只关心渐近稳定性问题, 也就是说本书建立的所有结果都是渐近稳定性结果。另外, 为了简化, 本书所说的渐近稳定均简称为稳定性。

接下来, 为了研究系统 (2.2) 的渐近稳定性问题, 我们提出两个判据, 即 Lyapunov-Krasovskii(L-K) 稳定性定理和 Razumikhin 定理 (R-定理)。为此, 首先引入 L-K 泛函。众所周知, 在研究一个无时滞系统的稳定性时, 通常构造其李雅普诺夫函数 $V(t, x)$, 同样在研究非线性时滞系统时, 也需要构造类似的 L-K 泛函 $V(t, x_t)$, 并给出其导数定义如下

$$\dot{V}(\tau, \phi) = \frac{\mathrm{d}}{\mathrm{d}t} V(t, x_t)|_{t=\tau, x_t=\phi} = \lim_{\Delta t \to 0} \sup \left\{ \frac{1}{\Delta t} [V(\tau + \Delta t, x_{\tau + \Delta}(\tau, \phi)) - V(\tau, \phi)] \right\}$$

定理 2-1[7](L-K 定理) 考虑系统 (2.2), 假设 $f: \mathbb{R} \times \mathcal{C} \to \mathbb{R}^n$; $u, v, w: \mathbb{R}^+ \to \mathbb{R}^+$, 其中, u、v 为 $\mathcal{K}$ 类函数, w 为连续非减函数。如果存在一个连续可微泛函 $V: \mathbb{R} \times \mathcal{C} \to \mathbb{R}$, 满足

① $u(\|\phi(0)\|) \leqslant V(t, \phi) \leqslant v(\|\phi\|_{\mathcal{C}})$;

② $\dot{V}(t, \phi) \leqslant -w(\|\phi(0)\|)$,

则系统 (2.2) 的零解一致稳定。另外, 如果 $w(s) > 0, s > 0$, 则系统一致渐近稳定。进一步地, 如果 $u(s)$ 是 $\mathcal{K}_\infty$ 类函数, 则系统的零解是全局一致渐近稳定的。

注 2-3 定理 2-1 是一个研究时滞系统渐近稳定性的有效方法, 它不仅适用于线性时滞系统, 也适用于非线性时滞系统。很明显, 在应用该定理时, 需要为待研究的系统构造一个适当的 L-K 泛函, 并证明其满足上述两个条件。

定理 2-2[7](L-R 定理) 考虑系统 (2.2), $f: \mathbb{R} \times \mathcal{C} \to \mathbb{R}^n$; $u, v, w: \mathbb{R}^+ \to \mathbb{R}^+$, 其中, u、v 为 $\mathcal{K}$ 类函数, w 为连续非减函数。如果存在一个连续可微函数 $V: \mathbb{R} \times \mathbb{R}^n \to \mathbb{R}$, 满足

① $u(\|x\|) \leqslant V(t, x) \leqslant v(\|x\|x)$, $t \in \mathbb{R}$, $x \in \mathbb{R}^n$;

② $\dot{V}(t,x) \leqslant -w(\|x\|)$, 对 $V(t+\theta, x(t+\theta)) \leqslant V(t, x(t)), \theta \in [-\tau, 0]$, 则系统 (2.2) 的零解一致稳定。另外, 如果 $w(s) > 0$, $s > 0$, 且存在一个连续非减函数 $p(s) > 0, s > 0$, 使得无论何时 $V(t+\theta, x(t+\theta)) \leqslant p(V(t, x(t))), \theta \in [-\tau, 0]$, 都有 $\dot{V}(t,x) \leqslant -w(\|x\|)$ 成立, 则系统是一致渐近稳定的。进一步地, 如果 $u(s)$ 是 $\mathcal{K}_{\infty}$ 类函数, 则系统的零解是全局一致渐近稳定的。

注 2-4　定理 2-2 提供了另一个研究非线性时滞系统渐近稳定性的方法, 在应用该定理时, 无须构造其 L-K 泛函, 只需找到一个传统李雅普诺夫函数即可。与定理 2-1 比较, 定理 2-2 应用起来较为简单, 然而所得结果具有保守性。因此, 应用该定理的关键是建立小保守性的结果。

2.2.2　有限时间稳定性理论

在实用的控制系统中, 除了稳定性或渐近稳定性, 另一个重要的研究课题是快的收敛性, 即有限时间稳定性。需要指出的是, 有限时间镇定控制器除了具有快的收敛性外, 还具有较好的鲁棒性和抗干扰性 [8], 因此在某些控制问题中需要考虑有限时间稳定和镇定问题。比如, 关于永磁同步电机中的混沌有限时间控制问题 [9]、多智能体系统的有限时间一致性问题 [10-12], 以及空间飞行器姿态的有限时间镇定与跟踪问题 [13-15] 等。此外, 有限时间控制方法在其他领域的应用还有许多, 如轮式机器人的有限时间控制问题 [16]、机械臂的有限时间跟踪问题等。

本节给出本书要用到的关于有限时间稳定性的两个重要结论, 即李雅普诺夫有限时间稳定判据和 L-K 泛函有限时间稳定性判据。

为了阅读的完整性, 我们给出有限时间稳定的定义。

定义 2-12[17]　考虑如下的系统

$$\dot{x} = f(t,x), \quad f(t,0) = 0, \quad x \in \mathbb{R}^n \tag{2.3}$$

其中, $f : D \to \mathbb{R}^n$ 是定义在包含原点的开邻域 D 上的连续但非光滑的函数。系统 (2.3) 的平衡点 $x = 0$ 称为有限时间稳定的, 如果

① $x = 0$ 在 $0 \in U \subseteq D$ 上是李雅普诺夫稳定的;

② $x = 0$ 在 U 上是有限时间收敛的,

则称系统 (2.3) 的平衡点在 $x = 0$ 是有限时间收敛的。如果存在一个包含原点的开邻域 U 和一个函数 $T : U \backslash \{0\} \to (0, \infty)$, 满足对 $\forall x_0 \in U \subset D$, 系统 (2.3) 初态为 x_0 的解 $x(t; 0, x_0)$ 有定义 (前向时间解唯一), 对 $t \in [0, T(x_0))$, $x(t; 0, x_0) \in U \backslash \{0\}$ 且满足

$$\begin{cases} \lim_{t \to T(x_0)} x(t; 0, x_0) = 0 \\ x(t; 0, x_0) \equiv 0, \quad t \geqslant T(x_0) \end{cases} \tag{2.4}$$

则称 $T(x_0)$ 为系统 (2.3) 关于初态 x_0 的停息时间。当 $U = D = \mathbb{R}^n$ 时, 平衡点 $x = 0$ 为全局有限时间稳定的。

下面给出在定义 2-12 情形下一个无时滞系统的有限时间稳定性判据。

定理 2-3[18]　考虑系统 (2.3), 如果存在连续可微的函数 $V : [0, +\infty) \times \mathcal{D} \to \mathbb{R}$, 一个 $\mathcal{K}$ 类函数 $\alpha(.)$ 和一个函数 $k : [0, +\infty) \to \mathbb{R}^+$ 使得对几乎处处的 $t \in [0, +\infty)$ 有 $k(t) > 0$。另外存在实数 $\lambda \in (0, 1)$ 以及一个原点的开邻域 $\mathcal{M} \subseteq \mathcal{D}$ 使得对所有 $t \in [0, +\infty), x \in \mathcal{M}$ 有

① $V(t, 0) = 0$;

② $\alpha(\|x\|) \leqslant V(t, x)$;

③ $\dot{V}(t, x) \leqslant -k(t)(V(t, x))^\lambda$,

则系统 (2.3) 的零解是有限时间稳定的。

现在考虑下面一般非线性时滞系统的有限时间稳定性判据

$$\dot{x} = f(t, x_t) \tag{2.5}$$

其中, $f(t, x_t)$ 是一个连续向量场并满足 $f(t, 0) = 0$。

定义 2-13[19]　假设系统 (2.5) 的解是前向时间唯一的, 如果

① 系统 (2.5) 稳定, 并且

② 对 $\delta > 0$ 和任意 $\phi \in C_\delta$, 存在 $0 \leqslant T(\phi) < +\infty$ 使得 $x(t, \phi) = 0$ 对所有 $t \geqslant T(\phi)$ 成立, 其中 $C_\delta := \{\phi \in L_h^n : \|\phi\|_{L_h^n} < \delta\}$, L_h^n 表示连续可微的函数 $\phi : [-h, 0] \to \mathbb{R}^n$ 依范数 $\|\phi\|_h = \sup_{-h \leqslant t \leqslant 0} \|\phi(t)\|$ 构成的函数空间。$T_0(\phi) = \inf\{T(\phi) \geqslant 0 : x(t, \phi) = 0, \forall t \geqslant T(\phi)\}$ 是系统 (2.5) 的一个停息时间函数。

系统 (2.5) 的一个有限时间稳定性判据如下。

定理 2-4[19]　考虑系统 (2.5) 并假设其解是前向时间唯一的, 如果存在 $\delta > 0$ 以及一个连续泛函 $V : C_\delta \to \mathbb{R} \geqslant 0$, $\epsilon > 0$, 两个 $\mathcal{K}$ 类函数 α 和 r 使得对所有 $\phi \in C_\delta$, 有

① $\alpha(\|\phi(0)\|_n) \leqslant V(\phi)$;

② $\dot{V} \leqslant -r(V(\phi))$, $\displaystyle\int_0^\epsilon \frac{\mathrm{d}z}{r(z)} < +\infty$,

则系统 (2.5) 是有限时间稳定的, 且停息时间函数满足不等式 $T_0(\phi) \leqslant \displaystyle\int_0^{V(\phi)} \frac{\mathrm{d}z}{r(z)}$。

注 2-5　定理 2-4 在研究一般非线性时滞系统的有限时间稳定性时是有效的, 然而值得指出的是, 尽管在定理 2-4 中给出了一个基于 L-K 泛函的有限时间稳定性判据, 但是在文献 [19] 中, 仅建立了这样一个理论结果, 没有给出具体的 L-K 泛函形式。因此在应用该定理时, 需要构造一个适当的李雅普诺夫泛函并证明其满足导数条件, 这是很困难的。因为像在文献 [19] 中表明的, 一方面对一个给定的非线性系统或非线性时滞系统, 要构造其李雅普诺夫函数或泛函不是一件容易的事情; 另一方面, 还需要证明其满足导数条件。

2.2.3　一些引理

本节给出一些常用的引理, 考虑下述非线性时滞系统

$$\begin{cases} \dot{x}(t) = f(x, \tilde{x}) \\ x(\tau) = \phi(\tau), \quad \forall \tau \in [-h,\, 0] \end{cases} \tag{2.6}$$

其中, $\tilde{x} = x(t-h)$, $f(x, \tilde{x})(\in \mathbb{R}^n)$ 是一个连续向量场满足 $f(0, \tilde{x}) = 0$。

引理 2-1 [20]　考虑系统 (2.6), 假设其具有前向时间唯一解, 且存在一个连续可微的泛函 $V : [0, +\infty) \times C_\delta \to \mathbb{R}$, 一个 $\mathcal{K}$ 类函数 $\sigma(\cdot)$ 和实数 $\beta > 1$, $\kappa > 0$ 使得

① $V(t, 0) = 0$, $t \in [0, +\infty)$;

② $\sigma(\|\phi(0)\|) \leqslant V(t, \phi)$;

③ $\dot{V}(t, \phi) \leqslant -\kappa(V(t, \phi))^{\frac{1}{\beta}}$,

对 $t \in [0, +\infty)$ 沿着系统的轨道成立, 则系统 (2.6) 是有限时间稳定的。而且, 如果 $C_\delta = \mathbb{R}^n$ 和 $\sigma(\cdot)$ 属于 $\mathcal{K}_\infty$ 类函数, 则系统是全局有限时间稳定的, 且停息时间满足不等式 $T_0(\phi) \leqslant \dfrac{\beta}{\kappa(\beta-1)}(V(0, \phi))^{\frac{\beta-1}{\beta}}$。

注 2-6　相比无穷时间稳定性判据, 有限时间稳定性所满足的导数条件更为苛刻 (见引理 2-1 的条件③)。事实上, 文献 [17] 已经表明在研究有限时间稳定性时, 引理 2-1 的条件③是必需的, 然而要构造一个满足导数条件的 L-K 泛函是很困难的。在本书中, 我们将给出一些构造方法来解决这个问题, 这是本书的一个特色。另外, 值得指出的是, 不同于文献 [19], 引理 2-1 是一个时变判据。

引理 2-2 [20]　对适当维数的矩阵 Σ_1、Σ_2 和实数 $\epsilon > 0$, 下列不等式成立: $\Sigma_1^{\mathrm{T}} \Sigma_2 + \Sigma_2^{\mathrm{T}} \Sigma_1 \leqslant \epsilon \Sigma_1^{\mathrm{T}} \Sigma_1 + \epsilon^{-1} \Sigma_2^{\mathrm{T}} \Sigma_2$。

引理 2-3 [20]　对任意给定的实数 $p \geqslant 1$, 有 $n^{\frac{p-1}{p}} \left(\sum\limits_{i=1}^{n} |x_i| \right)^{\frac{1}{p}} \geqslant \sum\limits_{i=1}^{n} |x_i|^{\frac{1}{p}} \geqslant \left(\sum\limits_{i=1}^{n} |x_i| \right)^{\frac{1}{p}}$, 其中, $|\cdot|$ 表示绝对值函数。

引理 2-4[21]   若系统 (2.6) 是全局渐近稳定的, 且局部有限时间稳定, 则系统是全局有限时间稳定的.

引理 2-5[22]   如果一个标量函数 $h(x)$ 同着 $h(0) = 0$ $(x \in \mathbb{R}^n)$ 有连续的 n 阶偏导数, 则 $h(x)$ 能表达为 $h(x) = a_1(x)x_1 + \cdots + a_n(x)x_n$, 其中, $a_i(x)$ $(i = 1,\ 2,\ \cdots,\ n)$ 是一些标量函数.

引理 2-6[23]   对任意 $x_i \in \mathbb{R}$ $(i = 1, 2, \cdots, n)$, 以及任意的实数 $0 < p \leqslant 1$, $0 < q < 2$, 下列不等式成立

① $\displaystyle\sum_{i=1}^{n} |x_i|^q \geqslant \left(\sum_{i=1}^{n} |x_i|^2\right)^{\frac{q}{2}}$;

② $\displaystyle\left(\sum_{i=1}^{n} |x_i|\right)^p \leqslant \sum_{i=1}^{n} |x_i|^p$.

引理 2-7(Jensen 不等式)[7]   对于任意常数矩阵 $Z \in \mathbb{R}^{n \times n}$, $Z = Z^{\mathrm{T}} > 0$, 标量 $r > 0$ 和向量函数 $w : [0,\ r] \to \mathbb{R}^n$, 下列不等式成立

$$r \int_0^r w^{\mathrm{T}}(s)Zw(s)\mathrm{d}s \geqslant \left(\int_0^r w(s)\mathrm{d}s\right)^{\mathrm{T}} Z \int_0^r w(s)\mathrm{d}s$$

引理 2-8 (Schur 补引理)[24]   假设 A 和 B 是对称的, 条件

$$\begin{bmatrix} A & C \\ C^{\mathrm{T}} & B \end{bmatrix} \geqslant 0$$

等价于 $B \geqslant 0$, $A - CB^{\dagger}C^{\mathrm{T}} \geqslant 0$, $C(I - BB^{\dagger}) = 0$, 其中, $B^{\dagger}$ 表示矩阵 B 的 Moore-Penrose 逆.

引理 2-9 (严格 Schur 补引理)[24]   假设对称矩阵 $F = F^{\mathrm{T}}$ 可以表示为

$$F = \begin{bmatrix} A & B^{\mathrm{T}} \\ B & C \end{bmatrix}$$

其中, A、B、C 是适当维数的矩阵, 则以下结论等价

① C 非奇异, 则 $F > 0$ 的充分必要条件是 $C > 0$ 且 $A - B^{\mathrm{T}}C^{-1}B > 0$;

② A 非奇异, 则 $F > 0$ 的充分必要条件是 $A > 0$ 且 $C - B^{\mathrm{T}}A^{-1}B > 0$.

考虑系统

$$\dot{x} = f(x), \quad f(0) = 0 \tag{2.7}$$

其中, $x \in \mathbb{R}^n$, f 是一个连续向量场.

引理 2-10[25]　考虑系统 (2.7), 若存在一个 $\mathcal{C}^1$ 函数 $V(x) > 0$, 常数 $c > 0$ 和 $0 < \alpha < 1$ 满足

$$\dot{V}(x) \leqslant -cV^\alpha(x), \quad x \in D/\{0\}$$

则系统是有限时间稳定的。

注 2-7　应用引理 2-10 的关键是构造符合其导数条件的李雅普诺夫函数 (像文献 [25] 中表明的, 构造一个满足导数条件的李雅普诺夫函数仍是一个开放性的问题), 且该引理只能用于建立非线性无时滞系统的有限时间控制问题。对非线性时滞系统来说, 不能直接应用该引理, 需结合引理 2-4 分两步证明, 即先证明系统是全局无穷时间渐近稳定的, 然后通过构造原点的局部邻域, 再证明系统在该邻域内满足引理 2-10 的导数条件。这样处理会导致一些保守性, 然而与引理 2-1 相比, 构造满足导数条件的李雅普诺夫函数要比构造 L-K 泛函容易, 且更易于得到其导数条件。

引理 2-11[25]　考虑系统 (2.7), 若存在一个 $\mathcal{C}^1$ 函数 $V(x) > 0$, 常数 $c > 0$, $b > 0$ 和 $0 < \alpha < 1$ 满足

$$\dot{V}(x) \leqslant -cV^\alpha(x) - bV(x), \quad x \in D/\{0\}$$

则系统是有限时间稳定的。

与引理 2-10 不同, 在引理 2-11 的导数条件中多了一项 $-bV(x)$, 意味着系统会更快收敛到平衡点。

引理 2-12[25]　考虑系统 (2.7), 若存在一个 $\mathcal{C}^1$ 函数 $V(x) > 0$, 常数 $c > 0$, $b > 0$, $\alpha_1 \geqslant 1$ 和 $0 < \alpha_2 < 1$ 满足

$$\dot{V}(x) \leqslant -cV^{\alpha_1}(x) - bV^{\alpha_2}(x), \quad x \in D/\{0\}$$

则系统是快速有限时间收敛的。

引理 2-12 中的导数条件比引理 2-11 更强, 然而它会收敛更快。

2.3　本书用到的研究方法

本节将给出本书在研究非线性时滞系统时所用到的一些基本方法。

2.3.1　非线性时滞系统的精确线性化方法

1) 微分线性化方法

考虑系统

$$\dot{x} = f(x), \quad f(0) = 0 \tag{2.8}$$

其中, x 是状态向量。

假设 2-1 假设系统 (2.8) 中 $f(x)$ 是光滑的, 且其 Jacobi 矩阵 $J_f(x)$ 非奇异。

令 $A(x) := J_f(x)$, 则在假设 2-1 下, $y = f(x)$ 是微分同胚的。取 $y = f(x)$ 作为一个坐标变换, 则系统 (2.8) 可表达为

$$\dot{y} = B(y)y \tag{2.9}$$

其中, $B(y) := A(x)|_{x=f^{-1}(y)}$。

因此当 $J_f(x)$ 非奇异时, 系统 (2.8) 转化为式 (2.9) 中的拟线性形式。很明显, 系统 (2.8) 与系统 (2.9) 的稳定性是等价的。

注 2-8 不同于近似线性化方法, 这里提出了一种精确线性化方法。很明显, 应用该方法可以得到一些更为准确的结果。此外, 对一些复杂的非线性系统, 应用本节的方法可以建立一个等价的拟线性形式, 便于研究该类系统的稳定性和控制问题。

2) 正交线性化方法

应用微分线性化方法时, 要求系统 $f(x)$ 的 Jacobi 矩阵非奇异, 且 $f(x)$ 是光滑的, 这极大地限制了此方法的应用。因此, 为了推广此类方法, 建立更一般的结果, 本节给出一种正交线性化方法。

命题 2-1[22] 考虑系统 (2.8), 若存在函数 $g(x)(\nabla g \neq 0)$ 使得 $L_f g = 0(f^{\mathrm{T}}\nabla g = 0)$, 则系统等价为

$$\dot{x} = J(x)\nabla g \tag{2.10}$$

其中, $J(x) = \dfrac{1}{\|\nabla g\|^2}\big[f\nabla g^{\mathrm{T}} - \nabla g f^{\mathrm{T}}\big]$。

注 2-9 命题 2-1 表明, 若向量场 $f(x)$ 沿着 $g(x)$ 的梯度方向导数处处为零, 也就是 $f(x)$ 处处垂直于 ∇g, 则系统 (2.8) 有一个正交实现形式 (2.10)。

接下来, 给出一个一般的正交实现方法。考虑系统 (2.8), 则在任一点 $x \neq 0$ 处, 沿着梯度方向 ∇g 和切平面方向分解 $f(x)$, 易得

$$f(x) = f_{gd}(x) + f_{td}(x) \tag{2.11}$$

其中, $f_{gd}(x) = \dfrac{<f, \nabla g>}{\|\nabla g\|^2}\nabla g$, $f_{td}(x) = f(x) - f_{gd}(x)$。

根据命题 2-1 有 $f_{td}(x) = J(x)\nabla g$。令 $R(x) = \dfrac{<f, \nabla g>}{\|\nabla g\|^2}I_n$, 有系统 (2.8) 的

如下正交实现形式

$$\dot{x} = \begin{cases} [J(x) + R(x)]\nabla g, & x \neq 0 \\ 0, & x = 0 \end{cases} \tag{2.12}$$

称式 (2.12) 为系统 (2.8) 的正交线性化模型 (进一步的细节请参考文献 [22])。注意到该方法具有广泛的应用, 在后面的章节, 我们经常用这个方法来研究一般形式的非线性系统。

2.3.2 哈密顿方法

1) 哈密顿函数方法

考虑下面的一般非线性系统

$$\dot{x}(t) = f(x) + g(x)u \tag{2.13}$$

其中, $x(t) \in \mathbb{R}^n$ 是系统的状态, $f(x)$ 是一个向量场满足 $f(0) = 0$, u 是控制输入。

定义 2-14[22,26] 如果存在一个连续可微的函数 $H(x)$ 和一个 $\mathcal{K}$ 类函数 β 使得 $H(x) \geqslant \beta(\|x\|)$, $H(0) = 0$, $\frac{\partial H}{\partial x}|_{x=0} = 0$ 以及 $\frac{\partial H}{\partial x}|_{x \neq 0} \neq 0$ 成立, 则称 $H(x)$ 是一个标准正定函数, 其中 ∂ 表示偏导数。

定义 2-15[22] 称系统 (2.13) 有一个广义哈密顿实现 (Generalized Hamilton Realization, GHR), 如果存在一个适当的坐标卡和一个标准正定的函数 $H(x)$ 使得系统 (2.13) 能被表达为如下哈密顿形式

$$\dot{x}(t) = T(x)\nabla_x H(x) + g(x)u \tag{2.14}$$

其中, $\nabla_x H(x) := \dfrac{\partial H(x)}{\partial x}$。

下面给出几种 GHR 方法。进一步的细节请参考文献 [22]。另外, 对其他的实现方法, 也可参考文献 [22]。

引理 2-13[22] 对一个给定的标准正定函数 $H(x)$, 系统 (2.13) 有如下正交分解哈密顿实现形式:

$$\dot{x} = T(x)\nabla_x H(x) + g(x)u, \quad T(x) = \begin{cases} J(x) + S(x), & x \neq 0 \\ 0, & x = 0 \end{cases}$$

其中

$$\nabla_x H(x) = \frac{\partial H(x)}{\partial x}$$

$$J(x) := \frac{1}{\|\nabla_x H\|^2}[f_{td}\nabla_x H^{\mathrm{T}} - \nabla_x H f_{td}^{\mathrm{T}}], \quad S(x) := \frac{<f, \nabla_x H>}{\|\nabla_x H\|^2}I_n$$

$$f_{gd}(x) := \frac{<f, \nabla_x H>}{\|\nabla_x \bar{H}\|^2}\nabla H, \quad f_{td}(x) := f(x) - f_{gd}(x)$$

接下来, 当系统 (2.13) 中的 $f(x)$ 光滑时, 我们提出一个特殊的 GHR 结果。

引理 2-14[22]   考虑系统 (2.13), 如果 $f(x)(= (f_1(x), \cdots, f_n(x))^{\mathrm{T}})$ 是光滑的, 且其 Jacobi 矩阵 J_f 非奇异, 则系统 (2.13) 有如下哈密顿实现

$$\dot{x} = T(x)\nabla_x H(x) + g(x)u$$

其中, $H(x) = \frac{1}{2}\sum_{i=1}^{n} f_i^2(x)$, $\nabla_x H(x) = \left[\sum_{i=1}^{n} f_i(x)\frac{\partial f_i(x)}{\partial x_1}, \cdots, \sum_{i=1}^{n} f_i(x)\frac{\partial f_i(x)}{\partial x_n}\right]^{\mathrm{T}}$

$T(x) := J_f^{-\mathrm{T}}(x)$。另外, 若 $f(x)$ 是光滑的, 且其 Jacobi 矩阵 J_f 是奇异的并有一个固定的可逆子块, 则存在一个矩阵 $M(x)$ 和向量场 $g(x) = (g_1(x), \cdots, g_n(x))^{\mathrm{T}})$ 具有非奇异的 Jacobi 矩阵 J_g 使得系统 (2.13) 有下面哈密顿实现

$$\dot{x} = T(x)\nabla_x H(x) + g(x)u$$

其中, $H(x) = \frac{1}{2}\sum_{i=1}^{n} g_i^2(x)$, $\nabla_x H(x) = \left[\sum_{i=1}^{n} g_i(x)\frac{\partial g_i(x)}{\partial x_1}, \cdots, \sum_{i=1}^{n} g_i(x)\frac{\partial g_i(x)}{\partial x_n}\right]^{\mathrm{T}}$,

$T(x) := M(x)J_g^{-\mathrm{T}}(x)$。

注 2-10   引理 2-13 本质上是一种正交分解方法, 适用范围较广。不同于引理 2-13, 引理 2-14 事实上是一种向量场的分解方法, 应用该方法时对向量有光滑性的要求。

2) 哈密顿泛函方法

本节将给出研究更一般非线性时滞系统的若干结果, 为此考虑非线性时滞系统

$$\begin{cases} \dot{x}(t) = f(x(t), \tilde{x}(t)) \\ x(t) = \phi(t), \quad \forall t \in [-h, \ 0] \end{cases} \tag{2.15}$$

其中, $x(t) \in \mathbb{R}^n$ 是状态向量, $\tilde{x}(t) := x(t-h)$, $h > 0$ 是时滞, $f(x, \tilde{x})$ 是光滑向量场满足 $f(0,0) = 0$, 且 $\phi(t)$ 是向量值初值函数。

下面给出要用到的相关概念。

定义 2-16   一个函数 $H(x, \tilde{x})$ 被称为是关于 x 的一个标准正定泛函, 如果存在一个 $\mathcal{K}$ 类函数 α 使得 $H(x, \tilde{x}) \geqslant \alpha(\|x\|)$, $H(0,0) = 0$, $\frac{\partial H}{\partial x}|_{(x,\tilde{x})=0} = 0$ 和

$\frac{\partial H}{\partial x}|_{(x,\tilde{x})\neq 0} \neq 0$。譬如, $H(x,\tilde{x}) = x_1^2 + x_2^2 + \tilde{x}_1^2 + \tilde{x}_2^2 + x_1\tilde{x}_2$ 是一个关于 x 的标准正定哈密顿泛函。

定义 2-17 称系统 (2.15) 有一个 GHR, 如果存在一个适当的坐标变换和一个标准正定的泛函 $H(x,\tilde{x})$ 使得系统 (2.15) 能表达为下列形式

$$\begin{cases} \dot{x}(t) = T(x,\tilde{x})\nabla_x H(x,\tilde{x}) \\ x(t) = \phi(t), \quad \forall t \in [-h, \ 0] \end{cases} \tag{2.16}$$

其中, $\nabla_x H(x,\tilde{x}) := \dfrac{\partial H(x,\tilde{x})}{\partial x}$。

注 2-11 注意到一个给定系统的 GHR 是不唯一的。而且, 很明显, 与文献 [3] 不同, 定义 2-17 中的 GHR 更具一般性。

应用哈密顿泛函方法的关键是表达一个待研究的时滞系统为相应的哈密顿形式。接下来, 为方便应用, 我们提出一些 GHR 的实现方法。

为此, 考虑系统 (2.15), 因为总存在关于 x 的泛函, 所以可以选择一个标准正定的泛函 $H(x,\tilde{x})$, 并应用正交线性化方法来表达系统 (2.15) 为 GHR 的形式, 为此有下面的命题。

命题 2-2 系统 (2.15) 总有如下 GHR 形式

$$\dot{x} = \{J(x,\tilde{x}) + R(x,\tilde{x})\}\nabla_x H(x,\tilde{x}) := T(x,\tilde{x})\nabla_x H(x,\tilde{x}) \tag{2.17}$$

其中, $H(x,\tilde{x})$ 是关于 x 的标准正定泛函

$$J(x,\tilde{x}) := \begin{cases} \dfrac{1}{\|\nabla_x H(x,\tilde{x})\|^2}[f_{td}(x,\tilde{x})\nabla_x H^{\mathrm{T}}(x,\tilde{x}) - \nabla_x H(x,\tilde{x})f_{td}^{\mathrm{T}}(x,\tilde{x})], \ (x,\tilde{x})\neq 0 \\ 0, \quad (x,\tilde{x}) = 0 \end{cases}$$

$$R(x,\tilde{x}) := \begin{cases} \dfrac{\langle f(x,\tilde{x}), \nabla_x H(x,\tilde{x})\rangle}{\|\nabla_x H(x,\tilde{x})\|^2} I, \ (x,\tilde{x}) \neq 0 \\ 0, \quad (x,\tilde{x}) = 0 \end{cases}$$

$$f_{td}(x,\tilde{x}) := f(x,\tilde{x}) - \frac{\langle f(x,\tilde{x}), \ \nabla H_x(x,\tilde{x})\rangle}{\|\nabla_x H(x,\tilde{x})\|^2}\nabla_x H(x,\tilde{x})$$

下面给出一个特殊 GHR 结果。

考虑系统 (2.15), 并令 $A_i = \left(\dfrac{\partial f}{\partial x_i}\right)^{\mathrm{T}} = \left(\dfrac{\partial f_1}{\partial x_i}, \cdots, \dfrac{\partial f_n}{\partial x_i}\right)$ 和 $a_i = \dfrac{\partial}{\partial x_i}$ ($i = 1, 2, \cdots, n$)。

构造如下两个方程

$$
\begin{bmatrix}
A_2 & -A_1 & & & & \\
A_3 & & -A_1 & & & \\
\vdots & & & \ddots & & \\
A_n & & & & -A_1 \\
& A_3 & -A_2 & & & \\
& \vdots & & \ddots & & \\
& A_n & & & -A_2 \\
& & \vdots & & \vdots \\
& & & A_n & -A_{n-1}
\end{bmatrix}
\begin{bmatrix}
X_1(x,\tilde{x}) \\
X_2(x,\tilde{x}) \\
\vdots \\
X_n(x,\tilde{x})
\end{bmatrix} = 0 \quad (2.18)
$$

$$
\left(
\begin{bmatrix}
a_2 & -a_1 & & & & \\
a_3 & & -a_1 & & & \\
\vdots & & & \ddots & & \\
a_n & & & & -a_1 \\
& a_3 & -a_2 & & & \\
& \vdots & & \ddots & & \\
& a_n & & & -a_2 \\
& & \vdots & & \vdots \\
& & & a_n & -a_{n-1}
\end{bmatrix}
\otimes I_n
\right)
\begin{bmatrix}
X_1(x,\tilde{x}) \\
X_2(x,\tilde{x}) \\
\vdots \\
X_n(x,\tilde{x})
\end{bmatrix} = 0 \quad (2.19)
$$

其中, $X_i(x,\tilde{x})$ $(i = 1, 2, \cdots, n)$ 是 n 维列向量, $\otimes$ 是 Kronecker 积, 对任意的标量泛函 $h(x,\tilde{x})$, 定义 $a_i \cdot h(x,\tilde{x}) = \dfrac{\partial h(x,\tilde{x})}{\partial x_i}$, $i = 1, 2, \cdots, n$。

命题 2-3[26]　如果方程 (2.18) 和方程 (2.19) 有解 $(X_1^{\mathrm{T}}(x,\tilde{x}), \cdots, X_n^{\mathrm{T}}(x,\tilde{x}))^{\mathrm{T}}$ 使得矩阵 $\left[X_1(x,\tilde{x}) \vdots X_2(x,\tilde{x}) \vdots \cdots \vdots X_n(x,\tilde{x}) \right]_{n \times n}$ 非奇异, 则存在一个哈密顿泛函 $H(x,\tilde{x})$ (即这个哈密顿泛函与 x 和 $\tilde{x}$ 相关) 使得系统 (2.15) 有如下 GHR 形式

$$
\dot{x}(t) = T(x,\tilde{x}) \nabla_x H(x,\tilde{x}) \tag{2.20}
$$

其中, $T(x, \tilde{x}) := \left[X_1(x, \tilde{x}) \vdots X_2(x, \tilde{x}) \vdots \cdots \vdots X_n(x, \tilde{x}) \right]^{-\mathrm{T}}$。

应用命题 2-3 能得到系统 (2.15) 一个常 GHR 形式, 也就是其结构矩阵是常数。

推论 2-1[26] 如果方程 (2.18) 有一个常数解 $(X_1^{\mathrm{T}}, \cdots, X_n^{\mathrm{T}})^{\mathrm{T}}$ 同着矩阵 $[X_1 \vdots X_2 \vdots \cdots \vdots X_n]$ 是非奇异的, 则存在一个哈密顿泛函 $H(x, \tilde{x})$ 使得系统 (2.15) 有一个常哈密顿实现 $\dot{x} = T\nabla_x H(x, \tilde{x})$, 其中 $T := [X_1 \vdots X_2 \vdots \cdots \vdots X_n]^{-\mathrm{T}}$。

注 2-12 注意到为了求出命题 2-3 和推论 2-1 中的哈密顿泛函 $H(x, \tilde{x})$, 可以通过如下方法得到

$$
\begin{aligned}
H(x, \tilde{x}) = & \int_{x_1^{(0)}}^{x_1} h_1(x_1, x_2, \cdots, x_n, \tilde{x}_1, \cdots, \tilde{x}_n)\mathrm{d}x_1 \\
& + \int_{x_2^{(0)}}^{x_2} h_2(x_1^{(0)}, x_2, \cdots, x_n, \tilde{x}_1, \cdots, \tilde{x}_n)\mathrm{d}x_2 + \cdots \\
& + \int_{x_n^{(0)}}^{x_n} h_n(x_1^{(0)}, x_2^{(0)}, \cdots, x_{n-1}^{(0)}, x_n^{(0)}, \tilde{x}_1, \cdots, \tilde{x}_n)\mathrm{d}x_n + F(\tilde{x}) \qquad (2.21)
\end{aligned}
$$

其中, $x^{(0)} := (x_1^{(0)}, \cdots, x_n^{(0)})^{\mathrm{T}} \in \mathbb{R}^n$ 是初值点, $F(\tilde{x})$ 是关于 $\tilde{x}$ 的函数。

2.4 本 章 小 结

本章给出了复杂非线性时滞系统的基本理论及本书要用到的研究方法, 同时也提出了本书将要用到的一些引理。本章作为本书的预备内容, 对后面章节的学习和理解有着很重要的作用。

参 考 文 献

[1] 熊金城. 点集拓扑讲义. 北京: 高等教育出版社, 2006.

[2] 王玉振. 广义 Hamilton 控制系统理论: 实现、控制与应用. 北京: 科学出版社, 2007.

[3] 孙炜伟. 时滞及饱和 Hamilton 系统的分析与综合. 济南: 山东大学, 2009.

[4] Khalil H. Nonlinear Systems. 北京: 电子工业出版社, 2007.

[5] 丁世宏, 李世华. 有限时间控制问题综述. 控制与决策, 2011, 26(2): 161-169.

[6] Yang R M, Sun L Y, Zhang G Y, et al. Finite-time stability and stabilization of nonlinear singular time-delay systems via Hamiltonian method. Journal of the Franklin Institute, 2019, 356(12): 5961-5992.

[7] Gu K Q, Kharitonov V L, Chen J. Stability of Time-Delay Systems. Berlin: Springer, 2003.

[8] Hong Y G, Huang J, Xu Y S. On an output feedback finite-time stabilization problem. IEEE Transactions on Automatic Control, 2001, 46(2): 305-309.

[9] Wei D Q, Zhang B. Controlling chaos in permanent magnet synchronous motor based on finite-time stability theory. Chinese Physics B, 2009, 18(4): 1399-1403.

[10] Jiang F C, Wang L. Finite-time information consensus for multi-agent systems with fixed and switching topologies. Physica D, 2009, 238(16): 1550-1560.

[11] Wang L, Chen Z Q, Liu Z X, et al. Finite time agreement protocol design of multi-agent systems with communication delays. Asian Journal of Control, 2009, 11(3): 281-286.

[12] Wang X L, Hong Y G. Finite-time consensus for multi-agent networks with second-order agent dynamics. IFAC Proceedings Volumes, 2008, 41(2): 15185-15190.

[13] Ding S H, Li S H, Li Q. Stability analysis for a second-order continuous finite-time control system subject to a disturbance. Journal of Control Theory and Application, 2009, 7(3): 171-176.

[14] Jin E D, Sun Z W. Robust controllers design with finite time convergence for rigid spacecraft attitude tracking control. Aerospace Science and Technology, 2008, 12(4): 324-330.

[15] Li S H, Ding S H, Li Q. Global set stabilization of the spacecraft attitude using finite-time control technique. International Journal of Control, 2009, 82(5): 822-836.

[16] 祝晓才, 董国华, 胡德文. 轮式移动机器人有限时间镇定控制器设计. 国防科技大学学报, 2006, 28(4): 121-127.

[17] Bhat S P, Bernstein D S. Continuous finite time stabilization of the translational and rotational double integrators. IEEE Transactions on Automatic Control, 1998, 43(5): 678-682.

[18] Haddad W, Nersesov S, Du L. Finite-time stability for time-varying nonlinear dynamical systems//American Control Conference, Washington, 2008.

[19] Moulay E, Dambrine M, Yeganefar N, et al, Finite time stability and stabilization of time-delay systems. Systems and Control Letters, 2008, 57(7): 561-566.

[20] Yang R M, Wang Y Z. Finite-time stability analysis and H_∞ control for a class of nonlinear time-delay Hamiltonian systems. Automatica, 2013, 49(2): 390-401.

[21] Hong Y G, Jiang Z P. Finite-time stabilization of nonlinear systems with parametric and dynamic uncertainties. IEEE Transactions on Automatic Control, 2006, 51(12): 1950-1956.

[22] Wang Y Z, Li C W, Cheng D Z. Generalized Hamiltonian realization of time-invariant nonlinear systems. Automatica, 2003, 39(8): 1437-1443.

[23] Hu J T, Sui G X, Du S L, et al. Finite-time stability of uncertain nonlinear systems with time-varying delay. Mathematical Problems in Engineering, 2017, 9: 1-9.

[24] Boyd S, Ghaoui L E, Feron E, et al. Linear Matrix Inequalities in Systems and Control Theory. Philadelphia: SIAM, 1994.

[25] 刘洋, 井元伟, 刘晓平, 等. 非线性系统有限时间控制研究综述. 控制理论与应用, 2020,
      37(1): 1-12.

[26] Yang R M, Wang Y Z. Stability for a class of nonlinear time-delay systems via Hamilto-
      nian functional method. Science China: Information Sciences, 2012, 55(5): 1218-1228.

第 3 章　复杂非线性时滞系统的稳定性分析

3.1　引　　言

在许多实际的控制系统中经常会存在时滞现象, 例如, 通信系统、电路系统、工程系统、过程控制系统等。时滞的存在给理论分析与工程应用带来了很大难度, 与普通常微分系统相比, 时滞系统的许多性质发生了变化, 而且滞后现象使得这类系统的性能变差, 甚至导致系统不稳定。因此研究时滞系统的稳定性分析具有重要的理论意义和实际工程意义 [1,2]。然而, 不同于线性时滞系统, 由于实际的非线性时滞系统结构复杂、形式多变, 缺乏有效的研究方法, 人们只得到了一些特殊形式的非线性时滞系统的稳定性分析结果, 例如, 线性主部形式或近似线性化形式的系统 [3-7], 极大地限制了其应用。

本章试图解决该类问题, 通过发展一些新的方法 (如正交线性化方法、哈密顿函数或泛函方法), 研究一般形式的非线性时滞系统的稳定性和有限时间稳定性问题, 建立若干相应的稳定性充分条件。本章首先研究一般形式非线性时滞系统的无穷时间渐近稳定性问题, 然后研究其有限时间渐近稳定性问题, 得到了一些时滞无关、时滞相关和具有较小保守性的简洁判断条件。3.1 节是引言; 3.2 节研究无穷时间稳定性问题, 通过正交线性化方法以及哈密顿函数方法分别给出了常时滞和时变时滞系统的渐近稳定性条件; 3.3 节研究有限时间稳定性问题, 建立了常时滞和时变时滞的结果; 3.4 节是本章小结。

3.2　无穷时间渐近稳定性

3.2.1　常时滞系统的稳定性

1. 正交线性化方法

本节给出了一类一般形式非线性时滞系统的稳定性分析结果。首先, 通过坐标变换和向量场的正交分解方法, 给出了原系统的一个等价形式。接着, 基于这个等价形式和自由权矩阵方法, 通过构造一个适当的李雅普诺夫泛函, 得到几个较小保守性的渐近稳定性结果。

首先给出了问题描述, 然后提出了一个假设和系统的等价形式。

考虑如下非线性常时滞系统

$$\begin{cases} \dot{x}(t) = f(x(t)) + f_1(x(t-h)) \\ x(t) = \phi(t), \quad \forall t \in [-h,\, 0] \end{cases} \tag{3.1}$$

其中, $x(t) \in \Omega \subseteq \mathbb{R}^n$ 为系统的状态变量, Ω 是原点的一个有界凸邻域, $h > 0$ 是常时滞, $f(x)$ 和 $f_1(x)$ 是满足 $f(0) = 0$, $f_1(0) = 0$ 的两个光滑向量场, 初始条件 $\phi(t)$ 是一个连续向量值函数。

为了便于研究, 下面给出一个基本的假设。

假设 3-1　假设系统 (3.1) 中 $f(x)$ 的 Jacobi 矩阵 $J_f(x)$ 在 Ω 内非奇异。

假设 3-1 是比较宽松的。事实上, 有许多实际的系统, 比如电力系统和机械系统 [8,9] 等都满足这个假设条件。

如果 $f_1(x) \equiv 0$, 则系统 (3.1) 可表达为

$$\dot{x} = f(x), \quad f(0) = 0 \tag{3.2}$$

令 $A(x) := J_f(x)$, 则在假设 3-1 下, $y = f(x)$ 在 Ω 内是微分同胚的。取 $y = f(x)$ 作为一个坐标变换, 则系统 (3.2) 可表达为

$$\dot{y} = B(y)y \tag{3.3}$$

其中, $B(y) := A(x)|_{x=f^{-1}(y)}$。

因此当 $J_f(x)$ 非奇异时, 系统 (3.2) 转化为系统 (3.3) 中的拟线性形式。很明显, 系统 (3.2) 与系统 (3.3) 的局部稳定性是等价的。

下面分两种情形研究系统 (3.1) 的稳定性。

① 特殊情形: $f_1 \equiv f$。

在这种情形下, 系统 (3.1) 可表达为

$$\begin{cases} \dot{x}(t) = f(x) + f(x(t-h)) \\ x(t) = \phi(t), \quad \forall t \in [-h,\, 0] \end{cases} \tag{3.4}$$

注意到在假设 3-1 下, 系统 (3.4) 可被局部转变为如下等价形式

$$\begin{cases} \dot{y}(t) = B(y)y(t) + B(y)y(t-h) \\ y(t) = f(\phi(t)), \quad \forall t \in [-h,\, 0] \end{cases} \tag{3.5}$$

其中, $B(y) = A(x)|_{x=f^{-1}(y)}, y \in \Omega_1 := f(\Omega)$。

注 3-1　本节把系统 (3.4) 转变为拟线性形式 (3.5) 的方法不同于文献 [3] 和文献 [10] 中的方法, 而且本节除了要求 $J_f(x)$ 非奇异外, 对系统没有其他额外要求。

关于系统 (3.5) 的稳定性, 有如下结果。

定理 3-1　考虑系统 (3.4) 或系统 (3.5), 如果

① 假设 3-1 成立;

② 存在适当维数的常正定矩阵 P, Q_i $(i = 1, 2)$ 和 Z_j $(j = 1, 2)$ 使得对所有 $y \in \Omega_1$, 下列不等式成立

$$\Xi := \begin{bmatrix} \Gamma_{11} & \Gamma_{12} & Z_1 \\ * & \Gamma_{22} & Z_2 \\ * & * & \Gamma_{33} \end{bmatrix} < 0 \tag{3.6}$$

$$\Gamma_{11} := PB(y) + B^{\mathrm{T}}(y)P + Q_1 - Z_1 + \frac{h^2}{4}B^{\mathrm{T}}(y)(Z_1 + Z_2)B(y)$$

$$\Gamma_{12} := PB(y) + \frac{h^2}{4}B^{\mathrm{T}}(y)(Z_1 + Z_2)B(y)$$

$$\Gamma_{22} := -Q_2 - Z_2 + \frac{h^2}{4}B^{\mathrm{T}}(y)(Z_1 + Z_2)B(y)$$

$$\Gamma_{33} := -Z_1 - Z_2 - Q_1 + Q_2$$

则系统 (3.5) 是局部渐近稳定的, 或等价的, 系统 (3.4) 是局部渐近稳定的。

证明: 考虑如下 L-K 泛函候选函数

$$V(t, y_t) = V_1(y) + V_2(t, y_t) + V_3(t, y_t) \tag{3.7}$$

其中

$$y_t = y(t + \theta), \quad \forall \theta \in [-h, 0]$$

$$V_1(y) := y^{\mathrm{T}}Py$$

$$V_2(t, y_t) := \int_{t-\frac{h}{2}}^{t} y^{\mathrm{T}}(s)Q_1 y(s)\mathrm{d}s + \int_{t-h}^{t-\frac{h}{2}} y^{\mathrm{T}}(s)Q_2 y(s)\mathrm{d}s$$

$$V_3(t, y_t) := \frac{h}{2}\int_{t-\frac{h}{2}}^{t}\int_{s}^{t} \dot{y}^{\mathrm{T}}(\tau)Z_1\dot{y}(\tau)\mathrm{d}s\mathrm{d}\tau + \frac{h}{2}\int_{t-\frac{h}{2}}^{t}\int_{s-\frac{h}{2}}^{t} \dot{y}^{\mathrm{T}}(\tau)Z_2\dot{y}(\tau)\mathrm{d}s\mathrm{d}\tau$$

沿着系统 (3.5) 的轨道计算 $V(t, y_t)$ 的导数, 可得

$$\dot{V}_1 = y^{\mathrm{T}}\big\{PB(y) + B^{\mathrm{T}}(y)P\big\}y + 2y^{\mathrm{T}}PB(y)y(t - h)$$

$$\dot{V}_2 = y^{\mathrm{T}}Q_1 y + y^{\mathrm{T}}\left(t - \frac{h}{2}\right)(-Q_1 + Q_2)y\left(t - \frac{h}{2}\right) - y^{\mathrm{T}}(t-h)Q_2 y(t-h)$$

$$\dot{V}_3 = -\frac{h}{2}\int_{t-\frac{h}{2}}^{t} \dot{y}^{\mathrm{T}}(s)Z_1\dot{y}(s)\mathrm{d}s + \frac{h^2}{4}\dot{y}^{\mathrm{T}}(t)Z_1\dot{y}(t)$$

$$\qquad -\frac{h}{2}\int_{t-h}^{t-\frac{h}{2}} \dot{y}^{\mathrm{T}}(s)Z_2\dot{y}(s)\mathrm{d}s + \frac{h^2}{4}\dot{y}^{\mathrm{T}}(t)Z_2\dot{y}(t)$$

应用 Jensen 不等式易得

$$-\frac{h}{2}\int_{t-\frac{h}{2}}^{t}\dot{y}^{\mathrm{T}}(s)Z_1\dot{y}(s)\mathrm{d}s$$

$$\leqslant -\left[y(t) - y\left(t-\frac{h}{2}\right)\right]^{\mathrm{T}}Z_1\left[y(t) - y\left(t-\frac{h}{2}\right)\right]$$

$$= -y^{\mathrm{T}}(t)Z_1 y(t) + 2y^{\mathrm{T}}(t)Z_1 y\left(t-\frac{h}{2}\right) - y^{\mathrm{T}}\left(t-\frac{h}{2}\right)Z_1 y\left(t-\frac{h}{2}\right) \qquad (3.8)$$

$$-\frac{h}{2}\int_{t-h}^{t-\frac{h}{2}}\dot{y}^{\mathrm{T}}(s)Z_2\dot{y}(s)\mathrm{d}s$$

$$\leqslant -\left[y\left(t-\frac{h}{2}\right) - y(t-h)\right]^{\mathrm{T}}Z_2\left[y\left(t-\frac{h}{2}\right) - y(t-h)\right]$$

$$= -y^{\mathrm{T}}\left(t-\frac{h}{2}\right)Z_2 y\left(t-\frac{h}{2}\right) + 2y^{\mathrm{T}}\left(t-\frac{h}{2}\right)Z_2 y(t-h)$$

$$\qquad -y^{\mathrm{T}}(t-h)Z_2 y(t-h) \qquad (3.9)$$

把 $\dot{y}(t) = B(y)y + B(y)y(t-h)$、式 (3.8) 和式 (3.9) 代入 $\dot{V}$, 得到

$$\dot{V} \leqslant y^{\mathrm{T}}\left\{PB(y) + B^{\mathrm{T}}(y)P + Q_1 - Z_1 + \frac{h^2}{4}B^{\mathrm{T}}(y)(Z_1 + Z_2)B(y)\right\}y$$

$$\quad + 2y^{\mathrm{T}}\left\{PB^{\mathrm{T}}(y) + \frac{h^2}{4}B^{\mathrm{T}}(y)(Z_1 + Z_2)B(y)\right\}y(t-h) + 2y^{\mathrm{T}}(t)Z_1 y\left(t-\frac{h}{2}\right)$$

$$\quad + y^{\mathrm{T}}(t-h)\left\{-Q_2 - Z_2 + \frac{h^2}{4}B^{\mathrm{T}}(y)(Z_1 + Z_2)B(y)\right\}y(t-h)$$

$$\quad + 2y^{\mathrm{T}}(t-h)Z_2 y\left(t-\frac{h}{2}\right) + y^{\mathrm{T}}\left(t-\frac{h}{2}\right)(-Z_1 - Z_2 - Q_1 + Q_2)y\left(t-\frac{h}{2}\right)$$

$$:= \xi^{\mathrm{T}}\Xi\xi$$

其中, $\xi := \left[y^{\mathrm{T}}(t),\ y^{\mathrm{T}}(t-h),\ y^{\mathrm{T}}\left(t-\frac{h}{2}\right)\right]^{\mathrm{T}}$。

由条件②可得系统 (3.5) 是局部渐近稳定的, 证毕。

注 3-2 选取式 (3.7) 中 L-K 泛函的目的是减小结果的保守性。另一方面, 容易看到定理 3-1 中的条件只包含变量 y, 而与 $y(t-h)$ 无关, 这使得在应用本章的

结果时, 避开了一般文献中涉及的无穷维变量检验问题, 这也是本章所用到坐标变换方法的优势。

推论 3-1 考虑如下拟线性时滞系统

$$\begin{cases} \dot{x}(t) = D(x)x(t) + B(x)x(t-h) \\ x(t) = \phi(t), \quad \forall t \in [-h, \, 0] \end{cases} \tag{3.10}$$

假设存在适当维数的常正定矩阵 P, Z_j $(j = 1, 2)$, Q_i $(i = 1, 2)$ 使得不等式

$$\Xi := \begin{bmatrix} \Gamma_{11} & \Gamma_{12} & Z_1 \\ * & \Gamma_{22} & Z_2 \\ * & * & \Gamma_{33} \end{bmatrix} < 0, \quad x \in \Omega$$

成立, 其中

$$\Gamma_{11} := PD(x) + D^{\mathrm{T}}(x)P + Q_1 - Z_1 + \frac{h^2}{4}D^{\mathrm{T}}(x)(Z_1 + Z_2)D(x)$$

$$\Gamma_{12} := PB(x) + \frac{h^2}{4}D^{\mathrm{T}}(x)(Z_1 + Z_2)B(x)$$

$$\Gamma_{22} := -Q_2 - Z_2 + \frac{h^2}{4}B^{\mathrm{T}}(x)(Z_1 + Z_2)B(x)$$

$$\Gamma_{33} := -Z_1 - Z_2 - Q_1 + Q_2$$

则系统 (3.10) 是局部渐近稳定的。

证明: 类似于定理 3-1 的证明, 可知该结论成立, 证毕。

②一般情形: $f_1 \neq f$。

为了研究这种情形下的稳定性, 首先给出一个假设。

假设 3-2 假设 $f_1(x)$ 的 Jacobi 矩阵 $J_{f_1}(x)$ 在 Ω 内非奇异, 其中 $\Omega \subset \mathbb{R}^n$ 是原点某有界凸邻域。

在 $f \neq f_1$ 和假设 3-2 下, 系统 (3.1) 可表达为 $\dot{f}_1(x) = A(x)f(x) + A(x)f_1(x(t-h))$, 其中, $A(x) := J_{f_1}(x)$。

取 $y = f_1(x)$ 为一个坐标变换, 并用正交分解方法, 系统 (3.1) 可等价转化为

$$\begin{cases} \dot{y}(t) = B(y)y(t-h) + D(y)y + G_1(y) \\ y(t) = f_1(\phi(t)), \quad \forall t \in [-h, \, 0] \end{cases} \tag{3.11}$$

其中

$$B(y) := A(x)\big|_{x = f_1^{-1}(y)}$$

$$D(y) = \begin{cases} \dfrac{\langle Af(x),\ f_1(x)\rangle}{\|f_1(x)\|^2} I_n\big|_{x=f_1^{-1}(y)}, & y \neq 0 \\ 0, & y = 0 \end{cases} \tag{3.12}$$

$$G_1(y) = \begin{cases} A(x)f(x) - D(x)f_1(x)\big|_{x=f_1^{-1}(y)}, & y \neq 0 \\ 0, & y = 0 \end{cases} \tag{3.13}$$

而且容易看到 $G_1(x) \perp f_1(x)$, 即

$$\langle G_1(y),\ y\rangle = 0 \tag{3.14}$$

另外, 有 $H(y)y = D(y)y + G_1(y)$, 即有

$$E(y)y + G_1(y) = 0 \tag{3.15}$$

其中

$$H(y) = \begin{cases} \dfrac{A(x)f(x)f_1^{\mathrm{T}}(x)}{\|f_1(x)\|^2}\big|_{x=f_1^{-1}(y)}, & y \neq 0 \\ 0, & y = 0 \end{cases} \tag{3.16}$$

和 $E(y) := D(y) - H(y)$。

注 3-3　注意到计算 $H(y)$ 的方法不唯一。例如, 如果 $f_1(x)$ 是一线性函数, 即 $f_1(x) = Ax$, 易得当 A 非奇异时, $Af(x) := AC(x)x = AC(x)A^{-1}Ax = AC(x)A^{-1}f_1(x)$ 成立, 这样可得

$$H(y) = AC(x)A^{-1}\big|_{x=f_1^{-1}(y)} \tag{3.17}$$

注 3-4　在这里用到的转化非线性时滞系统为拟线性时滞系统的方法不同于情形①、文献 [3]、文献 [6]、文献 [7]、文献 [10] 和文献 [11] 中的方法。另外, 很明显, 当 $f_1(x)$ 是一线性函数时, 也可取 $y = [x_1,\ x_2,\ \cdots,\ x_n]^{\mathrm{T}}$ 作为一个特殊的坐标变换来得到系统 (3.1) 的拟线性形式。

下面给出本章的主要结果。

定理 3-2　考虑系统 (3.11), 如果假设 3-2 成立, 并且存在常数 $p > 0$, 适当维数的常正定矩阵 Q_i $(i = 1, 2)$ 和 Z 使得对所有的 $y \in \Omega_2(:= f_1(\Omega))$, 有

$$\Phi = \begin{bmatrix} \Gamma_{11} & pB(y) & hQ_2 \\ * & -\mathrm{arccot}(h)Q_1 & -hQ_2 \\ * & * & -hZ - \dfrac{h}{1+h^2}Q_1 \end{bmatrix} < 0 \tag{3.18}$$

其中，$\varGamma_{11} := pD(y) + D^{\mathrm{T}}(y)p + \dfrac{\pi}{2}Q_1 + hZ$，则系统 (3.11) 是局部渐近稳定的。

证明：注意到当 J_{f_1} 非奇异时，系统 (3.11) 等价于系统 (3.1)，因此只需证明系统 (3.11) 的渐近稳定性即可。考虑一个 L-K 泛函候选函数

$$V(t, y_t) = V_1(y) + V_2(t, y_t) + V_3(t, y_t) + V_4(t, y_t) \tag{3.19}$$

其中，$V_1(y) = py^{\mathrm{T}}(t)y(t)$，$V_2(t, y_t) = \displaystyle\int_{t-h}^{t} \operatorname{arccot}(t-s)y^{\mathrm{T}}(s)Q_1 y(s)\mathrm{d}s$，$V_3(t, y_t) = \displaystyle\int_{t-h}^{t} y^{\mathrm{T}}(s)\mathrm{d}s Q_2 \int_{t-h}^{t} y(s)\mathrm{d}s$，$V_4(t, y_t) = \displaystyle\int_{t-h}^{t}\int_{s}^{t} y^{\mathrm{T}}(\tau)Zy(\tau)\mathrm{d}s\mathrm{d}\tau$。

沿着系统 (3.11) 的轨道计算 $V(t, y_t)$ 的导数，并注意 $y^{\mathrm{T}}G_1(y) = 0$，可得

$$\begin{aligned}
\dot{V} \leqslant \frac{1}{h}\int_{t-h}^{t} &\left\{ y^{\mathrm{T}}(t)\Big(2pD(y(t)) + \frac{\pi}{2}Q_1 + hZ\Big)y(t) + 2py^{\mathrm{T}}(t)B(y(t))y(t-h) \right.\\
&-\operatorname{arccot}(h)y^{\mathrm{T}}(t-h)Q_1 y(t-h) + 2hy^{\mathrm{T}}(t)Q_2 y(s) - 2hy^{\mathrm{T}}(t-h)Q_2 y(s)\\
&\left. -hy^{\mathrm{T}}(s)Zy(s) - \frac{h}{1+h^2}y^{\mathrm{T}}(s)Q_1 y(s) \right\}\mathrm{d}s\\
:= &\; \eta^{\mathrm{T}}\varPhi\eta
\end{aligned}$$

其中，$\eta := [y^{\mathrm{T}}(t),\; y^{\mathrm{T}}(t-h),\; y^{\mathrm{T}}(s)]^{\mathrm{T}}$。根据条件容易得到定理成立，证毕。

接下来，提出系统 (3.11) 的一个更小保守性的稳定性结果。

定理 3-3 考虑系统 (3.11)，如果假设 3-2 成立，并存在常数 a、适当维数的常正定矩阵 P、Q、Z 和常矩阵 N_1、N_2、N_3 使得下式成立

$$\varPhi = \begin{bmatrix} \varGamma_{11} & \varGamma_{12} & \varGamma_{13} + N_3 y^{\mathrm{T}} \\ * & \varGamma_{22} & h^2 B^{\mathrm{T}}(y)Z \\ * & * & N_2 + N_2^{\mathrm{T}} + h^2 Z \end{bmatrix} < 0 \tag{3.20}$$

其中

$$\varGamma_{11} := PD(y) + D^{\mathrm{T}}(y)P + Q - Z + N_1^{\mathrm{T}}E(y)E^{\mathrm{T}}(y)N_1 + h^2 D^{\mathrm{T}}(y)ZD(y)$$

$$\varGamma_{12} := PB(y) + Z + h^2 D^{\mathrm{T}}(y)ZB(y)$$

$$\varGamma_{13} := N_1^{\mathrm{T}} + E^{\mathrm{T}}(y)N_2 + P + aI_n + h^2 D^{\mathrm{T}}(y)Z$$

$$\varGamma_{22} := -Q - Z + h^2 B^{\mathrm{T}}(y)ZB(y)$$

则系统 (3.11) 是局部渐近稳定的。

证明：考虑如下的候选 L-K 泛函

$$V(t, y_t) = V_1(y) + V_2(t, y_t) + V_3(t, y_t)$$

其中, $V_1(y) = y^{\mathrm{T}}(t)Py(t)$, $V_2(t,y_t) = \int_{t-h}^{t} y^{\mathrm{T}}(s)Qy(s)\mathrm{d}s$, $V_3(t,y_t) = h\int_{t-h}^{t}\int_{s}^{t}$ $\dot{y}^{\mathrm{T}}(\tau)Z\dot{y}(\tau)\mathrm{d}\tau\mathrm{d}s$。

沿着系统 (3.11) 的轨道计算 $V(t,y_t)$ 的导数, 并应用 Jensen 不等式, 可得

$$\dot{V}_1 = y^{\mathrm{T}}\Big\{PD(y) + D^{\mathrm{T}}(y)P\Big\}y + 2y^{\mathrm{T}}PB(y)y(t-h) + 2y^{\mathrm{T}}PG_1(y)$$

$$\dot{V}_2 = y^{\mathrm{T}}Qy - y^{\mathrm{T}}(t-h)Qy(t-h)$$

$$\dot{V}_3 = h^2\dot{y}^{\mathrm{T}}(t)Z\dot{y}(t) - h\int_{t-h}^{t}\dot{y}^{\mathrm{T}}(s)Z\dot{y}(s)\mathrm{d}s$$

$$\leqslant h^2\dot{y}^{\mathrm{T}}(t)Z\dot{y}(t) - [y - y(t-h)]^{\mathrm{T}}Z[y - y(t-h)]$$

根据式 (3.14) 和式 (3.15), 存在常数 a 和常数矩阵 N_1、N_2 使得下式成立

$$2ay^{\mathrm{T}}G_1(y) = 0, \quad 2y^{\mathrm{T}}N_3y^{\mathrm{T}}G_1(y) = 0 \tag{3.21}$$

$$2[y^{\mathrm{T}}N_1^{\mathrm{T}} + G_1^{\mathrm{T}}(y)N_2^{\mathrm{T}}][E(y)y + G_1(y)] = 0 \tag{3.22}$$

把式 (3.21)、式 (3.22) 和方程 $\dot{y}(t) = D(y)y + B(y)y(t-h) + G_1(y)$ 代入 $\dot{V}$, 易得 $\dot{V} \leqslant \xi^{\mathrm{T}}\varPhi\xi$, 其中, $\eta := [y^{\mathrm{T}}(t),\ y^{\mathrm{T}}(t-h),\ G_1^{\mathrm{T}}(y)]^{\mathrm{T}}$。从条件 (3.20) 可得定理成立, 证毕。

注 3-5　本节得到的结果都是时滞相关的且都是局部成立的, 即当 $x \in \Omega$ 时成立。显然, 如果 $\Omega = \mathbb{R}^n$, 则所有的结果将会变成全局的。

例 3-1　考虑如下非线性时滞系统 [3]

$$\begin{cases} \dot{x}_1 = x_1^3 + x_1^2 - x_1 + 0.5x_2 - 2x_1(t-h) + 2x_2(t-h) \\ \dot{x}_2 = -0.5x_1 + x_2^3 + x_2^2 - x_2 - 2x_1(t-h) - 2x_2(t-h) \end{cases} \tag{3.23}$$

其中, $x = [x_1,\ x_2]^{\mathrm{T}} \in \Omega = \{(x_1,\ x_2):\ x_1^2 + x_2^2 \leqslant 0.25\}$, h 是时滞常数。

下面用定理 3-3 来分析系统 (3.23) 的稳定性。

考虑区域 Ω 并取三角变换: $x_1 = r\cos\alpha$, $x_2 = r\sin\alpha$ $(0 \leqslant r \leqslant 0.5,\ \alpha \in \mathbb{R})$, 用 LMI 工具箱可以得到存在常数 a, 正定矩阵 P、Q、Z 以及常阵 N_1、N_2、N_3 使得式 (3.20) 中的 $\varPhi < 0$ 成立, 而且满足条件的最大容许时滞上界为 $h_{\max} = 0.3448$。由定理 3-3, 当 $h \leqslant 0.3448$, 系统 (3.23) 是局部渐近稳定的。

而应用文献 [3] 中的方法, 可得满足条件的最大容许时滞上界为 $h_{\max} = 0.286$, 小于本章所得到的结果。

从这个例子可以看到, 定理 3-3 的结果在研究某些非线性时滞系统的稳定性时是有效的, 并有较小的保守性。

2. 哈密顿泛函方法

本节基于哈密顿泛函方法, 研究一类非线性时滞系统的稳定性, 建立若干有关广义哈密顿实现 (GHR) 以及稳定性的新结果。首先给出非线性时滞系统的 GHR 的概念, 提出了几种 GHR 的新方法。其次, 基于这些 GHR 方法构造适当的 L-K 泛函, 本节研究了这类非线性时滞系统的稳定性, 得到了几个保守性小的稳定性结果。仿真例子表明了提出方法的有效性及具有较小的保守性。

本节的主要创新: ① 一个新的 GHR 概念被提出来, 同时建立了几个 GHR 方法。这些 GHR 概念及实现方法是现有结果的推广 [12,13]。② 给出了一般非线性时滞系统的 L-K 泛函构造方法。通过这些构造的 L-K 泛函, 本节研究了一般类型的非线性时滞系统, 得到了几个时滞相关的稳定性结果。与已有的方法相比, 本节的方法能有效地减小结果的保守性。另外, 为了减轻计算负担, 在本节定理中, 提出了一种分解方法。基于该分解方法, 所得稳定性条件可以变成常矩阵不等式, 有效减少了计算量, 而且本节研究的系统具有更一般的形式。

首先给出问题描述, 然后提出一些预备工作。

考虑如下非线性时滞系统

$$
\begin{cases}
\dot{x}(t) = f(x(t),\ \tilde{x}(t)) \\
x(t) = \phi(t), \quad \forall t \in [-h,\ 0]
\end{cases}
\tag{3.24}
$$

其中, $x(t) \in \Omega \subseteq \mathbb{R}^n$ 是系统的状态, $\tilde{x}(t) := x(t-h)$, $h > 0$ 是时滞常数, $f(x,\tilde{x})$ 是光滑向量场并满足 $f(0,0) = 0$, $\phi(t)$ 为向量初值函数, Ω 为包含系统原点的某有界凸邻域。

本节的主要目的是基于哈密顿泛函方法研究系统 (3.24) 的稳定性。

下面给出几个概念。

定义 3-1 称一个连续可微的泛函 $H(x,\tilde{x})$ 关于 x 是标准正定的泛函 (Regular Positive Definite Functional, RPDF), 如果存在一个 $\mathcal{K}$ 类函数 α 使得 $H(x,\tilde{x}) \geqslant \alpha(\|x\|)$, $H(0,0) = 0$, $\frac{\partial H}{\partial x}\big|_{(x,\tilde{x})=0} = 0$, 且 $\frac{\partial H}{\partial x}\big|_{(x,\tilde{x})\neq 0} \neq 0$。比如, $H(x,\tilde{x}) = x_1^2 + x_2^2 + \tilde{x}_1^2 + \tilde{x}_2^2 + x_1 \tilde{x}_2$ 是 $\mathbb{R}^2$ 内的一个 RPDF。

定义 3-2 称系统 (3.24) 有一个 GHR, 如果存在一个适当的坐标变换和一个泛函 $H(x,\ \tilde{x})$ 使得系统 (3.24) 可表达为如下时滞哈密顿系统的形式

$$
\begin{cases}
\dot{x}(t) = T(x,\ \tilde{x})\nabla_x H(x,\ \tilde{x}) \\
x(t) = \phi(t), \quad \forall t \in [-h,\ 0]
\end{cases}
\tag{3.25}
$$

其中, $\nabla_x H(x, \tilde{x}) := \dfrac{\partial H(x, \tilde{x})}{\partial x}$。

注 3-6　注意到对一个给定的时滞系统其 GHR 不唯一。比如, 考虑如下系统

$$\dot{x} = f(x, \tilde{x}) = \begin{bmatrix} 2x_1 \tilde{x}_2 \\ -\tilde{x}_1 x_2 \end{bmatrix} \tag{3.26}$$

并选取哈密顿泛函 $H(x, \tilde{x}) = \dfrac{1}{2}(x_1^2 + x_2^2 + \tilde{x}_1^2 + \tilde{x}_2^2)$, 则有下面两种实现形式

$$\dot{x} = \begin{bmatrix} 2\tilde{x}_2 & 0 \\ 0 & -\tilde{x}_1 \end{bmatrix} \nabla_x H(x, \tilde{x})$$

$$\dot{x} = \frac{1}{(x_1^2 + x_2^2)^2} \begin{bmatrix} (x_1^2 + x_2^2)k_1(x) & 3x_1 x_2 k_2(x) \\ -3x_1 x_2 k_2(x) & (x_1^2 + x_2^2)k_1(x) \end{bmatrix} \nabla_x H(x, \tilde{x})$$

其中, $k_1(x) = 2x_1^2 \tilde{x}_2 - x_2^2 \tilde{x}_1$, $k_2(x) = x_1^2 \tilde{x}_2 + x_2^2 \tilde{x}_1$。显然, 采用文献 [14] 中的 GHR 定义, 人们不能得到系统 (3.26) 的哈密顿实现。因此, 本节提出的 GHR 的定义 3-2 比文献 [14] 中的定义更广泛。

　　为了方便下文分析, 给出几个结论。

　　由引理 2-5 可知, 如果 $g(x) : \mathbb{R}^n \to \mathbb{R}^n$ 和 $g(0) = 0$, 则

$$g(x) = \begin{bmatrix} a_{11}(x) & a_{12}(x) & \cdots & a_{1n}(x) \\ a_{21}(x) & a_{22}(x) & \cdots & a_{2n}(x) \\ \vdots & \vdots & & \vdots \\ a_{n1}(x) & a_{n2}(x) & \cdots & a_{nn}(x) \end{bmatrix} \begin{bmatrix} x_1 \\ x_2 \\ \vdots \\ x_n \end{bmatrix} := M(x)x \tag{3.27}$$

　　引理 3-1[13]　对任意的非线性系统 $\dot{x} = f(x)$ $(f(0) = 0)$ 总有如下的哈密顿实现

$$\dot{x} = T(x)\nabla H(x), \quad T(x) = \begin{cases} J(x) + S(x), & x \neq 0 \\ 0, & x = 0 \end{cases}$$

其中

$$\nabla H(x) = \frac{\partial H(x)}{\partial x}$$

$$J(x) := \frac{1}{\|\nabla H(x)\|^2} [f_{td}(x)\nabla H^{\mathrm{T}}(x) - \nabla H(x) f_{td}^{\mathrm{T}}(x)]$$

$$S(x) := \frac{<f(x), \nabla H(x)>}{\|\nabla H(x)\|^2} I_n$$

$$f_{gd}(x) := \frac{<f(x), \nabla H(x)>}{\|\nabla H(x)\|^2} \nabla H(x), \quad f_{td}(x) := f(x) - f_{gd}(x)$$

1) 哈密顿实现

在应用哈密顿泛函方法研究非线性时滞系统的稳定性时, 关键是把该系统表达为时滞哈密顿的形式。对系统 (3.24) 的 GHR 问题, 第 2 章已经得到了一些结果, 为了方便应用, 下面列出这些结论。

命题 3-1 系统 (3.24) 总有如下正交分解实现

$$\dot{x} = \{J(x, \tilde{x}) + R(x, \tilde{x})\} \nabla_x H(x, \tilde{x}) := T(x, \tilde{x}) \nabla_x H(x, \tilde{x}) \tag{3.28}$$

其中, $H(x, \tilde{x})$ 是一个关于 x 的 RPDF

$$J(x, \tilde{x}) := \begin{cases} \dfrac{1}{\|\nabla_x H(x, \tilde{x})\|^2} [f_{td}(x, \tilde{x}) \nabla_x H^{\mathrm{T}}(x, \tilde{x}) - \nabla_x H(x, \tilde{x}) f_{td}^{\mathrm{T}}(x, \tilde{x})], (x, \tilde{x}) \neq 0 \\ 0, \quad (x, \tilde{x}) = 0 \end{cases}$$

$$R(x, \tilde{x}) := \begin{cases} \dfrac{\langle f(x, \tilde{x}), \nabla_x H(x, \tilde{x}) \rangle}{\|\nabla_x H(x, \tilde{x})\|^2} I, \ (x, \tilde{x}) \neq 0 \\ 0, \quad (x, \tilde{x}) = 0 \end{cases}$$

$$f_{td}(x, \tilde{x}) := f(x, \tilde{x}) - \frac{\langle f(x, \tilde{x}), \nabla_x H(x, \tilde{x}) \rangle}{\|\nabla_x H(x, \tilde{x})\|^2} \nabla_x H(x, \tilde{x})$$

命题 3-2 如果方程 (2.18) 和方程 (2.19) 有解 $(X_1^{\mathrm{T}}(x, \tilde{x}), \cdots, X_n^{\mathrm{T}}(x, \tilde{x}))^{\mathrm{T}}$ 使得矩阵 $\left[X_1(x, \tilde{x}) \vdots X_2(x, \tilde{x}) \vdots \cdots \vdots X_n(x, \tilde{x}) \right]_{n \times n}$ 非奇异, 则存在哈密顿泛函 $H(x, \tilde{x})$ 使得系统 (3.24) 有一个 GHR

$$\dot{x}(t) = T(x, \tilde{x}) \nabla_x H(x, \tilde{x}) \tag{3.29}$$

其中, $T(x, \tilde{x}) := \left[X_1(x, \tilde{x}) \vdots X_2(x, \tilde{x}) \vdots \cdots \vdots X_n(x, \tilde{x}) \right]^{-\mathrm{T}}$。

用命题 3-2 可得下述常值实现。

推论 3-2 如果方程 (2.18) 有一个常数解 $(X_1^{\mathrm{T}}, \cdots, X_n^{\mathrm{T}})^{\mathrm{T}}$ 使得矩阵 $(X_1 \vdots X_2 \vdots \cdots \vdots X_n)$ 非奇异, 则必存在一个哈密顿泛函 $H(x, \tilde{x})$ 使得系统 (3.24) 有如下的常哈密顿实现

$$\dot{x} = T \nabla_x H(x, \tilde{x})$$

其中, $T := (X_1 \vdots X_2 \vdots \cdots \vdots X_n)^{-\mathrm{T}}$。

　　下面给出一个例子表明如何用上述方法得到一个给定的非线性时滞系统 GHR 形式。

例 3-2　考虑下列非线性时滞系统

$$
\begin{cases}
\dot{x}_1 = -2x_1 + \sin 2x_2 - 0.8\tilde{x}_1 + 0.4\tilde{x}_2 \\
\dot{x}_2 = -x_1 - \sin 2x_2 - 0.4\tilde{x}_1 + 0.2\tilde{x}_2
\end{cases}
\tag{3.30}
$$

　　直接计算可得 $A_1 = [-2,\ -1]$, $A_2 = [2\cos 2x_2,\ -2\cos 2x_2]$。这样方程 (2.18) 变为

$$
\begin{bmatrix} 2\cos 2x_2, & -2\cos 2x_2, & 2, & 1 \end{bmatrix}
\begin{bmatrix} X_1 \\ X_2 \end{bmatrix} = 0
\tag{3.31}
$$

容易检验式 (3.31) 有如下常数解

$$
X_1 = \begin{bmatrix} -1 \\ -1 \end{bmatrix}, \quad X_2 = \begin{bmatrix} 1 \\ -2 \end{bmatrix}
$$

由此可得

$$
\Gamma := \begin{bmatrix} X_1^{\mathrm{T}} \\ X_2^{\mathrm{T}} \end{bmatrix} = \begin{bmatrix} -1 & -1 \\ 1 & -2 \end{bmatrix}
$$

是非奇异的。另一方面, 从式 (2.21) 可得到一个如下的 RPDF

$$
\begin{aligned}
H(x,\ \tilde{x}) :=\ & 1.5x_1^2 + 1.2x_1\tilde{x}_1 - 0.6\tilde{x}_2 x_1 + 3\sin^2 x_2 + 0.72\tilde{x}_1^2 + 0.18\tilde{x}_2^2 \\
& \geqslant 0.5(x_1^2 + \sin^2 x_2)
\end{aligned}
\tag{3.32}
$$

根据推论 3-2, 系统 (3.30) 有如下常 GHR

$$
\dot{x} = \Gamma^{-1} \frac{\partial H(x,\tilde{x})}{\partial x} = \begin{bmatrix} -\dfrac{2}{3} & \dfrac{1}{3} \\ -\dfrac{1}{3} & -\dfrac{1}{3} \end{bmatrix} \frac{\partial H(x,\tilde{x})}{\partial x}
$$

　　接下来, 研究线性时滞系统的 GHR, 并给出一个常实现结果。

　　考虑下列线性时滞系统

$$
\begin{cases}
\dot{x} = Ax + B\tilde{x} \\
x(t) = \phi(t), \quad \forall t \in [-h,\ 0]
\end{cases}
\tag{3.33}
$$

其中, $x \in \mathbb{R}^n$ 为系统状态, $A \in \mathbb{R}^{n \times n}$ 和 $B \in \mathbb{R}^{n \times n}$ 为常系数阵。

由于系统 (3.33) 的哈密顿泛函 (如果存在的话)$H(x, \tilde{x})$ 是关于 x 与 $\tilde{x}$ 的平方形式, 所以令

$$\frac{\partial H(x, \tilde{x})}{\partial x_i} := \varepsilon_{i1} x_1 + \varepsilon_{i2} x_2 + \cdots + \varepsilon_{in} x_n$$
$$+ \varepsilon_{i(n+1)} \tilde{x}_1 + \cdots + \varepsilon_{i(2n)} \tilde{x}_n, \quad i = 1, 2, \cdots, n \quad (3.34)$$

其中, ε_{ij}, $i = 1, \cdots, n; j = 1, \cdots, 2n$ 是一些待定的常数。对系统 (3.33) 的哈密顿实现, 给出下述结果。

命题 3-3 假设存在常矩阵 T, Ξ_1, $\Xi_2 \in \mathbb{R}^{n \times n}$ 使得

$$\begin{cases} A = T\Xi_1 \\ B = T\Xi_2 \end{cases} \quad (3.35)$$

则系统 (3.33) 有如下 GHR

$$\dot{x} = T\nabla_x H(x, \tilde{x}) \quad (3.36)$$

其中, ε_{ij} $(i = 1, \cdots, n; j = 1, \cdots, 2n)$ 由下式确定

$$\begin{bmatrix} \varepsilon_{11} & \cdots & \varepsilon_{1n} \\ \vdots & & \vdots \\ \varepsilon_{1n} & \cdots & \varepsilon_{nn} \end{bmatrix} = \Xi_1, \quad \begin{bmatrix} \varepsilon_{1(n+1)} & \cdots & \varepsilon_{1(2n)} \\ \vdots & & \vdots \\ \varepsilon_{n(n+1)} & \cdots & \varepsilon_{n(2n)} \end{bmatrix} = \Xi_2 \quad (3.37)$$

证明: 根据式 (3.35) 和式 (3.37), 有

$$\begin{bmatrix} A \vdots B \end{bmatrix} \begin{bmatrix} x \\ \tilde{x} \end{bmatrix} = T\begin{bmatrix} \Xi_1 \vdots \Xi_2 \end{bmatrix} \begin{bmatrix} x \\ \tilde{x} \end{bmatrix} \quad (3.38)$$

由此可以看到, 系统 (3.33) 有一个常 GHR: $\dot{x} = T\nabla_x H(x, \tilde{x})$。

下面给出一个例子表明如何用命题 3-3 来得到线性时滞系统的 GHR。

例 3-3 考虑如下线性时滞系统

$$\dot{x}(t) = Ax(t) + Bx(t - h), \quad h \geqslant 0 \quad (3.39)$$

其中

$$A = \begin{bmatrix} -1.5 & 0 \\ -0.5 & -1 \end{bmatrix}, \quad B = \begin{bmatrix} -0.8 & 0.4 \\ 0 & 0 \end{bmatrix}, \quad T = \begin{bmatrix} -2 & 1 \\ 0 & -1 \end{bmatrix}$$

$$\Xi_1 = \begin{bmatrix} 1 & 0.5 \\ 0.5 & 1 \end{bmatrix}, \quad \Xi_2 = \begin{bmatrix} 0.4 & -0.2 \\ 0 & 0 \end{bmatrix}$$

容易检验 $A = T\Xi_1$ 和 $B = T\Xi_2$ 成立。由命题 3-3, 系统 (3.39) 有一个常哈密顿实现

$$\dot{x} = \begin{bmatrix} -2 & 1 \\ 0 & -1 \end{bmatrix} \frac{\partial H(x,\tilde{x})}{\partial x}$$

其中, $H(x,\tilde{x}) = 0.5x_1^2 + 0.5x_2^2 + 0.5x_1x_2 + 0.4\tilde{x}_1x_1 - 0.2x_1\tilde{x}_2 + f(\tilde{x})$, $f(\tilde{x}) := a_1\tilde{x}_1^2 + a_2\tilde{x}_2^2$, a_1 与 a_2 是任意的正常数。而且如果选取 $a_1 := 0.64$ 和 $a_2 := 0.16$, 容易验证 $H(x,\tilde{x})$ 满足 $H(x,\tilde{x}) \geqslant \frac{1}{8}\|x\|^2$, 即 $H(x,\tilde{x})$ 为该系统的一个 RPDF。

2) 稳定性分析

本节应用上面哈密顿实现的结果研究系统 (3.24) 的稳定性, 并给出几个时滞相关的结果。

考虑系统 (3.24) 并假设有如下 GHR

$$\begin{cases} \dot{x} = T(x,\tilde{x})\nabla_x H(x,\tilde{x}) \\ x(t) = \phi(t) \end{cases} \tag{3.40}$$

很明显, GHR(3.40) 等价于系统 (3.24)。

假设式 (3.40) 中的 $H(x,\tilde{x})$ 是关于 x 的 RPDF。由式 (3.27), $\nabla_x H(x,\tilde{x})$ 与 $\nabla_{\tilde{x}} H(x,\tilde{x})$ 可表达为

$$\nabla_x H(x,\tilde{x}) = T_1(x,\tilde{x})\begin{bmatrix} x \\ \tilde{x} \end{bmatrix}, \qquad \nabla_{\tilde{x}} H(x,\tilde{x}) = T_2(x,\tilde{x})\begin{bmatrix} x \\ \tilde{x} \end{bmatrix}$$

其中, $T_1(x,\tilde{x}), T_2(x,\tilde{x}) \in \mathbb{R}^{n \times 2n}$。

对系统 (3.24) 或系统 (3.40) 的稳定性, 有如下结果。

定理 3-4 考虑系统 (3.24) 以及它的哈密顿实现 (3.40), 假设

① 哈密顿泛函 $H(x,\tilde{x})$ 是关于 x 的 RPDF;

② 存在适当维数的常对称矩阵 L, Z 与 S 满足

$$\begin{cases} T^{\mathrm{T}}(x,\tilde{x}) + T(x,\tilde{x}) \leqslant L, \quad T^{\mathrm{T}}(\tilde{x},\tilde{\tilde{x}})T(\tilde{x},\tilde{\tilde{x}}) \leqslant S \\ T_2^{\mathrm{T}}(x,\tilde{x})T_2(x,\tilde{x}) \leqslant T_1^{\mathrm{T}}(x,\tilde{x})ZT_1(x,\tilde{x}), \quad x,\tilde{x},\tilde{\tilde{x}} \in \Omega \end{cases} \tag{3.41}$$

③ 存在适当维数的常对称正定矩阵 P、Q、R 使得

$$\begin{bmatrix} E(x,\tilde{x}) + Q - R + Z + L + h^2 G(x,\tilde{x}) & F(\tilde{x},\tilde{\tilde{x}}) + R \\ F^{\mathrm{T}}(\tilde{x},\tilde{\tilde{x}}) + R & -Q - R + S \end{bmatrix} < 0 \tag{3.42}$$

在 Ω 内成立, 其中, $\tilde{\tilde{x}} := x(t-2h)$, $E(x,\tilde{x}) := PAT(x,\tilde{x}) + (PAT(x,\tilde{x}))^{\mathrm{T}}$, $F(\tilde{x},\tilde{\tilde{x}}) := PBT(\tilde{x},\tilde{\tilde{x}})$, $G(x,\tilde{x}) := T^{\mathrm{T}}(x,\tilde{x})A^{\mathrm{T}}RAT(x,\tilde{x})$, $A := \nabla_{xx}H(x,\tilde{x}) = \dfrac{\partial\nabla_x H(x,\tilde{x})}{\partial x}$ 与 $B := \nabla_{x\tilde{x}}H(x,\tilde{x}) = \dfrac{\partial\nabla_x H(x,\tilde{x})}{\partial\tilde{x}}$, 则系统 (3.40) 的平衡点是局部渐近稳定的, 等价的, 系统 (3.24) 是局部渐近稳定的。

证明: 考虑如下的 L-K 泛函候选函数

$$V(t,x_t) := 2H(x,\tilde{x}) + V_1(t,x_t) + V_2(t,x_t) + V_3(t,x_t)$$

其中

$$x_t := x(t+\theta), \quad -2h \leqslant \theta \leqslant 0$$

$$V_1(t,x_t) := \nabla_x^{\mathrm{T}}H(x(t),\tilde{x}(t))P\nabla_x H(x(t),\tilde{x}(t))$$

$$V_2(t,x_t) := \int_{t-h}^{t}\nabla_x^{\mathrm{T}}H(x(s),\tilde{x}(s))Q\nabla_x H(x(s),\tilde{x}(s))\mathrm{d}s$$

$$V_3(t,x_t) := h\int_{t-h}^{t}\int_{s}^{t}(\nabla_{xx}H(x(\tau),\tilde{x}(\tau))\dot{x}(\tau))^{\mathrm{T}}R\nabla_{xx}H(x(\tau),\tilde{x}(\tau))\dot{x}(\tau)\mathrm{d}\tau\mathrm{d}s$$

计算 $2H(x,\tilde{x})$ 的导数, 有

$$\begin{aligned}
2\dot{H}(x,\tilde{x}) &= 2\nabla_x^{\mathrm{T}}H(x,\tilde{x})\dot{x} + 2\nabla_{\tilde{x}}^{\mathrm{T}}H(x,\tilde{x})\dot{\tilde{x}}\\
&= \nabla_x^{\mathrm{T}}H(x,\tilde{x})[T(x,\tilde{x}) + T^{\mathrm{T}}(x,\tilde{x})]\nabla_x H(x,\tilde{x})\\
&\quad + 2\nabla_{\tilde{x}}^{\mathrm{T}}H(x,\tilde{x})T(\tilde{x},\tilde{\tilde{x}})\nabla_{\tilde{x}}H(\tilde{x},\tilde{\tilde{x}})\\
&\leqslant \nabla_x^{\mathrm{T}}H(x,\tilde{x})[T(x,\tilde{x}) + T^{\mathrm{T}}(x,\tilde{x})]\nabla_x H(x,\tilde{x}) + \nabla_{\tilde{x}}^{\mathrm{T}}H(x,\tilde{x})\nabla_{\tilde{x}}H(x,\tilde{x})\\
&\quad + \nabla_{\tilde{x}}^{\mathrm{T}}H(\tilde{x},\tilde{\tilde{x}})T^{\mathrm{T}}(\tilde{x},\tilde{\tilde{x}})T(\tilde{x},\tilde{\tilde{x}})\nabla_{\tilde{x}}H(\tilde{x},\tilde{\tilde{x}})
\end{aligned} \tag{3.43}$$

由式 (3.41) 可得 $\nabla_{\tilde{x}}^{\mathrm{T}}H(x,\tilde{x})\nabla_{\tilde{x}}H(x,\tilde{x}) \leqslant \nabla_x^{\mathrm{T}}H(x,\tilde{x})Z\nabla_x H(x,\tilde{x})$

$$\nabla_{\tilde{x}}^{\mathrm{T}}H(\tilde{x},\tilde{\tilde{x}})T^{\mathrm{T}}(\tilde{x},\tilde{\tilde{x}})T(\tilde{x},\tilde{\tilde{x}})\nabla_{\tilde{x}}H(\tilde{x},\tilde{\tilde{x}}) \leqslant \nabla_{\tilde{x}}^{\mathrm{T}}H(\tilde{x},\tilde{\tilde{x}})S\nabla_{\tilde{x}}H(\tilde{x},\tilde{\tilde{x}}) \tag{3.44}$$

另一方面, 有

$$\begin{cases}
\dot{V}_1 = 2\nabla_x^{\mathrm{T}}H(x,\tilde{x})PAT(x,\tilde{x})\nabla_x H(x,\tilde{x}) + 2\nabla_x^{\mathrm{T}}H(x,\tilde{x})PBT(\tilde{x},\tilde{\tilde{x}})\nabla_{\tilde{x}}H(\tilde{x},\tilde{\tilde{x}})\\
\dot{V}_2 = \nabla_x^{\mathrm{T}}H(x,\tilde{x})Q\nabla_x H(x,\tilde{x}) - \nabla_{\tilde{x}}^{\mathrm{T}}H(\tilde{x},\tilde{\tilde{x}})Q\nabla_{\tilde{x}}H(\tilde{x},\tilde{\tilde{x}})\\
\dot{V}_3 = h^2\nabla_x^{\mathrm{T}}H(x,\tilde{x})T^{\mathrm{T}}(x,\tilde{x})A^{\mathrm{T}}RAT(x,\tilde{x})\nabla_x H(x,\tilde{x})\\
\qquad -h\int_{t-h}^{t}\dot{x}^{\mathrm{T}}(s)\nabla_{xx}^{\mathrm{T}}H(x(s),\tilde{x}(s)R\nabla_{xx}H(x(s),\tilde{x}(s))\dot{x}(s)\mathrm{d}s
\end{cases} \tag{3.45}$$

根据 Jensen 不等式, 易得

$$-h \int_{t-h}^{t} \dot{x}^{\mathrm{T}}(s) \nabla_{xx}^{\mathrm{T}} H(x(s), \tilde{x}(s) R \nabla_{xx} H(x(s), \tilde{x}(s)) \dot{x}(s) \mathrm{d}s$$
$$\leqslant -[\nabla_x^{\mathrm{T}} H(x, \tilde{x}) - \nabla_{\tilde{x}}^{\mathrm{T}} H(\tilde{x}, \tilde{\tilde{x}})] R [\nabla_x H(x, \tilde{x}) - \nabla_{\tilde{x}} H(\tilde{x}, \tilde{\tilde{x}})] \qquad (3.46)$$

从式 (3.43)∼ 式 (3.46), 得到 $V(t, x_t)$ 的导数为

$$\begin{aligned}
\dot{V} = {} & \nabla_x^{\mathrm{T}} H(x, \tilde{x})[T(x, \tilde{x}) + T^{\mathrm{T}}(x, \tilde{x}) \\
& + PAT(x, \tilde{x}) + T^{\mathrm{T}}(x, \tilde{x}) A^{\mathrm{T}} P^{\mathrm{T}} + Q - R + Z \\
& + h^2 T^{\mathrm{T}}(x, \tilde{x}) A^{\mathrm{T}} R A T(x, \tilde{x})] \nabla_x H(x, \tilde{x}) \\
& + 2 \nabla_x^{\mathrm{T}} H(x, \tilde{x})[PBT(\tilde{x}, \tilde{\tilde{x}}) + R] \nabla_{\tilde{x}} H(\tilde{x}, \tilde{\tilde{x}}) \\
& + \nabla_{\tilde{x}}^{\mathrm{T}} H(\tilde{x}, \tilde{\tilde{x}})[-Q - R + S] \nabla_{\tilde{x}} H(\tilde{x}, \tilde{\tilde{x}})
\end{aligned}$$

由此和条件 (3.42) 可得定理成立, 证毕。

在定理 3-4, 如果 $Q = 0$, 可得下述推论。

推论 3-3 考虑系统 (3.24) 以及哈密顿实现 (3.40), 假设哈密顿泛函 $H(x, \tilde{x})$ 是关于 x 的 RPDF, 并存在适当维数的常对称矩阵 L、Z、S 和常正定矩阵 P、R 使得

$$\begin{cases}
T^{\mathrm{T}}(x, \tilde{x}) + T(x, \tilde{x}) \leqslant L, \quad T^{\mathrm{T}}(\tilde{x}, \tilde{\tilde{x}}) T(\tilde{x}, \tilde{\tilde{x}}) \leqslant S \\
T_2^{\mathrm{T}}(x, \tilde{x}) T_2(x, \tilde{x}) \leqslant T_1^{\mathrm{T}}(x, \tilde{x}) Z T_1(x, \tilde{x})
\end{cases} \qquad (3.47)$$

$$\begin{bmatrix}
E(x, \tilde{x}) - R + Z + L + h^2 G(x, \tilde{x}) & F(\tilde{x}, \tilde{\tilde{x}}) + R \\
F^{\mathrm{T}}(\tilde{x}, \tilde{\tilde{x}}) + R & -R + S
\end{bmatrix} < 0 \qquad (3.48)$$

在 Ω 内成立, 其中, T_1、T_2、$E(x, \tilde{x})$、$F(\tilde{x}, \tilde{\tilde{x}})$、$G(\tilde{x}, \tilde{\tilde{x}})$、$A$ 和 B 与定理 3-4 相同, 则系统 (3.40) 的平衡点是局部渐近稳定的, 等价的, 系统 (3.24) 是局部渐近稳定的。

注 3-7 注意到定理 3-4 的条件 (3.41) 是宽松的。事实上, 如果 $n \times 2n$ 矩阵 T_1 是行满秩时, 意味着 $T_1 T_1^{\mathrm{T}}$ 是非奇异的, 易得 $Y(x, \tilde{x}) := (T_1 T_1^{\mathrm{T}})^{-1} T_1 T_2^{\mathrm{T}} T_2 T_1^{\mathrm{T}}$ $(T_1 T_1^{\mathrm{T}})^{-1} \leqslant Z$, $x, \tilde{x} \in \Omega$。

注 3-8 容易看到当系统 (3.40) 变成常系数系统时, 即结构矩阵为常数时, 只需验证如下不等式成立

$$T_2^{\mathrm{T}}(x, \tilde{x}) T_2(x, \tilde{x}) \leqslant T_1^{\mathrm{T}}(x, \tilde{x}) Z T_1(x, \tilde{x})$$

$$\begin{bmatrix} \gamma_{11} & PBT + R \\ T^{\mathrm{T}}B^{\mathrm{T}}P + R & -Q + T^{\mathrm{T}}T - R \end{bmatrix} < 0, \quad \forall x, \tilde{x} \in \Omega$$

其中, $\gamma_{11} := T + T^{\mathrm{T}} + PAT + T^{\mathrm{T}}A^{\mathrm{T}}P^{\mathrm{T}} + Q + Z - R + h^2 T^{\mathrm{T}}A^{\mathrm{T}}RA$。

下面给出系统 (3.24) 的另外两个稳定性结果。

考虑系统 (3.40), 并假设哈密顿泛函 $H(x, \tilde{x})$ 是 RPDF。由式 (2.21), $H(x, \tilde{x})$ 可表达为

$$H(x, \tilde{x}) = \bar{H}(x, \tilde{x}) + F(\tilde{x}) \tag{3.49}$$

其中, $F(0) = 0$。根据式 (3.27), $\nabla_{\tilde{x}}^{\mathrm{T}} F(\tilde{x})$ 可分解为

$$\nabla_{\tilde{x}} F(\tilde{x}) = T_3(\tilde{x})\tilde{x} \tag{3.50}$$

其中, $T_3(\tilde{x}) \in \mathbb{R}^{n \times n}$。

定理 3-5 考虑系统 (3.24) 与 GHR (3.40), 假设 $H(x, \tilde{x})$ 是 RPDF 且 $F(0) = 0$, 如果

① 存在适当维数的常对称矩阵 L、Z、S 满足

$$\begin{cases} T^{\mathrm{T}}(x, \tilde{x}) + T(x, \tilde{x}) \leqslant L, \quad T^{\mathrm{T}}(\tilde{x}, \tilde{\tilde{x}})T(\tilde{x}, \tilde{\tilde{x}}) \leqslant S \\ \mathrm{Diag}\{0, T_3^{\mathrm{T}}(\tilde{x})T_3(\tilde{x})\} \leqslant T_1^{\mathrm{T}}(x, \tilde{x})ZT_1(x, \tilde{x}), \quad x, \tilde{x}, \tilde{\tilde{x}} \in \Omega \end{cases} \tag{3.51}$$

② 存在适当维数的常对称正定矩阵 P、Q、R 使得

$$\begin{bmatrix} E(x, \tilde{x}) + L + Q - R + Z + h^2 G(x, \tilde{x}) & F(\tilde{x}, \tilde{\tilde{x}}) + R \\ F^{\mathrm{T}}(\tilde{x}, \tilde{\tilde{x}}) + R & -Q - R + S \end{bmatrix} < 0 \tag{3.52}$$

在 Ω 内成立, 其中 $\tilde{x}$、$E(x, \tilde{x})$、$F(\tilde{x}, \tilde{\tilde{x}})$、$G(\tilde{x}, \tilde{\tilde{x}})$、$A$ 与 B 与定理 3-4 相同, 则系统 (3.40) 的平衡点是局部渐近稳定的, 等价的, 系统 (3.24) 是局部渐近稳定的。

证明: 考虑如下候选 L-K 泛函: $V(t, x_t) := V_1(t, x_t) + V_2(t, x_t) + V_3(t, x_t) + V_4(t, x_t)$, 其中, $V_1(t, x_t)$、$V_2(t, x_t)$ 和 $V_3(t, x_t)$ 与定理 3-4 中的相同, 且

$$V_4(t, x_t) := 2 \int_0^t \left[\left(\frac{\partial H(x(s), \tilde{x}(s))}{\partial x(s)} \right)^{\mathrm{T}} \dot{x}(s) + \left(\frac{\partial F(\tilde{x})}{\partial \tilde{x}} \right)^{\mathrm{T}} \dot{\tilde{x}} \right] \mathrm{d}s + 2H(x, \tilde{x})|_{t=0}$$

沿着系统 (3.40) 的轨道计算 $V_4(t, x_t)$ 的导数可得

$$\dot{V}_4 = 2\nabla_x^{\mathrm{T}} H(x, \tilde{x})\dot{x} + 2 \left(\frac{\partial F(\tilde{x})}{\partial \tilde{x}} \right)^{\mathrm{T}} \dot{\tilde{x}}$$
$$= \nabla_x^{\mathrm{T}} H(x, \tilde{x})[T(x, \tilde{x}) + T^{\mathrm{T}}(x, \tilde{x})]\nabla_x H(x, \tilde{x})$$

$$+2\left(\frac{\partial F(\tilde{x})}{\partial \tilde{x}}\right)^{\mathrm{T}} T(\tilde{x}, \tilde{\tilde{x}}) \nabla_{\tilde{x}} H(\tilde{x}, \tilde{\tilde{x}})$$

$$\leqslant \nabla_x^{\mathrm{T}} H(x, \tilde{x}) L \nabla_x H(x, \tilde{x}) + \left(\frac{\partial F(\tilde{x})}{\partial \tilde{x}}\right)^{\mathrm{T}} \frac{\partial F(\tilde{x})}{\partial \tilde{x}}$$

$$+\nabla_{\tilde{x}}^{\mathrm{T}} H(\tilde{x}, \tilde{\tilde{x}}) T^{\mathrm{T}}(\tilde{x}, \tilde{\tilde{x}}) T(\tilde{x}, \tilde{\tilde{x}}) \nabla_{\tilde{x}} H(\tilde{x}, \tilde{\tilde{x}})$$

根据式 (3.51) 有

$$\left(\frac{\partial F(\tilde{x})}{\partial \tilde{x}}\right)^{\mathrm{T}} \frac{\partial F(\tilde{x})}{\partial \tilde{x}} \leqslant \nabla_x^{\mathrm{T}} H(x, \tilde{x}) Z \nabla_x H(x, \tilde{x})$$

$$\nabla_{\tilde{x}}^{\mathrm{T}} H(\tilde{x}, \tilde{\tilde{x}}) T^{\mathrm{T}}(\tilde{x}, \tilde{\tilde{x}}) T(\tilde{x}, \tilde{\tilde{x}}) \nabla_{\tilde{x}} H(\tilde{x}, \tilde{\tilde{x}}) \leqslant \nabla_{\tilde{x}}^{\mathrm{T}} H(\tilde{x}, \tilde{\tilde{x}}) S \nabla_{\tilde{x}} H(\tilde{x}, \tilde{\tilde{x}}) \tag{3.53}$$

其余的证明与定理 3-4 类似, 故省略, 证毕。

由定理 3-5, 可得下述推论。

推论 3-4　考虑系统 (3.24) 与 GHR (3.40), 假设 $H(x, \tilde{x})$ 是 RPDF 且 $F(0) = 0$, 如果存在适当维数的常阵 L、Z、S 和常正定阵 P、R 使得

$$\begin{cases} T^{\mathrm{T}}(x, \tilde{x}) + T(x, \tilde{x}) \leqslant L, \quad T^{\mathrm{T}}(\tilde{x}, \tilde{\tilde{x}}) T(\tilde{x}, \tilde{\tilde{x}}) \leqslant S \\ \mathrm{Diag}\{0, T_3^{\mathrm{T}}(\tilde{x}) T_3(\tilde{x})\} \leqslant T_1^{\mathrm{T}}(\tilde{x}) Z T_1(\tilde{x}), \quad x, \tilde{x}, \tilde{\tilde{x}} \in \Omega \end{cases} \tag{3.54}$$

$$\begin{bmatrix} E(x, \tilde{x}) + L - R + Z + h^2 G(x, \tilde{x}) & F(\tilde{x}, \tilde{\tilde{x}}) + R \\ F^{\mathrm{T}}(\tilde{x}, \tilde{\tilde{x}}) + R & -R + S \end{bmatrix} < 0 \tag{3.55}$$

在 Ω 内成立, 则系统 (3.40) 的平衡点是局部稳定的, 等价的, 系统 (3.24) 是局部稳定的, 其中 $\tilde{\tilde{x}}$、$E(x, \tilde{x})$、$F(\tilde{x}, \tilde{\tilde{x}})$、$G(\tilde{x}, \tilde{\tilde{x}})$、$T_1$、$T_2$、$A$、$B$ 与定理 3-5 相同。

定理 3-6　考虑系统 (3.24) 及 GHR (3.40), 假设 $H(x, \tilde{x})$ 是 RPDF 且 $F(0) = 0$, 如果

① 存在适当维数的常阵 Z 满足

$$\mathrm{Diag}\{0, T_3^{\mathrm{T}}(\tilde{x}) T_3(\tilde{x})\} \leqslant T_1^{\mathrm{T}}(x, \tilde{x}) Z T_1(x, \tilde{x}), \quad x, \tilde{x} \in \Omega \tag{3.56}$$

② 存在常正定矩阵 P、Q、Y、R 和任意常阵 N_1、N_2 以及一个常数 $a > 0$ 使得

$$\Phi = \begin{bmatrix} \Gamma_{11} & R & \Gamma_{13} & PB & 0 \\ * & -Q-R & 0 & 0 & 0 \\ * & 0 & h^2 A^{\mathrm{T}} R A + N_1 + N_1^{\mathrm{T}} + Y & 0 & 0 \\ 0 & 0 & 0 & -Y & I_n \\ 0 & 0 & 0 & * & -a I_n \end{bmatrix} < 0 \tag{3.57}$$

在 Ω 内成立, 其中

$$\Gamma_{11} := -N_2 T(x, \tilde{x}) - T^{\mathrm{T}}(x, \tilde{x}) N_2^{\mathrm{T}} + Q - R + aZ$$

$$\Gamma_{13} := N_2 - T^{\mathrm{T}}(x, \tilde{x}) N_1^{\mathrm{T}} + PA + I_n$$

$T_1(x, \tilde{x})$、$T_3(\tilde{x})$、A、B 与定理 3-5 相同, 则系统 (3.40) 是局部稳定的。等价的, 系统 (3.24) 是局部稳定的。

证明: 考虑如下候选 L-K 泛函: $V(t, x_t) := V_1(t, x_t) + V_2(t, x_t) + V_3(t, x_t) + V_4(t, x_t) + V_5(t, x_t)$, 其中, $V_1(t, x_t)$、$V_2(t, x_t)$、$V_3(t, x_t)$、$V_4(t, x_t)$ 与定理 3-5 相同, 且 $V_5(t, x_t) := \int_{t-h}^{t} \dot{x}^{\mathrm{T}}(s) Y \dot{x}(s) \mathrm{d}s$。

沿着系统 (3.40) 的轨道计算 $V_1(t, x_t)$、$V_4(t, x_t)$ 和 $V_5(t, x_t)$ 可得

$$\begin{cases} \dot{V}_1 = 2\nabla_x^{\mathrm{T}} H(x, \tilde{x}) PA\dot{x} + 2\nabla_x^{\mathrm{T}} H(x, \tilde{x}) PB\dot{\tilde{x}} \\ \dot{V}_5 = \dot{x}^{\mathrm{T}} Y \dot{x} - \dot{\tilde{x}}^{\mathrm{T}} Y \dot{\tilde{x}} \\ \dot{V}_4 = 2\nabla_x^{\mathrm{T}} H(x, \tilde{x})\dot{x} + 2\left(\dfrac{\partial F(\tilde{x})}{\partial \tilde{x}}\right)^{\mathrm{T}} \dot{\tilde{x}} \end{cases} \tag{3.58}$$

从式 (3.56) 和 $a > 0$, 有

$$a\left(\frac{\partial F(\tilde{x})}{\partial \tilde{x}}\right)^{\mathrm{T}} \frac{\partial F(\tilde{x})}{\partial \tilde{x}} \leqslant a\nabla_x^{\mathrm{T}} H(x, \tilde{x}) Z \nabla_x H(x, \tilde{x}) \tag{3.59}$$

另一方面, 有

$$(\dot{x}^{\mathrm{T}} N_1 + \nabla_x^{\mathrm{T}} H(x, \tilde{x}) N_2)(\dot{x} - T(x, \tilde{x}) \nabla_x H(x, \tilde{x})) = 0 \tag{3.60}$$

对 V_2 和 V_3 的导数, 可做与定理 3-4 相同的处理。

把式 (3.59)、式 (3.60)、$\dot{V}_2$ 和 $\dot{V}_3$ 代入 $\dot{V}$, 并用式 (3.58) 和式 (3.57) 可得定理成立。

很显然在用定理 3-4、定理 3-5 或定理 3-6 的结果研究系统 (3.24) 的稳定性时, 需要把待研究的系统表达为哈密顿形式。然而用命题 3-2 或命题 3-3 研究系统的 GHR 时, 可能很难找到整个系统的一个哈密顿泛函, 这使得这些结果的应用受到限制, 接下来提出一种分解方法, 保证所研究的每一个系统都可以表达为 GHR 的形式。

考虑系统 (3.24), 假设该系统可分解为

$$\dot{x}(t) = f(x, \tilde{x}) = g(x, \tilde{x}) + G(x, \tilde{x}), \quad g(0, 0) = 0, \quad G(0, 0) = 0 \tag{3.61}$$

且存在 RPDF 的哈密顿泛函 $H(x, \tilde{x})$ 使得

$$g(x, \tilde{x}) = T(x, \tilde{x}) \nabla_x H(x, \tilde{x}) \tag{3.62}$$

同样, $H(x, \tilde{x})$ 可表达为式 (3.49) 与式 (3.50) 的形式。另外, 由于 $G(0, 0) = 0$, 所以存在 $T_4(x, \tilde{x}) \in \mathbb{R}^{n \times 2n}$ 使得 $G(x, \tilde{x}) = T_4(x, \tilde{x}) \left[x^{\mathrm{T}}, \ \tilde{x}^{\mathrm{T}} \right]^{\mathrm{T}}$。

根据上述, 可得系统 (3.24) 的一个稳定性结果。

定理 3-7　考虑系统 (3.24), 假设系统可表达为式 (3.61) 且存在 RPDF 的哈密顿泛函 $H(x, \tilde{x})$ 使得式 (3.62) 成立, 如果

① 存在适当维数的常对称矩阵 L、Z、S 满足

$$\begin{cases} T^{\mathrm{T}}(x, \tilde{x}) + T(x, \tilde{x}) \leqslant L, \quad T_4^{\mathrm{T}}(x, \tilde{x}) T_4(x, \tilde{x}) \leqslant T_1^{\mathrm{T}}(x, \tilde{x}) Z T_1(x, \tilde{x}) \\ \mathrm{Diag}\{0, T_3^{\mathrm{T}}(\tilde{x}) T_3(\tilde{x})\} \leqslant T_1^{\mathrm{T}}(x, \tilde{x}) S T_1(x, \tilde{x}), \quad x, \tilde{x} \in \Omega \end{cases} \tag{3.63}$$

② 存在适当维数的常正定对称矩阵 P、Q、Y、R 和常数 $a > 0, b > 0$ 使得

$$\Phi = \begin{bmatrix} \Gamma_{11} & PBT(\tilde{x}, \tilde{\tilde{x}}) + R & \Gamma_{13} & PB & 0 \\ * & -Q - R & 0 & 0 & T^{\mathrm{T}}(\tilde{x}, \tilde{\tilde{x}}) \\ * & 0 & -aI_n + h^2 A^{\mathrm{T}} R A + Y & 0 & 0 \\ * & 0 & 0 & -Y & I_n \\ 0 & * & 0 & * & -bI_n \end{bmatrix} < 0 \tag{3.64}$$

在 Ω 内成立, 其中

$$\begin{aligned} \Gamma_{11} &= PAT(x, \tilde{x}) + (PAT(x, \tilde{x}))^{\mathrm{T}} + Q - R + aZ + L + bS \\ &\quad + h^2 T^{\mathrm{T}}(x, \tilde{x}) A^{\mathrm{T}} R A T(x, \tilde{x}) \\ \Gamma_{13} &= h^2 T^{\mathrm{T}}(x, \tilde{x}) A^{\mathrm{T}} R A + PA + I_n \end{aligned}$$

$T_1(x, \tilde{x})$、$T_3(\tilde{x})$、A、B 与定理 3-5 相同, 则系统 (3.24) 是局部渐近稳定的。

证明: 考虑如下候选 L-K 泛函

$$V(t, x_t) := V_1(t, x_t) + V_2(t, x_t) + V_3(t, x_t) + V_4(t, x_t) + V_5(t, x_t)$$

其中, $V_1(t, x_t)$、$V_2(t, x_t)$、$V_3(t, x_t)$ 和 $V_4(t, x_t)$ 与定理 3-5 相同, 且

$$V_5(t, x_t) := \int_{t-h}^{t} G^{\mathrm{T}}(x(s), \tilde{x}(s)) Y G(x(s), \tilde{x}(s)) \mathrm{d}s$$

由式 (3.63), $a > 0$ 和 $b > 0$, 易得

$$
\begin{cases}
b\left(\dfrac{\partial F(\tilde{x})}{\partial \tilde{x}}\right)^{\mathrm{T}}\dfrac{\partial F(\tilde{x})}{\partial \tilde{x}} \leqslant b\nabla_x^{\mathrm{T}}H(x,\tilde{x})S\nabla_x H(x,\tilde{x}) \\
aG^{\mathrm{T}}(x,\tilde{x})G(x,\tilde{x}) \quad \leqslant a\nabla_x^{\mathrm{T}}H(x,\tilde{x})Z\nabla_x H(x,\tilde{x})
\end{cases}
\tag{3.65}
$$

代入 $\dot{V}$, 并用式 (3.64) 可得定理成立, 证毕。

注 3-9 容易看到定理 3-7 是定理 3-4~ 定理 3-6 的进一步推广。

从定理 3-4 和定理 3-5 的证明可以看到, 如果采用普通的 L-K 泛函

$$
V(t,x_t) := x^{\mathrm{T}}Px + \int_{t-h}^{t} x^{\mathrm{T}}(s)Qx(s)\mathrm{d}s + h\int_{t-h}^{t}\int_{s}^{t}\dot{x}^{\mathrm{T}}(\tau)R\dot{x}(\tau)\mathrm{d}s\mathrm{d}\tau \tag{3.66}
$$

其中, P、Q、R 是常正定矩阵, 则可得如下稳定性结果。

推论 3-5 考虑下述拟线性系统

$$
\dot{x}(t) = A(x,\tilde{x})x + B(x,\tilde{x})\tilde{x} := f(x,\tilde{x}), \quad x,\tilde{x}\in\Omega \tag{3.67}
$$

其中, Ω 是原点的有界凸邻域, 假设存在常正定矩阵 P、Q、R 使得

$$
\begin{bmatrix}
\gamma_{11} & PB(x,\tilde{x}) + R + h^2 A^{\mathrm{T}}(x,\tilde{x})RB(x,\tilde{x}) \\
* & -R - Q + h^2 B^{\mathrm{T}}(x,\tilde{x})RB(x,\tilde{x}))
\end{bmatrix} < 0
$$

在 Ω 内成立, 则系统 (3.67) 的平衡点是局部稳定的, 其中, $\gamma_{11} := PA(x,\tilde{x}) + A^{\mathrm{T}}(x,\tilde{x})P - R + Q + h^2 A^{\mathrm{T}}(x,\tilde{x})RA(x,\tilde{x})$。

推论 3-6 考虑系统 (3.67), 假设存在适当维数的常正定矩阵 P 和 R 使得

$$
\begin{bmatrix}
\gamma_{11} & PB(x,\tilde{x}) + R + h^2 A^{\mathrm{T}}(x,\tilde{x})RB(x,\tilde{x}) \\
* & -R + h^2 B^{\mathrm{T}}(x,\tilde{x})RB(x,\tilde{x}))
\end{bmatrix} < 0 \tag{3.68}
$$

在 Ω 内成立, 则系统 (3.67) 的平衡点是局部稳定的, 其中 $\gamma_{11} := PA(x,\tilde{x}) + A^{\mathrm{T}}(x,\tilde{x})P - R + h^2 A^{\mathrm{T}}(x,\tilde{x})RA(x,\tilde{x})$。

注 3-10 本节得到的结果都是局部的, 即这些条件在 Ω 内成立。很明显如果 $\Omega = \mathbb{R}^n$, 则所有的结果将会变成全局的。而且本节提出的方法可以推广到研究时变时滞以及多时滞系统情形。

3) 仿真例子

本节举例说明如何用本节提出的方法来研究某些非线性时滞系统的稳定性。

例 3-4 考虑如下非线性时滞系统 [3]

$$
\begin{cases}
\dot{x}_1 = x_1^3 + x_1^2 - x_1 + 0.5x_2 - 2x_1(t-h) + 2x_2(t-h) \\
\dot{x}_2 = -0.5x_1 + x_2^3 + x_2^2 - x_2 - 2x_1(t-h) - 2x_2(t-h)
\end{cases}
\tag{3.69}
$$

其中, $x = [x_1, x_2]^{\mathrm{T}} \in \Omega := \{(x_1,\ x_2):\ |x_1| \leqslant 1.1,\ |x_2| \leqslant 1.1\}$。

用定理 3-7 来研究系统 (3.69) 的稳定性。

重新改写系统 (3.69) 为 $\dot{x}(t) = g(x, \tilde{x}) + G(x, \tilde{x}) := f(x, \tilde{x})$, 其中, $g(x, \tilde{x}) :=$ $\begin{bmatrix} -x_1 + 0.5x_2 - 2\tilde{x}_1 + 2\tilde{x}_2 \\ -0.5x_1 - x_2 - 2\tilde{x}_1 - 2\tilde{x}_2 \end{bmatrix}$, $G(x, \tilde{x}) := \begin{bmatrix} x_1^3 + x_1^2 \\ x_2^3 + x_2^2 \end{bmatrix}$。容易找到泛函 $H(x, \tilde{x}) :=$ $x_1^2 + 0.5x_2^2 + 0.5x_1x_2 + 5.2x_1\tilde{x}_1 - 0.4x_1\tilde{x}_2 + 2x_2\tilde{x}_1 + 2x_2\tilde{x}_2 + 33.29\tilde{x}_1^2 + 6.45\tilde{x}_2^2$ ($\geqslant$ $0.05\|x\|^2$) 使得 $g(x, \tilde{x}) := T(x, \tilde{x})\nabla_x H(x, \tilde{x}), T(x, \tilde{x}) = \begin{bmatrix} -\dfrac{5}{7} & \dfrac{6}{7} \\ 0 & -1 \end{bmatrix}$。由此可以

得到 $A := \nabla_{xx}H(x, \tilde{x}) = \begin{bmatrix} 2 & 0.5 \\ 0.5 & 1 \end{bmatrix}$, $B := \nabla_{x\tilde{x}}H(x, \tilde{x}) = \begin{bmatrix} 5.2 & -0.4 \\ 2 & 2 \end{bmatrix}$。

另一方面, 直接计算可得到 $L := \begin{bmatrix} -\dfrac{10}{7} & \dfrac{6}{7} \\ \dfrac{6}{7} & -2 \end{bmatrix}$, $S := \begin{bmatrix} 109.7016 & 10.8266 \\ 10.8266 & 31.0609 \end{bmatrix}$,

$Z := \begin{bmatrix} 0.18 & 0 \\ 0 & 0.1829 \end{bmatrix}$ 使得条件 (3.63) 在 Ω 内成立。

用 MATLAB 工具箱, 可以验证存在常数 a、b、正定矩阵 P、Q、Y 和 R 使得在定理 3-7 中的矩阵 Φ 是负定的, 同时最大时滞为 $h_{\max} = 0.1667$。根据定理 3-7, 系统 (3.69) 当 $h \leqslant 0.1667$ 时是局部稳定的。

然而用文献 [3] 中的方法, 得到最大时滞上界为 $h = 0.15$, 比用本节方法得到的 0.1667 要小。

从这个例子中可以看到, 定理 3-7 在研究某些非线性时滞系统的稳定性时是有效的, 并有较小的保守性。

3.2.2　时变时滞系统的稳定性分析

本节基于非线性矩阵不等式 (Nonlinear Matrix Inequality, NLMI) 技术以及正交分解方法, 研究一类时变非线性时滞系统的渐近稳定性问题。应用正交条件与自由权矩阵方法, 得到了较小保守性的稳定性新结果。本节提出的方法不难推广到常时滞非线性系统情形。

首先, 通过应用坐标变换和正交分解把待研究的非线性时滞系统转化为拟线性形式, 这不同于已存在的方法。其次, 通过正交条件和自由权矩阵方法, 给出了较小保守性的结果。另一方面, 为了得到较小保守性的结果, 本节也构建了一个

包含时滞以及其导数信息的 L-K 泛函, 并应用了 Jensen 不等式技术和自由权矩阵 [15] 方法。与文献 [16] 相比, 本节所得到的结果有更小的保守性。

考虑如下非线性时变时滞系统

$$\begin{cases} \dot{x}(t) = f(x(t)) + g(x(t-d(t))) \\ x(\theta) = \phi(\theta), \quad \theta \in [-h_2, 0] \end{cases} \tag{3.70}$$

其中, $x_t := x(t+\theta) \in C([-h_2, 0], \mathbb{R}^n)$, $f(x)$ 与 $g(x)$ 是满足 $f(0) = 0$ 和 $g(0) = 0$ 的两个 n 维光滑向量场, $\phi(\theta)$ 是 n 维向量初值函数, $d(t)$ 是一个连续可微的时变时滞函数并满足如下限制条件

$$0 < h_1 \leqslant d(t) \leqslant h_2 \tag{3.71}$$

$$\mu_1 \leqslant \dot{d}(t) \leqslant \mu_2 \tag{3.72}$$

其中, h_1、h_2、μ_1 和 μ_2 是已知的常数。

本节的主要目标是研究系统 (3.70) 的稳定性。

如果 $f(x) \equiv 0$ 并且 $d(t) \equiv 0$, 则系统 (3.70) 表达为

$$\dot{x} = g(x), \quad g(0) = 0 \tag{3.73}$$

接下来, 给出系统 (3.70) 的一个假设。

假设 3-3 假设存在 $n \times n$ 矩阵 $M(x)$ 和 Jacobi 矩阵 $J_{h(x)}$ 非奇异的光滑向量场 $h(x)$ 使得 $g(x) = M(x)h(x)$ 在 Ω 内成立, 其中 $\Omega \subseteq \mathbb{R}^n$ 是原点的一个有界凸邻域。

注 3-11 根据文献 [13], 如果 $g(x)$ 的 Jacobi 矩阵 J_g 有一个 $r \times r(1 \leqslant r \leqslant n)$ 非奇异的主对角块, 则必存在 $n \times n$ 矩阵 $M(x)$ 和 $J_{h(x)}$ 非奇异的向量场 $h(x)$ 使得 $g(x) = M(x)h(x)$ 成立。

在假设 3-3 下, $y = h(x)$ 在 Ω 内是微分同胚的, 这样取 $y = h(x)$ 作为坐标变换, 则系统 (3.73) 可表达为

$$\dot{y} = A(x)M(x)y|_{x=h^{-1}(y)} \tag{3.74}$$

其中, $A(x) := J_h(x)$。

很明显, 在假设 3-3 下, 系统 (3.73) 与系统 (3.74) 是等价的。下面考虑系统 (3.70), 如果假设 3-3 成立, 并令 $x_d := x(t-d(t))$, 则系统 (3.70) 可表示为 $\dot{x}(t) = f(x(t)) + M(x_d)h(x_d)$, 类似于式 (3.74), 可得

$$\dot{h}(x) = A(x)f(x) + A(x)M(x_d)h(x_d) \tag{3.75}$$

类似于文献 [13], 沿着 $h(x)$ 的切方向和正交方向分解 $A(x)f(x)$ 得到

$$A(x)f(x) = \frac{\langle A(x)f(x),\ h(x)\rangle}{\|h(x)\|^2}h(x) + G(x) \tag{3.76}$$

其中, $G(x) = A(x)f(x) - \dfrac{\langle A(x)f(x),\ h(x)\rangle}{\|h(x)\|^2}h(x)$。显然 $\langle G(x),\ h(x)\rangle = \langle A(x)f(x),$

$h(x)\rangle - \dfrac{\langle A(x)f(x), h(x)\rangle}{\|h(x)\|^2}\|h(x)\|^2 = 0$, 即 $G(x) \perp h(x)$ 成立。

因此在假设 3-3 和坐标变换 $y = h(x)$ 下, 系统 (3.70) 可等价转化为

$$\begin{cases} \dot{y}(t) = B(x, x_d)y_d + D(x)y + G(x) \\ y(\theta) = h(\phi(\theta)), \quad \forall \theta \in [-h_2, 0] \end{cases} \tag{3.77}$$

其中, $y_d := y(t - d(t))$, $x = h^{-1}(y)$, $x_d = h^{-1}(y_d)$

$$B(x, x_d) := A(x)M(x_d)$$

$$D(x) := \begin{cases} \dfrac{\langle A(x)f(x),\ h(x)\rangle}{\|h(x)\|^2}I_n, & h(x) \neq 0 \\ 0, & h(x) = 0 \end{cases} \tag{3.78}$$

下面给出系统 (3.70) 的几条性质。

由 $G(x) \perp h(x)$ 易得

$$\langle G(x),\ y\rangle = 0 \tag{3.79}$$

根据式 (3.76)、式 (3.78) 以及 $y = h(x)$, 可得 $H(x)y = D(x)y + G(x)$, 即

$$E(x)y + G(x) = 0 \tag{3.80}$$

其中, $E(x) := D(x) - H(x)$

$$H(x) := \begin{cases} \dfrac{A(x)f(x)h^{\mathrm{T}}(x)}{\|h(x)\|^2}, & h(x) \neq 0 \\ 0_{n \times n}, & h(x) = 0 \end{cases}$$

另外, 有

$$g(x) = M(x)y, \quad g(x_d) = M(x_d)y_d \tag{3.81}$$

1) 稳定性分析

本节基于等价形式 (3.77), 分两种情形研究系统 (3.70) 的稳定性:

① μ_1 和 μ_2 是已知的;

② μ_1 和 (或)μ_2 未知。

对 μ_1 和 μ_2 已知的情形, 有如下结果。

定理 3-8 当 μ_1 和 μ_2 已知, 并且式 (3.71) 和式 (3.72) 成立时, 考虑系统 (3.70)。如果假设 3-3 成立, 且存在常数 a、常正定矩阵 P、Q_i $(i = 1, 2, 3)$、Z_j $(j = 1, 2)$、R 以及常阵 N_1、N_2、N_3 使得

$$\Phi(x, x_d) := \begin{bmatrix} \Gamma_{11} & \Gamma_{12} & Z_1 & 0 & \Gamma_{15} \\ * & \Gamma_{22} & Z_2 & Z_2 & \hat{B}^{\mathrm{T}}Z \\ * & * & \Gamma_{33} & 0 & 0 \\ 0 & * & 0 & -Q_3 - Z_2 & 0 \\ * & * & 0 & 0 & \Gamma_{55} \end{bmatrix} < 0 \qquad (3.82)$$

成立, 其中, $(x, x_d) \in \Omega \times \Omega$, $\hat{D} := D(x)$, $\hat{B} := A(x)\hat{M}$, $\hat{M} := M(x_d)$, $E(x)$ 定义于式 (3.80), 并且

$$\begin{cases} h_{12} = h_2 - h_1, \quad Z = h_1^2 Z_1 + h_{12}^2 Z_2 \\ \Gamma_{11} = P\hat{D} + \hat{D}^{\mathrm{T}}P + Q_1 - Z_1 + \hat{D}^{\mathrm{T}}Z\hat{D} + N_1^{\mathrm{T}}E(x) \\ \qquad\quad + E^{\mathrm{T}}(x)N_1 + M^{\mathrm{T}}(x)RM(x) \\ \Gamma_{12} = P\hat{B} + \hat{D}^{\mathrm{T}}Z\hat{B} \\ \Gamma_{22} = -(1 - \mu_2)Q_2 + (1 - \mu_1)Q_3 - (1 - \mu_2)\hat{M}^{\mathrm{T}}R\hat{M} - 2Z_2 + \hat{B}^{\mathrm{T}}Z\hat{B} \\ \Gamma_{33} = -Q_1 + Q_2 - Z_1 - Z_2 \\ \Gamma_{15} = P + aI_n + N_1^{\mathrm{T}} + E^{\mathrm{T}}(x)N_2 + N_3 h^{\mathrm{T}}(x) + \hat{D}^{\mathrm{T}}Z \\ \Gamma_{55} = N_2^{\mathrm{T}} + N_2 + Z \end{cases} \qquad (3.83)$$

则系统 (3.70) 是局部渐近稳定的。

证明: 在假设 3-3 下, 系统 (3.70) 等价于系统 (3.77)。因此为了证明系统 (3.70) 是局部渐近稳定的, 只需证明在该定理的条件下, 系统 (3.77) 是局部渐近稳定的。

考虑系统 (3.77), 构建如下的 L-K 泛函

$$V(t, y_t) = V_1(y) + V_2(t, y_t) + V_3(t, y_t) \qquad (3.84)$$

其中, $y_t := y(t + \theta)$, $V_1(y) := y^{\mathrm{T}}(t)Py(t)$

$$
\begin{cases}
V_2(t, y_t) = \displaystyle\int_{t-h_1}^{t} y^{\mathrm{T}}(s)Q_1 y(s)\mathrm{d}s + \int_{t-d(t)}^{t-h_1} y^{\mathrm{T}}(s)Q_2 y(s)\mathrm{d}s \\[3mm]
\qquad\quad + \displaystyle\int_{t-h_2}^{t-d(t)} y^{\mathrm{T}}(s)Q_3 y(s)\mathrm{d}s + \int_{t-d(t)}^{t} g^{\mathrm{T}}(x(s))Rg(x(s))\mathrm{d}s \\[3mm]
V_3(t, y_t) = h_1 \displaystyle\int_{t-h_1}^{t}\int_{s}^{t} \dot{y}^{\mathrm{T}}(\tau)Z_1\dot{y}(\tau)\mathrm{d}s\mathrm{d}\tau + h_{12}\int_{-h_2}^{-h_1}\int_{t+s}^{t} \dot{y}^{\mathrm{T}}(\tau)Z_2\dot{y}(\tau)\mathrm{d}s\mathrm{d}\tau
\end{cases}
\tag{3.85}
$$

沿系统 (3.77) 的轨道计算 $V(t, y_t)$ 的导数, 并根据式 (3.77) 和式 (3.81), 易得

$$
\begin{cases}
\dot{V}_1 = y^{\mathrm{T}}\Big\{ P\hat{D} + \hat{D}^{\mathrm{T}}P \Big\} y + 2y^{\mathrm{T}}P\hat{B}y_d + 2y^{\mathrm{T}}PG(h^{-1}(y)) \\[2mm]
\dot{V}_2 \leqslant y^{\mathrm{T}}[M^{\mathrm{T}}(x)RM(x) + Q_1]y + y^{\mathrm{T}}(t-h_1)\Big\{ -Q_1 + Q_2 \Big\}y(t-h_1) \\[2mm]
\qquad + y_d^{\mathrm{T}}\Big\{ -(1-\mu_2)Q_2 + (1-\mu_1)Q_3 - (1-\mu_2)\hat{M}^{\mathrm{T}}R\hat{M} \Big\}y_d \\[2mm]
\qquad + y^{\mathrm{T}}(t-h_2)(-Q_3)y(t-h_2) \\[2mm]
\dot{V}_3 = h_1^2 \dot{y}^{\mathrm{T}}(t)Z_1\dot{y}(t) + h_{12}^2 \dot{y}^{\mathrm{T}}(t)Z_2\dot{y}(t) \\[2mm]
\qquad - h_1 \displaystyle\int_{t-h_1}^{t} \dot{y}^{\mathrm{T}}(s)Z_1\dot{y}(s)\mathrm{d}s - h_{12}\int_{t-h_2}^{t-h_1} \dot{y}^{\mathrm{T}}(s)Z_2\dot{y}(s)\mathrm{d}s \\[2mm]
= h_1^2 \dot{y}^{\mathrm{T}}(t)Z_1\dot{y}(t) + h_{12}^2 \dot{y}^{\mathrm{T}}(t)Z_2\dot{y}(t) \\[2mm]
\qquad - h_1 \displaystyle\int_{t-h_1}^{t} \dot{y}^{\mathrm{T}}(s)Z_1\dot{y}(s)\mathrm{d}s - h_{12}\int_{t-d(t)}^{t-h_1} \dot{y}^{\mathrm{T}}(s)Z_2\dot{y}(s)\mathrm{d}s \\[2mm]
\qquad - h_{12}\displaystyle\int_{t-h_2}^{t-d(t)} \dot{y}^{\mathrm{T}}(s)Z_2\dot{y}(s)\mathrm{d}s
\end{cases}
\tag{3.86}
$$

应用 Jensen 不等式, 可得

$$
-h_1 \int_{t-h_1}^{t} \dot{y}^{\mathrm{T}}(s)Z_1\dot{y}(s)\mathrm{d}s \leqslant -[y - y(t-h_1)]^{\mathrm{T}}Z_1[y - y(t-h_1)]
\tag{3.87}
$$

$$
\begin{cases}
-h_{12} \displaystyle\int_{t-d(t)}^{t-h_1} \dot{y}^{\mathrm{T}}(s)Z_2\dot{y}(s)\mathrm{d}s \leqslant -[y(t-h_1) - y_d]^{\mathrm{T}}Z_2[y(t-h_1) - y_d] \\[3mm]
-h_{12} \displaystyle\int_{t-h_2}^{t-d(t)} \dot{y}^{\mathrm{T}}(s)Z_2\dot{y}(s)\mathrm{d}s \leqslant -[y_d - y(t-h_2)]^{\mathrm{T}}Z_2[y_d - y(t-h_2)]
\end{cases}
\tag{3.88}
$$

另外, 由式 (3.79)、式 (3.80) 和 $y = h(x)$ 得到

$$
2[y^{\mathrm{T}}N_1^{\mathrm{T}} + G^{\mathrm{T}}(h^{-1}(y))N_2^{\mathrm{T}}][E(h^{-1}(y))y + G(h^{-1}(y)) = 0
\tag{3.89}
$$

$$2ay^{\mathrm{T}}G(h^{-1}(y)) = 0, \quad 2y^{\mathrm{T}}N_3y^{\mathrm{T}}G(h^{-1}(y)) = 0 \tag{3.90}$$

把 $\dot{y}(t) = \hat{D}y + \hat{B}y_d + G(h^{-1}(y))$ 代入 $\dot{V}_3$, 并注意到式 (3.87)~ 式 (3.90), 有 $\dot{V} \leqslant \xi^{\mathrm{T}}\Phi\xi$, 其中 $\xi := [y^{\mathrm{T}}, y_d^{\mathrm{T}}, y^{\mathrm{T}}(t-h_1), y^{\mathrm{T}}(t-h_2), G^{\mathrm{T}}(h^{-1}(y))]^{\mathrm{T}}$.

由条件 (3.82), 可得当 $\xi \neq 0$ 时, $\dot{V} < 0$, 即系统 (3.77) 在 $\Omega_0 := h(\Omega)$ 内是局部渐近稳定的, 所以系统 (3.70) 是局部渐近稳定的, 证毕。

接下来, 当 μ_1 未知 μ_2 已知时, 有如下结果。

定理 3-9 考虑系统 (3.70), 假设 μ_1 未知和 μ_2 已知, 并且式 (3.71) 和式 (3.72) 成立, 如果假设 3-3 成立, 并存在常数 a、常正定矩阵 P、Q_i $(i = 1, 2, 3)$、Z_j $(j = 1, 2)$, R 以及常阵 N_1、N_2、N_3 使得

$$\Phi(x, x_d) := \begin{bmatrix} \Gamma_{11} & \Gamma_{12} & Z_1 & 0 & \Gamma_{15} \\ * & \Gamma_{22} & Z_2 & Z_2 & \hat{B}^{\mathrm{T}}Z \\ * & * & \Gamma_{33} & 0 & 0 \\ 0 & * & 0 & -Q_2 - Z_2 & 0 \\ * & * & 0 & 0 & \Gamma_{55} \end{bmatrix} < 0$$

其中, $(x, x_d) \in \Omega \times \Omega$、$h_{12}$、$Z$、$\hat{D}$、$\hat{B}$、$\hat{M}$、$\Gamma_{11}$、$\Gamma_{12}$、$\Gamma_{15}$ 和 Γ_{55} 与定理 3-8 相同, 并且 $\Gamma_{22} := -(1-\mu_2)Q_3 - 2Z_2 - (1-\mu_2)\hat{M}^{\mathrm{T}}R\hat{M} + \hat{B}^{\mathrm{T}}Z\hat{B}$, $\Gamma_{33} := -Q_1 + Q_2 + Q_3 - Z_1 - Z_2$, 则系统 (3.70) 是局部渐近稳定的。

证明: 类似于定理 3-8, 构建如下一个候选 L-K 泛函

$$V(t, y_t) = V_1(y) + V_2(t, y_t) + V_3(t, y_t)$$

其中, $V_1(y) = y^{\mathrm{T}}(t)Py(t)$

$$V_2(t, y_t) := \int_{t-h_1}^{t} y^{\mathrm{T}}(s)Q_1y(s)\mathrm{d}s + \int_{t-h_2}^{t-h_1} y^{\mathrm{T}}(s)Q_2y(s)\mathrm{d}s$$
$$+ \int_{t-d(t)}^{t-h_1} y^{\mathrm{T}}(s)Q_3y(s)\mathrm{d}s + \int_{t-d(t)}^{t} g^{\mathrm{T}}(x(s))Rg(x(s))\mathrm{d}s$$

$$V_3(t, y_t) := h_1 \int_{t-h_1}^{t} \int_{s}^{t} \dot{y}^{\mathrm{T}}(\tau)Z_1\dot{y}(\tau)\mathrm{d}s\mathrm{d}\tau + h_{12} \int_{-h_2}^{-h_1} \int_{t+s}^{t} \dot{y}^{\mathrm{T}}(\tau)Z_2\dot{y}(\tau)\mathrm{d}s\mathrm{d}\tau$$

其余证明类似于定理 3-8, 故省略, 证毕。

根据定理 3-9, 当 μ_1、μ_2 都未知时, 可得如下推论。

推论 3-7 在条件 (3.71) 下, 考虑系统 (3.70)。如果假设 3-3 成立, 并存在常

数 a、常正定矩阵 P、Q_i $(i=1,2)$、Z_j $(j=1,2)$ 以及常阵 N_1、N_2、N_3 使得

$$\Phi(x,x_d) := \begin{bmatrix} \Gamma_{11} & \Gamma_{12} & Z_1 & 0 & \Gamma_{15} \\ * & \Gamma_{22} & Z_2 & Z_2 & \hat{B}^{\mathrm{T}}Z \\ * & * & \Gamma_{33} & 0 & 0 \\ 0 & * & 0 & -Q_2-Z_2 & 0 \\ * & * & 0 & 0 & \Gamma_{55} \end{bmatrix} < 0$$

成立, 其中, $(x,x_d) \in \Omega \times \Omega$, h_{12}、Z、$\hat{D}$、$\hat{B}$、$\hat{M}$、Γ_{12}、Γ_{15} 和 Γ_{55} 与定理 3-9 中的相同, $\Gamma_{11} := P\hat{D} + \hat{D}^{\mathrm{T}}P + Q_1 - Z_1 + \hat{D}^{\mathrm{T}}Z\hat{D} + N_1^{\mathrm{T}}E(x) + E^{\mathrm{T}}(x)N_1$, $\Gamma_{22} := -2Z_2 + \hat{B}^{\mathrm{T}}Z\hat{B}$ 和 $\Gamma_{33} := -Q_1 + Q_2 - Z_1 - Z_2$, 则系统 (3.70) 是局部渐近稳定的.

证明: 在定理 3-9 的证明中, 令 $Q_3 = 0$ 和 $R = 0$, 可得这个推论, 证毕.

下面给出系统 (3.70) 在常时滞情形下的一个结果.

推论 3-8 当 $d(t) = \tau > 0$ 时 (τ 是常数), 考虑系统 (3.70), 如果假设 3-3 成立, 并存在常数 a、常正定矩阵 P、Q、Z、R 以及常阵 $N_i(i=1,2,3)$ 使得

$$\Phi(x,x_d) = \begin{bmatrix} \Gamma_{11} & \Gamma_{12} & \Gamma_{13} \\ * & \Gamma_{22} & \tau^2\hat{B}^{\mathrm{T}}Z \\ * & * & N_2 + N_2^{\mathrm{T}} + \tau^2 Z \end{bmatrix} < 0 \tag{3.91}$$

成立, 其中, $(x,x_d) \in \Omega \times \Omega$ 和 $\hat{D}$、$\hat{B}$、$\hat{M}$、$E(x)$ 与定理 3-9 相同

$\Gamma_{11} = P\hat{D} + \hat{D}^{\mathrm{T}}P + Q - Z + N_1^{\mathrm{T}}E(x) + E^{\mathrm{T}}(x)N_1 + \tau^2\hat{D}^{\mathrm{T}}Z\hat{D} + M^{\mathrm{T}}(x)RM(x)$

$\Gamma_{12} = P\hat{B} + Z + \tau^2\hat{D}^{\mathrm{T}}Z\hat{B}$

$\Gamma_{13} = aI_n + N_1^{\mathrm{T}} + E^{\mathrm{T}}(x)N_2 + P + N_3 h^{\mathrm{T}}(x) + \tau^2\hat{D}^{\mathrm{T}}Z$

$\Gamma_{22} = -Q - Z - \hat{M}^{\mathrm{T}}R\hat{M} + \tau^2\hat{B}^{\mathrm{T}}Z\hat{B}$

则系统 (3.70) 是局部渐近稳定的.

证明: 考虑如下候选 L-K 泛函

$$V(t,y_t) = y^{\mathrm{T}}(t)Py(t) + \int_{t-\tau}^{t} [y^{\mathrm{T}}(s)Qy(s) + g^{\mathrm{T}}(x(s))Rg(x(s))]\mathrm{d}s$$

$$+\tau \int_{t-\tau}^{t} \int_{s}^{t} \dot{y}^{\mathrm{T}}(\alpha)Z\dot{y}(\alpha)\mathrm{d}\alpha\mathrm{d}s$$

同于定理 3-9 的证明, 可得这个推论, 证毕.

注 3-12 本节应用的方法是自由权矩阵加向量场的正交分解, 该方法有如下优势: ① 在假设 3-3 下, 应用该方法能够把非线性时滞系统 (3.70) 转化为拟线性形

式 (3.77); ② 通过应用正交条件 (3.79), 可引入更大自由度方程 $2ay^{\mathrm{T}}G(h^{-1}(y)) = 0$ 和 $2y^{\mathrm{T}}N_3y^{\mathrm{T}}G(h^{-1}(y)) = 0$, 使得本节的结果有较小的保守性 (见例子); ③ 如果 J_g 是非奇异的, 容易看到本节得到的所有结果只包含 x 而不包含时滞项 $x(t - d(t))$, 这是本节应用坐标变换方法的优势 (见例子)。

2) 论证例子

例 3-5 考虑如下非线性时滞系统

$$\begin{cases} \dot{x}_1 = x_1^3 + x_1^2 - x_1 + 0.5x_2 - 2x_1(t - d(t)) + 2x_2(t - d(t)) \\ \dot{x}_2 = -0.5x_1 + x_2^3 + x_2^2 - x_2 - 2x_1(t - d(t)) - 2x_2(t - d(t)) \end{cases} \tag{3.92}$$

其中, $x = [x_1, \ x_2]^{\mathrm{T}} \in \Omega = \{(x_1, \ x_2) : \ |x_1| \leqslant 0.5, \ |x_2| \leqslant 0.5\}$, $d(t)$ 是一个时变时滞满足 $0 \leqslant d(t) \leqslant \tau$ (注意到当 $d(t)$ 是常数时, 系统 (3.92) 就是文献 [3] 中的例 10)。

用定理 3-8 和凸集算法, 可得存在矩阵 P、Q_i、$Z_j(i = 1, 2, 3; j = 1, 2)$ 和 N_i $(i = 1, 2, 3)$ 使得定理 3-8 中 $\Phi(x, x_d)$ 是负定的, 同时最大的 h_2 是 $h_{\max} = 0.2576$。根据定理 3-8, 当 $0.01 \leqslant d(t) \leqslant 0.2576$ 时, 系统 (3.92) 是渐近稳定的。

从这个例子可以看出, 在分析非线性时滞系统的稳定性时, 本节的方法是有效的, 并有较小的保守性。

3.3 有限时间稳定性

3.3.1 常时滞系统的有限时间稳定性

1. 正交线性化方法

本节基于正交分解方法研究一类一般形式非线性时滞系统的有限时间镇定问题, 发展了若干不包含积分项的有限时间渐近镇定性结果。本节的主要工作有: 构造了几个具体的李雅普诺夫泛函, 并设计一些更为适当的控制器。注意到, 不同于文献 [17], 本节设计的这些控制器不包含积分项, 意味着在现实中其更易于实现。

考虑如下非线性时滞系统

$$\begin{cases} \dot{x}(t) = f(x(t)) + \ell(x(t))g(x(t - h)) + g_1(x)u \\ x(\tau) = \phi(\tau), \quad \forall \tau \in [-h, \ 0] \end{cases} \tag{3.93}$$

其中, $x(t) \in \Omega \subset \mathbb{R}^n$ 定义了系统的状态向量, Ω 是原点的有界凸邻域, 连续向量场 $f(x) \in \mathbb{R}^n$ 和光滑向量场 $g(x) \in \mathbb{R}^n$ 满足 $f(0) = 0$, $g(0) = 0$, $\ell(x)$ 和 $g_1(x)$ 是适当维数的权矩阵, $h > 0$ 是时滞常数, $\phi(\tau)$ 是向量值初值函数。

在本节中, 同于文献 [18] 和文献 [19], 假设原点是系统 (3.93) 前向时间唯一的平衡点, 且 $g_1(x)$ 有满列秩。

从引理 2-5 可知, 若系统 (3.93) 的 $g(x)(\in \mathbb{R}^n)$ 是光滑的且 $g(0) = 0$, 则 $g(x) := M(x)x$。

现在, 考虑系统 (3.93), 首先给出一个假设。

假设 3-4   对 $0 \neq x \in \Omega$, 假设 $g(x)$ 的 Jacobi 矩阵 $J_g(x)$ 非奇异。

取 $y = g(x)$ 为一个坐标变换, 用正交分解方法, $J_g(x)f(x)$ 能被表达为

$$J_g(x)f(x) = \frac{\langle J_g(x)f(x),\, g(x)\rangle}{\|g(x)\|^2}g(x) + G(x) \tag{3.94}$$

其中, $G(x) = J_g(x)f(x) - \dfrac{\langle J_g(x)f(x),\, g(x)\rangle}{\|g(x)\|^2}g(x)$。很明显

$$\langle G(x),\, g(x)\rangle = \langle J_g(x)f(x),\, g(x)\rangle - \frac{\langle J_g(x)f(x),\, g(x)\rangle}{\|\,g(x)\,\|^2}\,\|\,g(x)\,\|^2 = 0$$

即 $G(x) \perp g(x)$。

在假设 3-4 和 $y = g(x)$ 下, 系统 (3.93) 可等价为

$$\begin{cases} \dot{y}(t) = B(x(t))y(t - h) + D(x(t))y(t) + G(x(t)) + G_1(x)u \\ y(\tau) = g(\phi(\tau)), \quad \forall \tau \in [-h, 0] \end{cases} \tag{3.95}$$

其中, $B(x) := J_g(x)\ell(x)$, $G_1(x) := J_g(x)g_1(x)$

$$D(x) := \begin{cases} \dfrac{\langle J_g(x)f(x),\, g(x)\rangle}{\|g(x)\|^2}, & x \neq 0 \\ 0, & x = 0 \end{cases} \tag{3.96}$$

$$G(x) := \begin{cases} J_g(x)f(x) - D(x)g(x), & x \neq 0 \\ 0, & x = 0 \end{cases}$$

进一步, 从 $G(x) \perp g(x)$, 得到 $\langle G(x),\, y\rangle = 0$。

因此, 在假设 3-4 下, 系统 (3.93) 等价为系统 (3.95)。下面将用系统 (3.95) 来研究系统 (3.93) 的有限时间镇定问题。

定理 3-10   在假设 3-4 下, 考虑系统 (3.93), 如果存在常数 $k_i > 0$ $(i = 1, 2)$, $\alpha \in (0, 1)$ 使得

$$(1 - 2k_1 + 2D(x))I_n + B(x)B^{\mathrm{T}}(x) \leqslant 0 \tag{3.97}$$

在 Ω 内成立, 则系统 (3.93) 在所设计的控制器下是局部有限时间镇定的。

$$G_1(x)u = \begin{cases} -k_1 y - k_2 \text{sign}(y(t))|y(t)|^{\alpha} - k_2 \left(\int_{t-h}^{t} y^{\mathrm{T}}(s)y(s)\mathrm{d}s \right)^{\frac{1+\alpha}{2}} \dfrac{y(t)}{\|y(t)\|^2}, & y \neq 0 \\ 0, & y = 0 \end{cases}$$

$$(3.98)$$

其中, $y = g(x)$

$$\text{sign}(y(t))|y(t)|^{\alpha}$$
$$:= (\text{sign}(y_1(t))|y_1(t)|^{\alpha}, \text{sign}(y_2(t))|y_2(t)|^{\alpha}, \cdots, \text{sign}(y_n(t))|y_n(t)|^{\alpha})^{\mathrm{T}}$$

而且, 停息时间满足 $T_0(\phi) \leqslant \dfrac{\beta}{2k_2(\beta-1)} \left(\|\phi\|^2 + \int_{-h}^{0} y^{\mathrm{T}}(s)y(s)\mathrm{d}s \right)^{\frac{\beta-1}{\beta}}$ 和 $\beta := \dfrac{2}{1+\alpha}$。

证明: 从前述可知, 在假设 3-4 下, 系统 (3.93) 等价于系统 (3.95)。下面只需表明在该定理的条件下, 系统 (3.95) 是有限时间镇定的。

为此, 考虑系统 (3.95), 构建如下李雅普诺夫泛函

$$V(t,y) = y^{\mathrm{T}}(t)y(t) + \int_{t-h}^{t} y^{\mathrm{T}}(s)y(s)\mathrm{d}s \tag{3.99}$$

很明显, $V(t,y)$ 满足引理 2-1 的条件① 和②。现在, 证明引理 2-1 条件③ 成立。

沿着系统 (3.95) 的轨道计算 $V(t,y)$ 的导数, 并用 $y^{\mathrm{T}}(t)G(x(t)) = 0$, 可得

$$\begin{aligned} \dot{V}(t,y) &= 2y^{\mathrm{T}}(t)D(x)y(t) + 2y^{\mathrm{T}}(t)B(x)y(t-h) + 2y^{\mathrm{T}}(t)G_1(x(t))u \\ &\quad + y^{\mathrm{T}}(t)y(t) - y^{\mathrm{T}}(t-h)y(t-h) \\ &= y^{\mathrm{T}}(t)[2D(x)+1]y(t) + 2y^{\mathrm{T}}(t)B(x)y(t-h) \\ &\quad + 2y^{\mathrm{T}}(t)G_1(x(t))u - y^{\mathrm{T}}(t-h)y(t-h) \\ &\leqslant y^{\mathrm{T}}(t)[(2D(x)+1)I_n + B(x)B^{\mathrm{T}}(x)]y(t) + 2y^{\mathrm{T}}(t)G_1(x(t))u \end{aligned} \tag{3.100}$$

其中, $2y^{\mathrm{T}}(t)B(x)y(t-h) \leqslant y^{\mathrm{T}}(t)B(x)B^{\mathrm{T}}(x)y(t) + y^{\mathrm{T}}(t-h)y(t-h)$。

将 $G_1(x)u$ 代入式 (3.100), 并用定理的条件 (3.97) 有

$$\begin{aligned} \dot{V}(t,y) &\leqslant y^{\mathrm{T}}(t)[(1-2k_1+2D(x))I_n + B(x)B^{\mathrm{T}}(x)]y(t) \\ &\quad - 2k_2 y^{\mathrm{T}}(t)\text{sign}(y(t))|y(t)|^{\alpha} - 2k_2 \left(\int_{t-h}^{t} y^{\mathrm{T}}(s)y(s)\mathrm{d}s \right)^{\frac{1+\alpha}{2}} \dfrac{y^{\mathrm{T}}(t)y(t)}{\|y(t)\|^2} \end{aligned}$$

$$\leqslant -2k_2 y^{\mathrm{T}}(t)\mathrm{sign}(y(t))|y(t)|^{\alpha} - 2k_2\Big(\int_{t-h}^{t} y^{\mathrm{T}}(s)y(s)\mathrm{d}s\Big)^{\frac{1+\alpha}{2}}$$

$$= -2k_2 \sum_{i=1}^{n} |y_i(t)|^{1+\alpha} - 2k_2\Big(\int_{t-h}^{t} y^{\mathrm{T}}(s)y(s)\mathrm{d}s\Big)^{\frac{1+\alpha}{2}}$$

由此和引理 2-6 中的不等式①, 得到

$$\dot{V}(t,y) \leqslant -2k_2 \sum_{i=1}^{n} |y_i(t)|^{1+\alpha} - 2k_2\Big(\int_{t-h}^{t} y^{\mathrm{T}}(s)y(s)\mathrm{d}s\Big)^{\frac{1+\alpha}{2}}$$

$$\leqslant -2k_2 \left(\sum_{i=1}^{n} |y_i(t)|^2\right)^{\frac{1+\alpha}{2}} - 2k_2\Big(\int_{t-h}^{t} y^{\mathrm{T}}(s)y(s)\mathrm{d}s\Big)^{\frac{1+\alpha}{2}}$$

$$= -2k_2 \left\{ \left(\sum_{i=1}^{n} |y_i(t)|^2\right)^{\frac{1+\alpha}{2}} + \left(\int_{t-h}^{t} y^{\mathrm{T}}(s)y(s)\mathrm{d}s\right)^{\frac{1+\alpha}{2}} \right\} \quad (3.101)$$

用引理 2-6 中的不等式②, 易得

$$\dot{V}(t,y) \leqslant -2k_2 \Big(\sum_{i=1}^{n} |y_i(t)|^2 + \int_{t-h}^{t} y^{\mathrm{T}}(s)y(s)\mathrm{d}s\Big)^{\frac{1+\alpha}{2}}$$

$$= -2k_2 [V(t,y)]^{\frac{1+\alpha}{2}} \quad (3.102)$$

意味着引理 2-1 中条件③成立。

从引理 2-1 可知, 系统 (3.95) 在该定理的条件下是局部有限时间镇定的, 而且停息时间为 $T_0(\phi) \leqslant \dfrac{\beta}{2k_2(\beta-1)}(V(0,\phi))^{\frac{\beta-1}{\beta}}$, 证毕。

注 3-13　本节为方便表达, 在控制器 (3.98) 中保留了 $G_1(x)u$ 这种形式。然而, 值得注意的是, 由于 $G_1(x) = J_g(x)g_1(x)$, $J_g(x)$ 是非奇异的且 $g_1(x)$ 是满列秩, 容易得到 $G_1^T(x)G_1(x)$ 对 $x \neq 0$ 是非奇异的, 意味着从控制器 (3.98) 中容易计算出 u。鉴于此, 下面仍保留了这种形式。

注意到控制器 (3.98) 中包含有积分项, 在实际应用时不容易实现。下面设计不含有积分项的控制器。

定理 3-11　在假设 3-4 下, 考虑系统 (3.93), 如果存在常数 $k_i > 0$ $(i = 1, 2)$, $\alpha \in (0, 1)$ 使得

$$(-2k_1 + 2D(x))I_n + B(x)B^{\mathrm{T}}(x) \leqslant 0 \quad (3.103)$$

在 Ω 内成立, 则系统 (3.93) 在所设计的控制器下是有限时间镇定的

$$G_1(x)u = \begin{cases} -k_1y - k_2\mathrm{sign}(y(t))|y(t)|^\alpha - y^{\mathrm{T}}(t-h)y(t-h)\dfrac{y(t)}{2\|y(t)\|^2}, & y \neq 0 \\ 0, & y = 0 \end{cases}$$

$$(3.104)$$

其中, $\mathrm{sign}(y(t))|y(t)|^\alpha$ 同于式 (3.98)。

证明: 同于定理 3-10, 考虑系统 (3.95), 构造如下李雅普诺夫函数

$$V(t,y) = y^{\mathrm{T}}(t)y(t) \tag{3.105}$$

则 $V(t,y)$ 满足引理 2-1 的条件①和②。现在, 证明引理 2-1 的条件③ 在该定理的条件下成立。

沿着系统 (3.95) 的轨道计算 $V(t,y)$ 的导数, 并用 $y^{\mathrm{T}}(t)G(x(t)) = 0$, 得到

$$\begin{aligned} \dot{V}(t,y) &= 2y^{\mathrm{T}}(t)D(x)y(t) + 2y^{\mathrm{T}}(t)B(x)y(t-h) + 2y^{\mathrm{T}}(t)G_1(x(t))u \\ &\leqslant y^{\mathrm{T}}(t)[2D(x)I_n + B(x)B^{\mathrm{T}}(x)]y(t) \\ &\quad + y^{\mathrm{T}}(t-h)y(t-h) + 2y^{\mathrm{T}}(t)G_1(x(t))u \end{aligned} \tag{3.106}$$

将 $G_1(x)u$ 代入式 (3.106), 并用定理的条件, 有

$$\begin{aligned} \dot{V}(t,y) &\leqslant y^{\mathrm{T}}(t)[(-2k_1 + 2D(x))I_n + B(x)B^{\mathrm{T}}(x)]y(t) + y^{\mathrm{T}}(t-h)y(t-h) \\ &\quad - 2k_2 y^{\mathrm{T}}(t)\mathrm{sign}(y(t))|y(t)|^\alpha - y^{\mathrm{T}}(t-h)y(t-h)\frac{y^{\mathrm{T}}(t)y(t)}{\|y(t)\|^2} \\ &\leqslant -2k_2 y^{\mathrm{T}}(t)\mathrm{sign}(y(t))|y(t)|^\alpha \\ &= -2k_2 \sum_{i=1}^{n} |y_i(t)|^{1+\alpha} \end{aligned}$$

同于定理 3-10 的证明, 可得

$$\dot{V}(t,y) \leqslant -2k_2\left(\sum_{i=1}^{n} |y_i(t)|^2\right)^{\frac{1+\alpha}{2}} = -2k_2[V(t,y)]^{\frac{1+\alpha}{2}} \tag{3.107}$$

意味着引理 2-1 的条件③ 在该定理的条件下成立, 证毕。

注 3-14 设计控制器 (3.104) 的优势有以下几方面: ① 不同于定理 3-10 中的控制器 (3.98), 控制器 (3.104) 不含有积分项; ② 从条件 (3.97) 和条件 (3.103) 可以看出定理 3-11 比定理 3-10 有更小的保守性。事实上, 从定理 3-10 中的条件 (3.97), 可以得到 $(-2k_1 + 2D(x))I_n + B(x)B^{\mathrm{T}}(x) \leqslant -I_n$, 即 $(-2k_1 + 2D(x))I_n + B(x)B^{\mathrm{T}}(x) \leqslant -I_n < 0$ 成立。这意味着由条件 (3.97) 能推出条件 (3.103)。

定理 3-10 和定理 3-11 是两个时滞无关的判断条件, 从文献 [20] 知道, 对小时滞系统来说, 这样的结果会有较大的保守性。现在, 在下述两种不同的情形下, 分别提出两个时滞相关的结果: ①$B(x)$ 已知, ② $B(x)$ 未知。

在情形①下, 有下面的结果。

定理 3-12　若假设 3-4 成立且系统 (3.95) 中的 $B(x)$ 是已知的, 如果存在常数 $k_i > 0$ $(i = 1, 2)$, $\alpha \in (0, 1)$ 以及适当维数的常矩阵 $P > 0$ 使得

$$(-2k_1 + 2D(x) - h\lambda_{\min}\{P\})I_n + hP \leqslant 0 \tag{3.108}$$

在 Ω 内成立, 则系统 (3.93) 在设计的如下控制器下是局部有限时间镇定的

$$G_1(x)u = -k_1 y - k_2 \text{sign}(y(t))|y(t)|^\alpha - B(x)y(t - h) \tag{3.109}$$

证明: 考虑系统 (3.95), 构建李雅普诺夫泛函如下

$$V(t, y) = \mathrm{e}^{\int_{-h}^{0}\int_{t+\tau}^{t}\frac{y^{\mathrm{T}}(s)Py(s)}{y^{\mathrm{T}}(s)y(s)}\mathrm{d}s\mathrm{d}\tau}y^{\mathrm{T}}(t)y(t) := H(t)y^{\mathrm{T}}(t)y(t) \tag{3.110}$$

则 $V(t, y)$ 满足引理 2-1 的条件①, 现在证明引理 2-1 的条件②和③也成立。

注意 $\int_{-h}^{0}\int_{t+\tau}^{t}\frac{y^{\mathrm{T}}(s)Py(s)}{y^{\mathrm{T}}(s)y(s)}\mathrm{d}s\mathrm{d}\tau \geqslant 0$, 有 $H(t) \geqslant 1$, 很明显, 引理 2-1 的条件②成立。

接下来, 沿着系统 (3.95) 的轨道计算 $V(t, y)$ 的导数, 并用 $y^{\mathrm{T}}(t)G(x(t)) = 0$, 可得

$$
\begin{aligned}
\dot{V}(t, y) = {} & H(t)\Big\{2y^{\mathrm{T}}(t)D(x)y(t) + 2y^{\mathrm{T}}(t)B(x)y(t - h) + 2y^{\mathrm{T}}(t)G_1(x(t))u \\
& + h\frac{y^{\mathrm{T}}(t)Py(t)}{y^{\mathrm{T}}(t)y(t)}y^{\mathrm{T}}(t)y(t) - \int_{t-h}^{t}\frac{y^{\mathrm{T}}(s)Py(s)}{y^{\mathrm{T}}(s)y(s)}\mathrm{d}s y^{\mathrm{T}}(t)y(t)\Big\} \\
\leqslant {} & H(t)\Big\{y^{\mathrm{T}}(t)[(2D(x) - h\lambda_{\min}\{P\})I_n + hP]y(t) \\
& + 2y^{\mathrm{T}}(t)B(x)y(t - h) + 2y^{\mathrm{T}}(t)G_1(x(t))u\Big\}
\end{aligned} \tag{3.111}
$$

将 $G_1(x)u$ 代入式 (3.111) 并用定理的条件, 同于定理 3-11 的证明, 有

$$
\begin{aligned}
\dot{V}(t, y) \leqslant {} & H(t)\Big\{y^{\mathrm{T}}(t)[(-2k_1 + 2D(x) - h\lambda_{\min}\{P\})I_n + hP]y(t) \\
& - 2k_2 y^{\mathrm{T}}(t)\text{sign}(y(t))|y(t)|^\alpha\Big\} \\
\leqslant {} & -2k_2 H(t)y^{\mathrm{T}}(t)\text{sign}(y(t))|y(t)|^\alpha = -2k_2 H(t)\sum_{i=1}^{n}|y_i(t)|^{1+\alpha}
\end{aligned}
$$

同于定理 3-10 的证明, 并用 $(H(t))^{\frac{1-\alpha}{2}} \geqslant 1$, 可以得到

$$
\begin{aligned}
\dot{V}(t,y) &\leqslant -2k_2 H(t) \left(\sum_{i=1}^{n} |y_i(t)|^2 \right)^{\frac{1+\alpha}{2}} \\
&= -2k_2 (H(t))^{\frac{1-\alpha}{2}} \left(H(t) \sum_{i=1}^{n} |y_i(t)|^2 \right)^{\frac{1+\alpha}{2}} \\
&\leqslant -2k_2 [V(t,y)]^{\frac{1+\alpha}{2}}
\end{aligned}
\tag{3.112}
$$

意味着引理 2-1 的条件③成立, 证毕。

在情形②下, 有下面的结果。

定理 3-13 若假设 3-4 成立且系统 (3.95) 中的 $B(x)$ 是未知的, 如果存在常数 $k_i > 0$ $(i = 1,2)$, $\alpha \in (0,1)$, 以及适当维数的常矩阵 $P > 0$ 使得

$$
(-2k_1 + 2D(x) - h\lambda_{\min}\{P\})I_n + hP + B(x)B^{\mathrm{T}}(x) \leqslant 0
\tag{3.113}
$$

在 Ω 内成立, 则系统 (3.93) 在设计的控制器 (3.104) 下是有限时间镇定的。

证明: 构造同于定理 3-12 的李雅普诺夫泛函, 并类似于定理 3-11 和定理 3-12 的证明, 能得到该定理成立, 证毕。

注 3-15 当 $B(x)$ 已知时定理 3-12 成立, 然而对许多实际系统无法建立其精确的模型, 这意味着定理 3-12 在实际应用时具有很大的局限性。鉴于此, 在定理 3-13 中, 我们提出了一个更一般的结果, 也就是存在未建模动态。很明显, 在应用定理 3-13 时, 只需要知道 $B(x)B^{\mathrm{T}}(x)$ 的上界。

注 3-16 不同于文献 [17]、文献 [21] 和文献 [22], 通过构造适当的李雅普诺夫泛函 (3.110), 定理 3-12 和定理 3-13 提出了两个时滞相关的结果。值得指出的是, 构建李雅普诺夫泛函 (3.110) 的主要优势是能够容易建立引理 2-1 的导数条件③成立, 并易于得到一些时滞相关的结果。

注 3-17 从定理 3-10~ 定理 3-13, 容易看到条件 (3.97)、条件 (3.103)、条件 (3.108) 和条件 (3.113) 不包含时滞项, 意味着这些条件是有限维的。而且不同于文献 [3]、文献 [17], 以及文献 [22]~ 文献 [24], 本节所得结果是简洁且易于检验的, 即本节的方法能有效降低计算的复杂性, 这是选用该方法的一个优势。

2. 基于哈密顿函数方法的常时滞系统的有限时间稳定性

通过构建具体的 L-K 泛函, 本节研究了一类非线性时滞哈密顿系统的有限时间稳定性问题, 提出了一些时滞相关的结果。本节的主要工作如下: 基于 L-K 泛

函方法, 建立了关于有限时间稳定性一个时变判据, 并为了应用, 为其构造了一个具体的 L-K 泛函, 这不同于现有文献 [18]。

考虑初值为 $x(\tau) = \phi(\tau)$, $\forall \tau \in [-h, 0]$ 的一类非线性时滞哈密顿系统

$$\dot{x}(t) = (J(x) - R(x))\nabla_x H(x) + T(x)\nabla_{\tilde{x}} H(\tilde{x}) \tag{3.114}$$

其中, $x(t) \in \Omega \subset \mathbb{R}^n$ 是状态向量, Ω 是原点的某有界凸邻域, $J(x)(\in \mathbb{R}^{n \times n})$ 是反对称结构矩阵, $R(x)(\in \mathbb{R}^{n \times n})$ 是正定对称矩阵 (即对所有的 $x \in \Omega$ 都有 $R(x) > 0$ 成立), $\tilde{x}(t) := x(t-h)$, $h > 0$ 是常时滞, $T(x) \in \mathbb{R}^{n \times n}$ 且 $T(0) = 0$, $H(x)$ 是一个哈密顿函数, 且 $x = 0$ 是其最小值点满足 $H(0) = 0$, $\nabla_x H(x)$ 是 $H(x)$ 的梯度向量, $\phi(\tau)$ 是一个向量值初值函数。同于文献 [18], 假设系统 (3.114) 拥有前向时间唯一解。

由引理 2-5 可知, 如果 $g(x)(\in \mathbb{R}^n)$ 是光滑的且 $g(0) = 0$, 则 $g(x) := M(x)x$。

为了建立系统 (3.114) 的有限时间稳定性结果, 本节假设系统中的哈密顿函数具有如下形式

$$H(x) = \sum_{i=1}^{n} (x_i^2)^{\frac{\alpha}{2\alpha-1}}, \quad \alpha > 1 \tag{3.115}$$

注 3-18 值得指出的是, 一个一般的哈密顿系统不可能是有限时间稳定的。因此, 本节同于文献 [19], 令系统 (3.114) 中的哈密顿函数有形式 (3.115)。

下面是主要结果。

定理 3-14 考虑系统 (3.114) 同着系统 (3.115), 假设存在常数 $\varepsilon > 0$, 以及适当维数的常矩阵 $L < 0$ 和 $P > 0$ 使得

$$-2R(x) + 2H(x)P \leqslant L, \quad 2H(x)P - \varepsilon T^{\mathrm{T}}(x)T(x) \geqslant 0, \quad x \in \Omega$$

$$m := \lambda_{\max}(L + \varepsilon^{-1}I_n) < 0$$

成立, 则系统 (3.114) 是局部有限时间稳定的, 其中, $\lambda_{\max}(*)$ 表示矩阵 $*$ 的最大特征值。

证明: 为了证明定理 3-14, 需要证明在该定理的条件下, 系统 (3.114) 满足引理 2-1 的三个条件。为此构建如下的李雅普诺夫泛函

$$V(t, x_t) = 2\mathrm{e}^{\int_{t-h}^{t} \nabla_x^{\mathrm{T}} H(x(s)) P \nabla_x H(x(s)) \mathrm{d}s} H(x(t)) := 2G(t)H(x(t)) \tag{3.116}$$

容易看出引理 2-1 中的条件①成立。另外, 由于 $\displaystyle\int_{t-h}^{t} \nabla_x^{\mathrm{T}} H(x(s)) P \nabla_x H(x(s))$

$ds \geqslant 0$, 有 $G(t) \geqslant 1$, 从而可得 $V(t, x_t) \geqslant 2H(x)$。因此，引理 2-1 中的条件②满足，接下来，表明引理 2-1 中的条件③也成立。

计算 $V(t, x_t)$ 的导数，用条件和引理 2-2，注意 $\nabla_x^T H(x) J(x) \nabla_x H(x) = 0$，易得

$$\dot{V}(t, x_t) \leqslant G(t) m \left(\frac{2\alpha}{2\alpha - 1} \right)^2 \sum_{i=1}^n (x_i^2)^{\frac{1}{2\alpha - 1}} \tag{3.117}$$

再用引理 2-3，能够得到

$$\sum_{i=1}^n (x_i^2)^{\frac{1}{2\alpha - 1}} = \sum_{i=1}^n [(x_i^2)^{\frac{\alpha}{2\alpha - 1}}]^{\frac{1}{\alpha}} \geqslant \left[\sum_{i=1}^n (x_i^2)^{\frac{\alpha}{2\alpha - 1}} \right]^{\frac{1}{\alpha}} = (H(x))^{\frac{1}{\alpha}} \tag{3.118}$$

将式 (3.118) 代入式 (3.117)，并注意 $m < 0$，有 $\dot{V}(t, x_t) \leqslant m \left(\frac{2\alpha}{2\alpha - 1} \right)^2 G(t)$ $(H(x))^{\frac{1}{\alpha}}$ 成立。

另外，用 $(G(t))^{1-\frac{1}{\alpha}} \geqslant 1$ 和 $m < 0$，能够得到 $\dot{V}(t, x_t) \leqslant \frac{m}{2^{\frac{1}{\alpha}}} \left(\frac{2\alpha}{2\alpha - 1} \right)^2$ $(V(t, x_t))^{\frac{1}{\alpha}}$，这意味着引理 2-1 中的条件③成立。

定理 3-15 考虑系统 (3.114) 同着系统 (3.115)，假设存在常数 $\varepsilon > 0$，适当维数的常矩阵 L, $P > 0$, $Q > 0$, $R > 0$, $M < 0$ 和 $N < 0$ 使得

$$-2R(x) + 2H(x)P + \varepsilon^{-1} I_n + 2H(x)h^2 R - H(x)M \leqslant L < 0$$

$$2H(x)P - \varepsilon T^T(x)T(x) + H(x)N \geqslant 0$$

$$\Phi = \begin{bmatrix} M & 0 & 2Q \\ 0 & N & -2Q \\ 2Q & -2Q & -2R \end{bmatrix} \leqslant 0, \quad x \in \Omega \tag{3.119}$$

则系统 (3.114) 是局部有限时间稳定的。

证明： 构建一个李雅普诺夫泛函如下

$$V(t, x_t) = 2e^{V_1 + V_2 + V_3} H(x) := 2G(t) H(x(t)) \tag{3.120}$$

其中，$V_1 = \int_{t-h}^t \nabla_x^T H(x(s)) P \nabla_x H(x(s)) ds$, $V_2 = \left(\int_{t-h}^t \nabla_x H(x(s)) ds \right)^T Q \int_{t-h}^t$

$\nabla_x H(x(s)) ds$, $V_3 = h \int_{-h}^0 \int_{t+\varsigma}^t \nabla_x^T H(x(s)) R \nabla_x H(x(s)) ds d\varsigma$。

很明显, 引理 2-1 中的条件①和②成立。接下来, 证明引理 2-1 中的条件③也成立。计算 $V(t, x_t)$ 的导数, 用引理 2-2, 类似于定理 3-14 的证明, 有

$$
\begin{aligned}
\dot{V}(t, x_t) \leqslant G(t)\Big[&\nabla_x^{\mathrm{T}} H(x)[-2R(x) + 2H(x)P + \varepsilon^{-1}I_n \\
&+2H(x)h^2 R - H(x)M]\nabla_x H(x) - \nabla_{\tilde{x}}^{\mathrm{T}} H(\tilde{x})[2H(x)P \\
&-\varepsilon T^{\mathrm{T}}(x)T(x) + H(x)N]\nabla_{\tilde{x}} H(\tilde{x}) + H(x)\eta^{\mathrm{T}}\Phi\eta\Big]
\end{aligned}
\tag{3.121}
$$

其中, $\eta = \left[\nabla_x^{\mathrm{T}} H(x), \nabla_{\tilde{x}}^{\mathrm{T}} H(\tilde{x}), \left(\displaystyle\int_{t-h}^{t} \nabla_x H(x(s))\mathrm{d}s\right)^{\mathrm{T}}\right]^{\mathrm{T}}$。

根据定理的条件, 得到 $\dot{V}(t, x_t) \leqslant G(t)\nabla_x^{\mathrm{T}} H(x)L\nabla_x H(x)$, 其余的证明同于定理 3-14, 证毕。

注 3-19　不同于定理 3-14, 定理 3-15 是一个时滞相关的结果。不同于文献 [18], 本节提出了一个具体的李雅普诺夫泛函来研究系统 (3.114) 的有限时间稳定性。从本节的证明可以看出, 通过应用构造的李雅普诺夫泛函, 能够容易地推出引理 2-1 的条件③成立, 这是构造该李雅普诺夫泛函的一个较好的优势。

3.3.2　基于哈密顿函数方法的时变时滞系统的有限时间稳定性

考虑如下非线性时变时滞系统

$$
\begin{cases}
\dot{x}(t) = (J(x) - R(x))\nabla_x H(x) + T(x)\nabla_{\tilde{x}} H(\tilde{x}) \\
x(\tau) = \phi(\tau), \quad \forall \tau \in [-h, 0]
\end{cases}
\tag{3.122}
$$

其中, $x(t) \in \Omega \subseteq \mathbb{R}^n$ 是状态向量, Ω 是原点的某一凸邻域, $J(x)(\in \mathbb{R}^{n \times n})$ 为反对称结构矩阵, $R(x)(\in \mathbb{R}^{n \times n})$ 是正定对称矩阵, $T(x) \in \mathbb{R}^{n \times n}$ 满足 $T(0) = 0$, $\nabla_x H(x)$ 是 $H(x)$ 的梯度向量, $\tilde{x}(t) := x(t - d(t))$, $d(t) > 0$ 是一个连续可微的时变时滞函数并满足如下限制条件

$$
0 < h_1 \leqslant d(t) \leqslant h_2
\tag{3.123}
$$

$$
\mu_1 \leqslant \dot{d}(t) \leqslant \mu_2 < 1
\tag{3.124}
$$

其中, h_1、h_2、μ_1 和 μ_2 是已知的常数, $H(x)$ 是系统的哈密顿函数且具有如下形式

$$
H(x) = \sum_{i=1}^{n} (x_i^2)^{\frac{\alpha}{2\alpha-1}}
\tag{3.125}
$$

$\alpha > 1$ 是一个实数。在本节中, 同于文献 [18], 假设系统 (3.122) 拥有解的前向唯一性。

本节构建几个具体的李雅普诺夫泛函, 首先给出系统 (3.122) 的一个时滞无关的结果, 然后再给出一个时滞相关的结果。

定理 3-16 考虑系统 (3.122), 假设哈密顿函数有式 (3.125) 的形式, 且存在常数 $\varepsilon > 0$, 适当维数的常矩阵 $L < 0$ 使得

$$-2R(x) + 2H(x)I_n + \varepsilon^{-1}I_n \leqslant L, \quad \varepsilon T^{\mathrm{T}}(x)T(x) - 2(1 - \mu_2)H(x)I_n \leqslant 0, \quad x \in \Omega$$

成立, 则系统 (3.122) 是局部有限时间稳定的。

证明: 为了证明该定理, 我们需要表明在定理的条件下, 系统 (3.122) 满足引理 2-1 的所有条件。为此, 构造李雅普诺夫泛函如下

$$V(t, x_t) = 2\mathrm{e}^{\int_{t-d(t)}^{t} \nabla_x^{\mathrm{T}} H(x(s)) \nabla_x H(x(s)) \mathrm{d}s} H(x) := 2G(t)H(x(t)) \tag{3.126}$$

很明显, 引理 2-1 的条件① 满足, 而且由于 $\displaystyle\int_{t-d(t)}^{t} \nabla_x^{\mathrm{T}} H(x(s)) \nabla_x H(x(s)) \mathrm{d}s \geqslant 0$, 易得 $G(t) \geqslant 1$, 这样引理 2-1 的条件② 是对的。接下来将证明引理 2-1 的条件③成立。

沿着系统 (3.122) 的轨道计算 $V(t, x_t)$ 的导数, 注意式 (3.124), 并用引理 2-2, 有

$$\dot{V}(t, x_t) \leqslant G(t)\Big[\nabla_x^{\mathrm{T}} H(x)(-2R(x) + 2H(x)I_n + \varepsilon^{-1}I_n)\nabla_x H(x)$$

$$\leqslant \lambda_{\max}(L)G(t)\left(\frac{2\alpha}{2\alpha - 1}\right)^2 \sum_{i=1}^{n}(x_i^2)^{\frac{1}{2\alpha-1}} \tag{3.127}$$

由引理 2-3 可得

$$\sum_{i=1}^{n}(x_i^2)^{\frac{1}{2\alpha-1}} = \sum_{i=1}^{n}[(x_i^2)^{\frac{\alpha}{2\alpha-1}}]^{\frac{1}{\alpha}} \geqslant \left[\sum_{i=1}^{n}(x_i^2)^{\frac{\alpha}{2\alpha-1}}\right]^{\frac{1}{\alpha}} = (H(x))^{\frac{1}{\alpha}} \tag{3.128}$$

将式 (3.128) 代入式 (3.127), 并注意 $\lambda_{\max}(L) < 0$, 有 $\dot{V}(t, x_t) \leqslant G(t)\lambda_{\max}(L)$ $\left(\dfrac{2\alpha}{2\alpha - 1}\right)^2 (H(x))^{\frac{1}{\alpha}} = \lambda_{\max}(L)\left(\dfrac{2\alpha}{2\alpha - 1}\right)^2 G(t)(H(x))^{\frac{1}{\alpha}}$。另外, 注意 $G(t) \geqslant 1$ 和 $\lambda_{\max}(L) < 0$, 可得

$$\dot{V}(t, x_t) \leqslant \lambda_{\max}(L)\left(\frac{2\alpha}{2\alpha - 1}\right)^2 (G(t))^{\frac{1}{\alpha}}(H(x))^{\frac{1}{\alpha}}(G(t))^{1-\frac{1}{\alpha}}$$

$$\leqslant \frac{\lambda_{\max}(L)}{2^{\frac{1}{\alpha}}}\left(\frac{2\alpha}{2\alpha - 1}\right)^2 (V(t, x_t))^{\frac{1}{\alpha}}$$

可得引理 2-1 的条件③ 成立, 证毕。

注 3-20　在定理 3-16 中, 通过构造形如 (3.126) 的李雅普诺夫泛函并利用时变时滞的导数上界, 发展了一个时滞无关的结果, 但由于用了较少的时滞信息, 结果有较大的保守性。下面通过利用更多的时滞信息, 提出一些时滞相关、保守性小的结果。

定理 3-17　考虑系统 (3.122), 假设哈密顿函数有式 (3.125) 的形式, 且存在常数 $\varepsilon > 0$, 适当维数的常矩阵 $L < 0$, $Q_1 > 0$, $Q_2 > 0$, $Q_3 > 0$ 和 $Z > 0$ 且 $Q_1 \geqslant Q_2$ 使得

$$-2R(x) + 2H(x)(h_{12}^2 Z + Q_1) + \varepsilon^{-1} I_n \leqslant L$$

$$\varepsilon T^{\mathrm{T}}(x)T(x) - 2(1 - \mu_2)H(x)Q_2 + 2H(x)(1 - \mu_1)Q_3 \leqslant 0, \quad x \in \Omega$$

成立, 则系统 (3.122) 是局部有限时间稳定的。

证明：为了证明该定理, 构造如下的李雅普诺夫泛函形式

$$V(t, x_t) = 2\mathrm{e}^{V_1 + V_2} H(x) := 2G(t)H(x) \tag{3.129}$$

其中

$$y_t := y(t + \theta)$$

$$\begin{cases} V_1(t, y_t) = \displaystyle\int_{t-h_1}^{t} \nabla_x^{\mathrm{T}} H(x) Q_1 \nabla_x H(x)\mathrm{d}s + \int_{t-d(t)}^{t-h_1} \nabla_x^{\mathrm{T}} H(x) Q_2 \nabla_x H(x)\mathrm{d}s \\ \qquad\quad + \displaystyle\int_{t-h_2}^{t-d(t)} \nabla_x^{\mathrm{T}} H(x) Q_3 \nabla_x H(x)\mathrm{d}s \\ V_2(t, y_t) = h_{12} \displaystyle\int_{-h_2}^{-h_1} \int_{t+s}^{t} \nabla_x^{\mathrm{T}} H(x) Z \nabla_x H(x)\mathrm{d}s\mathrm{d}\tau \end{cases} \tag{3.130}$$

很明显, 引理 2-1 的条件① 满足, 而且由于 $V_1 + V_2 \geqslant 0$, 易得 $G(t) \geqslant 1$, 这样引理 2-1 的条件② 是对的。接下来将证明引理 2-1 的条件③ 成立。

首先, 计算 V_1 和 V_2 的导数 $\dot{V}_1 + \dot{V}_2 \leqslant \nabla_x^{\mathrm{T}} H(x)(h_{12}^2 Z + Q_1)\nabla_x H(x) + \nabla_x^{\mathrm{T}} H(x(t-h_1))\big\{ -Q_1 + Q_2 \big\}\nabla_x H(x(t-h_1)) + \nabla_x^{\mathrm{T}} H(x(t-d(t)))\big\{ -(1 - \mu_2)Q_2 + (1 - \mu_1)Q_3 \big\}\nabla_x H(x(t-d(t))) = \nabla_x^{\mathrm{T}} H(x(t-h_2))Q_3 \nabla_x^{\mathrm{T}} H(x(t-h_2))$。

沿系统 (3.122) 的轨线计算 $V(t, y_t)$ 的导数, 可得

$$\dot{V}(t, x_t) \leqslant G(t)\Big[\nabla_x^{\mathrm{T}} H(x)(-2R(x) + 2H(x)(h_{12}^2 Z + Q_1) + \varepsilon^{-1} I_n)\nabla_x H(x)$$

$$+ \nabla_{\tilde{x}}^{\mathrm{T}} H(\tilde{x})[\varepsilon T^{\mathrm{T}}(x)T(x) - 2(1 - \mu_2)H(x)Q_2 + 2H(x)(1 - \mu_1)Q_3]$$

$$\nabla_{\tilde{x}} H(\tilde{x}) + 2H(x)\{\nabla_x^{\mathrm{T}} H(x(t-h_1))\big\{ -Q_1 + Q_2 \big\}\nabla_x H(x(t-h_1))$$

$$-\nabla_x^{\mathrm{T}} H(x(t-h_2)) Q_3 \nabla_x H(x(t-h_2))\}\Big] \tag{3.131}$$

用定理的条件, 可得 $\dot{V}(t, x_t) \leqslant G(t)\Big[\nabla_x^{\mathrm{T}} H(x)(-2R(x) + 2H(x)(h_{12}^2 Z + Q_1) +$

$\varepsilon^{-1} I_n)\nabla_x H(x)\Big] \leqslant G(t)\nabla_x^{\mathrm{T}} H(x) L \nabla_x H(x) \leqslant \lambda_{\max}(L) G(t)\left(\dfrac{2\alpha}{2\alpha-1}\right)^2 \displaystyle\sum_{i=1}^{n}(x_i^2)^{\frac{1}{2\alpha-1}}$ 。

以下的证明同于定理 3-16, 因此省略。

3.4 本 章 小 结

本章研究了复杂形式非线性时滞系统的无穷时间和有限时间稳定性问题, 发展了若干实用的稳定性判据。首先对一类不具有特殊形式的非线性时滞系统, 通过应用正交分解方法建立了其稳定性结果, 然后通过哈密顿泛函方法给出了更为复杂形式非线性时滞系统的渐近稳定性条件, 得到了保守性小的结果。在此基础上, 进一步研究了这些复杂系统的有限时间稳定和镇定问题, 通过构造若干具体的李雅普诺夫函数形式, 得到了其有限时间稳定和镇定结果。证明过程表明了这些李雅普诺夫函数在验证有限时间稳定性导数条件时具有很明显的优势, 为研究其他复杂系统的有限时间稳定性问题提供了有益的借鉴。

参 考 文 献

[1] Richard J P. Time-delay systems: an overview of some recent advances and open problems. Automatica, 2003, 39(10): 1667-1694.

[2] Zhong Q C. Robust Control of Time-Delay Systems. Berlin: Springer, 2006.

[3] Coutinho D F, de Souza C E. Delay-dependent robust stability and L_2-gain analysis of a class of nonlinear time-delay systems. Automatica, 2008, 44(4): 2006-2018.

[4] Fridman E, Dambrine M, Yeganefar N. On input-to-state stability of systems with time-delay: a matrix inequalities approach. IEEE Transactions on Automatic Control, 2008, 44(9): 2364-2369.

[5] Mazenc F, Niculescub S L. Lyapunov stability analysis for nonlinear delay systems. Systems and Control Letters, 2001, 42(4): 245-251.

[6] Nguang S K. Robust stabilization of a class of time-delay nonlinear systems. IEEE Transactions on Automatic Control, 2000, 45(4): 756-762.

[7] Papachristodoulou A. Analysis of nonlinear time-delay systems using the sum of squares decomposition// American Contral Conference, Boston, 2004.

[8] Ge S S, Hong F, Lee T H. Adaptive neural network control of nonlinear systems. IEEE Transactions on Automatic Control, 2005, 48(11): 2004-2010.

[9]　Wang Y Z, Feng G, Cheng D Z, et al. Adaptive L_2 disturbance attenuation control of multi-machine power systems with SMES units. Automatica, 2006, 42(7): 1121-1132.

[10]　Zemouche A, Boutayeb M, Bara G. On observers design for nonlinear time-delay systems// American Control Conference, Minneapolis, 2006.

[11]　Wu W. Robust linearising controllers for nonlinear time-delay systems. IEEE Proceedings Control Theory and Applications, 1999, 146(1): 91-97.

[12]　Sun W W, Wang Y Z. Stability analysis for some class of time-delay nonlinear Hamiltonian systems. Journal of Shandong University (Natural Science), 2007, 42(12): 1-9.

[13]　Wang Y Z, Li C W, Cheng D Z. Generalized Hamiltonian realization of time-invariant nonlinear systems. Automatica, 2003, 39(8): 1437-1443.

[14]　Sun L Y, Wang Y Z. Simultaneous stabilization of a class of nonlinear descriptor systems via Hamiltonian function method. Science China: Information Sciences, 2009, 52(11): 2140-2152.

[15]　He Y, Wang Q G, Lin C, et al. Delay-range-dependent stability for systems with time-varying delay. Automatica, 2007, 43(2): 371-376.

[16]　Zhang W, Cai X S, Han Z Z. Robust stability criteria for systems with interval time-varying delay and nonlinear perturbations. Journal of Computational and Applied Mathematics, 2010, 234(1): 174-180.

[17]　Hu J T, Sui G X, Du S L, et al. Finite-time stability of uncertain nonlinear systems with time-varying delay. Mathematical Problems in Engineering, 2017, 9: 1-9.

[18]　Moulay E, Dambrine M, Yeganefar N, et al. Finite time stability and stabilization of time-delay systems. System and Control Letters, 2008, 57(7): 561-566.

[19]　Wang Y Z, Feng G. Finite-time stabilization of port-controlled Hamiltonian systems with applicatioin to nonlinear affine systems// American Control Conference, Washington, 2008.

[20]　Gu K Q, Kharitonov V L, Chen J. Stability of Time-Delay Systems. Berlin: Springer, 2003.

[21]　Huang J J, Li C D, Huang T W, et al. Finite-time lag synchronization of delayed neural networks. Neurocomputing, 2014, 139(2): 145-149.

[22]　Wang L M, Shen Y, Ding Z X. Finite time stabilization of delayed neural networks. Neural Networks, 2015, 70: 74-80.

[23]　Mazenc F, Bliman P A. Backstepping design for time-delay nonlinear systems. IEEE Transactions on Automatic Control, 2006, 51(1): 149-154.

[24]　Yang R M, Wang Y Z. Stability for a class of nonlinear time-delay systems via Hamiltonian functional method. Science China: Information Sciences, 2012, 55(5): 1218-1228.

第 4 章　复杂非线性时滞系统的鲁棒控制

4.1　引　　言

本章讨论一般形式非线性时滞系统的无穷时间以及有限时间鲁棒控制问题。首先基于正交分解方法研究了一般形式时滞系统的鲁棒控制问题, 在此基础上, 给出了有限时间鲁棒以及自适应鲁棒控制设计方案, 发展一些新的鲁棒控制结果。最后研究了一类非线性时滞哈密顿系统的有限时间自适应鲁棒镇定问题, 设计了相应的自适应控制器。4.1 节是引言; 4.2 节是无穷时间情形下的鲁棒控制结果; 4.3 节有限时间情形下的鲁棒控制结果; 4.4 节是本章小结。

4.2　无穷时间情形下鲁棒控制

基于正交线性化方法, 本节研究下列非线性可控时滞系统的 H_∞ 控制问题, 并给出一个新的设计过程。为此考虑系统

$$\begin{cases} \dot{x}(t) = f(x) + f_1(x(t-h)) + g_1(x)u + g_2(x)w \\ x(t) = \phi(t), \quad \forall t \in [-h, \, 0] \end{cases} \tag{4.1}$$

其中, $x(t) \in \Omega \subseteq \mathbb{R}^n$ 为系统的状态, $u \in \mathbb{R}^m$ 是外部输入, $w \in \mathbb{R}^q$ 表示外部干扰, $f(x)$ 与 $f_1(x)$ 是满足 $f(0) = 0$ 和 $f_1(0) = 0$ 的两个光滑向量场, $\phi(t)$ $(t \in [-h, \, 0])$ 是一个连续向量值初值函数。

设 $\gamma > 0$ 是给定的已知干扰抑制水平, 并选取

$$z = h(x)C^{\mathrm{T}}(x)f_1(x) \tag{4.2}$$

为罚信号, 其中 $h(x)$ 是一个适当维数的权矩阵, 并有 $C(x) := J_{f_1}(x)g_1(x)$。

系统 (4.1) 的 H_∞ 控制问题可描述为 [1]: 对这个给定的 $\gamma > 0$, 找到一个控制器 $u = \alpha(x)$ 使得由系统 (4.1) 和这个控制器组成的闭环系统满足

① 当 $w(t) = 0$ 时, 系统 (4.1) 是局部渐近稳定的;

② 在零状态相应条件下 $(\phi(\theta) = 0, w(\theta) = 0, \theta \in [-h, 0])$, 对非零的 $w(t)$, 下式成立

$$\int_0^T \|z(t)\|^2 \mathrm{d}s \leqslant \gamma^2 \int_0^T \|w(t)\|^2 \mathrm{d}s, \quad \forall w \in L_2[0, T], \quad T \geqslant 0 \tag{4.3}$$

对系统 (4.1), 给出如下假设。

假设 4-1　假设 $f_1(x)$ 的 Jacobi 矩阵 $J_{f_1}(x)$ 在 Ω 内非奇异, 其中 $\Omega \subset \mathbb{R}^n$ 是原点的某有界凸邻域。

由于假设 4-1 成立, 则 $J_{f_1}(x)$ 非奇异。取 $y = f_1(x)$ 作为一个坐标变换, 系统 (4.1) 可等价为

$$\begin{cases} \dot{y} = B(y)y(t-h) + D(y)y + G_1(y) + g_3(y)u + g_4(y)w \\ z = h_1(y)g_3^{\mathrm{T}}(y)y \\ y = f_1(\phi(t)), \quad \forall t \in [-h,\, 0] \end{cases} \quad (4.4)$$

其中, $y \in \Omega_2 := f_1(\Omega)$, $B(y)$、$D(y)$ 和 $G_1(y)$ 同于 3.2.1 节, $h_1(y) := h(x)|_{x=f_1^{-1}(y)}$, $g_3(y) := J_{f_1}(x)g_1(x)|_{x=f_1^{-1}(y)}$, $g_4(y) := J_{f_1}(x)g_2(x)|_{x=f_1^{-1}(y)}$。

为了研究系统 (4.4) 的 H_∞ 控制问题, 假设 Ω_2 具有如下形式 [2]

$$\Omega_2 := \left\{ y \in f_1(\Omega) : \alpha_i^{\mathrm{T}} y \leqslant 1, i = 1, 2, \cdots, n \right\} \quad (4.5)$$

其中, $\alpha_i \ (i = 1, 2, \cdots, n)$ 是已知的常向量, 定义了集合 Ω_2 的 n 个边界。

下面给出关于干扰的一个假设条件。

假设 4-2　假设干扰 w 属于下列集合 [3]: $\hat{W} = \left\{ w \in \mathbb{R}^q : \mu^2 \int_0^{+\infty} w^{\mathrm{T}} w \mathrm{d}t \leqslant 1 \right\}$, 其中, $\mu > 0$ 是一个实数。

对系统 (4.4) 的 H_∞ 控制问题, 有如下结果。

定理 4-1　在假设 4-1 和假设 4-2 下, 对 $\gamma > 0$, 如果存在正常数 p、s、μ 以及适当维数的常正定矩阵 $Q_i \ (i = 1, 2)$ 和 Z 使得下列矩阵不等式对 $y \in \Omega_2$ 成立

$$\begin{bmatrix} 2s - \dfrac{\gamma^2}{\mu^2} & -s\alpha_i^{\mathrm{T}} \\ -s\alpha_i & I_n \end{bmatrix} \geqslant 0, \quad i = 1, 2, \cdots, n \quad (4.6)$$

$$\Phi = \begin{bmatrix} \Gamma_{11} & pB(y) & hQ_2 & pg_4(y) \\ * & -\mathrm{arccot}(h)Q_1 & -hQ_2 & 0 \\ * & * & \Gamma_{33} & 0 \\ * & 0 & 0 & -\gamma^2 pI_n \end{bmatrix} < 0 \quad (4.7)$$

其中, $\Gamma_{11} = pD(y) + D^{\mathrm{T}}(y)p + \dfrac{\pi}{2}Q_1 + hZ - \dfrac{p}{\gamma^2}g_3(y)g_3^{\mathrm{T}}(y)$, $\Gamma_{33} = -hZ - \dfrac{h}{1+h^2}Q_1$, 则系统 (4.4) 的一个 H_∞ 控制器可设计为如下形式

$$u = -\left[\frac{1}{2}h_1^{\mathrm{T}}(y)h_1(y) + \frac{1}{2\gamma^2}I_m \right] g_3^{\mathrm{T}}(y)y \quad (4.8)$$

证明: 把式 (4.8) 代入式 (4.4) 得如下闭环系统

$$\begin{cases} \dot{y} = B(y)y(t-h) + F(y)y + G_1(y) + g_4(y)w \\ z = h_1(y)g_3^{\mathrm{T}}(y)y \\ y = f_1(\phi(t)) \end{cases} \tag{4.9}$$

其中,$F(y) := D(y) - \dfrac{1}{2}g_3(y)h_1^{\mathrm{T}}(y)h_1(y)g_3^{\mathrm{T}}(y) - \dfrac{1}{2\gamma^2}g_3(y)g_3^{\mathrm{T}}(y)$。

构建一个李雅普诺夫泛函如下

$$V(t, y_t) = V_1(y) + V_2(t, y_t) + V_3(t, y_t) + V_4(t, y_t) \tag{4.10}$$

其中,$V_1(y) = py^{\mathrm{T}}(t)y(t)$,$V_2(t,y_t) = \displaystyle\int_{t-h}^{t} \operatorname{arccot}(t-s)y^{\mathrm{T}}(s)Q_1y(s)\mathrm{d}s$,$V_3(t,y_t) = \displaystyle\int_{t-h}^{t} y^{\mathrm{T}}(s)\mathrm{d}s Q_2 \int_{t-h}^{t} y(s)\mathrm{d}s$,$V_4(t,y_t) = \displaystyle\int_{t-h}^{t}\int_{s}^{t} y^{\mathrm{T}}(\tau)Zy(\tau)\mathrm{d}s\mathrm{d}\tau$,并令 $J(t,y_t) = V(t,y_t) + p\displaystyle\int_{0}^{t}(\|z(s)\|^2 - \gamma^2\|w(s)\|^2)\mathrm{d}s$。接下来证明 $J(t,y_t) \leqslant 0$。

沿着系统 (4.9) 的轨道,计算 V 的导数,结合式 (4.7),有

$$\dot{J}(t,y_t) = \dot{V} + p(\|z(t)\|^2 - \gamma^2\|w(t)\|^2) \leqslant \frac{1}{h}\int_{t-h}^{t} \eta^{\mathrm{T}}\varPhi\eta\mathrm{d}s \leqslant 0 \tag{4.11}$$

其中,$\eta := [y^{\mathrm{T}}(t),\ y^{\mathrm{T}}(t-h),\ y^{\mathrm{T}}(s),\ w^{\mathrm{T}}(t)]^{\mathrm{T}}$。从 0 到 T 积分式 (4.11),并注意到零状态响应条件,可得

$$V + p\int_{0}^{T}(\|z(s)\|^2 - \gamma^2\|w(s)\|^2)\mathrm{d}s \leqslant 0 \tag{4.12}$$

由此和 $V \geqslant 0$ 易得 $\displaystyle\int_{0}^{T}\|z(s)\|^2\mathrm{d}s \leqslant \gamma^2\int_{0}^{T}\|w(s)\|^2\mathrm{d}s$。

另外,根据假设 4-2 以及式 (4.12) 有 $py^{\mathrm{T}}y \leqslant V \leqslant p\gamma^2\displaystyle\int_{0}^{T}\|w(s)\|^2\mathrm{d}s \leqslant \dfrac{p\gamma^2}{\mu^2}$,即 $\|y\|^2 \leqslant \dfrac{\gamma^2}{\mu^2}$。

接下来,证明对 $\forall t > 0$,$\phi = 0$ 以及所有的 $w \in \hat{W}$,$y(t) \in \varOmega_2$ 成立。根据式 (4.5),只需证

$$y^{\mathrm{T}}y - \frac{\gamma^2}{\mu^2} \leqslant 0, \quad \text{s.t.} \quad 2 - 2\alpha_i^{\mathrm{T}}y \geqslant 0, \quad i = 1, 2, \cdots, n \tag{4.13}$$

应用 S-过程 [3], 若条件 (4.6) 成立, 则故式 (4.13) 成立。这样轨道 $y(t)$ 对 $t > 0$, $\phi = 0$ 以及所有的干扰 $w \in \hat{W}$ 仍在集合 Ω_2 内。

从式 (4.11) 易得当 $w = 0$ 时 $\dot{V} < 0$ $(\eta \neq 0)$, 这意味着系统 (4.9) 的零解是局部渐近稳定的, 证毕。

注 4-1 在 J_{f_1} 非奇异条件下, 由于系统 (4.1) 等价于系统 (4.4), 因此从定理 4-1 可得系统 (4.1) 的一个如下 H_∞ 控制器: $u = -\left[\dfrac{1}{2}h^{\mathrm{T}}(x)h(x) + \dfrac{1}{2\gamma^2}I_m\right]g_1^{\mathrm{T}}(x) J_{f_1}^{\mathrm{T}}(x)f_1(x)$。

注 4-2 本节的结果都是以含变量 x 的非线性矩阵不等式的形式给出的, 有许多方法可以解这种不等式, 例如, 有限元方法 [4]、分割方法 [5,6]、凸集方法 [7] 等。

4.3 有限时间情形下鲁棒控制

4.3.1 基于正交分解方法的有限时间 H_∞ 控制

基于正交线性化方法, 本节研究具有一般形式的非线性时滞系统的有限时间镇定以及鲁棒控制问题, 提出许多时滞相关的结果, 并设计一些不含积分项的控制器。本节的主要贡献是: ① 不同于现有文献中研究的系统和用到的方法 [3,8–11], 通过应用正交线性化方法, 我们发展了原系统的一个等价形式, 利用该等价形式能够研究一般形式的非线性时滞系统, 并避免解决复杂的非线性矩阵不等式。② 构建了几个具体的李雅普诺夫泛函并提出了一些时滞相关的结果, 很明显, 为待研究的时滞系统构造适当的李雅普诺夫泛函是具有挑战性的一个工作。③ 不同于现有文献关于有限时间结果 [8,11,12], 本节研究了有限时间鲁棒镇定问题并设计了几个更为实用的不包含积分项的控制器。相比现有的关于渐近性和有限时间结果 [3,9,12–14], 本节所建立的条件比较简洁且易于检验。

1) 预备工作

考虑如下非线性时滞系统

$$\begin{cases} \dot{x}(t) = f(x(t)) + \ell(x(t))g(x(t-h)) + g_1(x)u + g_2(x)w \\ x(\tau) = \phi(\tau), \quad \forall \tau \in [-h,\ 0] \end{cases} \tag{4.14}$$

其中, $x(t) \in \Omega \subset \mathbb{R}^n$ 是状态向量, Ω 是原点的某有界凸邻域, $f(x) \in \mathbb{R}^n$ 是连续向量场, $g(x) \in \mathbb{R}^n$ 是光滑向量场分别满足 $f(0) = 0$ 和 $g(0) = 0$, $\ell(x)$ 和 $g_i(x)$ $(i = 1,2)$ 是适当维数的权矩阵且 $\ell(0) = 0$, $h > 0$ 是常时滞, $\phi(\tau)$ 是向量值初值函数。

本节假设原点是系统 (4.14) 唯一的前向平衡点, 并且 $g_1(x)$ 有满列秩. 下面给出一些预备工作.

由引理 2-5 可知, 如果 $g(x)(\in \mathbb{R}^n)$ 是光滑的并且 $g(0) = 0$, 则 $g(x) := M(x)x$. 对系统 (4.14), 给出一个假设.

假设 4-3 对 $0 \neq x \in \Omega$, 假设 $g(x)$ 的 Jacobi 矩阵 $J_g(x)$ 非奇异.

取 $y = g(x)$ 作为一个坐标变换, 并用正交分解方法 [12,15], 系统 (4.14) 等价为

$$\begin{cases} \dot{y}(t) = B(x(t))y(t-h) + D(x(t))y(t) + G(x(t)) + G_1(x)u + G_2(x)w \\ y(\tau) = g(\phi(\tau)), \quad \forall \tau \in [-h, 0] \end{cases} \tag{4.15}$$

其中, $B(x) := J_g(x)\ell(x)$, $G_1(x) := J_g(x)g_1(x)$, $G_2(x) := J_g(x)g_2(x)$

$$D(x) := \begin{cases} \dfrac{\langle J_g(x)f(x),\ g(x) \rangle}{\|g(x)\|^2}, & x \neq 0 \\ 0, & x = 0 \end{cases} \tag{4.16}$$

$$G(x) := \begin{cases} J_g(x)f(x) - D(x)g(x), & x \neq 0 \\ 0, & x = 0 \end{cases}$$

而且, 从 $G(x) \perp g(x)$, 可以得到 $\langle G(x),\ y \rangle = 0$.

这样, 在假设 4-3 下, 系统 (4.14) 等价于系统 (4.15), 将会用这个等价形式来研究系统 (4.14) 的有限时间鲁棒控制问题.

2) 有限时间鲁棒镇定

基于前述结果, 本节研究系统 (4.14) 的有限时间鲁棒镇定问题. 为此, 首先给出假设和有限时间鲁棒镇定的定义.

假设 4-4 [3,14] 假设系统 (4.14) 中的干扰 w 满足 $\Theta = \Big\{ w \in \mathbb{R}^q : \mu^2 \displaystyle\int_0^{+\infty} w^{\mathrm{T}}w\mathrm{d}t \leqslant 1 \Big\}$, 其中, μ 是一个正实数.

系统 (4.14) 的有限时间 H_∞ 控制问题: 设计一个控制器 $u = \alpha(x)$ 使得由系统 (4.14) 和该控制器组成的闭环系统在 w 消失时是有限时间稳定的, 同时对任意非零的 $w \in \Theta$, 闭环系统的零状态响应 $(\phi(\theta) = 0,\ w(\theta) = 0,\ \theta \in [-h, 0])$ 满足

$$\int_0^t \|z(s)\|^2\mathrm{d}s \leqslant \gamma^2 \int_0^t \|w(s)\|^2\mathrm{d}s, \quad \infty > t \geqslant 0 \tag{4.17}$$

进一步的, 类似文献 [2] 和文献 [3], 假设 Ω 具有如下形式

$$\Omega := \Big\{ x : \alpha_i^{\mathrm{T}}x \leqslant 1, i = 1, 2, \cdots, n \Big\} \tag{4.18}$$

其中, α_i, $(i = 1, 2, \cdots, n)$ 是一些已知的常数。

令干扰抑制水平 $\gamma > 0$ 被给, 并令罚信号 z 为

$$z = h(x)G_1^{\mathrm{T}}(x)g(x) \tag{4.19}$$

其中, $h(x)$ 是适当维数的权矩阵。

接下来, 对系统 (4.14) 的有限时间鲁棒镇定问题, 有下面一些结果。

定理 4-2   在假设 4-3 和假设 4-4 下, 若对给定的 $\gamma > 0$ 有

① 存在正实数 ϵ、k_1、k_2 和适当维数的常矩阵 $P > 0$ 使得

$$m\epsilon^{-1} \leqslant \gamma^2 \tag{4.20}$$

$$2(D(x) - k_1)I_n - \frac{1}{\gamma^2}G_1(x)G_1^{\mathrm{T}}(x) + B(x)B^{\mathrm{T}}(x)$$
$$+ \epsilon G_2(x)G_2^{\mathrm{T}}(x) + hP - h\lambda_{\min}\{P\}I_n \leqslant 0 \tag{4.21}$$

② 存在正实数 s、μ 和 ζ 使得

$$\begin{bmatrix} 2s - \dfrac{\gamma^2}{\mu^2 \zeta} & -s\alpha_i^{\mathrm{T}} \\ -s\alpha_i & I_n \end{bmatrix} \geqslant 0, \qquad i = 1, 2, \cdots, n \tag{4.22}$$

则系统 (4.14) 的一个 H_∞ 控制器能被设计为

$$G_1(x)u = G_1(x)u_1 + G_1(x)u_2 \tag{4.23}$$

其中, $m := \mathrm{e}^{0.5h^2\lambda_{\max}\{P\}}$, $\zeta := \lambda_{\min}\{M^{\mathrm{T}}(x)M(x)\} > 0 \ (x \in \Omega)$

$$G_1(x)u_1 = \begin{cases} -k_1 y - k_2 \mathrm{sign}(y(t))|y(t)|^\alpha - y^{\mathrm{T}}(t-h)y(t-h)\dfrac{y(t)}{\|y(t)\|^2}, \ y \neq 0 \\ 0, \quad y = 0 \end{cases} \tag{4.24}$$

$$G_1(x)u_2 = -G_1(x)\left[\frac{1}{2}h^{\mathrm{T}}(x)h(x) + \frac{1}{2\gamma^2}I_m\right]G_1^{\mathrm{T}}(x)y(x) \tag{4.25}$$

证明: 将式 (4.23) 代入式 (4.15) 得到

$$\begin{cases} \dot{y} = F(x)y(t) + B(x)y(t-h) + G_2(x)w - k_2\mathrm{sign}(y(t))|y(t)|^\alpha \\ \quad - y^{\mathrm{T}}(t-h)y(t-h)\dfrac{y(t)}{2\|y(t)\|^2} \\ z = h(x)G_1^{\mathrm{T}}(x)y(t) \end{cases} \tag{4.26}$$

其中, $F(x) := [D(x) - k_1]I_n - \dfrac{1}{2}G_1(x)h^{\mathrm{T}}(x)h(x)G_1^{\mathrm{T}}(x) - \dfrac{1}{2\gamma^2}G_1(x)G_1^{\mathrm{T}}(x)$。

选取如下李雅普诺夫泛函

$$V(t,y) = \mathrm{e}^{\int_{-h}^{0}\int_{t-\tau}^{t}\frac{y^{\mathrm{T}}(s)Py(s)}{y^{\mathrm{T}}(s)y(s)}\,\mathrm{d}s\mathrm{d}\tau}y^{\mathrm{T}}(t)y(t) := H(t)y^{\mathrm{T}}(t)y(t) \tag{4.27}$$

则 $V(t,y)$ 满足引理 2-1 的条件① 和②。现在, 证明引理 2-1 的条件③也成立。令 $D(t,y) := V(t,y) + \displaystyle\int_0^t (\|z(s)\|^2 - \gamma^2\|w(s)\|^2)\mathrm{d}s$。首先, 表明式 (4.17) 成立, 为此 需要证明 $D(t,y) \leqslant 0$。沿着闭环系统 (4.26) 的轨道计算 $V(t,y)$ 的导数, 有

$$\begin{aligned}
\dot{V}(t,y) &\leqslant H(t)\Big\{y^{\mathrm{T}}(t)[2F(x) + B(x)B^{\mathrm{T}}(x)]y(t) + y^{\mathrm{T}}(t-h)y(t-h)\\
&\quad + \epsilon^{-1}w^{\mathrm{T}}w + \epsilon y^{\mathrm{T}}(t)G_2(x)G_2^{\mathrm{T}}(x)y(t) + hy^{\mathrm{T}}(t)Py(t) - h\lambda_{\min}\{P\}y^{\mathrm{T}}(t)y(t)\\
&\quad - 2k_2\sum_{i=1}^{n}|y_i(t)|^{1+\alpha} - y^{\mathrm{T}}(t-h)y(t-h)\Big\}\\
&= H(t)\Big\{y^{\mathrm{T}}(t)[2F(x) + B(x)B^{\mathrm{T}}(x) + hP - h\lambda_{\min}\{P\}I_n]y(t)\\
&\quad + \epsilon^{-1}w^{\mathrm{T}}w + \epsilon y^{\mathrm{T}}(t)G_2(x)G_2^{\mathrm{T}}(x)y(t) - 2k_2\sum_{i=1}^{n}|y_i(t)|^{1+\alpha}\Big\}\\
&= H(t)\Big\{y^{\mathrm{T}}(t)[2F(x) + B(x)B^{\mathrm{T}}(x) + hP - h\lambda_{\min}\{P\}I_n\\
&\quad + \epsilon G_2(x)G_2^{\mathrm{T}}(x)]y(t) + \epsilon^{-1}w^{\mathrm{T}}w - 2k_2\sum_{i=1}^{n}|y_i(t)|^{1+\alpha}\Big\}
\end{aligned} \tag{4.28}$$

对 $2y^{\mathrm{T}}(t)F(x)y(t)$, 有

$$\begin{aligned}
2y^{\mathrm{T}}(t)F(x)y(t) &= 2y^{\mathrm{T}}(t)[(D(x) - k_1)I_n - \frac{1}{2\gamma^2}G_1(x)G_1^{\mathrm{T}}(x)]y(t)\\
&\quad - y^{\mathrm{T}}(t)G_1(x)h^{\mathrm{T}}(x)h(x)G_1^{\mathrm{T}}(x)y(t)\\
&=: 2y^{\mathrm{T}}(t)F_1(x)y(t) - \|z\|^2
\end{aligned} \tag{4.29}$$

将式 (4.29) 代入式 (4.28), 可得

$$\begin{aligned}
\dot{V}(t,y) &\leqslant H(t)\Big\{y^{\mathrm{T}}(t)[2F_1(x) + hP - h\lambda_{\min}\{P\}I_n + B(x)B^{\mathrm{T}}(x)\\
&\quad + \epsilon G_2(x)G_2^{\mathrm{T}}(x)]y(t) + \epsilon^{-1}w^{\mathrm{T}}w - \|z\|^2\Big\} - 2H(t)k_2\sum_{i=1}^{n}|y_i(t)|^{1+\alpha}\\
&\leqslant H(t)\Big\{y^{\mathrm{T}}(t)[2F_1(x) + hP - h\lambda_{\min}\{P\}I_n + B(x)B^{\mathrm{T}}(x)
\end{aligned}$$

$$+\epsilon G_2(x)G_2^{\mathrm{T}}(x)]y(t)\Big\} + H(t)[\epsilon^{-1}w^{\mathrm{T}}w - \|z\|^2] - 2k_2\Big(V(t,y)\Big)^{\frac{1+\alpha}{2}}$$

由此和定理的条件① 以及 $H(t) \geqslant 1$, 有

$$\dot{V}(t,y) \leqslant H(t)[\epsilon^{-1}w^{\mathrm{T}}w - \|z\|^2] - 2k_2\Big(V(t,y)\Big)^{\frac{1+\alpha}{2}}$$

$$\leqslant H(t)\epsilon^{-1}w^{\mathrm{T}}w - \|z\|^2 - 2k_2\Big(V(t,y)\Big)^{\frac{1+\alpha}{2}}$$

另外, 注意 $\dfrac{y^{\mathrm{T}}(s)Py(s)}{y^{\mathrm{T}}(s)y(s)} \geqslant 0$, 可得到

$$0 \leqslant \int_{-h}^{0}\int_{t+\tau}^{t}\frac{y^{\mathrm{T}}(s)Py(s)}{y^{\mathrm{T}}(s)y(s)}\mathrm{d}s\mathrm{d}\tau$$

$$\leqslant \lambda_{\max}\{P\}\int_{-h}^{0}\int_{t+\tau}^{t}\mathrm{d}s\mathrm{d}\tau = -\lambda_{\max}\{P\}\int_{-h}^{0}\tau\mathrm{d}\tau = 0.5h^2\lambda_{\max}\{P\} \tag{4.30}$$

即 $H(t) \leqslant \mathrm{e}^{0.5h^2\lambda_{\max}\{P\}} := m$, 从式 (4.30) 得到

$$\dot{V}(t,y) \leqslant m\epsilon^{-1}w^{\mathrm{T}}w - \|z\|^2 - 2k_2\Big(V(t,y)\Big)^{\frac{1+\alpha}{2}} \tag{4.31}$$

将式 (4.31) 代入 $\dot{D}(t,y)$, 并用条件 (4.20), 有

$$\dot{V}(t,y) + [\|z(t)\|^2 - \gamma^2\|w(t)\|^2] = \dot{D}(t,y) \leqslant -2k_2\Big(V(t,y)\Big)^{\frac{1+\alpha}{2}} \leqslant 0 \tag{4.32}$$

用零状态响应条件, 从 0 到 t 积分式 (4.32), 易得

$$V(t,y) + \int_{0}^{t}(\|z(s)\|^2 - \gamma^2\|w(s)\|^2)\mathrm{d}s \leqslant 0 \tag{4.33}$$

由此和 $V(t,y) \geqslant 0$, 有 $\int_{0}^{t}\|z(s)\|^2\mathrm{d}s \leqslant \gamma^2\int_{0}^{t}\|w(s)\|^2\mathrm{d}s$, 这样式 (4.17) 成立.

其次, 证明 $x(t) \in \Omega$ 对 $\forall t > 0$, $\phi = 0$ 以及所有的 $w \in \Theta$ 成立.

根据式 (4.33) 和假设 4-4, 能得到 $V(t,y) \leqslant \gamma^2\int_{0}^{t}\|w(s)\|^2\mathrm{d}s \leqslant \dfrac{\gamma^2}{\mu^2}$, 同着这个和 $y^{\mathrm{T}}y \leqslant V(t,y)$, 有

$$y^{\mathrm{T}}y \leqslant \frac{\gamma^2}{\mu^2} \tag{4.34}$$

将 $y = g(x) = M(x)x$ 代入式 (4.34), 有

$$g^{\mathrm{T}}(x)g(x) = x^{\mathrm{T}}M^{\mathrm{T}}(x)M(x)x \leqslant \frac{\gamma^2}{\mu^2} \tag{4.35}$$

即 $\zeta\|x\|^2 \leqslant x^{\mathrm{T}}M^{\mathrm{T}}(x)M(x)x \leqslant \dfrac{\gamma^2}{\mu^2}$, 意味着

$$\|x\|^2 \leqslant \frac{\gamma^2}{\mu^2\zeta} \tag{4.36}$$

接下来, 证明 $x(t) \in \Omega$ 对 $\forall t > 0$, $\phi = 0$ 以及所有的 $w \in \Theta$ 成立。

根据式 (4.18), 应该证明

$$x^{\mathrm{T}}x - \frac{\gamma^2}{\mu^2\zeta} \leqslant 0$$

$$\text{s.t. } 2 - 2\alpha_i^{\mathrm{T}}x \geqslant 0, \quad i = 1, 2, \cdots, n \tag{4.37}$$

应用 S-过程, 只需条件 (4.22)。

最后, 证明当 $w = 0$ 时, 闭环系统是有限时间稳定的。事实上, 从式 (4.32), 如果 $w = 0$, 则

$$\dot{V}(t,y) \leqslant -\|z\|^2 - 2k_2\Big(V(t,y)\Big)^{\frac{1+\alpha}{2}} \leqslant -2k_2\Big(V(t,y)\Big)^{\frac{1+\alpha}{2}} \tag{4.38}$$

即闭环系统 (4.26) 当 $w = 0$ 时是有限时间稳定的, 证毕。

注 4-3　受文献 [8] 和文献 [12] 的启发, 本节研究了鲁棒镇定问题, 提出了一个时滞相关的结果。然而, 值得指出的是, 在文献 [8] 和文献 [12] 中仅得到了几个有限时间镇定结果, 而不是鲁棒镇定结果。而且, 文献 [8] 得到的是时滞无关结果。

注 4-4　本节给出的是局部结果, 应该指出的是, 建立系统的局部结果是更难的, 然而这样的结果是更适合于研究现实系统的, 因为现实系统的状态都是有界的。另外, 不难推得, 如果这些条件在全局成立, 则它们就变成了全局结果。

本节研究了一般形式非线性时滞系统的有限时间鲁棒镇定问题, 通过应用正交线性化和坐标变换方法, 建立了系统的等价形式, 并据此发展了一个时滞相关的结果。

4.3.2　自适应鲁棒控制

1. 基于正交分解方法的有限时间自适应鲁棒控制

本节基于正交线性化方法研究同时含有不确定项和外部干扰非线性时滞系统的有限时间自适应鲁棒控制问题, 提出几个时滞无关、时滞相关的结果。本节的主要工作: ① 不同于现有的文献 [8] 和文献 [16], 本节所研究的系统具有更一般的形式, 同时包含时滞、不确定性及外部干扰。② 本节构建了几个具体的李雅普诺

夫泛函并设计了不包含积分项的控制器, 发展了时滞相关的自适应结果, 这不同于文献 [8]。

1) 预备工作

考虑如下非线性时滞系统

$$\begin{cases} \dot{x}(t) = f(x(t),\, p) + \ell(x(t),\, p)g(x(t-h)) + g_1(x(t))u + g_2(x(t))w \\ x(\tau) = \phi(\tau), \quad \forall \tau \in [-h,\, 0] \end{cases} \tag{4.39}$$

其中, $x(t) \in \Omega \subset \mathbb{R}^n$ 是状态向量, Ω 是原点的某有界凸邻域, p 是常有界不确定性, $f(x) \in \mathbb{R}^n$ 连续向量场, $\ell(x,p) \in \mathbb{R}^{n\times n}$ 适当维数的权矩阵, $g(x) \in \mathbb{R}^n$ 是光滑向量场满足 $g(0) = 0$, $h > 0$ 是时滞常数, $\phi(\theta)$ 是一个向量值初值函数, $g_1(x)$ 和 $g_2(x)$ 是适当维数的权矩阵, $g_1(x)$ 有满列秩, u 和 w 分别是输入和外部干扰。

由引理 2-5, 若 $g(x)(\in \mathbb{R}^n)$ 光滑且 $g(0) = 0$, 则 $g(x) := M(x)x$。现在给出一些假设条件。

假设 4-5　对 $0 \neq x \in \Omega$, 假设 $g(x)$ 的 Jacobi 矩阵 $J_g(x)$ 非奇异。

假设 4-6[16]　假设 $\ell(x,\, p) = \ell(x) + \nabla\ell(x,p)$, 且存在矩阵 $\Phi(x,\tilde{x})$ 使得 $\nabla\ell(x,p)g(\tilde{x}) = g_1(x)\Phi^{\mathrm{T}}(x,\tilde{x})\theta$ 成立, 其中, $\theta \in \mathbb{R}^{n_1}$ 是关于 p 的常向量, $\tilde{x} := x(t-h)$。

取 $y = g(x)$ 做一个坐标变换, 并用正交线性化方法, 则在假设 4-5 和 $y = g(x)$ 下, 系统 (4.39) 等价为

$$\begin{cases} \dot{y}(t) = J_g(x)\ell(x,p)y(t-h) + D(x(t),p)y(t) + G(x(t),p) + G_1(x)u + G_2(x)w \\ y(\tau) = g(\phi(\tau)), \quad \forall \tau \in [-h,0] \end{cases} \tag{4.40}$$

其中, $G_1(x) := J_g(x)g_1(x)$, $G_2(x) := J_g(x)g_2(x)$

$$D(x,p) := \begin{cases} \dfrac{\langle J_g(x)f(x,p),\, g(x)\rangle}{\|g(x)\|^2}, & x \neq 0 \\ 0, & x = 0 \end{cases} \tag{4.41}$$

$$G(x,p) := \begin{cases} J_g(x)f(x,p) - D(x,p)g(x), & x \neq 0 \\ 0, & x = 0 \end{cases}$$

而且, 从 $G(x,p) \perp g(x)$ 可以得到 $\langle G(x,p),\, y\rangle = 0$。

进一步, 由假设 4-6 可得

$$\begin{cases} \dot{y}(t) = B(x)y(t-h) + D(x,p)y(t) + G(x,p) + G_1(x)u + G_2(x)w \\ \qquad + G_1(x)\Phi^{\mathrm{T}}(x,\tilde{x})\theta \\ y(\tau) = g(\phi(\tau)), \quad \forall \tau \in [-h,0] \end{cases} \tag{4.42}$$

其中, $B(x) := J_g(x)\ell(x)$。因此, 当 $J_g(x)$ 非奇异时, 系统 (4.39) 等价于系统 (4.42)。

2) 有限时间自适应鲁棒镇定

这节研究系统 (4.39) 或系统 (4.42) 的有限时间自适应鲁棒镇定问题, 提出几个时滞无关和相关的结果。首先, 给出干扰 w 的一个假设。

假设 4-7[3]　设干扰 w 满足 $\Theta = \left\{ w \in \mathbb{R}^q : \mu^2 \int_0^{+\infty} w^{\mathrm{T}}(t)w(t)\mathrm{d}t \leqslant 1 \right\}$, 这里, μ 是一个正数。

考虑系统 (4.39), 令干扰抑制水平 $\gamma > 0$, 且选取 $z = h(x)G_1^{\mathrm{T}}(x)g(x)$ 作为罚信号, 其中 $h(x)$ 是一个权矩阵。

自适应有限时间 H_∞ 控制问题: 找到一个同着如下参量估计的自适应控制器

$$
\begin{cases}
u = a(x, \hat{\theta}) \\
\dot{\hat{\theta}} = \pi(x, \hat{\theta})
\end{cases}
\tag{4.43}
$$

使得在干扰 $w = 0$ 和设计的控制器 (4.43) 下, 闭环系统 (4.39) 的状态 $x(t)$ 在有限时间内收敛到零, 且对任意非零的 $w \in \Theta$, 闭环系统的零状态响应 ($\phi(\tau) = 0, w(\tau) = 0, \theta = 0, \hat{\theta}(\tau) = 0, \tau \in [-h, 0]$) 满足

$$
\int_0^T \|z(t)\|^2 \mathrm{d}t \leqslant \gamma^2 \int_0^T \|w(t)\|^2 \mathrm{d}t, \quad \infty > T > 0
\tag{4.44}
$$

为方便分析, 考虑集合

$$
\Omega := \left\{ x : \alpha_i^{\mathrm{T}} x \leqslant 1, i = 1, 2, \cdots, n \right\}
\tag{4.45}
$$

其中, α_i ($i = 1, 2, \cdots, n$) 是已知的常向量, 定义了 Ω 的 n 条边。

下面给出一个时滞无关的结果。

定理 4-3　在假设 4-5、假设 4-6 和假设 4-7 下, 考虑系统 (4.39), 若对给定的 $\gamma > 0$ 有

① 存在常数 $k_2 > 0$, $\rho > 0$ 和 $\kappa > 0$ 使得 $\kappa^{-1} \leqslant \gamma^2$ 和

$$
G_1(x)\Phi^{\mathrm{T}}(x, \tilde{x})\Phi(x, \tilde{x})G_1^{\mathrm{T}}(x) \leqslant \rho\|x\|^2
\tag{4.46}
$$

$$
2D(x, p)I_n + B(x)B^{\mathrm{T}}(x) - \frac{1}{\gamma^2}G_1(x)G_1^{\mathrm{T}}(x) + \kappa G_2(x)G_2^{\mathrm{T}}(x) \leqslant 0
\tag{4.47}
$$

在 Ω 内成立;

② 存在正实数 s 和 μ 使得

$$\begin{bmatrix} 2s - \dfrac{\gamma^2}{\mu^2\zeta} & -s\alpha_i^{\mathrm{T}} \\ -s\alpha_i & I_n \end{bmatrix} \geqslant 0, \quad i = 1, \cdots, n \tag{4.48}$$

成立, 其中, $\zeta := \lambda_{\min}\{M^{\mathrm{T}}(x)M(x)\} > 0 \ (x \in \Omega)$, 则可设计系统 (4.39) 的一个自适应 H_∞ 控制器为 $G_1(x)u = G_1(x)u_1 + G_1(x)u_2$, 其中

$$G_1(x)u_1 = -G_1(x)\left[\frac{1}{2}h^{\mathrm{T}}(x)h(x) + \frac{1}{2\gamma^2}I_m\right]G_1^{\mathrm{T}}(x)g(x) - G_1(x)\Phi^{\mathrm{T}}(x,\tilde{x})\hat{\theta} \tag{4.49}$$

且 $\dot{\hat{\theta}} = \bar{Q}\Phi(x,\tilde{x})G_1^{\mathrm{T}}(x)g(x)$, 这里, $\hat{\theta}$ 是 θ 的一个估计, $\bar{Q} > 0$ 是自适应增益矩阵

$$G_1(x)u_2 = \begin{cases} k_2\mathrm{sign}(y(t))|y(t)|^\alpha - y^{\mathrm{T}}(t-h)y(t-h)\dfrac{y(t)}{2\|y(t)\|^2}, & y \neq 0 \\ 0, & y = 0 \end{cases} \tag{4.50}$$

同着 $y = g(x)$ 和 $\mathrm{sign}(y(t))|y(t)|^\alpha := (\mathrm{sign}(y_1(t))|y_1(t)|^\alpha, \mathrm{sign}(y_2(t))|y_2(t)|^\alpha, \cdots, \mathrm{sign}(y_n(t))|y_n(t)|^\alpha)^{\mathrm{T}}$。

　　证明: 由于系统 (4.39) 等价于系统 (4.42), 因此在控制器 (4.49) 和控制器 (4.50) 下, 考虑系统 (4.42)。构造下述李雅普诺夫泛函

$$V(t, y) = y^{\mathrm{T}}(t)y(t) \tag{4.51}$$

并令

$$D(t, y, \hat{\theta}) := V(t, y) + \int_0^t (\|z(s)\|^2 - \gamma^2\|w(s)\|^2)\mathrm{d}s + (\theta - \hat{\theta}(t))^{\mathrm{T}}\bar{Q}^{-1}(\theta - \hat{\theta}(t)) \tag{4.52}$$

首先, 证明 $D(t, y, \hat{\theta}) \leqslant 0$, 即

$$\int_0^T \|z(s)\|^2\mathrm{d}s \leqslant \gamma^2 \int_0^T \|w(s)\|^2\mathrm{d}s \tag{4.53}$$

沿着系统 (4.42) 的轨道计算 $V(t, y)$ 的导数, 用 $y^{\mathrm{T}}G(x, p) = 0$, 得到

$$\dot{V}(t, y) \leqslant y^{\mathrm{T}}(t)[2D(x, p) + B(x)B^{\mathrm{T}}(x)]y(t) + y^{\mathrm{T}}(t-h)y(t-h) + 2y^{\mathrm{T}}(t)G_1(x)u$$
$$+ 2y^{\mathrm{T}}(t)G_2(x)w + 2y^{\mathrm{T}}(t)G_1(x)\Phi^{\mathrm{T}}(x,\tilde{x})\theta \tag{4.54}$$

将式 (4.50) 中的 $G_1(x)u_2$ 代入式 (4.54), 并用定理的条件, 有

$$\dot{V}(t, y) = y^{\mathrm{T}}(t)[2D(x, p)I_n + B(x)B^{\mathrm{T}}(x)]y(t) - 2k_2y^{\mathrm{T}}(t)\mathrm{sign}(y(t))|y(t)|^\alpha$$

$$+2y^{\mathrm{T}}(t)G_2(x)w + 2y^{\mathrm{T}}(t)G_1(x)\varPhi^{\mathrm{T}}(x,\tilde{x})\theta + 2y^{\mathrm{T}}(t)G_1(x)u_1 \quad (4.55)$$

对项 $y^{\mathrm{T}}(t)\mathrm{sign}(y(t))|y(t)|^{\alpha}$, 用引理 2-6 的不等式①, 有

$$-2k_2 y^{\mathrm{T}}(t)\mathrm{sign}(y(t))|y(t)|^{\alpha}$$

$$= -2k_2 \sum_{i=1}^{n} |y_i(t)|^{1+\alpha} \leqslant -2k_2 \left(\sum_{i=1}^{n} |y_i(t)|^2\right)^{\frac{1+\alpha}{2}} \quad (4.56)$$

由此和式 (4.55), 可得

$$\dot{V}(t,y) \leqslant y^{\mathrm{T}}(t)[2D(x,p)I_n + B(x)B^{\mathrm{T}}(x)]y(t) - 2k_2 \left(\sum_{i=1}^{n} |y_i(t)|^2\right)^{\frac{1+\alpha}{2}}$$

$$+2y^{\mathrm{T}}(t)G_2(x)w + 2y^{\mathrm{T}}(t)G_1(x)\varPhi^{\mathrm{T}}(x,\tilde{x})\theta + 2y^{\mathrm{T}}(t)G_1(x)u_1 \quad (4.57)$$

现在, 将 $G_1(x)u_1$ 代入式 (4.57), 用条件 (4.47), 易得

$$\dot{V}(t,y) \leqslant \kappa^{-1}\|w\|^2 + 2y^{\mathrm{T}}(t)G_1(x)\varPhi^{\mathrm{T}}(x,\tilde{x})[\theta - \hat{\theta}] - \|z\|^2$$

$$-2k_2 \left(\sum_{i=1}^{n} |y_i(t)|^2\right)^{\frac{1+\alpha}{2}} \quad (4.58)$$

其中, $2y^{\mathrm{T}}(t)G_2(x)w \leqslant \kappa y^{\mathrm{T}}(t)G_2(x)G_2^{\mathrm{T}}(x)y(t) + \kappa^{-1}\|w\|^2$。

将式 (4.58) 和 $\dot{\hat{\theta}} = \bar{Q}\varPhi(x,\tilde{x})G_1^{\mathrm{T}}(x)g(x)$ 代入 $\dot{D}(t,y,\hat{\theta})$, 并注意 $\kappa^{-1} \leqslant \gamma^2$, 有

$$\dot{D}(t,y,\hat{\theta}) \leqslant 2y^{\mathrm{T}}(t)G_1(x)\varPhi^{\mathrm{T}}(x,\tilde{x})[\theta - \hat{\theta}] - 2k_2 \left(\sum_{i=1}^{n} |y_i(t)|^2\right)^{\frac{1+\alpha}{2}}$$

$$-2(\theta - \hat{\theta}(t))^{\mathrm{T}}\bar{Q}^{-1}\dot{\hat{\theta}}$$

$$\leqslant -2k_2 \left(\sum_{i=1}^{n} |y_i(t)|^2\right)^{\frac{1+\alpha}{2}} \leqslant 0 \quad (4.59)$$

从 0 到 T 积分式 (4.59), 并用零状态响应条件, 得到

$$V(t,y) + \int_0^T (\|z(s)\|^2 - \gamma^2\|w(s)\|^2)\mathrm{d}s \leqslant 0 \quad (4.60)$$

由此和 $V(t,y) \geqslant 0$, 可得式 (4.53) 成立。

其次, 表明对 $\forall t > 0$, $\phi = 0$, p 及 $w \in \Theta$, $x(t) \in \Omega$ 成立。为此, 用式 (4.51)、

式 (4.60) 和假设 4-7, 得到 $y^{\mathrm{T}}y \leqslant \gamma^2 \int_0^{\mathrm{T}} \|w(s)\|^2 \mathrm{d}s \leqslant \dfrac{\gamma^2}{\mu^2}$, 由此和 $y = g(x) = M(x)x$, 可得

$$\|y\|^2 = g^{\mathrm{T}}(x)g(x) = x^{\mathrm{T}}M^{\mathrm{T}}(x)M(x)x \leqslant \frac{\gamma^2}{\mu^2} \tag{4.61}$$

即 $\zeta\|x\|^2 \leqslant x^{\mathrm{T}}M^{\mathrm{T}}(x)M(x)x \leqslant \dfrac{\gamma^2}{\mu^2}$, 意味着

$$\|x\|^2 \leqslant \frac{\gamma^2}{\mu^2\zeta} \tag{4.62}$$

为证明对 $\forall t > 0,\ \phi = 0,\ p$ 及 $w \in \Theta,\ x(t) \in \Omega$ 成立。根据式 (4.62), 需要证明

$$x^{\mathrm{T}}x - \frac{\gamma^2}{\mu^2\zeta} \leqslant 0$$
$$\text{s.t.}\ \ 2 - 2\alpha_i^{\mathrm{T}}x \geqslant 0, \quad i = 1,\ 2,\ \cdots,\ n \tag{4.63}$$

应用 S-过程和条件 (4.48) 可知轨道 $x(t)$ 仍在 Ω 内。

再次, 证明当 $w = 0$ 时, 状态 $x(t)$ 在有限时间内收敛到零。

首先证明对 $t > 0$, $\|\hat{\theta}(t)\|$ 是有界的。从式 (4.59), 易得当 $w = 0$ 时, 闭环系统是渐近稳定的。因此, 能够得到 $\hat{\theta}(t)$ 有界, 即存在常数 $\bar{M} > 0$ 使得

$$\|\hat{\theta}(t)\| \leqslant \bar{M},\ \ t > 0 \tag{4.64}$$

接下来, 验证当 $w = 0$ 时, 引理 2-1 中的条件③成立。用式 (4.59), $w = 0$, 可得

$$\dot{D}(t, y, \hat{\theta}) = \dot{V}(t, y) + \|z(t)\|^2 - 2(\theta - \hat{\theta}(t))^{\mathrm{T}}\Phi(x, \tilde{x})G_1^{\mathrm{T}}(x)g(x)$$
$$\leqslant -2k_2 \left(\sum_{i=1}^n |y_i(t)|^2 \right)^{\frac{1+\alpha}{2}} \tag{4.65}$$

由此可以得到

$$\dot{V}(t, y) \leqslant -2k_2(V(t, y))^{\frac{1+\alpha}{2}} + 2(\theta - \hat{\theta}(t))^{\mathrm{T}}\Phi(x, \tilde{x})G_1^{\mathrm{T}}(x)g(x) \tag{4.66}$$

注意到式 (4.64) 和 θ 有界, 有

$$(\theta - \hat{\theta}(t))^{\mathrm{T}}\Phi(x, \tilde{x})G_1^{\mathrm{T}}(x)g(x) \leqslant \|(\theta - \hat{\theta}(t))^{\mathrm{T}}\|\|\Phi(x, \tilde{x})G_1^{\mathrm{T}}(x)g(x)\|$$
$$\leqslant \hat{M}\|\Phi(x, \tilde{x})G_1^{\mathrm{T}}(x)g(x)\|, \quad x \in \Omega \tag{4.67}$$

其中, $\hat{M} := \|\theta\| + \bar{M} > 0$ 是一个常数。

证明 $\|\varPhi(x,\tilde{x})G_1^{\mathrm{T}}(x)g(x)\|$ 是 $(V(t,y))^{\frac{1+\alpha}{2}}$ 的高阶项。为此令 $B(x,\tilde{x}) := \varPhi(x,\tilde{x})G_1^{\mathrm{T}}(x)$, 并用式 (4.46), 能够得到

$$
\begin{aligned}
\|\varPhi(x,\tilde{x})G_1^{\mathrm{T}}(x)g(x)\| &= (g^{\mathrm{T}}(x)B^{\mathrm{T}}(x,\tilde{x})B(x,\tilde{x})g(x))^{\frac{1}{2}} \\
&\leqslant \lambda_{\max}\{B^{\mathrm{T}}(x,\tilde{x})B(x,\tilde{x})\}^{\frac{1}{2}}(V(t,y))^{\frac{1}{2}} \\
&\leqslant \rho^{\frac{1}{2}}\|x\|(V(t,y))^{\frac{1}{2}}
\end{aligned}
\tag{4.68}
$$

由此, $\zeta := \lambda_{\min}\{M^{\mathrm{T}}(x)M(x)\}$, 得到

$$
\begin{aligned}
\|\varPhi(x,\tilde{x})G_1^{\mathrm{T}}(x)g(x)\| &\leqslant \zeta^{-0.5}\rho^{\frac{1}{2}}(x^{\mathrm{T}}M^{\mathrm{T}}(x)M(x)x)^{\frac{1}{2}}(V(t,y))^{\frac{1}{2}} \\
&= \zeta^{-0.5}\rho^{\frac{1}{2}}(g^{\mathrm{T}}(x)g(x))^{\frac{1}{2}}(V(t,y))^{\frac{1}{2}} = \zeta^{-0.5}\rho^{\frac{1}{2}}V(t,y)
\end{aligned}
\tag{4.69}
$$

意味着 $\|\varPhi(x,\tilde{x})G_1^{\mathrm{T}}(x)g(x)\|$ 是 $(V(t,y))^{\frac{1+\alpha}{2}}$ $(0<\alpha<1)$ 的高阶项。

因此, 存在某个原点的小邻域 $\hat{\Omega} \subset \Omega$ 使得 $-2k_2(V(t,y))^{\frac{1+\alpha}{2}} + 2(\theta-\hat{\theta}(t))^{\mathrm{T}}$ $\varPhi(x,\tilde{x})G_1^{\mathrm{T}}(x)g(x)$ 是负定的, 即 $\{-2k_2 + 2\hat{M}\zeta^{-0.5}\rho^{\frac{1}{2}}(V(t,y))^{\frac{1-\alpha}{2}}\}(V(t,y))^{\frac{1+\alpha}{2}} := m_2(V(t,y))^{\frac{1+\alpha}{2}}$, 其中, $m_2 < 0$ 在 $\hat{\Omega}$ 内成立。

从引理 2-1 和引理 2-4, 系统 (4.42) 是局部有限时间稳定的, 证毕。

定理 4-3 是一个时滞无关的结果, 接下来, 给出一个时滞相关的结果。

定理 4-4 在假设 4-5、假设 4-6 和假设 4-7 下, 考虑系统 (4.39), 若对给定的 $\gamma > 0$ 有

① 存在常数 $k_2 > 0$, $\rho > 0$, $\kappa > 0$ 和常矩阵 $P > 0$ 使得 $\mathrm{e}^{0.5h^2\lambda_{\max}\{P\}}\kappa^{-1} \leqslant \gamma^2$ 和

$$
G_1(x)\varPhi^{\mathrm{T}}(x,\tilde{x})\varPhi(x,\tilde{x})G_1^{\mathrm{T}}(x) \leqslant \rho\|x\|^2
\tag{4.70}
$$

$$
2D(x,p)I_n + B(x)B^{\mathrm{T}}(x) - \frac{1}{\gamma^2}G_1(x)G_1^{\mathrm{T}}(x)
$$
$$
+\kappa G_2(x)G_2^{\mathrm{T}}(x) + hP - h\lambda_{\min}\{P\} \leqslant 0
\tag{4.71}
$$

在 Ω 内成立;

② 存在正实数 s 和 μ 使得

$$
\begin{bmatrix} 2s - \dfrac{\gamma^2}{\mu^2\zeta} & -s\alpha_i^{\mathrm{T}} \\ -s\alpha_i & I_n \end{bmatrix} \geqslant 0, \quad i = 1,\cdots,n
\tag{4.72}
$$

成立, 其中, $\zeta := \lambda_{\min}\{M^{\mathrm{T}}(x)M(x)\} > 0$ $(x \in \Omega)$, 则一个自适应有限时间 H_∞ 控制器可以被设计为 $G_1(x)u = G_1(x)u_1 + G_1(x)u_2$, 这里, $G_1(x)u_1$、$G_1(x)u_2$ 同于

定理 4-3, $\dot{\hat{\theta}} = H(t)\bar{Q}\Phi(x,\tilde{x})G_1^{\mathrm{T}}(x)g(x)$ 且 $H(t) := \mathrm{e}^{\int_{-h}^0 \int_{t+\tau}^t \frac{y^{\mathrm{T}}(s)Py(s)}{y^{\mathrm{T}}(s)y(s)}\mathrm{d}s\mathrm{d}\tau}$。

证明：考虑系统 (4.42), 选取如下李雅普诺夫泛函

$$V(t,y) = H(t)y^{\mathrm{T}}(t)y(t) \tag{4.73}$$

$$D(t,y,\hat{\theta}) := V(t,y) + \int_0^t (\|z(s)\|^2 - \gamma^2\|w(s)\|^2)\mathrm{d}s + (\theta - \hat{\theta}(t))^{\mathrm{T}}\bar{Q}^{-1}(\theta - \hat{\theta}(t)) \tag{4.74}$$

类似于定理 4-3, 先证明式 (4.53)。

沿着系统 (4.42) 的轨道计算 $V(t,y)$ 的导数, 用 $y^{\mathrm{T}}(t)G(x(t),p) = 0$, 得到

$$\begin{aligned}
\dot{V}(t,y) &= H(t)\Big\{ 2y^{\mathrm{T}}(t)D(x,p)y(t) + 2y^{\mathrm{T}}(t)B(x)y(t-h) + 2y^{\mathrm{T}}(t)G_1(x)u \\
&\quad + 2y^{\mathrm{T}}(t)G_2(x)w + 2y^{\mathrm{T}}(t)G_1(x)\Phi^{\mathrm{T}}(x,\tilde{x})\theta \\
&\quad + h\frac{y^{\mathrm{T}}(t)Py(t)}{y^{\mathrm{T}}(t)y(t)}y^{\mathrm{T}}(t)y(t) - \int_{t-h}^t \frac{y^{\mathrm{T}}(s)Py(s)}{y^{\mathrm{T}}(s)y(s)}\mathrm{d}s\, y^{\mathrm{T}}(t)y(t)\Big\} \\
&\leqslant H(t)\Big\{ y^{\mathrm{T}}(t)[2D(x,p) + B(x)B^{\mathrm{T}}(x) + hP]y(t) + y^{\mathrm{T}}(t-h)y(t-h) \\
&\quad + 2y^{\mathrm{T}}(t)G_1(x)u + 2y^{\mathrm{T}}(t)G_2(x)w + 2y^{\mathrm{T}}(t)G_1(x)\Phi^{\mathrm{T}}(x,\tilde{x})\theta \\
&\quad - \lambda_{\min}\{P\}\int_{t-h}^t \frac{y^{\mathrm{T}}(s)y(s)}{y^{\mathrm{T}}(s)y(s)}\mathrm{d}s\, y^{\mathrm{T}}(t)y(t)\Big\} \\
&= H(t)\Big\{ y^{\mathrm{T}}(t)[2D(x,p) + B(x)B^{\mathrm{T}}(x) + hP]y(t) + y^{\mathrm{T}}(t-h)y(t-h) \\
&\quad + 2y^{\mathrm{T}}(t)G_1(x)u + 2y^{\mathrm{T}}(t)G_2(x)w \\
&\quad + 2y^{\mathrm{T}}(t)G_1(x)\Phi^{\mathrm{T}}(x,\tilde{x})\theta - h\lambda_{\min}\{P\}y^{\mathrm{T}}(t)y(t)\Big\} \\
&= H(t)\Big\{ y^{\mathrm{T}}(t)[2D(x,p) + B(x)B^{\mathrm{T}}(x) \\
&\quad + hP - h\lambda_{\min}\{P\}]y(t) + y^{\mathrm{T}}(t-h)y(t-h) + 2y^{\mathrm{T}}(t)G_2(x)w \\
&\quad + 2y^{\mathrm{T}}(t)G_1(x)\Phi^{\mathrm{T}}(x,\tilde{x})\theta + 2y^{\mathrm{T}}(t)G_1(x)u\Big\} \tag{4.75}
\end{aligned}$$

将 G_1u 代入式 (4.75), 并用式 (4.71), 类似于定理 4-3 的证明, 有

$$\begin{aligned}
\dot{V}(t,y) \leqslant H(t)\Big\{ &\kappa^{-1}\|w\|^2 + 2y^{\mathrm{T}}(t)G_1(x)\Phi^{\mathrm{T}}(x,\tilde{x})[\theta - \hat{\theta}] - \|z\|^2 \\
&- 2k_2\Big(\sum_{i=1}^n |y_i(t)|^2\Big)^{\frac{1+\alpha}{2}}\Big\} \tag{4.76}
\end{aligned}$$

将式 (4.76) 和 $\dot{\hat{\theta}} = H(t)\bar{Q}\Phi(x,\tilde{x})G_1^{\mathrm{T}}(x)g(x)$ 代入 $\dot{D}(t,y,\hat{\theta})$, 得到

$$\dot{D}(t,y,\hat{\theta}) \leqslant H(t)\Big\{ \kappa^{-1}\|w\|^2 + 2y^{\mathrm{T}}(t)G_1(x)\Phi^{\mathrm{T}}(x,\tilde{x})[\theta - \hat{\theta}] - \|z\|^2$$

$$-2k_2\left(\sum_{i=1}^{n}|y_i(t)|^2\right)^{\frac{1+\alpha}{2}}\right\} + \|z\|^2 - \gamma^2\|w\|^2$$

$$-2H(t)y^{\mathrm{T}}(t)G_1(x)\Phi^{\mathrm{T}}(x,\tilde{x})[\theta - \hat{\theta}]$$

$$= H(t)\left\{\kappa^{-1}\|w\|^2 - \|z\|^2 - 2k_2\left(\sum_{i=1}^{n}|y_i(t)|^2\right)^{\frac{1+\alpha}{2}}\right\} + \|z\|^2 - \gamma^2\|w\|^2 \tag{4.77}$$

注意到 $\int_{-h}^{0}\int_{t+\tau}^{t}\dfrac{y^{\mathrm{T}}(s)Py(s)}{y^{\mathrm{T}}(s)y(s)}\mathrm{d}s\mathrm{d}\tau \geqslant 0$, 有 $H(t) \geqslant 1$, 由此和式 (4.77) 得到

$$\dot{D}(t,y,\hat{\theta}) \leqslant H(t)\left\{\kappa^{-1}\|w\|^2 - 2k_2\left(\sum_{i=1}^{n}|y_i(t)|^2\right)^{\frac{1+\alpha}{2}}\right\} - \gamma^2\|w\|^2 \tag{4.78}$$

另外, 由于 $\int_{-h}^{0}\int_{t+\tau}^{t}\dfrac{y^{\mathrm{T}}(s)Py(s)}{y^{\mathrm{T}}(s)y(s)}\mathrm{d}s\mathrm{d}\tau \leqslant 0.5h^2\lambda_{\max}\{P\}$, 有 $H(t) \leqslant \mathrm{e}^{0.5h^2\lambda_{\max}\{P\}}$.
用 $\mathrm{e}^{0.5h^2\lambda_{\max}\{P\}}\kappa^{-1} \leqslant \gamma^2$, 易得

$$\dot{D}(t,y,\hat{\theta}) \leqslant -2k_2H(t)\left(\sum_{i=1}^{n}|y_i(t)|^2\right)^{\frac{1+\alpha}{2}} \tag{4.79}$$

从 0 到 T 积分式 (4.79), 并用零状态响应条件, 可得

$$V(t,y) + \int_{0}^{T}(\|z(s)\|^2 - \gamma^2\|w(s)\|^2)\mathrm{d}s \leqslant 0 \tag{4.80}$$

由此和 $V(t,y) \geqslant 0$, 有式 (4.53) 成立.

下面表明对 $\forall t > 0$, $\phi = 0$, p 和所有的 $w \in \Theta$, $x(t) \in \Omega$ 成立.

事实上, 由于 $H(t) \geqslant 1$, 有 $V(t,y) \geqslant y^{\mathrm{T}}y$. 同于定理 4-3 的证明, 可以得到 $x(t) \in \Omega$ 成立, 对 $\forall t > 0$, $\phi = 0$, p 以及所有的 $w \in \Theta$.

下面表明当 $w = 0$ 时, 引理 2-1 的条件③成立.

用式 (4.79), $w = 0$, 得到

$$\dot{D}(t,y,\hat{\theta}) = \dot{V}(t,y) + \|z(t)\|^2 - 2H(t)(\theta - \hat{\theta}(t))^{\mathrm{T}}\Phi(x,\tilde{x})G_1^{\mathrm{T}}(x)g(x)$$

$$\leqslant -2H(t)k_2\left(\sum_{i=1}^{n}|y_i(t)|^2\right)^{\frac{1+\alpha}{2}} \tag{4.81}$$

由此得到

$$\dot{V}(t,y) \leqslant H(t)[-2k_2(V(t,y))^{\frac{1+\alpha}{2}} + 2(\theta - \hat{\theta}(t))^{\mathrm{T}}\Phi(x,\tilde{x})G_1^{\mathrm{T}}(x)g(x)] \tag{4.82}$$

对 $-2k_2(V(t,y))^{\frac{1+\alpha}{2}} + 2(\theta - \hat{\theta}(t))^{\mathrm{T}}\Phi(x,\tilde{x})G_1^{\mathrm{T}}(x)g(x)$, 类似定理 4-3 的证明, 我们有 $\dot{V}(t,y) \leqslant H(t)m_2(V(t,y))^{\frac{1-\alpha}{2}}$, 其中, $m_2(< 0)$ 在定理 4-3 中已给出, 因此省略, 证毕.

2. 基于哈密顿函数方法的有限时间自适应鲁棒控制

本节通过构造具体的李雅普诺夫泛函形式, 研究一类非线性时滞系统的有限时间鲁棒自适应控制问题. 考虑如下时滞哈密顿系统

$$\dot{x}(t) = [J(x,p) - R(x,p)]\nabla_x H_1(x,p)$$
$$+T(x)\nabla_{\tilde{x}} H_1(\tilde{x}) + g_1(x)u + g_2(x)w \tag{4.83}$$

其中, $u \in \mathbb{R}^m$ 是控制项, $w \in \mathbb{R}^q$ 是外部干扰满足 $\displaystyle\int_0^\infty w^{\mathrm{T}}(t)w(t)\mathrm{d}t < \infty$, $H_1(x)$ 是一个光滑哈密顿函数, 在 $x = 0$ 有最小值且 $H_1(0) = 0$.

在本节中, 同于文献 [13]、文献 [17] 和文献 [18], 假设 p 为常有界不确定性, $J(x,p)$ 是一个反对称矩阵, $R(x,p)$ 是对称矩阵, $J(x,0) = J(x)$, $R(x,0) = R(x)$, $H_1(x,0) = H_1(x)$, $J(x,p) = J(x) + \Delta J(x,p)$, $R(x,p) = R(x) + \Delta R(x,p)$ 和 $\nabla_x H_1(x,p) = \nabla_x H_1(x) + \Delta_{H_1}(x,p)$. 进一步, 设 $g_1(x)$ 有满列秩.

首先, 给出两个假设.

假设 4-8　存在矩阵 $\Phi(x)$ 使得

$$[J(x,p) - R(x,p)]\Delta_{H_1}(x,p) = g_1(x)\Phi^{\mathrm{T}}(x)\theta \tag{4.84}$$

对所有 $x \in \Omega$ 都成立, 其中, $\theta \in \mathbb{R}^{n_1}$ 表示关于不确定参量 p 的常向量. 进一步, 假设存在常数 $\rho > 0$ 使得

$$\lambda_{\max}\{g_1(x)\Phi^{\mathrm{T}}(x)\Phi(x)g_1^{\mathrm{T}}(x)\} \leqslant \rho x^{\mathrm{T}}x, \quad x \in \Omega \tag{4.85}$$

注 4-5　注意到在研究自适应控制问题时, 式 (4.84) 是一个匹配条件, 类似的条件可参见文献 [13]、文献 [17] 和文献 [18]. 另外, 对许多现有文献研究的系统, 不等式 (4.85) 成立, 如文献 [13] 以及实际系统文献 [18] 等.

假设 4-9　系统 (4.83) 中的干扰 w 满足关系 $\Theta = \left\{ w \in \mathbb{R}^q : \mu^2 \displaystyle\int_0^{+\infty} w^{\mathrm{T}}(t) \right.$
$\left. w(t)\mathrm{d}t \leqslant 1 \right\}$, 其中 μ 是一个正数.

在假设 4-8 下, 系统 (4.83) 可转化为如下形式

$$\dot{x}(t) = [J(x,p) - R(x,p)]\nabla_x H_1(x) + T(x)\nabla_{\tilde{x}} H_1(\tilde{x})$$

$$+g_1(x)u + g_2(x)w + g_1(x)\Phi^{\mathrm{T}}(x)\theta \tag{4.86}$$

将 $R(x,p) = R(x) + \Delta R(x,p)$ 和 $J(x,p) = J(x) + \Delta J(x,p)$ 代入式 (4.86),
有

$$\dot{x}(t) = [J(x) - R(x)]\nabla_x H_1(x) + T(x)\nabla_{\tilde{x}} H_1(\tilde{x})$$
$$+g_1(x)u + g_2(x)w + g_1(x)\Phi^{\mathrm{T}}(x)\theta + G(x,p) \tag{4.87}$$

其中, $G(x,p) := [\Delta J(x,p) - \Delta R(x,p)]\nabla_x H_1(x)$。

从系统 (4.83) 和引理 2-5, 可知存在矩阵 $M(x) \in \mathbb{R}^{n \times n}$ 使得 $\nabla_x H_1(x) = M(x)x$ 成立, 这意味着

$$\|G(x,p)\|^2 \leqslant \iota \|x\|^2, \quad x \in \Omega \tag{4.88}$$

成立, 其中, ι 是一个常数, $\iota =: \lambda_{\max}\{M^{\mathrm{T}}(x)[\Delta J(x,p) - \Delta R(x,p)]^{\mathrm{T}}[\Delta J(x,p) - \Delta R(x,p)]M(x)\}$。

接下来, 为了研究有限时间问题, 把系统 (4.87) 中的 $H_1(x)$ 转化为如下形式

$$H(x) = \sum_{i=1}^{n}(x_i^2)^{\frac{\alpha}{2\alpha-1}} \ (\alpha > 1) \tag{4.89}$$

为此, 设计控制器 u 为

$$g_1(x)u = [J(x) - R(x)]\nabla_x H_{a1}(x) + T(x)\nabla_{\tilde{x}} H_{a1}(\tilde{x})$$
$$+[\sqrt{bH(x)}I_n - T(x)]\nabla_{\tilde{x}} H(\tilde{x}) + g_1 v \tag{4.90}$$

其中, v 是新的输入, $b > 0$ 是一个待定常数, $H_{a1}(x) := H(x) - H_1(x)$。

将式 (4.90) 代入式 (4.87), 系统 (4.87) 等价为

$$\dot{x}(t) = [J(x) - R(x)]\nabla_x H(x) + \sqrt{bH(x)}I_n\nabla_{\tilde{x}} H(\tilde{x})$$
$$+g_1(x)v + g_2(x)w + g_1(x)\Phi^{\mathrm{T}}(x)\theta + G(x,p) \tag{4.91}$$

现在, 考虑系统 (4.91), 令干扰抑制水平 $\gamma > 0$, 并选取 $z = h(x)g_1^{\mathrm{T}}(x)\nabla_x H(x)$ 作为罚信号, 其中 $h(x)$ 是适当维数的权矩阵。

为了方便分析, 选取集合 Ω 符合如下形式

$$\Omega := \left\{x : \alpha_i^{\mathrm{T}} x \leqslant 1, i = 1, 2, \cdots, n\right\} \tag{4.92}$$

其中, $\alpha_i \ (i = 1, 2, \cdots, n)$ 是已知的常向量。

下面给出本节的主要结果。

定理 4-5　在假设 4-8 和假设 4-9 下, 考虑系统 (4.91), 若对给定 $\gamma > 0$ 有

① 存在适当维数的常阵 $L, P > 0, Q > 0, R > 0, M < 0, N < 0$, 常数 $b > 0$, $\nu > 0$ 使得 $\mathrm{e}^{Kr^2}\nu \leqslant \gamma^2$

$$-2R(x) - \frac{1}{\gamma^2}g_1(x)g_1^{\mathrm{T}}(x) + \nu^{-1}g_2(x)g_2^{\mathrm{T}}(x) + (2+d)I_n$$
$$+2H(x)(P + h^2 R) \leqslant L < 0 \tag{4.93}$$

$$2P - bI_n + N \geqslant 0 \tag{4.94}$$

$m_1 := \lambda_{\max}\{L - H(x)M\} < 0$ 在 Ω 内成立, 且

$$\Phi = \begin{bmatrix} M & 0 & 2Q \\ 0 & N & -2Q \\ 2Q & -2Q & -2R \end{bmatrix} \leqslant 0 \tag{4.95}$$

其中, $d := \iota r^{\frac{4\alpha-4}{2\alpha-1}}\left(\dfrac{2\alpha-1}{2\alpha}\right)^2$, ι 同于式 (4.88), $K := h\lambda_{\max}\{P\} + h^2(\lambda_{\max}\{Q\} + 0.5\lambda_{\max}\{R\})$, $r := \max\{\|\nabla_x H(x)\| : x \in \Omega\}$;

② 存在正实数 s 和 μ 使得

$$\begin{bmatrix} 2s - \dfrac{r^{\frac{2\alpha-2}{2\alpha-1}}\gamma^2}{2\mu^2} & -s\alpha_i^{\mathrm{T}} \\ -s\alpha_i & I_n \end{bmatrix} \geqslant 0, \quad i = 1, \cdots, n \tag{4.96}$$

则系统 (4.91) 的一个有限时间自适应 H_∞ 控制器可以设计为

$$v = -\left[\frac{1}{2}h^{\mathrm{T}}(x)h(x) + \frac{1}{2\gamma^2}I_m\right]g_1^{\mathrm{T}}(x)\nabla_x H(x) - \Phi^{\mathrm{T}}(x)\hat{\theta} \tag{4.97}$$

$\dot{\hat{\theta}} = G(t)\bar{Q}\Phi(x)g_1^{\mathrm{T}}(x)\nabla_x H(x)$, 其中, $\hat{\theta}$ 是 θ 的一个估计, $\bar{Q} > 0$ 是自适应增益矩阵, $G(t) = \mathrm{e}^{V_1 + V_2 + V_3}$ 且 $V_1 = \displaystyle\int_{t-h}^{t}\nabla_x^{\mathrm{T}}H(x(s))P\nabla_x H(x(s))\mathrm{d}s$, $V_2 = \left(\displaystyle\int_{t-h}^{t}\nabla_x\right.$
$\left. H(x(s))\mathrm{d}s\right)^{\mathrm{T}} Q\displaystyle\int_{t-h}^{t}\nabla_x H(x(s))\mathrm{d}s$, $V_3 = h\displaystyle\int_{-h}^{0}\int_{t+\varsigma}^{t}\nabla_x^{\mathrm{T}}H(x(s))R\nabla_x H(x(s))\mathrm{d}s\mathrm{d}\varsigma$.

证明:　将式 (4.97) 代入式 (4.91) 得到

$$\dot{x} = F(x)\nabla_x H(x) + \sqrt{bH(x)}I_n\nabla_{\tilde{x}}H(\tilde{x}) + g_2(x)w$$

$$+g_1(x)\varPhi^{\mathrm{T}}(x)(\theta-\hat{\theta})+G(x,p) \tag{4.98}$$

同着 $z=h(x)g_1^{\mathrm{T}}(x)\nabla_x H(x)$, 其中, $F(x):=J(x)-R(x)-\dfrac{1}{2}g_1(x)h^{\mathrm{T}}(x)h(x)g_1^{\mathrm{T}}(x)-\dfrac{1}{2\gamma^2}g_1(x)g_1^{\mathrm{T}}(x)$。

构建如下的李雅普诺夫泛函

$$V(t,x_t)=2\mathrm{e}^{V_1+V_2+V_3}H(x)=2G(t)H(x(t)) \tag{4.99}$$

$$D(t,x_t,\hat{\theta}):=V(t,x_t)+\int_0^t(\|z(s)\|^2-\gamma^2\|w(s)\|^2)\mathrm{d}s$$
$$+(\theta-\hat{\theta}(t))^{\mathrm{T}}\bar{Q}^{-1}(\theta-\hat{\theta}(t)) \tag{4.100}$$

首先, 证明 $D(t,x_t,\hat{\theta})\leqslant 0$, 也就是

$$\int_0^T\|z(s)\|^2\mathrm{d}s\leqslant\gamma^2\int_0^T\|w(s)\|^2\mathrm{d}s \tag{4.101}$$

沿着系统 (4.98) 的轨道计算 $V(t,x_t)$ 的导数, 有

$$\begin{aligned}
\dot{V}(t,x_t)\leqslant G(t)\Big[&2\nabla_x^{\mathrm{T}}H(x)F(x)\nabla_x H(x)+\nabla_x^{\mathrm{T}}H(x)\nabla_x H(x)\\
&+bH(x)\nabla_{\tilde{x}}^{\mathrm{T}}H(\tilde{x})\nabla_{\tilde{x}}H(\tilde{x})+\nu^{-1}\nabla_x^{\mathrm{T}}H(x)g_2(x)g_2^{\mathrm{T}}(x)\nabla_x H(x)\\
&+\nu w^{\mathrm{T}}w+\nabla_x^{\mathrm{T}}H(x)\nabla_x H(x)+G^{\mathrm{T}}(x,p)G(x,p)\\
&+2\nabla_x^{\mathrm{T}}H(x)g_1(x)\varPhi^{\mathrm{T}}(x)(\theta-\hat{\theta})+2H(x)\nabla_x^{\mathrm{T}}H(x)P\nabla_x H(x)\\
&-2H(x)\nabla_{\tilde{x}}^{\mathrm{T}}H(\tilde{x})P\nabla_{\tilde{x}}H(\tilde{x})+2H(x)h^2\nabla_x^{\mathrm{T}}H(x(t))R\nabla_x H(x(t))\\
&-2H(x)\Big(\int_{t-h}^t\nabla_x H(x(s))\mathrm{d}s\Big)^{\mathrm{T}}R\int_{t-h}^t\nabla_x H(x(s))\mathrm{d}s\\
&+4H(x)\nabla_x^{\mathrm{T}}H(x(t))Q\int_{t-h}^t\nabla_x H(x(s))\mathrm{d}s\\
&-4H(x)\nabla_{\tilde{x}}^{\mathrm{T}}H(\tilde{x})Q\int_{t-h}^t\nabla_x H(x(s))\mathrm{d}s\Big]
\end{aligned} \tag{4.102}$$

另一方面, 有

$$\begin{aligned}
&2\nabla_x^{\mathrm{T}}H(x)F(x)\nabla_x H(x)\\
&=2\nabla_x^{\mathrm{T}}H(x)[-R(x)-\frac{1}{2\gamma^2}g_1(x)g_1^{\mathrm{T}}(x)]\nabla_x H(x)\\
&\quad-\nabla_x^{\mathrm{T}}H(x)g_1(x)h^{\mathrm{T}}(x)h(x)g_1^{\mathrm{T}}(x)\nabla_x H(x)\\
&=2\nabla_x^{\mathrm{T}}H(x)[-R(x)-\frac{1}{2\gamma^2}g_1(x)g_1^{\mathrm{T}}(x)]\nabla_x H(x)-\|z\|^2
\end{aligned} \tag{4.103}$$

对 $G^{\mathrm{T}}(x,p)G(x,p)$, 由于 $\dfrac{1}{2\alpha-1}<1$ 和 $x^{\mathrm{T}}x=r^2\sum\limits_{i=1}^{n}\left(\dfrac{x_i}{r}\right)^2\leqslant r^2\sum\limits_{i=1}^{n}\left[\left(\dfrac{x_i}{r}\right)^2\right]^{\frac{1}{2\alpha-1}}$

$=\dfrac{r^2}{r^{\frac{2}{2\alpha-1}}}\sum\limits_{i=1}^{n}(x_i^2)^{\frac{1}{2\alpha-1}}=r^{\frac{4\alpha-4}{2\alpha-1}}\left(\dfrac{2\alpha-1}{2\alpha}\right)^2\nabla_x^{\mathrm{T}}H(x)\nabla_xH(x)\ (x\in\Omega,\alpha>1)$, 得到

$$G^{\mathrm{T}}(x,p)G(x,p)\leqslant \iota x^{\mathrm{T}}x=\iota r^{\frac{4\alpha-4}{2\alpha-1}}\left(\frac{2\alpha-1}{2\alpha}\right)^2\nabla_x^{\mathrm{T}}H(x)\nabla_xH(x)$$
$$:=d\nabla_x^{\mathrm{T}}H(x)\nabla_xH(x) \tag{4.104}$$

将式 (4.103) 和式 (4.104) 代入式 (4.102), 能够得到

$$\dot{V}(t,x_t)\leqslant G(t)\Big[\nabla_x^{\mathrm{T}}H(x)(L-H(x)M)\nabla_xH(x)+\nu w^{\mathrm{T}}w-\|z(t)\|^2$$
$$+2\nabla_x^{\mathrm{T}}H(x)g_1(x)\Phi^{\mathrm{T}}(x)(\theta-\hat{\theta})-H(x)\nabla_{\tilde{x}}^{\mathrm{T}}H(\tilde{x})$$
$$[2P-bI_n+N]\nabla_{\tilde{x}}H(\tilde{x})+H(x)\eta^{\mathrm{T}}\Phi\eta\Big] \tag{4.105}$$

由此, $\Phi\leqslant 0$ 和 $2P-bI_n+N\geqslant 0$, 有

$$\dot{V}(t,x_t)\leqslant G(t)\Big[\nabla_x^{\mathrm{T}}H(x)(L-H(x)M)\nabla_xH(x)+\nu w^{\mathrm{T}}w$$
$$-\|z(t)\|^2+2\nabla_x^{\mathrm{T}}H(x)g_1(x)\Phi^{\mathrm{T}}(x)(\theta-\hat{\theta})\Big] \tag{4.106}$$

将式 (4.106) 代入 $\dot{D}(t,x_t,\hat{\theta})$, 有

$$\dot{D}(t,x_t,\hat{\theta})\leqslant G(t)\nabla_x^{\mathrm{T}}H(x)(L-H(x)M)\nabla_xH(x)+G(t)\nu w^{\mathrm{T}}w-G(t)\|z(t)\|^2$$
$$+2G(t)\nabla_x^{\mathrm{T}}H(x)g_1(x)\Phi^{\mathrm{T}}(x)(\theta-\hat{\theta})-\gamma^2\|w\|^2$$
$$+\|z\|^2-2(\theta-\hat{\theta}(t))^{\mathrm{T}}\bar{Q}^{-1}\dot{\hat{\theta}} \tag{4.107}$$

由此和 $\dot{\hat{\theta}}=G(t)\bar{Q}\Phi(x)g_1^{\mathrm{T}}(x)\nabla_xH(x)$, 得到 $\dot{D}(t,x_t,\hat{\theta})\leqslant G(t)\nabla_x^{\mathrm{T}}H(x)(L-H(x)M)$ $\nabla_xH(x)+G(t)\nu w^{\mathrm{T}}w-G(t)\|z(t)\|^2-\gamma^2\|w\|^2+\|z\|^2$。

注意到 $G(t)\geqslant 1$, 有

$$-G(t)\|z\|^2\leqslant -\|z\|^2 \tag{4.108}$$

此外, 根据引理 2-7 (Jensen 不等式), 能够得到 $\left(\displaystyle\int_{t-h}^{t}x(s)\mathrm{d}s\right)^{\mathrm{T}}Q\displaystyle\int_{t-h}^{t}x(s)\mathrm{d}s\leqslant$ $h\displaystyle\int_{t-h}^{t}x^{\mathrm{T}}(s)Qx(s)\mathrm{d}s$。据此, $\|\nabla_xH(x)\|\leqslant r$ 和式 (4.99), 得到

$$G(t)\leqslant \mathrm{e}^{(h\lambda_{\max}\{P\}+h^2\lambda_{\max}\{Q\}+0.5h^2\lambda_{\max}\{R\})r^2}=\mathrm{e}^{Kr^2} \tag{4.109}$$

由式 (4.108) 和式 (4.109), $\mathrm{e}^{Kr^2}\nu \leqslant \gamma^2$, 得到

$$\dot{D}(t, x_t, \hat{\theta}) \leqslant G(t)\nabla_x^{\mathrm{T}}H(x)(L - H(x)M)\nabla_x H(x) < 0 \tag{4.110}$$

再由引理 2-3, 能够得到

$$\sum_{i=1}^{n}(x_i^2)^{\frac{1}{2\alpha-1}} = \sum_{i=1}^{n}[(x_i^2)^{\frac{\alpha}{2\alpha-1}}]^{\frac{1}{\alpha}} \geqslant \left[\sum_{i=1}^{n}(x_i^2)^{\frac{\alpha}{2\alpha-1}}\right]^{\frac{1}{\alpha}} = (H(x))^{\frac{1}{\alpha}} \tag{4.111}$$

注意式 (4.111), $G(t) \geqslant 1$ 和 $\lambda_{\max}\{L - H(x)M\} < 0$, 容易得到

$$\dot{D}(t, x_t, \hat{\theta}) \leqslant G(t)\lambda_{\max}\{L - H(x)M\}\left(\frac{2\alpha}{2\alpha-1}\right)^2 (H(x))^{\frac{1}{\alpha}}$$

$$\leqslant \frac{m_1}{2^{\frac{1}{\alpha}}}\left(\frac{2\alpha}{2\alpha-1}\right)^2 (V(t, x_t))^{\frac{1}{\alpha}} \tag{4.112}$$

从 0 到 T 积分式 (4.112), 并用零状态响应条件, 得到

$$V(t, x_t) + \int_0^T (\|z(s)\|^2 - \gamma^2\|w(s)\|^2)\mathrm{d}s \leqslant 0 \tag{4.113}$$

由此和 $V(t, x_t) \geqslant 0$, 得到式 (4.101) 成立。

另外, 用 $x^{\mathrm{T}}x = \sum_{i=1}^{n}x_i^2$ 和 $\dfrac{\alpha}{2\alpha-1} < 1$, 易得如下不等式在 Ω 内成立

$$x^{\mathrm{T}}x = r^2\sum_{i=1}^{n}\left(\frac{x_i}{r}\right)^2 \leqslant r^2\sum_{i=1}^{n}\left[\left(\frac{x_i}{r}\right)^2\right]^{\frac{\alpha}{2\alpha-1}}$$

$$= \frac{r^2}{r^{\frac{2\alpha}{2\alpha-1}}}\sum_{i=1}^{n}(x_i^2)^{\frac{\alpha}{2\alpha-1}} = r^{\frac{2\alpha-2}{2\alpha-1}}H(x) \tag{4.114}$$

从式 (4.113)、式 (4.114) 和 $G(t) \geqslant 1$, 并注意假设 4-9, 有

$$x^{\mathrm{T}}x \leqslant r^{\frac{2\alpha-2}{2\alpha-1}}H(x) \leqslant G(t)r^{\frac{2\alpha-2}{2\alpha-1}}H(x) = \frac{1}{2}r^{\frac{2\alpha-2}{2\alpha-1}}V(t, x_t)$$

$$\leqslant r^{\frac{2\alpha-2}{2\alpha-1}}\frac{\gamma^2}{2}\int_0^T \|w(s)\|^2\mathrm{d}s \leqslant \frac{r^{\frac{2\alpha-2}{2\alpha-1}}\gamma^2}{2\mu^2}$$

从这个可得 $\|x\|^2 \leqslant \dfrac{r^{\frac{2\alpha-2}{2\alpha-1}}\gamma^2}{2\mu^2}$。

接下来, 表明对 $\forall t > 0$, $\phi = 0$, p 以及所有的 $w \in \Theta$, 状态 $x(t) \in \Omega$ 成立。为此, 根据式 (4.92), 需要证明

$$x^{\mathrm{T}}x - \frac{r^{\frac{2\alpha-2}{2\alpha-1}}\gamma^2}{2\mu^2} \leqslant 0, \quad \text{s.t.} \ 2 - 2\alpha_i^{\mathrm{T}}x \geqslant 0, \quad i = 1, \cdots, n \tag{4.115}$$

用 S-过程和条件 (4.96) 可以得到对所有 $t > 0$, $\phi = 0$, p 以及 $w \in \Theta$, $x(t)$ 仍在 Ω 内。

接着, 证明闭环系统 (4.98) 的状态 $x(t)$ 在 $w = 0$ 时有限时间收敛到零。

对所有的 $t > 0$, $\|\hat{\theta}(t)\|$ 是有界的。从式 (4.112), 可得当 $w = 0$ 时, 闭环系统 (4.98) 是局部渐近稳定的。这样能够得到 $\hat{\theta}(t)$ 是有界的, 即存在常数 $\bar{M} > 0$ 使得

$$\|\hat{\theta}(t)\| \leqslant \bar{M}, \quad t > 0 \tag{4.116}$$

下面表明当 $w = 0$ 时, 引理 2-1 的条件③成立。

由式 (4.100), $w = 0$ 和式 (4.112), 得到

$$\dot{D}(t, x_t, \hat{\theta}) = \dot{V}(t, x_t) + \|z(t)\|^2 - 2G(t)(\theta - \hat{\theta}(t))^{\mathrm{T}}\Phi(x)g_1^{\mathrm{T}}(x)\nabla_x H(x)$$
$$\leqslant \frac{m_1}{2^{\frac{1}{\alpha}}}\left(\frac{2\alpha}{2\alpha - 1}\right)^2 (V(t, x_t))^{\frac{1}{\alpha}}$$

由此可得

$$\dot{V}(t, x_t) \leqslant \frac{m_1}{2^{\frac{1}{\alpha}}}\left(\frac{2\alpha}{2\alpha - 1}\right)^2 (V(t, x_t))^{\frac{1}{\alpha}}$$
$$+ 2G(t)(\theta - \hat{\theta}(t))^{\mathrm{T}}\Phi(x)g_1^{\mathrm{T}}(x)\nabla_x H(x) \tag{4.117}$$

注意式 (4.116) 及 θ 是有界向量, 有

$$(\theta - \hat{\theta}(t))^{\mathrm{T}}\Phi(x)g_1^{\mathrm{T}}(x)\nabla_x H(x) \leqslant \|(\theta - \hat{\theta}(t))^{\mathrm{T}}\|\|\Phi(x)g_1^{\mathrm{T}}(x)\nabla_x H(x)\|$$
$$\leqslant \hat{M}\|\Phi(x)g_1^{\mathrm{T}}(x)\nabla_x H(x)\|, \quad x \in \Omega \tag{4.118}$$

其中, $\hat{M} := \max\{\|\theta\|\} + \bar{M} > 0$ 是一个常数。

接下来, 为了表明引理 2-1 的导数条件③成立, 证明 $\|\Phi(x)g_1^{\mathrm{T}}(x)\nabla_x H(x)\|$ 是 $(V(t, x_t))^{\frac{1}{\alpha}}$ 的高阶项。令 $B(x) := \Phi(x)g_1^{\mathrm{T}}(x)$, 并用式 (4.85) 和式 (4.114), 能够得到

$$\|\Phi(x)g_1^{\mathrm{T}}(x)\nabla_x H(x)\| = (\nabla_x^{\mathrm{T}} H(x)B^{\mathrm{T}}(x)B(x)\nabla_x H(x))^{\frac{1}{2}}$$
$$\leqslant \rho^{\frac{1}{2}} r^{\frac{\alpha-1}{2\alpha-1}} \frac{2\alpha}{2\alpha - 1} (H(x))^{\frac{1}{2}} \left(\sum_{i=1}^{n}(x_i^2)^{\frac{1}{2\alpha-1}}\right)^{\frac{1}{2}} \tag{4.119}$$

由引理 2-3, 可得 $\displaystyle\sum_{i=1}^{n}(x_i^2)^{\frac{1}{2\alpha-1}} = \sum_{i=1}^{n}\left[(x_i^2)^{\frac{\alpha}{2\alpha-1}}\right]^{\frac{1}{\alpha}} \leqslant n^{\frac{\alpha-1}{\alpha}}\left[\sum_{i=1}^{n}(x_i^2)^{\frac{\alpha}{2\alpha-1}}\right]^{\frac{1}{\alpha}} =$

$n^{\frac{\alpha-1}{\alpha}}(H(x))^{\frac{1}{\alpha}}$。由此, 式 (4.119) 和 $G(t) \geqslant 1$, 能得到

$$\|\Phi(x)g_1^{\mathrm{T}}(x)\nabla_x H(x)\|$$
$$\leqslant \rho^{\frac{1}{2}} r^{\frac{\alpha-1}{2\alpha-1}} \frac{2\alpha}{2\alpha-1} n^{\frac{\alpha-1}{2\alpha}} (H(x))^{\frac{1}{2}} (H(x))^{\frac{1}{2\alpha}}$$
$$:= \mu(H(x))^{\frac{1}{2}+\frac{1}{2\alpha}} \leqslant \mu(G(t)H(x))^{\frac{\alpha+1}{2\alpha}} \leqslant \mu(V(t,x_t))^{\frac{\alpha+1}{2\alpha}} \qquad (4.120)$$

其中, $\mu = \rho^{\frac{1}{2}} r^{\frac{\alpha-1}{2\alpha-1}} \dfrac{2\alpha}{2\alpha-1} n^{\frac{\alpha-1}{2\alpha}}$。从 $\alpha > 1$, 可以得到 $\|\Phi(x)g_1^{\mathrm{T}}(x)\nabla_x H(x)\|$ 是 $(V(t,x_t))^{\frac{1}{\alpha}}$ 的高阶项。

注意到 $G(t) \leqslant \mathrm{e}^{Kr^2}$ 在 Ω 内有界, 存在原点的某个邻域 $\hat{\Omega} \subset \Omega$ 使得 $\dfrac{m_1}{2^{\frac{1}{\alpha}}}\left(\dfrac{2\alpha}{2\alpha-1}\right)^2 (V(t,x_t))^{\frac{1}{\alpha}} + 2G(t)(\theta-\hat{\theta}(t))^{\mathrm{T}}\Phi(x)g_1^{\mathrm{T}}(x)\nabla_x H(x)$ 是负定的, 即

$$\frac{m_1}{2^{\frac{1}{\alpha}}}\left(\frac{2\alpha}{2\alpha-1}\right)^2 (V(t,x_t))^{\frac{1}{\alpha}} + 2\mathrm{e}^{Kr^2}\hat{M}\mu(V(t,x_t))^{\frac{\alpha+1}{2\alpha}}$$
$$= \left(\frac{m_1}{2^{\frac{1}{\alpha}}}\left(\frac{2\alpha}{2\alpha-1}\right)^2 + 2\mathrm{e}^{Kr^2}\hat{M}\mu(V(t,x_t))^{\frac{\alpha-1}{2\alpha}}\right)(V(t,x_t))^{\frac{1}{\alpha}}$$
$$:= m_2(V(t,x_t))^{\frac{1}{\alpha}} \qquad (4.121)$$

其中, $m_2 < 0$ 在 $\hat{\Omega}$ 内成立。

从式 (4.117) 和式 (4.121), 得到当 $w = 0$ 时, $\dot{V}(t,x_t) \leqslant m_2(V(t,x_t))^{\frac{1}{\alpha}}$, 意味着 x 在一个有限时间内收敛到 0 当 $x \in \hat{\Omega}$。注意到引理 2-4 及闭环系统 (4.98) 当 $w = 0$ 时在 Ω 内是渐近稳定的, 可以得到闭环系统 (4.98) 是有限时间渐近稳定的, 证毕。

4.4　本 章 小 结

本章研究了非线性时滞系统的鲁棒控制问题, 给出了若干简洁的判断条件。首先建立了一个无穷时间鲁棒镇定结果, 基于正交分解方法设计了一般形式非线性时滞系统的 H_∞ 控制器。然后研究有限时间鲁棒镇定问题, 分别基于正交分解方法和哈密顿函数方法研究了有限时间 H_∞ 控制以及自适应鲁棒控制问题, 通过构造适当的 L-K 泛函形式, 建立了相应的有限时间鲁棒镇定结果。不同于现有的有限时间结果, 根据待研究系统的特征, 本章构造了若干具体的 L-K 泛函形式, 并表明了应用这些具体的 L-K 泛函形式, 能方便地建立有限时间导数条件, 有效克服了研究该类问题时存在的困难。

参 考 文 献

[1] Chen W H, Zheng W X. Input-to-state stability and integral input-to-state stability of nonlinear impulsive systems with delays. Automatica, 2009, 45(1): 1481-1488.

[2] Boyd S, Ghaoui L E, Feron E, et al. Linear Matrix Inequalities in System and Control Theory. Philadelphia: SIAM, 1994.

[3] Coutinho D F, de Souza C E. Delay-dependent robust stability and L_2-gain analysis of a class of nonlinear time-delay systems. Automatica, 2008, 44(4): 2006-2018.

[4] Lu W M, Doyle J C. Robustness analysis and synthesis for nonlinear uncertain systems. IEEE Transactions on Automatic Control, 1997, 42(12): 1654-1662.

[5] Wu F, Grigoriadis K M. LPV systems with parameter-varying time delays: analysis and control. Automatica, 2001, 37(2): 221-229.

[6] Zhang X P, Tsiotras P, Knospe C. Stability analysis of LPV time-delayed systems. International Journal of Control, 2002, 75(7): 538-558.

[7] Kiriakidis K. Control synthesis for a class of uncertain nonlinear systems// American Control Conference, San Diego, 1999.

[8] Hu J T, Sui G X, Du S L, et al. Finite-time stability of uncertain nonlinear systems with time-varying delay. Mathematical Problems in Engineering, 2017, 9: 1-9.

[9] Mazenc F, Bliman P A. Backstepping design for time-delay nonlinear systems. IEEE Transactions on Automatic Control, 2006, 51(1): 149-154.

[10] Wu L, Feng Z, Zheng W X. Exponential stability analysis for delayed neural networks with switching parameters: average dwell time approach. IEEE Transactions on Neural Networks, 2010, 21(9): 1396-1407.

[11] Wang L M, Shen Y, Ding Z X. Finite time stabilization of delayed neural networks. Neural Networks, 2015, 70: 74-80.

[12] Yang R M, Wang Y Z. Finite-time stability and stabilization of a class of nonlinear time-delay systems. SIAM Journal on Control and Optimization, 2012, 50(5): 3113-3131.

[13] Sun W W, Fu B Z. Adaptive control of time-varying uncertain nonlinear systems with input delay: a Hamiltonian approach. IET Control Theory and Applications, 2016, 10(15): 1844-1858.

[14] Yang R M, Wang Y Z. Finite-time stability analysis and H_∞ control for a class of nonlinear time-delay Hamiltonian systems. Automatica, 2013, 49(2): 390-401.

[15] Wang Y Z, Li C W, Cheng D Z. Generalized Hamiltonian realization of time-invariant nonlinear systems. Automatica, 2003, 39(8): 1437-1443.

[16] Yang R M, Guo R W. Adaptive finite-time robust control of nonlinear delay Hamiltonian systems via Lyapunov-Krasovskii method. Asian Journal of Control, 2018, 20(2): 1-11.

[17] Shen T L, Ortega R, Lu Q, et al. Adaptive L_2 disturbance attenuation of Hamiltonian systems with parametric perturbation and application to power systems. Asian Journal of Control, 2003, 5(1): 143-152.

[18] Wang Y Z, Feng G, Cheng D Z, et al. Adaptive L_2 disturbance attenuation control of multi-machine power systems with SMES units. Automatica, 2006, 42(7): 1121-1132.

[19] Ortega R, Spong M, Gomez-Estern F, et al. Stabilization of underactuated mechanical systems via interconnection and damping assignment. IEEE Transactions on Neural Networks, 2002, 47(8):1218-1233.

[20] Yang R M, Wang Y Z. Stability for a class of nonlinear time-delay systems via Hamiltonian functional method. Science China: Information Sciences, 2012, 55(5): 1218-1228.

[21] Pasumarthy R, Kao C Y. On stability of time-delay Hamiltonian systems// American Control Conference, St. Louis, 2009.

第 5 章　复杂非线性时滞系统的有限时间同时镇定控制

5.1　引　　言

众所周知, 在许多实际的控制系统设计时, 由于不确定性、错误的模型或多模型操作系统, 经常要考虑同时镇定控制问题。同时镇定控制的目标是设计单一的控制器来同时镇定多个系统, 意味着它是一个有趣的且颇有挑战性的问题 [1]。即使对一组线性系统来说, 设计其同时镇定控制器也是不容易的 [2,3]。尽管如此, 有些学者研究了该问题, 并得到了一些结果 [2-7]。文献 [7] 得到了非线性时滞系统的结果, 然而, 其所研究的系统仅是一类特殊具有线性主部的非线性时滞系统。而且上述文献得到的结果均是关于无穷时间的同时镇定结果。相比于无穷时间, 建立有限时间同时镇定结果更有意义也更具有挑战性。

本章将基于正交线性化方法研究一般形式非线性时滞系统的有限时间鲁棒同时镇定和自适应鲁棒同时镇定问题, 并提出一些时滞相关的结果。5.1 节是引言; 5.2 节是有限时间鲁棒同时镇定; 5.3 节是有限时间自适应鲁棒同时镇定; 5.4 节是本章小结。

5.2　有限时间鲁棒同时镇定

考虑如下一般形式的非线性时滞系统

$$
\begin{cases}
\dot{X}_i(t) = f_i(X_i(t)) + \zeta_i(X_i(t))p_i(X_i(t-h)) + g_i(X_i(t))u + q_i(X_i(t))w \\
X_i(\tau) = \phi_i(\tau), \quad \forall \tau \in [-h, 0]
\end{cases}
\tag{5.1}
$$

其中, $i = 1, 2, \cdots, N$, $X_i(t)(= [x_{i1}(t), \cdots, x_{in_i}(t)]^{\mathrm{T}} \in \Omega_i \subset \mathbb{R}^{n_i})$ 是状态向量, Ω_i 是空间 $\mathbb{R}^{n_i}$ 中原点的某一邻域, $f_i(X_i) \in \mathbb{R}^{n_i}$ 是连续向量场, $p_i(X_i) \in \mathbb{R}^{n_i}$ 是光滑向量场满足 $f_i(0) = 0$ 和 $p_i(0) = 0$, $\zeta_i(X_i) \in \mathbb{R}^{n_i \times n_i}$ $(\zeta_i(0) = 0)$, $g_i(X_i) \in \mathbb{R}^{n_i \times m_i}$ 和 $q_i(X_i) \in \mathbb{R}^{n_i \times q}$ 是适当维数的权矩阵, n_i, m_i 和 q 是正整数, $h > 0$ 是时滞常数, $\phi_i(\tau)$ 是向量值初值函数, u 和 w 分别是输入和干扰。

在本节中, 类似于文献 [1]、文献 [8] 和文献 [9], 假设原点是每个子系统的唯一平衡点, 且 $g_i(X_i)$ $(i = 1, 2, \cdots, N)$ 有满列秩。

由引理 2-5, 如果 $p_i(X_i)(\in \mathbb{R}^{n_i})$ 是光滑的且 $p_i(0) = 0$, 则

$$p_i(X_i) := M_i(X_i)X_i \tag{5.2}$$

现在, 考虑系统 (5.1), 我们提出一个假设。

假设 5-1 假设系统 (5.1) 中每一个子系统的 $p_i(X_i)$ 的 Jacobi 矩阵 J_{p_i} 在 $0 \neq X_i \in \Omega_i$ 中非奇异。

取 $Y_i = p_i(X_i)$ 作为一个坐标变换, 并用正交线性化方法, 则在假设 5-1 下, 系统 (5.1) 可以等价表示为

$$\begin{cases} \dot{Y}_i(t) = B_i(X_i(t))Y_i(t-h) + D_i(X_i(t))Y_i(t) \\ \qquad + Q_i(X_i) + G_i(X_i)u + H_i(X_i)w \\ Y_i(\tau) = p_i(\phi(\tau)), \quad \forall \tau \in [-h, 0] \end{cases} \tag{5.3}$$

其中, $B_i(X_i) := J_{p_i}\zeta_i(X_i)$, $G_i(X_i) := J_{p_i}g_i(X_i)$, $H_i(X_i) := J_{p_i}q_i(X_i)$

$$D_i(X_i) := \begin{cases} \dfrac{\langle J_{p_i}f_i(X_i),\ p_i(X_i) \rangle}{\|p_i(X_i)\|^2}, & X_i \neq 0 \\ 0, & X_i = 0 \end{cases} \tag{5.4}$$

且

$$Q_i(X_i) := \begin{cases} J_{p_i}f_i(X_i) - D_i(X_i)p_i(X_i), & X_i \neq 0 \\ 0, & X_i = 0 \end{cases}$$

进一步, 从 $Q_i(X_i) \perp p_i(X_i)$, 可以得到 $\langle Q_i(X_i),\ Y_i \rangle = 0$。

这样, 在假设 5-1 下, 系统 (5.1) 等价于系统 (5.3)。下面将用系统 (5.3) 来研究系统 (5.1) 的同时镇定问题。

1) 有限时间同时镇定控制

本节研究系统 (5.1) 在没有干扰情形时的有限时间同时镇定问题, 首先设计两个系统的有限时间同时镇定控制器, 然后给出多个系统的有限时间同时镇定结果。

下面给出有限时间同时镇定的定义。

设计单一的有限时间控制器 u, 使得在该控制器下, 系统 (5.1) 在 $w = 0$ 时有限时间同时镇定。现在提出两个系统的有限时间同时镇定结果。

考虑如下两个系统

$$\begin{cases} \dot{X}_1(t) = f_1(X_1(t)) + \zeta_1(X_1)p_1(X_1(t-h)) + g_1(X_1)u \\ X_1(\tau) = \phi_1(\tau), \quad \forall \tau \in [-h,\ 0] \end{cases} \tag{5.5}$$

$$
\begin{cases}
\dot{X}_2(t) = f_2(X_2(t)) + \zeta_2(X_2)p_2(X_2(t-h)) + g_2(X_2)u \\
X_2(\tau) = \phi_2(\tau), \quad \forall \tau \in [-h,\, 0]
\end{cases}
\tag{5.6}
$$

在假设 5-1 下, 系统 (5.5) 和系统 (5.6) 等价于

$$
\begin{cases}
\dot{Y}_1(t) = B_1(X_1(t))Y_1(t-h) + D_1(X_1(t))Y_1(t) + Q_1(X_1) + G_1(X_1)u \\
Y_1(\tau) = p_1(\phi(\tau)), \quad \forall \tau \in [-h,0]
\end{cases}
\tag{5.7}
$$

$$
\begin{cases}
\dot{Y}_2(t) = B_2(X_2(t))Y_2(t-h) + D_2(X_2(t))Y_2(t) + Q_2(X_2) + G_2(X_2)u \\
Y_2(\tau) = p_2(\phi(\tau)), \quad \forall \tau \in [-h,0]
\end{cases}
\tag{5.8}
$$

其中, $i = 1, 2$, $Y_i = p_i(X_i)$, $B_i(X_i) := J_{p_i}\zeta_i(X_i)$, $G_i(X_i) := J_{p_i}g_i(X_i)$, $D_i(X_i)$ 和 $Q_i(X_i)$ 在式 (5.4) 已给出。对两个系统的同时镇定问题, 提出下面的结果。

定理 5-1　在假设 5-1 和 $w = 0$ 下, 考虑系统 (5.5) 和系统 (5.6)(或等价系统 (5.7) 及系统 (5.8)), 若存在适当维数的矩阵 K, 两个常数 $k_1 > 0$ 和 $\alpha \in (0,1)$ 使得

$$
\begin{cases}
2D_1(X_1)I_{n_1} - 2G_1(X_1)KG_1^{\mathrm{T}}(X_1) + B_1(X_1)B_1^{\mathrm{T}}(X_1) \leqslant 0 \\
2D_2(X_2)I_{n_2} + 2G_2(X_2)KG_2^{\mathrm{T}}(X_2) + B_2(X_2)B_2^{\mathrm{T}}(X_2) \leqslant 0
\end{cases}
\tag{5.9}
$$

对 $X_i \in \Omega_i$ $(i = 1, 2)$ 成立, 则系统 (5.5) 和系统 (5.6) 在如下控制器下是有限时间同时镇定的

$$
u = -K[G_1^{\mathrm{T}}(X_1)p_1(X_1) - G_2^{\mathrm{T}}(X_2)p_2(X_2)] + v
\tag{5.10}
$$

$$
G(X)v = \begin{cases}
-k_1\mathrm{sign}(Y(t))|Y(t)|^{\alpha} - Y^{\mathrm{T}}(t-h)Y(t-h)\dfrac{Y(t)}{2\|Y(t)\|^2}, & Y \neq 0 \\
0, & Y = 0
\end{cases}
\tag{5.11}
$$

其中, $G(X) = [G_1^{\mathrm{T}}(X_1), G_2^{\mathrm{T}}(X_2)]^{\mathrm{T}}$, $Y = [Y_1^{\mathrm{T}}, Y_2^{\mathrm{T}}]^{\mathrm{T}}$, $Y_1 = [y_{11}, y_{12}, \cdots, y_{1n_1}]^{\mathrm{T}}, Y_2 = [y_{21}, y_{22}, \cdots, y_{2n_2}]^{\mathrm{T}}$, $\mathrm{sign}(Y(t))|Y(t)|^{\alpha} := (\mathrm{sign}(y_{11}(t))|y_{11}(t)|^{\alpha}, \mathrm{sign}(y_{12}(t))|y_{12}(t)|^{\alpha}, \cdots, \mathrm{sign}(y_{1n_1}(t))|y_{1n_1}(t)|^{\alpha}, \mathrm{sign}(y_{21}(t))|y_{21}(t)|^{\alpha}, \cdots, \mathrm{sign}(y_{2n_2}(t))|y_{2n_2}(t)|^{\alpha})^{\mathrm{T}}$。

证明:　从上述可知, 在假设 5-1 下, 系统 (5.5) 和系统 (5.6) 等价于系统 (5.7) 和系统 (5.8), 因此只需证明系统 (5.7) 和系统 (5.8) 在控制器 (5.10) 下是有限时间同时镇定的。

注意到 $p_i(X_i) = Y_i$ $(i = 1, 2)$, 并将式 (5.10) 代入系统 (5.7) 和系统 (5.8), 有

$$
\begin{cases}
\dot{Y}_1(t) = B_1(X_1)Y_1(t-h) + [D_1(X_1)I_{n_1} - G_1(X_1)KG_1^{\mathrm{T}}(X_1)]Y_1(t) \\
\qquad + G_1(X_1)KG_2^{\mathrm{T}}(X_2)Y_2 + Q_1(X_1) + G_1(X_1)v \\
\dot{Y}_2(t) = B_2(X_2)Y_2(t-h) + [D_2(X_2)I_{n_2} + G_2(X_2)KG_2^{\mathrm{T}}(X_2)]Y_2(t) \\
\qquad - G_2(X_2)KG_1^{\mathrm{T}}(X_1)Y_1 + Q_2(X_2) + G_2(X_2)v
\end{cases}
\tag{5.12}
$$

由此, 可以得到如下增广系统

$$
\dot{Y}(t) = A(X)Y + B(X)Y(t-h) + Q(X) + G(X)v \tag{5.13}
$$

其中, $X = [X_1^{\mathrm{T}}, X_2^{\mathrm{T}}]^{\mathrm{T}}$, $X_1 = [x_{11}, x_{12}, \cdots, x_{1n_1}]^{\mathrm{T}}$, $X_2 = [x_{21}, x_{22}, \cdots, x_{2n_2}]^{\mathrm{T}}$

$$
A(X) = \begin{bmatrix}
D_1(X_1)I_{n_1} - G_1(X_1)KG_1^{\mathrm{T}}(X_1) & G_1(X_1)KG_2^{\mathrm{T}}(X_2) \\
-G_2(X_2)KG_1^{\mathrm{T}}(X_1) & D_2(X_2)I_{n_2} + G_2(X_2)KG_2^{\mathrm{T}}(X_2)
\end{bmatrix}
$$

$$
B(X) = \begin{bmatrix} B_1(X_1) & 0 \\ 0 & B_2(X_2) \end{bmatrix}, Q(X) = \begin{bmatrix} Q_1(X_1) \\ Q_2(X_2) \end{bmatrix}, \quad G(X) = \begin{bmatrix} G_1(X_1) \\ G_2(X_2) \end{bmatrix}
$$

将式 (5.11) 代入增广系统 (5.13), 能够得到

$$
\begin{aligned}
\dot{Y}(t) = {} & A(X)Y + B(X)Y(t-h) + Q(X) - k_1 \mathrm{sign}(Y(t))|Y(t)|^{\alpha} \\
& - Y^{\mathrm{T}}(t-h)Y(t-h)\frac{Y(t)}{2\|Y(t)\|^2}
\end{aligned}
\tag{5.14}
$$

构造李雅普诺夫泛函如下

$$
V(t, Y) = Y^{\mathrm{T}}(t)Y(t) \tag{5.15}
$$

很明显, $V(t, Y)$ 满足引理 2-1 的条件 ① 和②。接下来证明引理 2-1 的条件③成立。

注意到 $Y_i^{\mathrm{T}}Q_i(X_i) = 0$ $(i = 1, 2)$, 易得 $Y^{\mathrm{T}}Q(X) = 0$。沿着系统 (5.14) 的轨道计算 $V(t, Y)$ 的导数, 并用 $Y^{\mathrm{T}}Q(X) = 0$, 得到

$$
\begin{aligned}
\dot{V}(t, Y) = {} & 2Y^{\mathrm{T}}(t)A(X)Y(t) + 2Y^{\mathrm{T}}(t)B(X)Y(t-h) \\
& - 2k_1 Y^{\mathrm{T}}(t)\mathrm{sign}(Y(t))|Y(t)|^{\alpha} - Y^{\mathrm{T}}(t-h)Y(t-h) \\
\leqslant {} & 2Y^{\mathrm{T}}(t)A(X)Y(t) + Y^{\mathrm{T}}(t)B(X)B^{\mathrm{T}}(x)Y(t) + Y^{\mathrm{T}}(t-h)Y(t-h) \\
& - Y^{\mathrm{T}}(t-h)Y(t-h) - 2k_1 Y^{\mathrm{T}}(t)\mathrm{sign}(Y(t))|Y(t)|^{\alpha} \\
= {} & Y^{\mathrm{T}}(t)[A(X) + A^{\mathrm{T}}(x) + B(X)B^{\mathrm{T}}(x)]Y(t) - 2k_1 Y^{\mathrm{T}}(t)\mathrm{sign}(Y(t))|Y(t)|^{\alpha}
\end{aligned}
$$

$$= Y^{\mathrm{T}}(t)[A(X) + A^{\mathrm{T}}(x) + B(X)B^{\mathrm{T}}(x)]Y(t) - 2k_1 \sum_{\substack{i=1,2 \\ 1 \leqslant j_i \leqslant n_i}} |y_{ij_i}(t)|^{1+\alpha} \quad (5.16)$$

其中, $2Y^{\mathrm{T}}(t)B(X)Y(t-h) \leqslant Y^{\mathrm{T}}B(X)B^{\mathrm{T}}(X)Y(t) + Y^{\mathrm{T}}(t-h)Y(t-h)$。

另一方面, 因为 $A(X)$ 是反对称矩阵且 $B(x)$ 是对角矩阵, 有

$$A(X) + A^{\mathrm{T}}(X) + B(X)B^{\mathrm{T}}(X) = \begin{bmatrix} A_{11} & 0 \\ 0 & A_{22} \end{bmatrix} \quad (5.17)$$

其中, $A_{11} := 2D_1(X_1)I_{n_1} - 2G_1(X_1)KG_1^{\mathrm{T}}(X_1) + B_1(X_1)B_1^{\mathrm{T}}(X_1)$, $A_{22} := 2D_2(X_2)I_{n_2} + 2G_2(X_2)KG_2^{\mathrm{T}}(X_2) + B_2(X_2)B_2^{\mathrm{T}}(X_2)$。同时, 由式 (5.9) 和式 (5.16) 以及引理 2-6 中的不等式①, 能够得到

$$\dot{V}(t,Y) \leqslant -2k_1 \sum_{\substack{i=1,2 \\ 1 \leqslant j_i \leqslant n_i}} |y_{ij_i}(t)|^{1+\alpha} \leqslant -2k_1 \left(\sum_{\substack{i=1,2 \\ 1 \leqslant j_i \leqslant n_i}} |y_{ij_i}(t)|^2 \right)^{\frac{1+\alpha}{2}}$$

$$= -2k_1[V(t,Y)]^{\frac{1+\alpha}{2}} \quad (5.18)$$

意味着引理 2-1 的条件③成立。由引理 2-1, 系统 (5.7) 和系统 (5.8) 在控制器 (5.10) 下是有限时间同时镇定的。

另外, 由于系统 (5.7) 和系统 (5.8) 等价于系统 (5.5) 和系统 (5.6), 很明显, 系统 (5.5) 和系统 (5.6) 在控制器 (5.10) 下也是有限时间同时镇定的。

注 5-1　在定理 5-1 中, 为了方便表示, 在控制器 (5.11) 中, 保持了 $G(X)v$ 这个形式。然而, 因为 J_{p_i} $(i = 1, 2)$ 对 $X_i \neq 0$ 是非奇异的, 且 $g_i(X_i)$ $(i = 1, 2)$ 有满列秩, 得到 $G_i(X) = J_{p_i}g_i(X_i)$ $(i = 1, 2)$ 也有满列秩, 这可推出 $G(X)$ 有满列秩, 即 $G^{\mathrm{T}}(X)G(X)$ 对 $X \neq 0$ 是非奇异的, 意味着从控制器 (5.11) 中容易解出 v。

注 5-2　在定理 5-1 中, 为建立有限时间同时镇定结果, 在控制器 (5.10) 中, 我们设计了两部分: $-K[G_1^{\mathrm{T}}(X_1)p_1(X_1) - G_2^{\mathrm{T}}(X_2)p_2(X_2)]$ 和 v。注意设计控制器 $-K[G_1^{\mathrm{T}}(X_1)p_1(X_1) - G_2^{\mathrm{T}}(X_2)p_2(X_2)]$ 的目的如是: 一方面, 通过应用这个控制器, 能够容易得到增广系统 (5.13) (事实上, 同着该控制器, 子系统 (5.7) 和子系统 (5.8) 是彼此相关的); 另一方面, 在增广系统 (5.13) 中的矩阵 $A(X)$ 具有反对称性。正是由于其反对称性, 才能够提出一个简洁的结果 (该定理的条件 (5.9))。而设计控制器 v 的目的是在有限时间内镇定系统 (5.13), 意味着 v 是一个有限时间控制器。

2) 多个系统的有限时间同时镇定

通过用定理 5-1, 本节给出多系统 (5.1) 的有限时间同时镇定结果。

注意到在假设 5-1 下, 系统 (5.1) 等价于系统 (5.3), 因此本节研究系统 (5.3)。为此, 假设 $(i_1, i_2, \cdots, i_N)$ 是 $\{1, 2, \cdots, N\}$ 的任意一个排列, 且 L 是正整数满足 $1 \leqslant L \leqslant N-1$。令 $M_1 = i_1 + i_2 + \cdots + i_L$ 和 $M_2 = i_{L+1} + i_{L+2} + \cdots + i_N$。

把 N 个子系统分为两组: $i_1, \cdots, i_L$ 和 $i_{L+1}, \cdots, i_N$, 这样 N 个系统可以表达为

$$\begin{cases} \dot{Y}_a(t) = B_a(X_a)Y_a(t-h) + D_a(X_a)Y_a(t) + Q_a(X_a) + G_a(X_a)u \\ \dot{Y}_b(t) = B_b(X_b)Y_b(t-h) + D_b(X_b)Y_b(t) + Q_b(X_b) + G_b(X_b)u \end{cases} \tag{5.19}$$

其中, $Y_a = [Y_{i_1}^{\mathrm{T}}, \cdots, Y_{i_L}^{\mathrm{T}}]^{\mathrm{T}} \in \mathbb{R}^{M_1}$, $Y_b = [Y_{i_{L+1}}^{\mathrm{T}}, \cdots, Y_{i_N}^{\mathrm{T}}]^{\mathrm{T}} \in \mathbb{R}^{M_2}$, $X_a = [X_{i_1}^{\mathrm{T}}, \cdots, X_{i_L}^{\mathrm{T}}]^{\mathrm{T}} \in \mathbb{R}^{M_1}$, $X_b = [X_{i_{L+1}}^{\mathrm{T}}, \cdots, X_{i_N}^{\mathrm{T}}]^{\mathrm{T}} \in \mathbb{R}^{M_2}$, $B_a(X_a) = \mathrm{Diag}\{B_{i_1}(X_{i_1}), \cdots, B_{i_L}(X_{i_L})\}$, $B_b(X_b) = \mathrm{Diag}\{B_{i_{L+1}}(X_{i_{L+1}}), \cdots, B_{i_N}(X_{i_N})\}$, $D_a(X_a) = \mathrm{Diag}\{D_{i_1}(X_{i_1}), \cdots, D_{i_L}(X_{i_L})\}$, $D_b(X_b) = \mathrm{Diag}\{D_{i_{L+1}}(X_{i_{L+1}}), \cdots, D_{i_N}(X_{i_N})\}$, $Q_a(X_a) = [Q_{i_1}^{\mathrm{T}}(X_{i_1}), \cdots, Q_{i_L}^{\mathrm{T}}(X_{i_L})]^{\mathrm{T}}$, $Q_b(X_b) = [Q_{i_{L+1}}^{\mathrm{T}}(X_{i_{L+1}}), \cdots, Q_{i_N}^{\mathrm{T}}(X_{i_N})]^{\mathrm{T}}$, $G_a(X_a) = [G_{i_1}^{\mathrm{T}}(X_{i_1}), \cdots, G_{i_L}^{\mathrm{T}}(X_{i_L})]^{\mathrm{T}}$, $G_b(X_b) = [G_{i_{L+1}}^{\mathrm{T}}(X_{i_{L+1}}), \cdots, G_{i_N}^{\mathrm{T}}(X_{i_N})]^{\mathrm{T}}$。

对系统 (5.19), 有如下主要结果。

定理 5-2 在假设 5-1 和 $w = 0$ 下, 考虑系统 (5.1)(或等价系统 (5.19)), 若存在适当维数的常矩阵 K, 两个常数 $k_1 > 0$ 和 $\alpha \in (0, 1)$ 使得

$$\begin{cases} 2D_a(X_a)I_{M_1} - 2G_a(X_a)KG_a^{\mathrm{T}}(X_a) + B_a(X_a)B_a^{\mathrm{T}}(X_a) \leqslant 0 \\ 2D_b(X_b)I_{M_2} + 2G_b(X_b)KG_b^{\mathrm{T}}(X_b) + B_b(X_b)B_b^{\mathrm{T}}(X_b) \leqslant 0 \end{cases} \tag{5.20}$$

对 $X_a \in \Omega_a \left(:= \bigcup\limits_{i=1, \cdots, i_L} \Omega_i \right)$ 成立且 $X_b \in \Omega_b \left(:= \bigcup\limits_{i=i_{L+1}, \cdots, i_N} \Omega_i \right)$, 则系统 (5.19) 在如下控制器下是有限时间同时镇定的

$$u = -K[G_a^{\mathrm{T}}(X_a)p_a(X_a) - G_b^{\mathrm{T}}(X_b)p_b(X_b)] + v \tag{5.21}$$

$$G(X)v = \begin{cases} -k_1\mathrm{sign}(Y(t))|Y(t)|^{\alpha} - Y^{\mathrm{T}}(t-h)Y(t-h)\dfrac{Y(t)}{2\|Y(t)\|^2}, & Y \neq 0 \\ 0, & Y = 0 \end{cases}$$

$$\tag{5.22}$$

其中, $G(X) = [G_a^{\mathrm{T}}(X_a), G_b^{\mathrm{T}}(X_b)]^{\mathrm{T}}$, $Y = [Y_a^{\mathrm{T}}, Y_b^{\mathrm{T}}]^{\mathrm{T}}$。

证明: 同于定理 5-1 可得该定理成立, 证毕。

在定理 5-1 和定理 5-2 中, 受文献 [10] 的启发, 本节设计了两个含有分母 $Y(t)$ 的控制器。接下来, 提出几个不含有分母 $Y(t)$ 的控制器。首先, 在 $B_a(X_a)$ 和 $B_b(X_b)$ 已知的特殊情形下, 给出一个结果。

定理 5-3　在假设 5-1 和 $w = 0$ 下, 考虑系统 (5.1)(或等价系统 (5.19)), 若 $B_a(X_a)$ 和 $B_b(X_b)$ 已知, 且存在适当维数的矩阵 K, 常数 $k_1 > 0$ 和 $\alpha \in (0, 1)$ 使得

$$\begin{cases} D_a(X_a)I_{M_1} - G_a(X_a)KG_a^{\mathrm{T}}(X_a) \leqslant 0 \\ D_b(X_b)I_{M_2} + G_b(X_b)KG_b^{\mathrm{T}}(X_b) \leqslant 0 \end{cases} \tag{5.23}$$

对 $X_a \in \Omega_a \left(:= \bigcup_{i=1,\cdots,i_L} \Omega_i \right)$ 成立, 且 $X_b \in \Omega_b \left(:= \bigcup_{i=i_{L+1},\cdots,i_N} \Omega_i \right)$, 则系统 (5.19) 在如下设计的控制器下是有限时间同时镇定的

$$u = -K[G_a^{\mathrm{T}}(X_a)p_a(X_a) - G_b^{\mathrm{T}}(X_b)p_b(X_b)] + v \tag{5.24}$$

$$G(X)v = -k_1\mathrm{sign}(Y(t))|Y(t)|^\alpha - B(X)Y(t - h) \tag{5.25}$$

其中, $B(X) = \mathrm{Diag}\{B_a(X_a), B_b(X_b)\}$。

证明: 将式 (5.24) 代入式 (5.19), 可得到一个增广系统

$$\dot{Y}(t) = A(X)Y + B(X)Y(t - h) + Q(X) + G(X)v \tag{5.26}$$

其中, $Y = [Y_a^{\mathrm{T}}, Y_b^{\mathrm{T}}]^{\mathrm{T}}$

$$A(X) = \begin{bmatrix} D_a(X_a)I_{M_1} - G_a(X_a)KG_a^{\mathrm{T}}(X_a) & G_a(X_a)KG_b^{\mathrm{T}}(X_b) \\ -G_b(X_b)KG_a^{\mathrm{T}}(X_a) & D_b(X_b)I_{M_2} + G_b(X_b)KG_b^{\mathrm{T}}(X_b) \end{bmatrix}$$

$$B(X) = \begin{bmatrix} B_a(X_a) & 0 \\ 0 & B_b(X_b) \end{bmatrix}, Q(X) = \begin{bmatrix} Q_a(X_a) \\ Q_b(X_b) \end{bmatrix}, \ G(X) = \begin{bmatrix} G_a(X_a) \\ G_b(X_b) \end{bmatrix}$$

构建同于定理 5-1 的李雅普诺夫泛函, 将 $G(X)v$ 代入系统 (5.26) 并计算 $V(t, Y)$ 的导数, 有 $\dot{V}(t, Y) \leqslant 2Y^{\mathrm{T}}(t)A(X)Y(t) - 2k_1 Y^{\mathrm{T}}(t)\mathrm{sign}(Y(t))|Y(t)|^\alpha = Y^{\mathrm{T}}(t)[A(X) + A^{\mathrm{T}}(x)]Y(t) - 2k_1 Y^{\mathrm{T}}(t)\mathrm{sign}(Y(t))|Y(t)|^\alpha$ 其余证明类似于定理 5-1, 略。

注 5-3　定理 5-3 成立, 如果 $B_a(X_a)$ 和 $B_b(X_b)$ 是已知的。与定理 5-2 相比较, 定理 5-3 有一些局限性, 在研究实际系统时建立其精确模型很困难。然而, 当 $B_a(X_a)$ 和 $B_b(X_b)$ 已知时, 定理 5-3 是简洁的并有较小的保守性 (也看条件 (5.20) 和条件 (5.23))。而且, 在该定理中所设计的控制器不含有分母 $Y(t)$, 意味着在实际应用时更方便。

接下来, 当 $B_a(X_a)$ 和 $B_b(X_b)$ 未知时, 提出一个控制器中不含有分母 $Y(t)$ 的更一般的结果。

定理 5-4 在假设 5-1 和 $w = 0$ 下, 考虑系统 (5.1)(或等价系统 (5.19)), 若存在适当维数的常矩阵 K 和 $P > 0$, 两个常数 $k_1 > 0$ 和 $\alpha \in (0,1)$ 使得

$$
\begin{cases}
B^{\mathrm{T}}(X)B(X) - Y^{\mathrm{T}}(t)Y(t)P \leqslant 0 \\
A(X) + A^{\mathrm{T}}(X) + I_N + Y(t)Y^{\mathrm{T}}(t)P \leqslant 0
\end{cases}
\tag{5.27}
$$

成立, 则系统 (5.19) 在如下控制器下是有限时间同时镇定的

$$
u = -K[G_a^{\mathrm{T}}(X_a)p_a(X_a) - G_b^{\mathrm{T}}(X_b)p_b(X_b)] + v \tag{5.28}
$$

$$
G(X)v = -k_1\mathrm{sign}(Y(t))|Y(t)|^{\alpha} \tag{5.29}
$$

其中, Y、$A(X)$、$B(X)$ 和 $G(X)$ 同于 (5.26)。

证明: 将式 (5.28) 代入系统 (5.19), 能够得到增广系统 (5.26)。

构造如下李雅普诺夫泛函

$$
V(t,Y) = \mathrm{e}^{\int_{t-h}^{t} Y^{\mathrm{T}}(s)PY(s)\mathrm{d}s} Y^{\mathrm{T}}(t)Y(t) \tag{5.30}
$$

因为 $\mathrm{e}^{\int_{t-h}^{t} Y^{\mathrm{T}}(s)PY(s)\mathrm{d}s} \geqslant 1$, 很明显, $V(t,Y)$ 满足引理 2-1 中的条件① 和②。下面证明引理 2-1 的条件③成立。

沿着系统 (5.26) 的轨道计算 $V(t,Y)$ 的导数, 同于定理 5-3 的证明, 得到

$$
\begin{aligned}
\dot{V}(t,Y) \leqslant{} & \mathrm{e}^{\int_{t-h}^{t} Y^{\mathrm{T}}(s)PY(s)\mathrm{d}s}\Big\{2Y^{\mathrm{T}}(t)A(X)Y(t) \\
& + Y^{\mathrm{T}}(t)Y(t) + Y^{\mathrm{T}}(t-h)B^{\mathrm{T}}(X)B(X)Y(t-h) \\
& - Y^{\mathrm{T}}(t)Y(t)Y^{\mathrm{T}}(t-h)PY(t-h) + Y^{\mathrm{T}}(t)Y(t)Y^{\mathrm{T}}(t)PY(t) \\
& - 2k_1 Y^{\mathrm{T}}(t)\mathrm{sign}(Y(t))|Y(t)|^{\alpha}\Big\} \\
={} & \mathrm{e}^{\int_{t-h}^{t} Y^{\mathrm{T}}(s)PY(s)\mathrm{d}s}\Big\{Y^{\mathrm{T}}(t)[A(X) + A^{\mathrm{T}}(X) + I_N + Y(t)Y^{\mathrm{T}}(t)P]Y(t) \\
& - 2k_1 Y^{\mathrm{T}}(t)\mathrm{sign}(Y(t))|Y(t)|^{\alpha} + Y^{\mathrm{T}}(t-h)[B^{\mathrm{T}}(X)B(X) \\
& - Y^{\mathrm{T}}(t)Y(t)P]Y(t-h)\Big\}
\end{aligned}
$$

由此, 条件 (5.27) 以及引理 2-6 中不等式①, 同于定理 5-1 的证明, 能够得到

$$
\begin{aligned}
\dot{V}(t,Y) \leqslant{} & \mathrm{e}^{\int_{t-h}^{t} Y^{\mathrm{T}}(s)PY(s)\mathrm{d}s}\Big\{-2k_1[Y^{\mathrm{T}}Y]^{\frac{1+\alpha}{2}}\Big\} \\
={} & -2k_1(\mathrm{e}^{\int_{t-h}^{t} Y^{\mathrm{T}}(s)PY(s)\mathrm{d}s})^{\frac{1-\alpha}{2}}[V(t,Y)]^{\frac{1+\alpha}{2}}
\end{aligned}
\tag{5.31}
$$

注意 $(\mathrm{e}^{\int_{t-h}^{t} Y^{\mathrm{T}}(s)PY(s)\mathrm{d}s})^{\frac{1-\alpha}{2}} \geqslant 1$, 有 $\dot{V}(t,Y) \leqslant -2k_1[V(t,Y)]^{\frac{1+\alpha}{2}}$, 意味着引理 2-1 中的条件③成立。由引理 2-1, 系统 (5.19) 在控制器 (5.28) 下是有限时间同时镇定的, 证毕。

注 5-4　从定理 5-1~ 定理 5-4, 容易看到条件 (5.9)、条件 (5.20)、条件 (5.23) 和条件 (5.27) 不含有时滞项, 这不同于文献 [10]~ 文献 [14], 也就是这些条件不是无穷维的。而且, 与文献 [10]~ 文献 [14] 比较, 本节的结果是简洁的和易于检验的。事实上, 在应用定理 5-1~ 定理 5-4 时, 只需要验证条件 (5.9)、条件 (5.20)、条件 (5.23) 和条件 (5.27) 的上界, 而不需要逐个变量进行验证, 因此本节的方法能有效降低计算负担。

3) 多个系统的有限时间鲁棒同时镇定控制

基于上述结果, 本节研究系统 (5.1) 的鲁棒同时镇定问题。为此, 由上述可知, 系统 (5.1) 能够转化为如下等价形式

$$\begin{cases} \dot{Y}_a(t) = B_a(X_a)Y_a(t-h) + D_a(X_a)Y_a(t) + Q_a(X_a) + G_a(X_a)u + H_a(X_a)w \\ \dot{Y}_b(t) = B_b(X_b)Y_b(t-h) + D_b(X_b)Y_b(t) + Q_b(X_b) + G_b(X_b)u + H_b(X_b)w \end{cases}$$

(5.32)

其中, $H_a(X_a) := J_{p_a}q_a(X_a)$, $H_b(X_b) := J_{p_b}q_b(X_b)$, $J_{p_a} := \mathrm{Diag}\{J_{p_{i_1}}, J_{p_{i_2}}, \cdots, J_{p_{i_L}}\}$, $J_{p_b} := \mathrm{Diag}\{J_{p_{i_{L+1}}}, J_{p_{i_{L+2}}}, \cdots, J_{p_{i_N}}\}$, $q_a(X_a) = [q_{i_1}^{\mathrm{T}}(X_{i_1}), \cdots, q_{i_L}^{\mathrm{T}}(X_{i_L})]^{\mathrm{T}}$ 和 $q_b(X_b) = [q_{i_{L+1}}^{\mathrm{T}}(X_{i_{L+1}}), \cdots, q_{i_N}^{\mathrm{T}}(X_{i_N})]^{\mathrm{T}}$。

下面为了方便表达, 令 $i_1 := 1, \cdots, i_N := N$ 和 $i = 1, \cdots, N$。例如, $J_{p_{i_1}} := J_{p_1}$, $Y_{i_1} := Y_1$ 等。

进一步, 得到其等价形式

$$\dot{Y}(t) = D(X)Y + B(X)Y(t-h) + Q(X) + G(X)u + H(x)w \quad (5.33)$$

其中, $Y = [Y_a^{\mathrm{T}}, Y_b^{\mathrm{T}}]^{\mathrm{T}}$, $X = [X_a^{\mathrm{T}}, X_b^{\mathrm{T}}]^{\mathrm{T}}$

$$D(X) = \begin{bmatrix} D_a(X_a)I_{M_1} & 0 \\ 0 & D_b(X_b)I_{M_2} \end{bmatrix}$$

$$B(X) = \begin{bmatrix} B_a(X_a) & 0 \\ 0 & B_b(X_b) \end{bmatrix}, \quad Q(X) = \begin{bmatrix} Q_a(X_a) \\ Q_b(X_b) \end{bmatrix}$$

$$G(X) = \begin{bmatrix} G_a(X_a) \\ G_b(X_b) \end{bmatrix}, \quad H(X) = \begin{bmatrix} H_a(X_a) \\ H_b(X_b) \end{bmatrix}$$

为了研究等价系统 (5.33) 的鲁棒控制, 给出干扰 w 的一个假设, 以及有限时间鲁棒同时镇定的定义。

假设 5-2　假设干扰 w 满足 $\Theta = \{w \in \mathbb{R}^q : \mu^2 \int_0^{+\infty} w^{\mathrm{T}}w\mathrm{d}t \leqslant 1\}$, 其中, μ 是一个正实数。

系统 (5.33) 的有限时间鲁棒同时镇定是设计一个控制器 $u = \pi(x)$ 使得闭环系统在 $w = 0$ 时是有限时间鲁棒同时镇定的, 同时对任意非零的 $w \in \Theta$, 闭环系统的零状态响应 $(\phi_i(\theta) = 0, w(\theta) = 0, \theta \in [-h, 0])$ 满足

$$\int_0^t \|z(s)\|^2 \mathrm{d}s \leqslant \gamma^2 \int_0^t \|w(s)\|^2 \mathrm{d}s, \quad \infty > t \geqslant 0 \tag{5.34}$$

其中, $\gamma > 0$ 是干扰抑制水平, z 是罚信号满足

$$z = \Lambda(X) G^{\mathrm{T}}(X) Y \tag{5.35}$$

同着 $\Lambda(X)$ 是适当维数的权矩阵. 而且假设 Ω_i $(i = 1, \cdots, N)$ 具有如下形式

$$\Omega_i := \left\{ X_i : (\alpha_\kappa^i)^{\mathrm{T}} X_i \leqslant 1, \kappa = 1, 2, \cdots, n_i \right\} \tag{5.36}$$

其中, (α_κ^i) $(i = 1, 2, \cdots, N)$ 是已知的常数.

对系统 (5.1)(或系统 (5.33)) 的鲁棒有限时间同时镇定问题, 提出下面一些结果.

定理 5-5 在假设 5-1 和假设 5-2 下, 若对给定的 $\gamma > 0$ 有

① 存在正实数 ϵ, $\alpha \in (0, 1)$, k_1 以及适当维数的常矩阵 K 使得

$$\epsilon^{-1} \leqslant \gamma^2 \tag{5.37}$$

$$A(X) + A^{\mathrm{T}}(X) - \frac{1}{\gamma^2} G(X) G^{\mathrm{T}}(X) + B(X) B^{\mathrm{T}}(X) + \epsilon H(X) H^{\mathrm{T}}(X) \leqslant 0 \tag{5.38}$$

② 存在正实数 s、μ 使得

$$\begin{bmatrix} 2s - \dfrac{\gamma^2}{\mu^2 \iota} & -s(\alpha_\kappa^i)^{\mathrm{T}} \\ -s(\alpha_\kappa^i) & I_{n_i} \end{bmatrix} \geqslant 0, \quad \kappa = 1, 2, \cdots, n_i \tag{5.39}$$

对所有的 $i = 1, \cdots, N$ 成立, 则系统 (5.33) 的一个有限时间 H_∞ 同时镇定控制器可以设计为

$$u = -K[G_a^{\mathrm{T}}(X_a) p_a(X_a) - G_b^{\mathrm{T}}(X_b) p_b(X_b)] + v \tag{5.40}$$

其中

$$A(X) = \begin{bmatrix} D_a(X_a) I_{M_1} - G_a(X_a) K G_a^{\mathrm{T}}(X_a) & G_a(X_a) K G_b^{\mathrm{T}}(X_b) \\ -G_b(X_b) K G_a^{\mathrm{T}}(X_a) & D_b(X_b) I_{M_2} + G_b(X_b) K G_b^{\mathrm{T}}(X_b) \end{bmatrix}$$

$0 < \iota := \min\{\iota_1, \cdots, \iota_N\}$ 且 $\iota_i := \lambda_{\min}\{M_i^{\mathrm{T}} M_i\}$ $(i = 1, \cdots, N)$, M_i 已在式 (5.2) 给出, $v := v_1 + v_2$ 满足如下关系

$$G(X)v_1 = \begin{cases} k_1 \mathrm{sign}(Y(t))|Y(t)|^\alpha - Y^{\mathrm{T}}(t-h)Y(t-h)\dfrac{Y(t)}{2\|Y(t)\|^2}, & Y \neq 0 \\ 0, & Y = 0 \end{cases}$$

(5.41)

$$G(X)v_2 = -G(X)\left[\frac{1}{2}\Lambda^{\mathrm{T}}(X)\Lambda(X) + \frac{1}{2\gamma^2}I_m\right]G^{\mathrm{T}}(X)Y$$

(5.42)

证明: 将式 (5.40) 同着式 (5.41) 和式 (5.42) 代入式 (5.33) 得到

$$\begin{cases} \dot{Y} = F(X)Y(t) + B(X)Y(t-h) + H(X)w - k_1\mathrm{sign}(Y(t))|Y(t)|^\alpha \\ \qquad + Q(x) - Y^{\mathrm{T}}(t-h)Y(t-h)\dfrac{Y(t)}{2\|Y(t)\|^2} \\ z = \Lambda(X)G^{\mathrm{T}}(X)Y \end{cases}$$

(5.43)

其中, $F(X) := A(x) - \dfrac{1}{2}G(X)\Lambda^{\mathrm{T}}(X)\Lambda(X)G^{\mathrm{T}}(X) - \dfrac{1}{2\gamma^2}G(X)G^{\mathrm{T}}(X)$。

选取 $V(t, Y) = Y^{\mathrm{T}}(t)Y(t)$ 作为一个李雅普诺夫函数, 并令 $J(t, Y) := V(t, Y) + \displaystyle\int_0^t (\|z(s)\|^2 - \gamma^2\|w(s)\|^2)\mathrm{d}s$。

首先, 表明式 (5.34) 成立。为此, 需要证明 $J(t, Y) \leqslant 0$。沿着系统 (5.43) 计算 $V(t, Y)$ 的导数, 同于定理 5-2 的证明, 有

$$\begin{aligned} \dot{V}(t, Y) &\leqslant Y^{\mathrm{T}}(t)[2F(X) + B(X)B^{\mathrm{T}}(X) \\ &\quad + \epsilon H(X)H^{\mathrm{T}}(X)]Y(t) + \epsilon^{-1}w^{\mathrm{T}}w - 2k_1 Y^{\mathrm{T}}(t)\mathrm{sign}(Y(t))|Y(t)|^\alpha \\ &= Y^{\mathrm{T}}(t)[2F(X) + B(X)B^{\mathrm{T}}(X) + \epsilon H(X)H^{\mathrm{T}}(X)]Y(t) \\ &\quad + \epsilon^{-1}w^{\mathrm{T}}w - 2k_1(V(t, Y))^{\frac{1+\alpha}{2}} \end{aligned}$$

(5.44)

对 $2Y^{\mathrm{T}}(t)F(X)Y(t)$, 能够得到

$$\begin{aligned} 2Y^{\mathrm{T}}(t)F(X)Y(t) &= 2Y^{\mathrm{T}}(t)\left[A(X) - \frac{1}{2\gamma^2}G(X)G^{\mathrm{T}}(X)\right]Y(t) \\ &\quad - Y^{\mathrm{T}}(t)G(X)\Lambda^{\mathrm{T}}(X)\Lambda(X)G^{\mathrm{T}}(X)Y(t) \\ &=: 2Y^{\mathrm{T}}(t)F_1(X)Y(t) - \|z\|^2 \end{aligned}$$

(5.45)

将式 (5.45) 代入式 (5.44), 用定理的条件①并同于定理 5-2 的证明, 可以得到

$$\dot{V}(t, Y) \leqslant Y^{\mathrm{T}}(t)[2F_1(X) + B(X)B^{\mathrm{T}}(X)$$

$$+\epsilon H(X)H^{\mathrm{T}}(X)]Y(t) + \epsilon^{-1}w^{\mathrm{T}}w - \|z\|^2 - 2k_1(V(t,Y))^{\frac{1+\alpha}{2}}$$
$$\leqslant \epsilon^{-1}w^{\mathrm{T}}w - \|z\|^2 - 2k_1(V(t,Y))^{\frac{1+\alpha}{2}} \tag{5.46}$$

将式 (5.46) 代入 $\dot{J}(t,Y)$, 用条件 (5.37), 有

$$\dot{V}(t,Y) + [\|z(t)\|^2 - \gamma^2\|w(t)\|^2] = \dot{J}(t,Y) \leqslant -2k_1(V(t,Y))^{\frac{1+\alpha}{2}} \leqslant 0 \tag{5.47}$$

在零状态响应条件下, 从 0 到 t 积分式 (5.47), 得到

$$V(t,Y) + \int_0^t (\|z(s)\|^2 - \gamma^2\|w(s)\|^2)\mathrm{d}s \leqslant 0 \tag{5.48}$$

由此和 $V(t,Y) \geqslant 0$, 有 $\int_0^t \|z(s)\|^2\mathrm{d}s \leqslant \gamma^2 \int_0^t \|w(s)\|^2\mathrm{d}s$, 即式 (5.34) 成立。

其次, 在干扰 $w \in \Theta$ 下, 表明对 $\forall t > 0$ 和 $\phi_i = 0$, $X_i(t) \in \Omega_i$ $(i = 1, \cdots, N)$ 成立。

从式 (5.48) 和假设 5-2, 能够得到 $V(t,Y) \leqslant \gamma^2 \int_0^t \|w(s)\|^2\mathrm{d}s \leqslant \dfrac{\gamma^2}{\mu^2}$, 有

$$Y_i^{\mathrm{T}}Y_i \leqslant Y^{\mathrm{T}}Y \leqslant \frac{\gamma^2}{\mu^2}, \quad i = 1, \cdots, N \tag{5.49}$$

将 $Y_i = P_i(X_i) = M_i(X_i)X_i$ 代入式 (5.49), 可以得到

$$P_i^{\mathrm{T}}(X_i)P_i(X_i) = X_i^{\mathrm{T}}M_i^{\mathrm{T}}(X_i)M_i(X_i)X_i \leqslant \frac{\gamma^2}{\mu^2} \tag{5.50}$$

即 $\iota\|X_i\|^2 \leqslant X_i^{\mathrm{T}}M_i^{\mathrm{T}}(X_i)M_i(X_i)X_i \leqslant \dfrac{\gamma^2}{\mu^2}$, 意味着如下不等式成立

$$\|X_i\|^2 \leqslant \frac{\gamma^2}{\mu^2\iota}, \quad i = 1, \cdots, N \tag{5.51}$$

接下来, 证明对 $\forall t > 0$, $\phi = 0$, $w \in \Theta$ 以及所有的 $i = 1, \cdots, N$, $X_i(t) \in \Omega$ 成立。需要证明

$$X_i^{\mathrm{T}}X_i - \tfrac{\gamma^2}{\mu^2\iota} \leqslant 0$$
$$\text{s.t. } 2 - 2(\alpha_\kappa^i)^{\mathrm{T}}X \geqslant 0, \quad \kappa = 1, 2, \cdots, n_i \tag{5.52}$$

应用 S-过程和条件 (5.39), 可知对所有 $t > 0$, $\phi_i = 0$ 和 $w \in \Theta$, 轨道 $X_i(t)$ $(i = 1, \cdots, N)$ 仍在 Ω_i 内。

最后, 证明闭环系统 (5.43) 在 $w = 0$ 时是有限时间稳定的。事实上, 由式 (5.47), 当 $w = 0$, 则

$$\dot{V}(t,Y) \leqslant -\|z\|^2 - 2k_1(V(t,Y))^{\frac{1+\alpha}{2}} \leqslant -2k_1(V(t,Y))^{\frac{1+\alpha}{2}} \tag{5.53}$$

意味着闭环系统 (5.43) 在 $w = 0$ 时是有限时间稳定的, 证毕。

注意到定理 5-5 中的条件①和②不含有具体的 h, 即它是一个时滞无关的结果, 这种结果对小时滞系统来说具有一定的保守性, 且控制器 (5.41) 包含分母项 $Y(t - h)$, 意味着在实际应用时不容易执行。

下面提出一个时滞相关的结果并设计不分含母项 $Y(t - h)$ 的控制器。

定理 5-6　在假设 5-1 和假设 5-2 下, 假设对给定 $\gamma > 0$:

① 存在正实数 ϵ, $\alpha \in (0, 1)$, ϱ, k_1, 适当维数的常矩阵 K 和 $P > 0$ 使得

$$e^{\lambda_{\max}\{P\}\chi h}\epsilon^{-1} \leqslant \gamma^2 \tag{5.54}$$

$$A(X) + A^{\mathrm{T}}(X) - \frac{1}{\gamma^2}G(X)G^{\mathrm{T}}(X) + \varrho I_N + YY^{\mathrm{T}}P + \epsilon H(X)H^{\mathrm{T}}(X) \leqslant 0$$

$$\varrho^{-1}B^{\mathrm{T}}(X)B(X) - Y^{\mathrm{T}}YP \leqslant 0 \tag{5.55}$$

② 存在正实数 s、μ 使得

$$\begin{bmatrix} 2s - \dfrac{\gamma^2}{\mu^2\iota} & -s(\alpha_\kappa^i)^{\mathrm{T}} \\ -s\alpha_\kappa^i & I_{n_i} \end{bmatrix} \geqslant 0, \ \kappa = 1, 2, \cdots, n_i, \ i = 1, \cdots, N \tag{5.56}$$

则系统 (5.33) 的一个 H_∞ 有限时间同时镇定控制器可以设计为

$$u = -K[G_a^{\mathrm{T}}(X_a)p_a(X_a) - G_b^{\mathrm{T}}(X_b)p_b(X_b)] + v \tag{5.57}$$

其中, χ 满足 $Y^{\mathrm{T}}Y \leqslant \chi$ 当 $X \in \bigcup\limits_{i=1}^{N} \Omega_i$, $A(X)$ 和 ι 同于定理 5-5, $v := v_1 + v_2$ 满足如下关系

$$G(X)v_1 = -k_1\mathrm{sign}(Y(t))|Y(t)|^\alpha \tag{5.58}$$

$$G(X)v_2 = -G(X)\left[\frac{1}{2}\Lambda^{\mathrm{T}}(X)\Lambda(X) + \frac{1}{2\gamma^2}I_m\right]G^{\mathrm{T}}(X)Y(t) \tag{5.59}$$

证明：将式 (5.57) 同着式 (5.58) 和式 (5.59) 代入式 (5.33), 得到一个增广系统

$$\begin{cases} \dot{Y} = F(X)Y(t) + B(X)Y(t - h) + H(X)w \\ \quad -k_1\mathrm{sign}(Y(t))|Y(t)|^\alpha + Q(X) \\ z = \Lambda(X)G^{\mathrm{T}}(X)Y \end{cases} \tag{5.60}$$

其中, $F(x)$ 同于定理 5-5。选取 $V(t, Y) = e^{\int_{t-h}^{t} Y^{\mathrm{T}}(s)PY(s)\mathrm{d}s}Y^{\mathrm{T}}(t)Y(t)$ 作为一个李雅普诺夫泛函, 并令

$$J(t, Y) := V(t, Y) + \int_0^t (\|z(s)\|^2 - \gamma^2\|w(s)\|^2)\mathrm{d}s$$

首先, 表明式 (5.34) 成立. 沿着系统 (5.60) 的轨道计算 $V(t, Y)$ 的导数, 同于定理 5-2, 用条件 (5.55), 有

$$
\begin{aligned}
\dot{V}(t,Y) \leqslant {}& \mathrm{e}^{\int_{t-h}^{t} Y^{\mathrm{T}}(s)PY(s)\mathrm{d}s}\Big\{ Y^{\mathrm{T}}(t)[2F(X) + \varrho I_N]Y(t) \\
& + \varrho^{-1}Y^{\mathrm{T}}(t-h)B^{\mathrm{T}}(X)B(X)Y(t-h) \\
& + \epsilon^{-1}w^{\mathrm{T}}w + \epsilon Y^{\mathrm{T}}(t)H(X)H^{\mathrm{T}}(X)Y(t) - 2k_1(Y^{\mathrm{T}}Y)^{\frac{1+\alpha}{2}} \\
& - Y^{\mathrm{T}}(t)Y(t)Y^{\mathrm{T}}(t-h)PY(t-h) + Y^{\mathrm{T}}(t)Y(t)Y^{\mathrm{T}}(t)PY(t) \Big\} \\
\leqslant {}& \mathrm{e}^{\int_{t-h}^{t} Y^{\mathrm{T}}(s)PY(s)\mathrm{d}s}\Big\{ Y^{\mathrm{T}}(t)[2F(X) + \varrho I_N + \epsilon H(X)H^{\mathrm{T}}(X) \\
& + Y(t)Y^{\mathrm{T}}(t)P]Y(t) - 2k_1(Y^{\mathrm{T}}Y))^{\frac{1+\alpha}{2}} + \epsilon^{-1}w^{\mathrm{T}}w \Big\}
\end{aligned}
\tag{5.61}
$$

对项 $2Y^{\mathrm{T}}(t)F(X)Y(t)$, 能够得到

$$
\begin{aligned}
& 2Y^{\mathrm{T}}(t)F(X)Y(t) \\
={}& 2Y^{\mathrm{T}}(t)[A(X) - \frac{1}{2\gamma^2}G(X)G^{\mathrm{T}}(X)]Y(t) - Y^{\mathrm{T}}(t)G(X)\Lambda^{\mathrm{T}}(X)\Lambda(X)G^{\mathrm{T}}(X)Y(t) \\
={}& 2Y^{\mathrm{T}}(t)[A(X) - \frac{1}{2\gamma^2}G(X)G^{\mathrm{T}}(X)]Y(t) - \|z\|^2
\end{aligned}
\tag{5.62}
$$

由此和式 (5.61)、条件 (5.55) 以及引理 2-6 的不等式①, 同于定理 5-1, 能够得到

$$
\begin{aligned}
\dot{V}(t,Y) \leqslant {}& \mathrm{e}^{\int_{t-h}^{t} Y^{\mathrm{T}}(s)PY(s)\mathrm{d}s}\Big\{ Y^{\mathrm{T}}(t)[A(X) + A^{\mathrm{T}}(x) + \varrho I_N \\
& + \epsilon H(X)H^{\mathrm{T}}(X) + Y(t)Y^{\mathrm{T}}(t)P \\
& - \frac{1}{\gamma^2}G(X)G^{\mathrm{T}}(X)]Y(t) + \epsilon^{-1}\|w\|^2 - \|z\|^2 - 2k_1(Y^{\mathrm{T}}Y)^{\frac{1+\alpha}{2}} \Big\} \\
\leqslant {}& \mathrm{e}^{\int_{t-h}^{t} Y^{\mathrm{T}}(s)PY(s)\mathrm{d}s}\Big\{ \epsilon^{-1}\|w\|^2 - \|z\|^2 - 2k_1(Y^{\mathrm{T}}Y)^{\frac{1+\alpha}{2}} \Big\}
\end{aligned}
\tag{5.63}
$$

将式 (5.63) 代入 $\dot{J}(t, Y)$, 注意到 $\mathrm{e}^{\int_{t-h}^{t} Y^{\mathrm{T}}(s)PY(s)\mathrm{d}s} \geqslant 1$, 有

$$
\begin{aligned}
\dot{J}(t,Y) \leqslant {}& \mathrm{e}^{\int_{t-h}^{t} Y^{\mathrm{T}}(s)PY(s)\mathrm{d}s}\Big\{ \epsilon^{-1}\|w\|^2 - \|z\|^2 - 2k_1(Y^{\mathrm{T}}Y)^{\frac{1+\alpha}{2}} \Big\} + [\|z\|^2 - \gamma^2\|w\|^2] \\
\leqslant {}& \mathrm{e}^{\int_{t-h}^{t} Y^{\mathrm{T}}(s)PY(s)\mathrm{d}s}\epsilon^{-1}\|w\|^2 - \|z\|^2 - 2k_1\mathrm{e}^{\int_{t-h}^{t} Y^{\mathrm{T}}(s)PY(s)\mathrm{d}s}(Y^{\mathrm{T}}Y)^{\frac{1+\alpha}{2}} \\
& + [\|z\|^2 - \gamma^2\|w\|^2] \leqslant \mathrm{e}^{\int_{t-h}^{t} Y^{\mathrm{T}}(s)PY(s)\mathrm{d}s}\epsilon^{-1}\|w\|^2 \\
& - 2k_1\mathrm{e}^{\int_{t-h}^{t} Y^{\mathrm{T}}(s)PY(s)\mathrm{d}s}(Y^{\mathrm{T}}Y)^{\frac{1+\alpha}{2}} - \gamma^2\|w\|^2
\end{aligned}
\tag{5.64}
$$

另外, 因为 $Y^{\mathrm{T}}Y \leqslant \chi$, 得到 $\mathrm{e}^{\int_{t-h}^{t} Y^{\mathrm{T}}(s)PY(s)\mathrm{d}s} \leqslant \mathrm{e}^{\lambda_{\max}\{P\}\chi h}$, 由此, 条件 (5.54) 和条件 (5.64), 有

$$
\dot{J}(t,Y) \leqslant -2k_1\mathrm{e}^{\int_{t-h}^{t} Y^{\mathrm{T}}(s)PY(s)\mathrm{d}s}(Y^{\mathrm{T}}Y)^{\frac{1+\alpha}{2}} \leqslant 0
\tag{5.65}
$$

在零状态相应条件下, 从 0 到 t 积分式 (5.65), 得到

$$V(t,Y) + \int_0^t (\|z(s)\|^2 - \gamma^2\|w(s)\|^2)\mathrm{d}s \leqslant 0 \tag{5.66}$$

由此和 $V(t,Y) \geqslant 0$, 能够得到 $\int_0^t \|z(s)\|^2\mathrm{d}s \leqslant \gamma^2 \int_0^t \|w(s)\|^2\mathrm{d}s$, 即式 (5.34) 成立。

其次, 证明对 $\forall t > 0$, $\phi_i = 0$ 和 $w \in \Theta$, 系统的轨道 $X_i(t) \in \Omega_i$ ($i = 1, \cdots, N$)。从式 (5.66) 和假设 5-2, 可以得到 $V(t,Y) \leqslant \gamma^2 \int_0^t \|w(s)\|^2\mathrm{d}s \leqslant \dfrac{\gamma^2}{\mu^2}$, 同着这个, $\mathrm{e}^{\int_{t-h}^t Y^{\mathrm{T}}(s)PY(s)\mathrm{d}s} \geqslant 1$ 和 $Y^{\mathrm{T}}Y \leqslant V(t,Y)$, 有

$$Y^{\mathrm{T}}Y \leqslant \frac{\gamma^2}{\mu^2} \tag{5.67}$$

其余证明类似于定理 5-5。最后, 证明闭环系统 (5.60) 在 $w = 0$ 时是有限时间稳定的。事实上, 由式 (5.63) 和 $\left[\mathrm{e}^{\int_{t-h}^t Y^{\mathrm{T}}(s)PY(s)\mathrm{d}s}\right]^{\frac{1-\alpha}{2}} \geqslant 1$, 很明显, 如果 $w = 0$, 则

$$\begin{aligned}
\dot{V}(t,Y) &\leqslant -2k_1\mathrm{e}^{\int_{t-h}^t Y^{\mathrm{T}}(s)PY(s)\mathrm{d}s}(Y^{\mathrm{T}}Y)^{\frac{1+\alpha}{2}} \\
&\leqslant -2k_1\left[\mathrm{e}^{\int_{t-h}^t Y^{\mathrm{T}}(s)PY(s)\mathrm{d}s}\right]^{\frac{1-\alpha}{2}}(\mathrm{e}^{\int_{t-h}^t Y^{\mathrm{T}}(s)PY(s)\mathrm{d}s}Y^{\mathrm{T}}Y)^{\frac{1+\alpha}{2}} \\
&\leqslant -2k_1(V(t,Y))^{\frac{1+\alpha}{2}}
\end{aligned} \tag{5.68}$$

意味着闭环系统 (5.60) 在 $w = 0$ 时是有限时间稳定的, 证毕。

注 5-5   在该定理中, 除了设计不含有分母 $Y(t)$ 的控制器, 我们也建立了一个时滞相关的结果 (也看条件 (5.54)), 这是不同于定理 5-5 的。

4) 论证例子

例 5-1   考虑如下加入时滞并令 $p = 0$ 的两个系统 [1]

$$\begin{cases}
\dot{x}_1 = -x_1 + 2x_2 + 0.2x_1x_1(t-h) + 0.3x_1x_2x_2(t-h) \\
\dot{x}_2 = -x_1 + 0.3x_2^2x_2(t-h) + u_1 + w_1 \\
\dot{x}_3 = -2x_3 + 0.5x_2x_3x_3(t-h) + u_2 + w_2
\end{cases} \tag{5.69}$$

$$\begin{cases}
\dot{\xi}_1 = -2\xi_1 + 2\xi_3 + \xi_1\xi_3\xi_1(t-h) + u_1 + w_1 \\
\dot{\xi}_2 = -3\xi_2 + 0.3\xi_1\xi_1(t-h) + \xi_2^2\xi_2(t-h) \\
\dot{\xi}_3 = -2\xi_1 + \xi_3^2\xi_3(t-h) + u_2 + w_2
\end{cases} \tag{5.70}$$

下面通过应用定理 5-6, 提出系统 (5.69) 和系统 (5.70) 一个有限时间鲁棒同时镇定结果。

同于文献 [1], 选取 $K = \text{Diag}\{1, -1\}$ 和 $\gamma = 0.4$, 令 $\epsilon = 6.4226$, $\varrho = 0.5$, $P = 0.25I_6$ 并选取 $\varLambda(x) = \text{Diag}\{0.2, 0.3\}$[1], 易得定理 5-6 的条件①对 $h \leqslant 0.2$ 成立。另外, 注意到 $\iota = 1$ 并令 $s = 0.45$, $\mu = 1.1$, 可得定理 5-6 的条件②成立。为了表明结论的有效性, 我们给出了一些仿真。其中, 参量: $k_1 = 1$, $\alpha = 0.5$; 初值条件: $\phi_1 = (0.3, \ -0.2, \ 0.1)$ 和 $\phi_2 = (0.2, \ -0.3, \ 0.3)$, 时滞 $h = 0.2$。为了检验控制器对外部干扰的鲁棒性, 在时间区间 $[1 \sim 1.1s]$ 内加入干扰 $w = [2, 2]^{\text{T}}$, 在控制器下, 系统 (5.69) 和系统 (5.70) 的状态响应曲线如图 5.1 和图 5.2 所示。

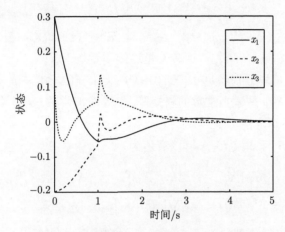

图 5.1　在控制器 u 下系统状态响应曲线

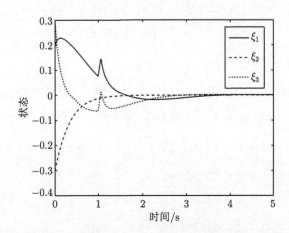

图 5.2　在控制器 u 下系统状态响应曲线

从图 5.1 和图 5.2 可以看到, 在同时镇定控制器下, 两个系统的状态在 5s 内都收敛到平衡点。

5.3　有限时间自适应鲁棒同时镇定

本节将研究一类非线性时滞系统的自适应鲁棒同时镇定问题, 给出相应的结果。

考虑一组含有不确定项的非线性时滞系统

$$
\begin{aligned}
\dot{X}_i(t) = {} & f_i(X_i(t), \varepsilon) + \zeta_i(X_i(t)) p_i(X_i(t - h), \varepsilon) \\
& + g_i(X_i(t))u + q_i(X_i(t))w, \quad i = 1, 2, \cdots, N
\end{aligned}
\tag{5.71}
$$

其中, $X_i(t) (= [x_{i1}(t), \cdots, x_{in_i}(t)]^{\mathrm{T}} \in \Omega_i \subset \mathbb{R}^{n_i})$ 表示状态向量, Ω_i 是空间 $\mathbb{R}^{n_i}$ 中原点的某一凸邻域, $f_i(X_i, \varepsilon) \in \mathbb{R}^{n_i}$ 是连续向量场, $p_i(X_i, \varepsilon) \in \mathbb{R}^{n_i}$ 和 $\zeta_i(X_i) \in \mathbb{R}^{n_i \times n_i}$ 是光滑向量场分别满足 $f_i(X_i, 0) = f_i(X_i)$, $p_i(X_i, 0) = p_i(X_i)$ 以及 $\zeta_i(0) = 0$。$g_i(X_i)$ 和 $q_i(X_i)$ 是适当维数的权矩阵, h 是时滞常数, u 是输入, w 是外部干扰, ε 表示常值不确定性。

根据引理 2-5 可知, $\zeta_i(X_i)$ 可以表达为

$$
\begin{aligned}
\zeta_i(X_i) & = [M_{i1}(X_i), \cdots, M_{in_i}(X_i)] D\{X_i, X_i, \cdots, X_i\}_{(n_i \times n_i) \times n_i} \\
& := M_i(X_i) D\{X_i, X_i, \cdots, X_i\}_{(n_i \times n_i) \times n_i}
\end{aligned}
\tag{5.72}
$$

引理 5-1　若向量 $X = (x_1, x_2, \cdots, x_n)^{\mathrm{T}}$, 则 $\lambda_{\max}\{XX^{\mathrm{T}}\} \leqslant x_1^2 + x_2^2 + \cdots + x_n^2$。

引理 5-2[15]　对一个给定的哈密顿函数 $H(x)$, 系统 $\dot{x}(t) = f(x) + g(x)u$ 有如下哈密顿形式: $\dot{x} = L(x)\nabla_x H(x) + g(x)u$, 其中 $L(x) := J(x) + S(x)$ $(x \neq 0)$, $J(x) := \dfrac{1}{\|\nabla_x H\|^2}[f_{td}\nabla_x H^{\mathrm{T}} - \nabla_x H f_{td}^{\mathrm{T}}]$, $S(x) := \dfrac{<f, \nabla_x H>}{\|\nabla_x H\|^2} I_n$, $f_{gd}(x) := \dfrac{<f, \nabla_x H>}{\|\nabla_x H\|^2}\nabla H$, $f_{td}(x) := f(x) - f_{gd}(x)$。

现在, 考虑系统 (5.71), 因为 $p_i(X_i, \varepsilon)$ 是光滑的, 基于哈密顿实现方法[15], 可以表达为 $p_i(X_i, \varepsilon) = L_i(X_i, \varepsilon)\nabla_{X_i} H_i(X_i, \varepsilon)$, 由此, 系统 (5.71) 可表达为

$$
\dot{X}_i(t) = f_i(X_i, \varepsilon) + B_i(X_i, \tilde{X}_i, \varepsilon)\nabla_{\tilde{X}_i} H_i(\tilde{X}_i, \varepsilon) + g_i(X_i)u + q_i(X_i)w
\tag{5.73}
$$

其中, $B_i(X_i, \tilde{X}_i, \varepsilon) := \zeta_i(X_i)L_i(\tilde{X}_i)$。

对项 $f_i(X_i, \varepsilon)$, 用引理 5-2, $f_i(X_i, \varepsilon)$ 可表达为

$$
f_i(X_i, \varepsilon) = \frac{\langle f_i(X_i, \varepsilon), \ \nabla_{X_i} H_i(X_i)\rangle}{\|\nabla_{X_i} H_i(X_i)\|^2}\nabla_{X_i} H_i(X_i) + Q_i(X_i, \varepsilon)
\tag{5.74}
$$

其中, $\nabla_{X_i} H_i(X_i, 0) = \nabla_{X_i} H_i(X_i)$, $Q_i(X_i, \varepsilon) = f_i(X_i, \varepsilon) - \dfrac{\langle f_i(X_i, \varepsilon), \ \nabla_{X_i} H_i(X_i) \rangle}{\|\nabla_{X_i} H_i(X_i)\|^2}$ $\nabla_{X_i} H_i(X_i)$。很明显, $Q_i(X_i, \varepsilon) \perp \nabla_{X_i} H_i(X_i)$。这样有

$$\begin{aligned}
\dot{X}_i = {} & D_i(X_i, \varepsilon) \nabla_{X_i} H_i(X_i) + B_i(X_i, \tilde{X}_i, \varepsilon) \nabla_{\tilde{X}_i} H_i(\tilde{X}_i, \varepsilon) \\
& + g_i(X_i) u + q_i(X_i) w + Q_i(X_i, \varepsilon)
\end{aligned} \tag{5.75}$$

其中, $D_i(X_i, \varepsilon) := \dfrac{\langle f_i(X_i, \varepsilon), \ \nabla_{X_i} H_i(X_i) \rangle}{\|\nabla_{X_i} H_i(X_i)\|^2} I_{n_i}$。

由上可知系统 (5.71) 等价于系统 (5.75), 下面将用该等价形式来发展系统 (5.71) 的主要结果。下面给出有限时间自适应鲁棒同时镇定问题的定义和几个假设。

有限时间自适应鲁棒同时镇定: 设计一个自适应控制器: $u = a(x, \hat{\theta})$ 以及 $\dot{\hat{\theta}} = \pi(x, \hat{\theta})$ 使得系统 (5.71) 的状态当 $w = 0$ 时在一个有限时间内收敛到 0, 且对非零的干扰 $w(w \in \Theta$ 同着 Θ 是关于干扰 w 的一个有界集), 其零状态响应条件 $(\phi(\tau) = 0, \ w(\tau) = 0, \ \theta = 0, \ \hat{\theta}(\tau) = 0, \tau \in [-h, \ 0])$ 满足

$$\int_0^T \|z(t)\|^2 \mathrm{d}t \leqslant \gamma^2 \int_0^T \|w(t)\|^2 \mathrm{d}t, \quad \infty > T > 0 \tag{5.76}$$

假设 5-3 令 $B(X, \tilde{X}, \varepsilon) = \mathrm{Diag}\{B_1(X_1, \tilde{X}_1, \varepsilon), \cdots, B_N(X_N, \tilde{X}_N, \varepsilon)\}$ 且假设存在一个适当维数的矩阵 $\Phi(X, \tilde{X})$ 使得

$$B(X, \tilde{X}, \varepsilon) \Delta_H(\tilde{X}, \varepsilon) = G(X) \Phi(X, \tilde{X}) \theta := G(X) \Phi \theta \tag{5.77}$$

成立, 其中, $X := [X_1^{\mathrm{T}}, \cdots, X_N^{\mathrm{T}}]^{\mathrm{T}}$, $H(X, \varepsilon) := H_1(X_1, \varepsilon) + \cdots + H_N(X_N, \varepsilon)$, $\nabla_{\tilde{X}} H(\tilde{X}, \varepsilon) = \nabla_{\tilde{X}} H(\tilde{X}) + \Delta_H(\tilde{X}, \varepsilon)$, $G(X) = [g_1^{\mathrm{T}}(X_1), \cdots, g_N^{\mathrm{T}}(X_N)]^{\mathrm{T}}$ 同着 $G(X)$ 满列秩, θ 是关于 ε 的不确定的常向量。

由式 (5.77) 有

$$B_i(X_i, \tilde{X}_i, \varepsilon) \Delta_{H_i}(\tilde{X}_i, \varepsilon) = g_i(X_i) \Phi(X, \tilde{X}) \theta := g_i(X_i) \Phi \theta \tag{5.78}$$

假设 5-4 假设系统 (5.75) 中的 w 满足 $\Theta = \{w \in \mathbb{R}^q : \mu^2 \int_0^{+\infty} w^{\mathrm{T}}(t) w(t) \mathrm{d}t \leqslant 1\}$, 其中, μ 是一个正常数。

假设 5-5 对系统 (5.75) 中的哈密顿函数 $H_i(X_i)$, 假设存在正常数 ϱ_i, ι_i, α_i 和 η_i 使得如下不等关系成立: $\varrho_i \|X_i\|^2 \geqslant H_i(X_i) \geqslant \alpha_i \|X_i\|^2$, $\eta_i \|X_i\|^2 \geqslant \nabla_{X_i}^{\mathrm{T}} H_i(X_i) \nabla_{X_i} H_i(X_i) \geqslant \iota_i \|X_i\|^2$ $(i = 1, 2, \cdots, N)$。

在假设 5-3 下, 系统 (5.75) 进一步等价为

$$\dot{X}_i = D_i(X_i, \varepsilon)\nabla_{X_i} H_i(X_i) + B_i(X_i, \tilde{X}_i, \varepsilon)\nabla_{\tilde{X}_i} H_i(\tilde{X}_i)$$
$$+ g_i(X_i)u + q_i(X_i)w + g_i(X_i)\Phi\theta + Q_i(X_i, \varepsilon) \tag{5.79}$$

现在考虑系统 (5.79), 并选取罚信号 $z = \Lambda(X)G^{\mathrm{T}}(X)\nabla_X H(X)$ 其中, $\Lambda(X)$ 是适当维数的权矩阵, $X = [X_1^{\mathrm{T}}, X_2^{\mathrm{T}}, \cdots, X_N^{\mathrm{T}}]^{\mathrm{T}}$, $X_1 = [x_{11}, \cdots, x_{1n_1}]^{\mathrm{T}}$, $X_2 = [x_{21}, \cdots, x_{2n_2}]^{\mathrm{T}}, \cdots, X_N = [x_{N1}, \cdots, x_{NN_N}]^{\mathrm{T}}$。进一步假设 Ω_i 为

$$\Omega_i := \left\{ X_i : (\sigma_k^i)^{\mathrm{T}} X_i \leqslant 1, k = 1, 2, \cdots, n_i \right\} \tag{5.80}$$

其中, σ_k^i $(i = 1, 2, \cdots, N)$ 是某些常向量, 定义了 Ω_i 的 n_i 条边。

接下来, 我们先提出两个系统的有限时间自适应鲁棒同时镇定结果, 然后给出多个系统的结果。

1) 两个系统的有限时间自适应鲁棒同时镇定

本节提出两个系统的结果。为此, 考虑如下两个系统

$$\dot{X}_1(t) = D_1(X_1, \varepsilon)\nabla_{X_1} H_1(X_1) + B_1(X_1, \tilde{X}_1, \varepsilon)\nabla_{\tilde{X}_1} H_1(\tilde{X}_1)$$
$$+ g_1(X_1)u + Q_1(X_1, \varepsilon) + g_1(X_1)\Phi\theta + q_1(X_1)w \tag{5.81}$$

$$\dot{X}_2(t) = D_2(X_2, \varepsilon)\nabla_{X_2} H_2(X_2) + B_2(X_2, \tilde{X}_2, \varepsilon)\nabla_{\tilde{X}_2} H_2(\tilde{X}_2)$$
$$+ g_2(X_2)u + Q_2(X_2, \varepsilon) + g_2(X_2)\Phi\theta + q_2(X_2)w \tag{5.82}$$

定理 5-7 在假设 5-3~ 假设 5-5 下, 考虑系统 (5.81) 和系统 (5.82), 如果存在两个适当维数的常矩阵 K 和 $\Upsilon > 0$, 常实数 $\gamma > 0$, $k_1 > 0$, $\zeta > 0$ 以及 $\alpha \in (0, 1)$ 使得 $\gamma^2 \geqslant \zeta^{-1}$ 和

① $\Xi :=$
$$\begin{bmatrix} \Xi_1 + \zeta q_1(X_1)q_1^{\mathrm{T}}(X_1) - \dfrac{1}{\gamma^2}g_1(X_1)g_1^{\mathrm{T}}(X_1) \\ \zeta q_2(X_2)q_1^{\mathrm{T}}(X_1) - \dfrac{1}{\gamma^2}g_2(X_2)g_1^{\mathrm{T}}(X_1) \end{bmatrix}$$
$$\begin{bmatrix} \zeta q_1(X_1)q_2^{\mathrm{T}}(X_2) - \dfrac{1}{\gamma^2}g_1(X_1)g_2^{\mathrm{T}}(X_2) \\ \Xi_2 + \zeta q_2(X_2)q_2^{\mathrm{T}}(X_2) - \dfrac{1}{\gamma^2}g_2(X_2)g_2^{\mathrm{T}}(X_2) \end{bmatrix} \leqslant 0$$ 在 $X_i \in \Omega_i$ $(i = 1, 2)$ 内成立, 且

② 存在常数 $s > 0$, $\mu > 0$, $\alpha_i > 0 (i = 1, 2)$, $\sigma_\kappa > 0$ 使得

$$\begin{bmatrix} 2s - \dfrac{\gamma^2}{2\mu^2 \max\{\alpha_1, \alpha_2\}} & -s(\sigma_\kappa)^{\mathrm{T}} \\ -s(\sigma_\kappa) & I_{n_1+n_2} \end{bmatrix} \geqslant 0, \quad \kappa = 1, 2, \cdots, n_1 + n_2 \tag{5.83}$$

成立, 则系统 (5.81) 和系统 (5.82) 的一个有限时间自适应鲁棒同时镇定控制器可以设计为

$$
\begin{cases}
u = -K[g_1^{\mathrm{T}}(X_1)\nabla_{X_1}H_1(X_1) - g_2^{\mathrm{T}}(X_2)\nabla_{X_2}H_2(X_2)] + v_1 + v_2 - \Phi\hat{\theta} \\
\dot{\hat{\theta}} = \Upsilon\Phi^{\mathrm{T}}\Big(g_1^{\mathrm{T}}(X_1)\nabla_{X_1}H_1(X_1) + g_2^{\mathrm{T}}(X_2)\nabla_{X_2}H_2(X_2)\Big)
\end{cases} \tag{5.84}
$$

其中

$$
\Xi_1 := D_1(X_1,\varepsilon) + D_1^{\mathrm{T}}(X_1,\varepsilon) - 2g_1(X_1)Kg_1^{\mathrm{T}}(X_1) + B_1(X_1,\tilde{X}_1,\varepsilon)B_1^{\mathrm{T}}(X_1,\tilde{X}_1,\varepsilon)
$$
$$
\Xi_2 := D_2(X_2,\varepsilon) + D_2^{\mathrm{T}}(X_2,\varepsilon) + 2g_2(X_2)Kg_2^{\mathrm{T}}(X_2)
$$
$$
+ B_2(X_2,\tilde{X}_2,\varepsilon)B_2^{\mathrm{T}}(X_2,\tilde{X}_2,\varepsilon) \tag{5.85}
$$

$$
G(X)v_1 = \begin{cases}
-k_1\mathrm{sign}(\nabla_X H(X))|\nabla_X H(X)|^\alpha \\
\quad -\nabla_{\tilde{X}}^{\mathrm{T}}H(\tilde{X})\nabla_{\tilde{X}}H(\tilde{X})\dfrac{\nabla_X H(X)}{2\|\nabla_X H(X)\|^2}, \quad X \neq 0 \\
0, \quad X = 0
\end{cases} \tag{5.86}
$$

$$
G(X)v_2 = -G(X)\left[\frac{1}{2}\Lambda^{\mathrm{T}}(X)\Lambda(X) + \frac{1}{2\gamma^2}I_m\right]G^{\mathrm{T}}(X)\nabla_X H(X) \tag{5.87}
$$

$H(X) = H_1(X_1) + H_2(X_2)$, $G(X) = [g_1^{\mathrm{T}}(X_1), g_2^{\mathrm{T}}(X_2)]^{\mathrm{T}}$, $X = [X_1^{\mathrm{T}}, X_2^{\mathrm{T}}]^{\mathrm{T}}$, $X_1 = [x_{11},$
$x_{12},\cdots,x_{1n_1}]^{\mathrm{T}}$, $X_2 = [x_{21}, x_{22},\cdots,x_{2n_2}]^{\mathrm{T}}$, $\mathrm{sign}(\nabla_X H(X))|\nabla_X H(X)|^\alpha := \Big[\mathrm{sign}$
$\left(\dfrac{\partial H(X)}{\partial x_{11}}\right)\left|\dfrac{\partial H(X)}{\partial x_{11}}\right|^\alpha, \mathrm{sign}\left(\dfrac{\partial H(X)}{\partial x_{12}}\right)\left|\dfrac{\partial H(X)}{\partial x_{12}}\right|^\alpha, \cdots, \mathrm{sign}\left(\dfrac{\partial H(X)}{\partial x_{1n_1}}\right)\left|\dfrac{\partial H(X)}{\partial x_{1n_1}}\right|^\alpha,$
$\mathrm{sign}\left(\dfrac{\partial H(X)}{\partial x_{21}}\right)\left|\dfrac{\partial H(X)}{\partial x_{21}}\right|^\alpha, \cdots, \mathrm{sign}\left(\dfrac{\partial H(X)}{\partial x_{2n_2}}\right)\left|\dfrac{\partial H(X)}{\partial x_{2n_2}}\right|^\alpha\Big]^{\mathrm{T}}$ 。

证明: 将 u 代入系统 (5.81) 和系统 (5.82), 得到一个增广系统

$$
\dot{X}(t) = A(X,\varepsilon)\nabla_X H(X) + B(X,\tilde{X},\varepsilon)\nabla_{\tilde{X}}H(\tilde{X}) + Q(X,\varepsilon) + G(X)(v_1 + v_2)
$$
$$
+ G(X)\Phi\tilde{\theta} + q(X)w \tag{5.88}
$$

其中, $\tilde{\theta} = \theta - \hat{\theta}$, $H(X) = H_1(X_1) + H_2(X_2)$, $\nabla_X H(X) = [\nabla_{X_1}^{\mathrm{T}}H_1(X_1), \nabla_{X_2}^{\mathrm{T}}H_2$
$(X_2)]^{\mathrm{T}}$, $B(X,\tilde{X},\varepsilon) = \mathrm{Diag}\{B_1(X_1,\tilde{X}_1,\varepsilon), B_2(X_2,\tilde{X}_2,\varepsilon)\}$, $q(X) = [q_1^{\mathrm{T}}(X_1), q_2^{\mathrm{T}}$
$(X_2)]^{\mathrm{T}}$, $G(X) = [g_1^{\mathrm{T}}(X_1), g_2^{\mathrm{T}}(X_2)]^{\mathrm{T}}$, $Q(X,\varepsilon) = [Q_1^{\mathrm{T}}(X_1,\varepsilon), Q_2^{\mathrm{T}}(X_2,\varepsilon)]^{\mathrm{T}}$

$$
A(X,\varepsilon) = \begin{bmatrix} A_{11}(X_1,\varepsilon) & A_{12}(X_1,X_2) \\ A_{21}(X_1,X_2) & A_{22}(X_2,\varepsilon) \end{bmatrix} := \begin{bmatrix} A_{11} & A_{12} \\ A_{21} & A_{22} \end{bmatrix} \tag{5.89}
$$

$A_{11} = D_1(X_1, \varepsilon) - g_1(X_1)Kg_1^{\mathrm{T}}(X_1), \quad A_{12} = g_1(X_1)Kg_2^{\mathrm{T}}(X_2), A_{21} = -g_2(X_2)Kg_1^{\mathrm{T}}(X_1), A_{22} = D_2(X_2, \varepsilon) + g_2(X_2)Kg_2^{\mathrm{T}}(X_2)$。

对增广系统 (5.88), 将式 (5.86) 代入系统, 可得

$$
\begin{aligned}
\dot{X}(t) = &\, A(X, \varepsilon)\nabla_X H(X) + B(X, \tilde{X}, \varepsilon)\nabla_{\tilde{X}} H(\tilde{X}) + Q(X, \varepsilon) \\
&- k_1 \mathrm{sign}(\nabla_X H(X))|\nabla_X H(X)|^\alpha - \nabla_{\tilde{X}}^{\mathrm{T}} H(\tilde{X})\nabla_{\tilde{X}} H(\tilde{X})\frac{\nabla_X H(X)}{2\|\nabla_X H(X)\|^2} \\
&+ G(X)v_2 + G(X)\varPhi\tilde{\theta} + q(X)w
\end{aligned} \tag{5.90}
$$

$$
J(X) = 2H(X) + (\theta - \hat{\theta})^{\mathrm{T}}\varUpsilon^{-1}(\theta - \hat{\theta}) + \int_0^t (\|z(s)\|^2 - \gamma^2\|w(s)\|^2)\mathrm{d}s \tag{5.91}
$$

下面证明 $\displaystyle\int_0^T \|z(t)\|^2\mathrm{d}t \leqslant \gamma^2 \int_0^T \|w(t)\|^2\mathrm{d}t$。注意 $\nabla_{X_i}^{\mathrm{T}} H_i(X_i)Q_i(X_i, \varepsilon_i) = 0$ $(i = 1, 2)$, 有 $\nabla_X^{\mathrm{T}} H(X)Q(X, \varepsilon) = 0$。计算 $\dot{H}(X)$, 并用 $\nabla_X^{\mathrm{T}} H(X)Q(X, \varepsilon) = 0$, 得到

$$
\begin{aligned}
2\dot{H}(X) \leqslant &\, \nabla_X^{\mathrm{T}} H(X)[A(X, \varepsilon) + A^{\mathrm{T}}(X, \varepsilon)]\nabla_X H(X) \\
&+ \nabla_X^{\mathrm{T}} H(X)B(X, \tilde{X}, \varepsilon)B^{\mathrm{T}}(X, \tilde{X}, \varepsilon)\nabla_X H(X) \\
&+ \nabla_{\tilde{X}}^{\mathrm{T}} H(\tilde{X})\nabla_{\tilde{X}} H(\tilde{X}) - \nabla_{\tilde{X}}^{\mathrm{T}} H(\tilde{X})\nabla_{\tilde{X}} H(\tilde{X}) \\
&- 2k_1\nabla_X^{\mathrm{T}} H(X)\mathrm{sign}(\nabla_X H(X))|\nabla_X H(X)|^\alpha \\
&+ 2\nabla_X^{\mathrm{T}} H(X)G(X)v_2 + 2\nabla_X^{\mathrm{T}} H(X)G(X)\varPhi\tilde{\theta} \\
&+ \zeta\nabla_X^{\mathrm{T}} H(X)q(X)q^{\mathrm{T}}(X)\nabla_X H(X) + \zeta^{-1}w^{\mathrm{T}}w \\
= &\, \nabla_X^{\mathrm{T}} H(X)[A(X, \varepsilon) + A^{\mathrm{T}}(X, \varepsilon) + B(X, \tilde{X}, \varepsilon)B^{\mathrm{T}}(X, \tilde{X}, \varepsilon) \\
&+ \zeta q(X)q^{\mathrm{T}}(X)]\nabla_X H(X) + \zeta^{-1}w^{\mathrm{T}}w \\
&- 2k_1\nabla_X^{\mathrm{T}} H(X)\mathrm{sign}(\nabla_X H(X))|\nabla_X H(X)|^\alpha \\
&+ 2\nabla_X^{\mathrm{T}} H(X)G(X)v_2 + 2\nabla_X^{\mathrm{T}} H(X)G(X)\varPhi\tilde{\theta}
\end{aligned} \tag{5.92}
$$

将式 (5.87) 代入式 (5.92), 易得

$$
\begin{aligned}
2\dot{H}(X) \leqslant &\, \nabla_X^{\mathrm{T}} H(X)[A(X, \varepsilon) + A^{\mathrm{T}}(X, \varepsilon) + B(X, \tilde{X}, \varepsilon)B^{\mathrm{T}}(X, \tilde{X}, \varepsilon) \\
&+ \zeta q(X)q^{\mathrm{T}}(X)]\nabla_X H(X) \\
&- 2k_1\nabla_X^{\mathrm{T}} H(X)\mathrm{sign}(\nabla_X H(X))|\nabla_X H(X)|^\alpha \\
&+ \zeta^{-1}w^{\mathrm{T}}w + 2\nabla_X^{\mathrm{T}} H(X)G(X)\varPhi\tilde{\theta}
\end{aligned}
$$

$$-2\nabla_X^{\mathrm{T}}H(X)G(X)\left[\frac{1}{2}\Lambda^{\mathrm{T}}(X)\Lambda(X)+\frac{1}{2\gamma^2}I_m\right]G^{\mathrm{T}}(X)\nabla_X H(X)$$

$$=\nabla_X^{\mathrm{T}}H(X)\left[A(X,\varepsilon)+A^{\mathrm{T}}(X,\varepsilon)+B(X,\tilde{X},\varepsilon)B^{\mathrm{T}}(X,\tilde{X},\varepsilon)+\zeta q(X)q^{\mathrm{T}}(X)\right.$$

$$\left.-\frac{1}{\gamma^2}G(X)G^{\mathrm{T}}(X)\right]\nabla_X H(X)+\zeta^{-1}w^{\mathrm{T}}w+2\nabla_X^{\mathrm{T}}H(X)G(X)\Phi\tilde{\theta}$$

$$-2k_1\nabla_X^{\mathrm{T}}H(X)\mathrm{sign}(\nabla_X H(X))|\nabla_X H(X)|^\alpha-\|z\|^2 \tag{5.93}$$

用条件①和式 (5.93)，有

$$2\dot{H}(X)\leqslant-2k_1\nabla_X^{\mathrm{T}}H(X)\mathrm{sign}(\nabla_X H(X))|\nabla_X H(X)|^\alpha-\|z\|^2$$

$$+\zeta^{-1}w^{\mathrm{T}}w+2\nabla_X^{\mathrm{T}}H(X)G(X)\Phi\tilde{\theta} \tag{5.94}$$

现在计算 $\dot{J}(X)$，并用式 (5.94)，$\gamma^2\geqslant\zeta^{-1}$，可得

$$\dot{J}(X)=2\dot{H}(X)-2(\theta-\hat{\theta})^{\mathrm{T}}\Upsilon^{-1}\dot{\hat{\theta}}+\|z\|^2-\gamma^2\|w\|^2$$

$$\leqslant-2k_1\nabla_X^{\mathrm{T}}H(X)\mathrm{sign}(\nabla_X H(X))|\nabla_X H(X)|^\alpha$$

$$+2\nabla_X^{\mathrm{T}}H(X)G(X)\Phi\tilde{\theta}-2(\theta-\hat{\theta})^{\mathrm{T}}\Upsilon^{-1}\dot{\hat{\theta}} \tag{5.95}$$

注意到 $\dot{\hat{\theta}}=\Upsilon\Phi^{\mathrm{T}}G^{\mathrm{T}}(X)\nabla_X H(X)$ 和 $\theta-\hat{\theta}=\tilde{\theta}$，有

$$\dot{J}(X)\leqslant-2k_1\nabla_X^{\mathrm{T}}H(X)\mathrm{sign}(\nabla_X H(X))|\nabla_X H(X)|^\alpha\leqslant0 \tag{5.96}$$

积分式 (5.96) 并注意零状态响应条件，可以得到

$$J(X)=2H(X)+(\theta-\hat{\theta})^{\mathrm{T}}\Upsilon^{-1}(\theta-\hat{\theta})+\int_0^t(\|z(s)\|^2-\gamma^2\|w(s)\|^2)\mathrm{d}s\leqslant0 \tag{5.97}$$

注意 $H(X)+(\theta-\hat{\theta})^{\mathrm{T}}\Upsilon^{-1}(\theta-\hat{\theta})\geqslant0$，得到式 (5.76)。

下面证明对 $\forall t>0$，$\phi=0$，ε 和 $w\in\Theta$，轨道 $X\in\Omega:=\bigcup_{i=1}^2\Omega_i$ 成立。事实上，由式 (5.97)，得到

$$2H(X)\leqslant-(\theta-\hat{\theta})^{\mathrm{T}}\Upsilon^{-1}(\theta-\hat{\theta})-\int_0^t(\|z(s)\|^2-\gamma^2\|w(s)\|^2)\mathrm{d}s$$

$$\leqslant\gamma^2\int_0^t\|w(s)\|^2\mathrm{d}s \tag{5.98}$$

由此和假设 5-4，能够得到

$$H(X)\leqslant0.5\gamma^2\int_0^t\|w(s)\|^2\mathrm{d}s\leqslant\frac{\gamma^2}{2\mu^2} \tag{5.99}$$

另外, 注意到 $H(X) = H_1(X_1) + H_2(X_2)$ 和假设 5-5, 存在 α_1 和 α_2 使得 $H_1(X_1) \geqslant \alpha_1\|X_1\|^2$ 和 $H_2(X_2) \geqslant \alpha_2\|X_2\|^2$ 成立, 有 $H(X) \geqslant \alpha_1\|X_1\|^2 + \alpha_2\|X_2\|^2 \geqslant \min\{\alpha_1, \alpha_2\}[\|X_1\|^2 + \|X_2\|^2] = \min\{\alpha_1, \alpha_2\}\|X\|^2$, 由此能得到

$$\|X\|^2 \leqslant \frac{\gamma^2}{2\mu^2 \min\{\alpha_1, \alpha_2\}} \tag{5.100}$$

注意式 (5.80), 证明

$$X^{\mathrm{T}}X - \frac{\gamma^2}{2\mu^2 \min\{\alpha_1, \alpha_2\}} \leqslant 0$$

$$\text{s.t. } 2 - 2(\sigma_\kappa)^{\mathrm{T}}X \geqslant 0, \quad \kappa = 1, 2, \cdots, n_1 + n_2 \tag{5.101}$$

用 S-过程和定理的条件②, 能够得到对 $w \in \Theta$, 轨道 X 仍在 Ω 内。

最后, 在 $w = 0$, 我们表明系统 (5.88) 是有限时间稳定的。为此需证明 $\|\hat{\theta}(t)\|$ 是有界的。根据式 (5.96), 系统 (5.88) 在 $w = 0$ 时渐近稳定, 意味着 $\hat{\theta} \to \theta$。因此, 存在某常数 $\nu > 0$ 使得

$$\|\hat{\theta}(t)\| \leqslant \nu, \quad t > 0 \tag{5.102}$$

现在在 $w = 0$ 下, 表明 $\dot{V}(t, \phi) \leqslant -\kappa(V(t, \phi))^{\frac{1}{\beta}}$ 成立。

从式 (5.96) 和式 (5.97), 有

$$2\dot{H}(X) \leqslant -2k_1 \nabla_X^{\mathrm{T}}H(X)\mathrm{sign}(\nabla_X H(X))|\nabla_X H(X)|^\alpha + 2(\theta - \hat{\theta})^{\mathrm{T}}\Upsilon^{-1}\dot{\hat{\theta}} - \|z(t)\|^2$$

$$\leqslant -2k_1 \nabla_X^{\mathrm{T}}H(X)\mathrm{sign}(\nabla_X H(X))|\nabla_X H(X)|^\alpha + 2(\theta - \hat{\theta})^{\mathrm{T}}\Upsilon^{-1}\dot{\hat{\theta}} \tag{5.103}$$

对 $\nabla_X^{\mathrm{T}}H(X)\mathrm{sign}(\nabla_X H(X))|\nabla_X H(X)|^\alpha$, 用假设 5-5 和引理 2-6, 易得

$$\nabla_X^{\mathrm{T}}H(X)\mathrm{sign}(\nabla_X H(X))|\nabla_X H(X)|^\alpha$$

$$= \left|\frac{\partial H(X)}{\partial x_{11}}\right|^{1+\alpha} + \cdots + \left|\frac{\partial H(X)}{\partial x_{1n_1}}\right|^{1+\alpha} + \left|\frac{\partial H(X)}{\partial x_{21}}\right|^{1+\alpha} + \cdots + \left|\frac{\partial H(X)}{\partial x_{2n_2}}\right|^{1+\alpha}$$

$$= \left(\nabla_{X_1}^{\mathrm{T}}H_1(X_1)\nabla_{X_1}H_1(X_1) + \nabla_{X_2}^{\mathrm{T}}H_2(X_2)\nabla_{X_2}H_2(X_2)\right)^{\frac{1+\alpha}{2}}$$

$$\geqslant m^{\frac{1+\alpha}{2}}(H_1(X_1) + H_2(X_2))^{\frac{1+\alpha}{2}} = m^{\frac{1+\alpha}{2}}(H(X))^{\frac{1+\alpha}{2}} \tag{5.104}$$

其中, $m := \min\{\iota_1\varrho_1^{-1}, \iota_2\varrho_2^{-1}\}$。

将式 (5.104) 代入式 (5.103), 注意 $\dot{\hat{\theta}} = \Upsilon\Phi^{\mathrm{T}}\left(g_1^{\mathrm{T}}(X_1)\nabla_{X_1}H_1(X_1) + g_2^{\mathrm{T}}(X_2)\nabla_{X_2}H_1(X_2)\right)$, 可以得到

$$\dot{H}(X) \leqslant -k_1 m^{\frac{1+\alpha}{2}}(H(X))^{\frac{1+\alpha}{2}} + (\theta - \hat{\theta})^{\mathrm{T}}\Phi^{\mathrm{T}}G^{\mathrm{T}}(X)\nabla_X H(X) \tag{5.105}$$

对 $(\theta - \hat{\theta})^{\mathrm{T}} \Phi^{\mathrm{T}} G^{\mathrm{T}}(X) \nabla_X H(X)$, 注意式 (5.102) 和 θ 是一个有界量, 可以得到

$$(\theta - \hat{\theta})^{\mathrm{T}} \Phi^{\mathrm{T}} G^{\mathrm{T}}(X) \nabla_X H(X) \leqslant \|(\theta - \hat{\theta})^{\mathrm{T}}\| \| \Phi^{\mathrm{T}} G^{\mathrm{T}}(X) \nabla_X H(X) \|$$
$$\leqslant M \| \Phi^{\mathrm{T}} G^{\mathrm{T}}(X) \nabla_X H(X) \| \tag{5.106}$$

其中, $M := \max\{\|\theta\|\} + \nu > 0$。

接下来, 证明 $\|\Phi^{\mathrm{T}} G^{\mathrm{T}}(X) \nabla_X H(X)\|$ 是 $(H(X))^{\frac{1+\alpha}{2}}$ 的高阶项。为此首先表明 $\chi > 0$ 使得 $G(X) \Phi \Phi^{\mathrm{T}} G^{\mathrm{T}}(X) \leqslant \chi H(X)$ 成立。事实上, 注意 $B_i(X_i, \tilde{X}_i, \varepsilon) \Delta_{H_i}(\tilde{X}_i, \varepsilon) = g_i(X_i) \Phi \theta$ 和 $B_i(X_i, \tilde{X}_i, \varepsilon) := \zeta_i(X_i) L_i(\tilde{X}_i, \varepsilon)$, 能够得到

$$g_i(X_i) \Phi \theta = \zeta_i(X_i) L_i(\tilde{X}_i, \varepsilon) \Delta_{H_i}(\tilde{X}_i, \varepsilon) \tag{5.107}$$

这样, 有

$$g_i(X_i) \Phi \theta \theta^{\mathrm{T}} \Phi^{\mathrm{T}} g_i^{\mathrm{T}}(X_i)$$
$$= \zeta_i(X_i) L_i(\tilde{X}_i, \varepsilon) \Delta_{H_i}(\tilde{X}_i, \varepsilon) \Delta_{H_i}^{\mathrm{T}}(\tilde{X}_i, \varepsilon) L_i^{\mathrm{T}}(\tilde{X}_i, \varepsilon) \zeta_i^{\mathrm{T}}(X_i)$$
$$\leqslant \lambda_{\max}\{L_i(\tilde{X}_i, \varepsilon) \Delta_{H_i}(\tilde{X}_i, \varepsilon) \Delta_{H_i}^{\mathrm{T}}(\tilde{X}_i, \varepsilon) L_i^{\mathrm{T}}(\tilde{X}_i, \varepsilon)\} \zeta_i(X_i) \zeta_i^{\mathrm{T}}(X_i)$$

由此和 $g_i(X_i) \Phi \theta \theta^{\mathrm{T}} \Phi^{\mathrm{T}} g_i^{\mathrm{T}}(X_i) \geqslant \lambda_{\min}\{\theta \theta^{\mathrm{T}}\} g_i(X_i) \Phi \Phi^{\mathrm{T}} g_i^{\mathrm{T}}(X_i)$, 得到

$$g_i(X_i) \Phi \Phi^{\mathrm{T}} g_i^{\mathrm{T}}(X_i)$$
$$\leqslant \lambda_{\max}\{L_i(\tilde{X}_i, \varepsilon) \Delta_{H_i}(\tilde{X}_i, \varepsilon) \Delta_{H_i}^{\mathrm{T}}(\tilde{X}_i, \varepsilon) L_i^{\mathrm{T}}(\tilde{X}_i, \varepsilon)\} \zeta_i(X_i) \zeta_i^{\mathrm{T}}(X_i) (\lambda_{\min}\{\theta \theta^{\mathrm{T}}\})^{-1}$$
$$\leqslant m_{i1} \zeta_i(X_i) \zeta_i^{\mathrm{T}}(X_i) \tag{5.108}$$

其中, $\lambda_{\max}\{L_i(\tilde{X}_i, \varepsilon) \Delta_{H_i}(\tilde{X}_i, \varepsilon) \Delta_{H_i}^{\mathrm{T}}(\tilde{X}_i, \varepsilon) L_i^{\mathrm{T}}(\tilde{X}_i, \varepsilon)\} \lambda_{\min}\{\theta_i \theta_i^{\mathrm{T}}\}^{-1} := m_{i1}$。对 $\zeta_i(X_i) \zeta_i^{\mathrm{T}}(X_i)$, 根据式 (5.72) 和引理 5-1, 有

$$g_i(X_i) \Phi \Phi^{\mathrm{T}} g_i^{\mathrm{T}}(X_i) \leqslant m_{i1} M_i(X_i) X_i X_i^{\mathrm{T}} I_{n_i \times n_i} M_i^{\mathrm{T}}(X_i)$$
$$\leqslant m_{i1} M_i(X_i) M_i^{\mathrm{T}}(X_i) \lambda_{\max}\{X_i X_i^{\mathrm{T}}\}$$
$$:\leqslant m_{i1} m_{i2} \lambda_{\max}\{X_i X_i^{\mathrm{T}}\}$$
$$\leqslant m_{i1} m_{i2} (x_{i1}^2 + x_{i2}^2 + \cdots + x_{in_i}^2)$$
$$= m_{i1} m_{i2} \|X_i\|^2 \tag{5.109}$$

由引理 5-1 和假设 5-5, 可得

$$G(X) \Phi \Phi^{\mathrm{T}} G^{\mathrm{T}}(X) \leqslant 2 \sum_{i=1}^{2} g_i(X_i) \Phi \Phi^{\mathrm{T}} g_i^{\mathrm{T}}(X_i) I_{n_1 + n_2}$$

$$\leqslant (2m_{11}m_{12}\alpha_1^{-1}\alpha_1\|X_1\|^2 + 2m_{21}m_{22}\alpha_2^{-1}\alpha_2\|X_2\|^2)I_{n_1+n_2}$$

$$\leqslant (2m_{11}m_{12}\alpha_1^{-1}H_1(X_1) + 2m_{21}m_{22}\alpha_2^{-1}H_2(X_2))I_{n_1+n_2}$$

$$\leqslant \max\{2m_{11}m_{12}\alpha_1^{-1}, 2m_{21}m_{22}\alpha_2^{-1}\}[H_1(X_1) + H_2(X_2)]I_{n_1+n_2}$$

$$:= \chi H(X)I_{n_1+n_2} \tag{5.110}$$

用式 (5.110) 和假设 5-5, 可得

$$\|\Phi^{\mathrm{T}}G^{\mathrm{T}}(X)\nabla_X H(X)\|$$

$$\leqslant (H(X))^{\frac{1}{2}}(\lambda_{\max}\{\chi\})^{\frac{1}{2}}(\nabla_X^{\mathrm{T}}H(X)\nabla_X H(X))^{\frac{1}{2}}$$

$$= (H(X))^{\frac{1}{2}}(\lambda_{\max}\{\chi\})^{\frac{1}{2}}(\nabla_{X_1}^{\mathrm{T}}H_1(X_1)\nabla_{X_1}H_1(X_1)$$

$$\quad + \nabla_{X_2}^{\mathrm{T}}H_2(X_2)\nabla_{X_2}H_2(X_2))^{\frac{1}{2}}$$

$$\leqslant (H(X))^{\frac{1}{2}}(\lambda_{\max}\{\chi\})^{\frac{1}{2}}(\eta_1\|X_1\|^2 + \eta_2\|X_2\|^2)^{\frac{1}{2}}$$

$$\leqslant (H(X))^{\frac{1}{2}}(\lambda_{\max}\{\chi\})^{\frac{1}{2}}(\eta_1\alpha_1^{-1}H(X_1) + \eta_2\alpha_2^{-1}H(X_2))^{\frac{1}{2}}$$

$$= (\max\{\eta_1\alpha_1^{-1}, \eta_2\alpha_2^{-1}\})^{\frac{1}{2}}(H(X))^{\frac{1}{2}}(\lambda_{\max}\{\chi\})^{\frac{1}{2}}(H(X))^{\frac{1}{2}}$$

$$= (\max\{\eta_1\alpha_1^{-1}, \eta_2\alpha_2^{-1}\})^{\frac{1}{2}}(\lambda_{\max}\{\chi\})^{\frac{1}{2}}H(x) \tag{5.111}$$

这样, $\|\Phi^{\mathrm{T}}G^{\mathrm{T}}(X)\nabla_X H(X)\|$ 是 $(H(X))^{\frac{1+\alpha}{2}}(\alpha \in (0, 1))$ 的高阶项。由此和式 (5.106), 存在充分小邻域 $\hat{\Omega} \subset \Omega$ 使得 $-k_1 m^{\frac{1+\alpha}{2}}(H(X))^{\frac{1+\alpha}{2}} + (\theta-\hat{\theta})^{\mathrm{T}}\Phi^{\mathrm{T}}G^{\mathrm{T}}(X)\nabla_X H(X)$ 是负定的, 即 $-k_1 m^{\frac{1+\alpha}{2}}(H(X))^{\frac{1+\alpha}{2}} + (\theta - \hat{\theta})^{\mathrm{T}}\Phi^{\mathrm{T}}G^{\mathrm{T}}(X)\nabla_X H(X) = \left(-k_1 m^{\frac{1+\alpha}{2}} + M(\max\{\eta_1\alpha_1^{-1}, \eta_2\alpha_2^{-1}\})^{\frac{1}{2}}(\lambda_{\max}\{\chi\})^{\frac{1}{2}}(H(X))^{\frac{1-\alpha}{2}}\right)(H(X))^{\frac{1+\alpha}{2}} = m_2 (H(X))^{\frac{1+\alpha}{2}}$, 即在 $\hat{\Omega}$ 内, $m_2 < 0$ 成立。

因此, 当 $w = 0$ 时, $\dot{H}(X) \leqslant m_2(H(X))^{\frac{1+\alpha}{2}}$ 成立, 即对 $X \in \hat{\Omega}$, X 在一个有限时间内收敛到 0 成立。用引理 2-4 和系统 (5.88) 的渐近稳定性, 能够得到该定理成立, 证毕。

2) 多个系统的有限时间自适应鲁棒同时镇定

现在, 基于定理 5-7 发展多个系统的结果。

假设 $(i_1, i_2, \cdots, i_N)$ 表示 $\{1, 2, \cdots, N\}$ 的任一个排列, 且正整数 L 满足 $1 \leqslant L \leqslant N-1$。令 $M_1 = i_1 + i_2 + \cdots + i_L$ 和 $M_2 = i_{L+1} + i_{L+2} + \cdots + i_N$, 并把 N 个子系统分为两组: $i_1, \cdots, i_L$ 和 $i_{L+1}, \cdots, i_N$, 则这 N 个子系统可以重新表示为

$$\dot{X}_a(t) = B_a(X_a, \tilde{X}_a, \varepsilon)\nabla_{\tilde{X}_a}H_a(\tilde{X}_a) + D_a(X_a, \varepsilon)\nabla_{X_a}H_a(X_a)$$

$$\quad + Q_a(X_a, \varepsilon) + G_a(X_a)u + q_a(X_a)w + G_a(X_a)\Phi\theta$$

$$\dot{X}_b(t) = B_b(X_b, \tilde{X}_b, \varepsilon)\nabla_{\tilde{X}_b}H_b(\tilde{X}_b) + D_b(X_b, \varepsilon)\nabla_{X_b}H_b(X_b)$$

$$+Q_b(X_b,\varepsilon) + G_b(X_b)u + q_b(X_b)w + G_b(X_b)\varPhi\theta \tag{5.112}$$

其中

$$X_a = [X_{i_1}^{\mathrm{T}}, \cdots, X_{i_L}^{\mathrm{T}}]^{\mathrm{T}}, X_b = [X_{i_{L+1}}^{\mathrm{T}}, \cdots, X_{i_N}^{\mathrm{T}}]^{\mathrm{T}}$$

$$B_a(X_a, \tilde{X}_a, \varepsilon) = \mathrm{Diag}\{B_{i_1}(X_{i_1}, \tilde{X}_{i_1}, \varepsilon), \cdots, B_{i_L}(X_{i_L}, \tilde{X}_{i_L}, \varepsilon)\}$$

$$B_b(X_b, \tilde{X}_b, \varepsilon) = \mathrm{Diag}\{B_{i_{L+1}}(X_{i_{L+1}}, \tilde{X}_{i_{L+1}}, \varepsilon), \cdots, B_{i_N}(X_{i_N}, \tilde{X}_{i_N}, \varepsilon)\}$$

$$D_a(X_a, \varepsilon) = \mathrm{Diag}\{D_{i_1}(X_{i_1}, \varepsilon), \cdots, D_{i_L}(X_{i_L}), \varepsilon\}$$

$$D_b(X_b, \varepsilon) = \mathrm{Diag}\{D_{i_{L+1}}(X_{i_{L+1}}, \varepsilon) \cdots, D_{i_N}(X_{i_N}), \varepsilon\}$$

$$Q_a(X_a, \varepsilon) = [Q_{i_1}^{\mathrm{T}}(X_{i_1}, \varepsilon) \cdots, Q_{i_L}^{\mathrm{T}}(X_{i_L}, \varepsilon)]^{\mathrm{T}}$$

$$Q_b(X_b, \varepsilon) = [Q_{i_{L+1}}^{\mathrm{T}}(X_{i_{L+1}}, \varepsilon) \cdots, Q_{i_N}^{\mathrm{T}}(X_{i_N}, \varepsilon)]^{\mathrm{T}}$$

$$G_a(X_a) = [G_{i_1}^{\mathrm{T}}(X_{i_1}) \cdots, G_{i_L}^{\mathrm{T}}(X_{i_L})]^{\mathrm{T}}$$

$$G_b(X_b) = [G_{i_{L+1}}^{\mathrm{T}}(X_{i_{L+1}}), \cdots, G_{i_N}^{\mathrm{T}}(X_{i_N})]^{\mathrm{T}}$$

$$q_a(X_a) = [q_{i_1}^{\mathrm{T}}(X_{i_1}) \cdots, q_{i_L}^{\mathrm{T}}(X_{i_L})]^{\mathrm{T}}$$

$$q_b(X_b) = [q_{i_{L+1}}^{\mathrm{T}}(X_{i_{L+1}}), \cdots, q_{i_N}^{\mathrm{T}}(X_{i_N})]^{\mathrm{T}}$$

对系统 (5.112), 由定理 5-7 有下面的结果。

定理 5-8 在假设 5-3~ 假设 5-5 下, 考虑系统 (5.112), 若存在两个矩阵 $\varUpsilon > 0$ 和 K, 常数 $\gamma > 0$, $k_1 > 0$, $\zeta > 0$ 和 $\alpha \in (0,1)$ 使得 $\gamma^2 \geqslant \zeta^{-1}$ 和

① $\varXi :=$
$$\begin{bmatrix} \varXi_1 + \zeta q_a(X_a)q_a^{\mathrm{T}}(X_a) - \dfrac{1}{\gamma^2}G_a(X_a)G_a^{\mathrm{T}}(X_a) & \zeta q_a(X_a)q_b^{\mathrm{T}}(X_b) - \dfrac{1}{\gamma^2}G_a(X_a)G_b^{\mathrm{T}}(X_b) \\ \zeta q_b(X_b)q_a^{\mathrm{T}}(X_a) - \dfrac{1}{\gamma^2}G_b(X_b)G_a^{\mathrm{T}}(X_a) & \varXi_2 + \zeta q_b(X_b)q_b^{\mathrm{T}}(X_b) - \dfrac{1}{\gamma^2}G_b(X_b)G_b^{\mathrm{T}}(X_b) \end{bmatrix} \leqslant 0;$$

② 存在常数 $s > 0$, $\mu > 0$, $\alpha_a > 0$, $\alpha_b > 0$, $\sigma_\kappa > 0$ 使得

$$\begin{bmatrix} 2s - \dfrac{\gamma^2}{2\mu^2 \max\{\alpha_a, \alpha_b\}} & -s(\sigma_\kappa)^{\mathrm{T}} \\ -s(\sigma_\kappa) & I_{n_{i_1}+\cdots+n_{i_N}} \end{bmatrix} \geqslant 0, \quad \kappa = 1, 2, \cdots, n_{i_1} + \cdots + n_{i_N} \tag{5.113}$$

则系统 (5.112) 的一个有限时间自适应鲁棒同时镇定控制器可以设计为

$$\begin{cases} u = -K[G_a^{\mathrm{T}}(X_a)\nabla_{X_a}H_a(X_a) - G_b^{\mathrm{T}}(X_b)\nabla_{X_b}H_b(X_b)] + v_1 + v_2 - \varPhi\hat{\theta} \\ \dot{\hat{\theta}} = \varUpsilon\varPhi^{\mathrm{T}}\Big(G_a^{\mathrm{T}}(X_a)\nabla_{X_a}H_a(X_a) + G_b^{\mathrm{T}}(X_b)\nabla_{X_b}H_b(X_b)\Big) \end{cases} \tag{5.114}$$

其中, v_1 和 v_2 同于式 (5.86)、式 (5.87), $\Xi_1 := D_a(X_a, \varepsilon) + D_a^{\mathrm{T}}(X_a, \varepsilon) - 2G_a(X_a)$ $KG_a^{\mathrm{T}}(X_a) + B_a(X_a, \tilde{X}_a, \varepsilon)B_a^{\mathrm{T}}(X_a, \tilde{X}_a, \varepsilon)$, $\Xi_2 := D_b(X_b, \varepsilon) + D_b^{\mathrm{T}}(X_b, \varepsilon) + 2G_b(X_b)$ $KG_b^{\mathrm{T}}(X_b) + B_b(X_b, \tilde{X}_b, \varepsilon)B_b^{\mathrm{T}}(X_b, \tilde{X}_b, \varepsilon)$, $G(X) = [G_a^{\mathrm{T}}(X_a), G_b^{\mathrm{T}}(X_b)]^{\mathrm{T}}$, $X = [X_a^{\mathrm{T}},$ $X_b^{\mathrm{T}}]^{\mathrm{T}}$, $H(X) = H_a(X_a) + H_b(X_b)$, 其余的参量同于定理 5-7。

证明: 证明同于定理 5-7, 因此省略, 证毕。

在定理 5-7 和定理 5-8 中, 受文献 [10] 的启发, 我们设计了几个包含分母 $\|\nabla_X H(X)\|$ 的控制器。接下来, 提出一个不含分母 $\|\nabla_X H(X)\|$ 的控制器。

定理 5-9 在假设 5-3、假设 5-4 和假设 5-5 下, 考虑系统 (5.112), 若存在适当维数的矩阵 $\Upsilon > 0$, K 和 $P > 0$, 常数 $\gamma > 0$, $k_1 > 0$, $\zeta > 0$, $\varrho > 0$ 和 $\alpha \in (0,1)$ 使得 $\gamma^2 \geqslant \zeta^{-1}$, $\varrho^{-1}\Gamma \iota L^{\mathrm{T}}(\tilde{X}, \varepsilon)L(\tilde{X}, \varepsilon) - 2P \leqslant 0$ 和

$$
① \ \Xi := \begin{bmatrix} \Xi_1 + \zeta q_a(X_a)q_a^{\mathrm{T}}(X_a) - \dfrac{1}{\gamma^2}G_a(X_a)G_a^{\mathrm{T}}(X_a) \\[2mm] \zeta q_b(X_b)q_a^{\mathrm{T}}(X_a) - \dfrac{1}{\gamma^2}G_b(X_b)G_a^{\mathrm{T}}(X_a) \\[2mm] \zeta q_a(X_a)q_b^{\mathrm{T}}(X_b) - \dfrac{1}{\gamma^2}G_a(X_a)G_b^{\mathrm{T}}(X_b) \\[2mm] \Xi_2 + \zeta q_b(X_b)q_b^{\mathrm{T}}(X_b) - \dfrac{1}{\gamma^2}G_b(X_b)G_b^{\mathrm{T}}(X_b) \end{bmatrix} \leqslant 0 \text{ 成立};
$$

② 存在正实数 s, μ, α_a, α_b, σ_κ 使得

$$
\begin{bmatrix} 2s - \dfrac{\gamma^2}{2\mu^2 \max\{\alpha_a, \alpha_b\}} & -s(\sigma_\kappa)^{\mathrm{T}} \\[2mm] -s(\sigma_\kappa) & I_{n_{i_1} + \cdots + n_{i_N}} \end{bmatrix} \geqslant 0, \quad \kappa = 1, 2, \cdots, n_{i_1} + \cdots + n_{i_N} \quad (5.115)
$$

成立, 则系统 (5.112) 一个有限时间自适应鲁棒同时镇定控制器可以设计为

$$
\begin{cases} u = -K[G_a^{\mathrm{T}}(X_a)\nabla_{X_a}H_a(X_a) - G_b^{\mathrm{T}}(X_b)\nabla_{X_b}H_b(X_b)] + v - \Phi\hat{\theta} \\[2mm] \dot{\hat{\theta}} = \Upsilon\Phi^{\mathrm{T}}\Big(G_a^{\mathrm{T}}(X_a)\nabla_{X_a}H_a(X_a) + G_b^{\mathrm{T}}(X_b)\nabla_{X_b}H_b(X_b)\Big) \end{cases} \quad (5.116)
$$

其中, $v = v_1 + v_2$, $\Gamma := \lambda_{\max}\{M_{i_1}^{\mathrm{T}}(X_{i_1})M_{i_1}(X_{i_1}), \cdots, M_{i_N}^{\mathrm{T}}(X_{i_N})M_{i_N}(X_{i_N})\}$ (M_{i_j} 在式 (5.72) 中给出), $\iota := \lambda_{\max}\{\iota_{i_1}^{-1}, \cdots, \iota_{i_N}^{-1}\}$, $L(\tilde{X}, \varepsilon) = \mathrm{Diag}\{L_a(X_a, \varepsilon), L_b(X_b, \varepsilon)\}$, $L_a(X_a, \varepsilon) = \mathrm{Diag}\{L_{i_1}(X_{i_1}, \varepsilon), \cdots, L_{i_L}(X_{i_L}, \varepsilon)\}$, $L_b(X_b, \varepsilon) = \mathrm{Diag}\{L_{i_{L+1}}(X_{i_{L+1}}, \varepsilon), \cdots, L_{i_N}(X_{i_N}, \varepsilon)\}$

$$
\begin{cases} \Xi_1 := D_a(X_a, \varepsilon) + D_a^{\mathrm{T}}(X_a, \varepsilon) - 2G_a(X_a)KG_a^{\mathrm{T}}(X_a) + \varrho I_{n_{i_1} + \cdots + n_{i_L}} \\[2mm] \Xi_2 := D_b(X_b, \varepsilon) + D_b^{\mathrm{T}}(X_b, \varepsilon) + 2G_b(X_b)KG_b^{\mathrm{T}}(X_b) + \varrho I_{n_{i_{L+1}} + \cdots + n_{i_N}} \end{cases} \quad (5.117)
$$

$$
G(X)v_1 = -k_1\mathrm{sign}(\nabla_X H(X))|\nabla_X H(X)|^\alpha - \nabla_{\tilde{X}}^{\mathrm{T}}H(\tilde{X})P\nabla_{\tilde{X}}H(\tilde{X})\nabla_X H(X) \tag{5.118}
$$

$$G(X)v_2 = -G(X)\left[\frac{1}{2}\Lambda^{\mathrm{T}}(X)\Lambda(X) + \frac{1}{2\gamma^2}I_m\right]G^{\mathrm{T}}(X)\nabla_X H(X) \tag{5.119}$$

证明: 考虑系统 (5.112) 并将 u 代入系统 (5.112), 同于定理 5-7, 能够得到一个增广系统

$$\begin{aligned}
\dot{X}(t) = {} & A(X,\varepsilon)\nabla_X H(X) + B(X,\tilde{X},\varepsilon)\nabla_{\tilde{X}}H(\tilde{X}) + Q(X,\varepsilon) \\
& + G(X)v + q(X)w + G(X)\Phi\tilde{\theta}
\end{aligned} \tag{5.120}$$

构建同于定理 5-7 中的李雅普诺夫泛函, 将 $G(X)v_1$ 代入系统 (5.120) 并计算 $\dot{H}(X)$, 有

$$\begin{aligned}
2\dot{H}(X) = {} & \nabla_X^{\mathrm{T}}H(X)\Big[A(X,\varepsilon) + A^{\mathrm{T}}(X,\varepsilon) + \varrho I_{n_{i_1}+\cdots+n_{i_N}} \\
& - 2\nabla_{\tilde{X}}^{\mathrm{T}}H(\tilde{X})P\nabla_{\tilde{X}}H(\tilde{X})\Big]\nabla_X H(X) \\
& + \varrho^{-1}\nabla_{\tilde{X}}^{\mathrm{T}}H(\tilde{X})B^{\mathrm{T}}(X,\tilde{X},\varepsilon)B(X,\tilde{X},\varepsilon)\nabla_{\tilde{X}}H(\tilde{X}) \\
& - 2k_1\nabla_X^{\mathrm{T}}H(X)\mathrm{sign}(\nabla_X H(X))|\nabla_X H(X)|^\alpha + 2\nabla_X^{\mathrm{T}}H(X)G(X)v_2 \\
& + 2\nabla_X^{\mathrm{T}}H(X)G(X)\Phi\tilde{\theta} + 2\nabla_X^{\mathrm{T}}H(X)q(X)w
\end{aligned} \tag{5.121}$$

关于 $\nabla_{\tilde{X}}^{\mathrm{T}}H(\tilde{X})B^{\mathrm{T}}(X,\tilde{X},\varepsilon)B(X,\tilde{X},\varepsilon)\nabla_{\tilde{X}}H(\tilde{X})$, 注意 $B_i(X_i,\tilde{X}_i,\varepsilon) = \zeta_i(X_i)L_i(\tilde{X}_i,\varepsilon)$, $\zeta_i(X_i) = M_i(X_i)D\{X_i, X_i, \cdots, X_i\}_{(n_i\times n_i)\times n_i} := M_i(X_i)\Pi_i$ 以及引理 2-5 和式 (5.72) 及式 (5.109), 有

$$\begin{aligned}
& \nabla_{\tilde{X}}^{\mathrm{T}}H(\tilde{X})B^{\mathrm{T}}(X,\tilde{X},\varepsilon)B(X,\tilde{X},\varepsilon)\nabla_{\tilde{X}}H(\tilde{X}) \\
& \leqslant \nabla_{\tilde{X}}^{\mathrm{T}}H(\tilde{X})L^{\mathrm{T}}(\tilde{X},\varepsilon)\zeta^{\mathrm{T}}(X)\zeta(X)L(\tilde{X},\varepsilon)\nabla_{\tilde{X}}H(\tilde{X}) \\
& \leqslant \lambda_{\max}\{\zeta_{i_1}^{\mathrm{T}}(X_{i_1})\zeta_{i_1}(X_{i_1}), \cdots, \zeta_{i_N}^{\mathrm{T}}(X_{i_N})\zeta_{i_N}(X_{i_N})\} \\
& \qquad \nabla_{\tilde{X}}^{\mathrm{T}}H(\tilde{X})L^{\mathrm{T}}(\tilde{X},\varepsilon)L(\tilde{X},\varepsilon)\nabla_{\tilde{X}}H(\tilde{X}) \\
& \leqslant \Gamma\lambda_{\max}\{\Pi_{i_1}^{\mathrm{T}}\Pi_{i_1}, \cdots, \Pi_{i_N}^{\mathrm{T}}\Pi_{i_N}\}\nabla_{\tilde{X}}^{\mathrm{T}}H(\tilde{X})L^{\mathrm{T}}(\tilde{X},\varepsilon)L(\tilde{X},\varepsilon)\nabla_{\tilde{X}}H(\tilde{X}) \\
& \leqslant \Gamma\lambda_{\max}\{\|X_{i_1}\|^2, \cdots, \|X_{i_N}\|^2)\}\nabla_{\tilde{X}}^{\mathrm{T}}H(\tilde{X})L^{\mathrm{T}}(\tilde{X},\varepsilon)L(\tilde{X},\varepsilon)\nabla_{\tilde{X}}H(\tilde{X}) \\
& = \Gamma\lambda_{\max}\{\iota_{i_1}^{-1}\nabla_{X_{i_1}}^{\mathrm{T}}H_{i_1}(X_{i_1})\nabla_{X_{i_1}}H_{i_1}(X_{i_1}), \cdots, \iota_{i_N}^{-1}\nabla_{X_{i_N}}^{\mathrm{T}}H_{i_N}(X_{i_N})\nabla_{X_{i_N}} \\
& \qquad H_{i_N}(X_{i_N})\}\nabla_{\tilde{X}}^{\mathrm{T}}H(\tilde{X})L^{\mathrm{T}}(\tilde{X},\varepsilon)L(\tilde{X},\varepsilon)\nabla_{\tilde{X}}H(\tilde{X}) \\
& \leqslant \Gamma\iota\nabla_X^{\mathrm{T}}H(X)\nabla_{\tilde{X}}^{\mathrm{T}}H(\tilde{X})L^{\mathrm{T}}(\tilde{X},\varepsilon)L(\tilde{X},\varepsilon)\nabla_{\tilde{X}}H(\tilde{X})\nabla_X H(X)
\end{aligned} \tag{5.122}$$

另外, 从条件 $\varrho^{-1}\Gamma\iota L^{\mathrm{T}}(\tilde{X},\varepsilon)L(\tilde{X},\varepsilon)) - 2P \leqslant 0$, 易得 $\varrho^{-1}\Gamma\iota\nabla_{\tilde{X}}^{\mathrm{T}}H(\tilde{X})L^{\mathrm{T}}(\tilde{X},\varepsilon)L(\tilde{X},\varepsilon)\nabla_{\tilde{X}}H(\tilde{X}) - 2\nabla_{\tilde{X}}^{\mathrm{T}}H(\tilde{X})P\nabla_{\tilde{X}}H(\tilde{X}) \leqslant 0$, 并由式 (5.122) 以及式 (5.121),

得到

$$
\begin{aligned}
2\dot{H}(X) \leqslant &\nabla_X^{\mathrm{T}} H(X)[A(X,\varepsilon) + A^{\mathrm{T}}(X,\varepsilon) + \varrho I_{n_{i_1}+\cdots+n_{i_N}}]\nabla_X H(X) \\
&-2k_1\nabla_X^{\mathrm{T}} H(X)\mathrm{sign}(\nabla_X H(X))|\nabla_X H(X)|^{\alpha} \\
&+2\nabla_X^{\mathrm{T}} H(X)G(X)v_2 + 2\nabla_X^{\mathrm{T}} H(X)G(X)\Phi\tilde{\theta} + 2\nabla_X^{\mathrm{T}} H(X)q(X)w
\end{aligned}
$$

其余证明同于定理 5-7, 证毕。

5.4　本 章 小 结

基于正交线性化方法, 本章研究了一般形式多个非线性时滞系统的有限时间鲁棒同时镇定以及自适应鲁棒同时镇定问题, 并提出了一些时滞相关的结果。首先给出了有限时间鲁棒同时镇定结果, 即通过正交分解方法建立了两个系统的等价形式, 并设计合理的控制器得到两个系统的扩维耗散结构, 发展系统的有限时间同时镇定结果。在此基础上, 研究多个系统的同时镇定设计方案, 并依次研究多个系统的鲁棒同时镇定, 以及自适应鲁棒同时镇定问题, 给出了相应的同时镇定设计方案。本章所得的结果不难推广到研究其他复杂非线性系统的同时镇定问题。

参 考 文 献

[1] Wang Y Z, Feng G, Cheng D Z. Simultaneous stabilization of a set of nonlinear port-controlled Hamiltonian systems. Automatica, 2008, 43(3): 403-415.

[2] Blondel V, Campion G, Gevers M. A sufficient condition for simultaneous stabilization. IEEE Transactions on Automatic Control, 1993, 38(8): 1264-1266.

[3] Song S Y, Liu L, Lu Y F. On the simultaneous stabilization of linear time-varying systems. Journal of Mathematical Reserach with Application, 2016, 36(3): 341-350.

[4] Cai X S, Gao H J, Liu Y. Simultaneous H_∞ stabilization for a class of multi-input nonlinear systems. Acta Automatica Sinica, 2012, 38(3): 473-478.

[5] Wu J L. Simultaneous stabilization for a collection of single-input nonlinear systems. IEEE Transactions on Automatic Control, 2005, 50(3): 328-337.

[6] Wu J L. Simultaneous H_∞ control for nonlinear systems. IEEE Transactions on Automatic Control, 2009, 54(3): 606-610.

[7] Wang D C, Meng L X, Lin C, et al. Simultaneous stabilization for a set of multi-input nonlinear systems with time-delay// 第 30 届中国控制与决策会议, 沈阳, 2018.

[8] Moulay E, Dambrine M, Yeganefar N, et al. Finite-time stability and stabilization of time-delay systems. System and Control Letters, 2008, 57(7): 561-566.

[9] Yang R M, Guo R W. Adaptive finite-time robust control of nonlinear delay Hamiltonian systems via Lyapunmov-Krasovskii method. Asian Journal of Control, 2018, 20(2): 1-11.

[10] Hu J T, Sui G X, Du S L, et al. Finite-time stability of uncertain nonlinear systems with time-varying delay. Mathematical Problems in Engineering, 2017, 9: 1-9.

[11] Coutinho D F, de Souza C E. Delay-dependent robust stability and L_2-gain analysis of a class of nonlinear time-delay systems. Automatica, 2008, 44(4): 2006-2018.

[12] Mazenc F, Bliman P A. Backstepping design for time-delay nonlinear systems. IEEE Transactions on Automatic Control, 2006, 51(1): 149-154.

[13] Yang R M, Wang Y Z. Stability for a class of nonlinear time-delay systems via Hamiltonian functional method. Science China: Information Sciences, 2012, 55(5): 1218-1228.

[14] Wang L M, Shen Y, Ding Z X. Finite time stabilization of delayed neural networks. Neural Networks, 2015, 70: 74-80.

[15] Wang Y Z, Li C W, Cheng D Z. Generalized Hamiltonian realization of time-invariant nonlinear systems. Automatica, 2003, 39(8): 1437-1443.

第 6 章 基于观测器的非线性时滞系统镇定控制

6.1 引   言

除了稳定性分析, 在研究实际系统时还关注其镇定问题。在镇定问题的研究中, 基于状态的镇定控制器尤为重要, 然而有些系统的状态变量是不可测的, 在这种情况下需要考虑其观测器设计问题, 过去的几十年, 已经得到一些重要的结果 [1–8]。值得指出的是, 这些文献是基于观测器方法建立了有限时间有界镇定结果而不是有限时间渐近稳定性结果, 而且都是基于线性模型或拟线性技术。众所周知, 为一般形式的非线性系统设计一个非线性观测器是很难的, 主要是不能应用传统的误差方法, 鉴于上述原因, 设计一个非线性时滞系统的观测器仍是一个开放性的问题。

本章首先发展哈密顿系统基于观测器的无穷时间镇定结果, 然后研究一般形式非线性时滞系统基于观测器的无穷时间镇定结果和自适应鲁棒镇定结果, 最后给出若干基于观测器的有限时间镇定结果。6.1 节是引言; 6.2 节研究基于观测器的无穷时间镇定控制问题, 给出基于观测器的鲁棒镇定控制以及自适应鲁棒镇定控制结果; 6.3 节研究基于观测器的有限时间镇定控制问题, 分别给出基于观测器的有限时间鲁棒镇定控制和有限时间自适应鲁棒镇定控制结果; 6.4 节是本章小结。

6.2 基于观测器的无穷时间镇定控制

6.2.1 基于观测器的鲁棒镇定控制

考虑如下非线性时滞哈密顿系统

$$\dot{x}(t) = A_1(x)\nabla H(x) + A_2(x, \tilde{x})\nabla H(\tilde{x}) + g_1(x)u + g_2(x)w \tag{6.1}$$

其中, $x(t)$ 是系统的状态, $\nabla H(x(t)) := \dfrac{\partial H(x(t))}{\partial x}$, $A_1(x)$、$A_2(x, \tilde{x})$、$g_1(x)$ 和 $g_2(x)$ 是适当维数的权矩阵, $\tilde{x} = x(t-h)$, h 是时滞常数。本节假设输出 $y(t) = g_1^{\mathrm{T}}(x)\nabla H(x(t))$。

下面给出系统 (6.1) 基于观测器的无穷时间渐近镇定问题的定义。

设计一个基于观测器状态和输出的控制器 $u = a(\hat{x}, y)$ 以及观测器系统 $\dot{\hat{x}} = f(\hat{x}, y, u)$ 使得系统 (6.1) 在此控制器下 $w = 0$ 时是渐近稳定的, 且对任意非零的 $w \in \Psi$(Ψ 是关于干扰 w 的有界集, 将在后面给出定义), 其闭环系统的零状态响应 $(\phi(s) = 0, w(s) = 0, s \in [-h, 0])$ 满足

$$\int_0^t \|z(s)\|^2 \, \mathrm{d}s \leqslant \gamma^2 \int_0^t \|w(s)\|^2 \, \mathrm{d}s, \quad \infty > t > 0 \tag{6.2}$$

其中, $\gamma > 0$ 是干扰抑制水平, z 是罚信号满足

$$z(t) = \rho g_1^{\mathrm{T}}(x)\nabla H(x(t)) \tag{6.3}$$

同着 ρ 是一个适当维数的权矩阵, 并假设 $g_1(x)$ 有列满秩。

根据系统 (6.1), 设计观测器系统如下

$$\begin{cases} \dot{\hat{x}}(t) = A_1(\hat{x})\nabla H(\hat{x}) + A_2(\hat{x}, \hat{x}(t-h))\nabla H(\hat{x}(t-h)) \\ \qquad\quad + g_1(\hat{x})u + K^{\mathrm{T}}(\hat{x})[y(t) - \hat{y}(t)] \\ \hat{y}(t) = g_1^{\mathrm{T}}(\hat{x})\nabla H(\hat{x}) \end{cases} \tag{6.4}$$

将 $y(t)$ 和 $\hat{y}(t)$ 代入式 (6.4), 可得

$$\dot{\hat{x}}(t) = [A_1(\hat{x}) - K^{\mathrm{T}}(\hat{x})g_1^{\mathrm{T}}(\hat{x})]\nabla H(\hat{x}) + A_2(\hat{x}, \hat{x}(t-h))\nabla H(\hat{x}(t-h))$$
$$+ g_1(\hat{x})u + K^{\mathrm{T}}(\hat{x})g_1^{\mathrm{T}}(x)\nabla H(x) \tag{6.5}$$

下面给出系统的两个假设。

假设 6-1　假设 $H(x)$ 和其梯度向量 $\nabla H(x)$ 满足如下不等式

$$\varepsilon_1(\|x\|) \leqslant H(x) \leqslant \varepsilon_2(\|x\|) \tag{6.6}$$
$$l_1(\|x\|) \leqslant \nabla^{\mathrm{T}}H(x))\nabla H(x) \leqslant l_2(\|x\|) \tag{6.7}$$

其中, ε_1、ε_2、l_1、l_2 是一些 $\mathcal{K}$ 类函数。

假设 6-2　设干扰 w 满足如下关系

$$\Psi = \{w \in \mathbb{R}^q : \mu^2 \int_0^{+\infty} w^{\mathrm{T}}w\mathrm{d}t \leqslant 1\} \tag{6.8}$$

其中, μ 是一个正实数。

对系统 (6.1) 和观测器 (6.5), 有如下结果。

定理 6-1 在假设 6-1 和假设 6-2 下, 考虑系统 (6.1) 和观测器 (6.5), 若对给定的 $\gamma > 0$, 存在适当维数的矩阵 $P > 0$, 正常数 ι 和矩阵 $K(\hat{x})$ 使得

$$\gamma^2 - \iota^{-1} \geqslant 0 \tag{6.9}$$

$$\Theta_1 := \left[\begin{array}{cc} E + P + \iota \overline{g}(X)\overline{g}^{\mathrm{T}}(X) & F(X) \\ F^{\mathrm{T}}(X) & -P \end{array} \right] \leqslant 0 \tag{6.10}$$

其中, $E = \mathrm{Diag}\{E_{11}, E_{22}\}$, $E_{11} = A_1(x) + A_1^{\mathrm{T}}(x) - \dfrac{1}{\gamma^2}g_1(x)g_1^{\mathrm{T}}(x)$, $E_{22} = A_1(\hat{x}) + A_1^{\mathrm{T}}(\hat{x}) + g_1(\hat{x})\rho^{\mathrm{T}}\rho g_1^{\mathrm{T}}(\hat{x}) + \dfrac{1}{\gamma^2}g_1(\hat{x})g_1^{\mathrm{T}}(\hat{x}) - 2K^{\mathrm{T}}(\hat{x})g_1^{\mathrm{T}}(\hat{x}) - 2g_1(\hat{x})K(\hat{x})$, 则基于观测器的 H_∞ 镇定控制器可以设计为

$$u = -K(\hat{x})\nabla H(\hat{x}) + v \tag{6.11}$$

$$v = -\Lambda[y(t) - \hat{y}(t)] \tag{6.12}$$

这里 $X(t) := [x^{\mathrm{T}}, \hat{x}^{\mathrm{T}}]^{\mathrm{T}}$, $\Lambda = \dfrac{\rho^{\mathrm{T}}\rho}{2} + \dfrac{1}{2\gamma^2}$, $\overline{g}(X) = \left[\begin{array}{c} g_2(x) \\ 0 \end{array} \right]$, $F(X) = \left[\begin{array}{c} A_2(x, \tilde{x}) \\ 0 \end{array} \right.$

$\left. \begin{array}{c} 0 \\ A_2(\hat{x}, \tilde{x}) \end{array} \right]$。

证明: 将式 (6.11) 和式 (6.12) 代入系统 (6.1) 和观测器 (6.5), 可得

$$\dot{X}(t) = B(X)\nabla\overline{H}(X(t)) + F(X)\nabla\overline{H}(X(t-h)) + \overline{g}(X)w \tag{6.13}$$

其中, $\overline{H}(X(t)) = H(x(t)) + H(\hat{x}(t))$, $B(X) = \left[\begin{array}{cc} B_{11} & B_{12} \\ B_{21} & B_{22} \end{array} \right]$

$$B_{11} = A_1(x) - \frac{1}{2}g_1(x)\rho^{\mathrm{T}}\rho g_1^{\mathrm{T}}(x) - \frac{1}{2\gamma^2}g_1(x)g_1^{\mathrm{T}}(x)$$

$$B_{12} = \frac{1}{2}g_1(x)\rho^{\mathrm{T}}\rho g_1^{\mathrm{T}}(\hat{x}) + \frac{1}{2\gamma^2}g_1(x)g_1^{\mathrm{T}}(\hat{x}) - g_1(x)K(\hat{x})$$

$$B_{21} = -\frac{1}{2}g_1(\hat{x})\rho^{\mathrm{T}}\rho g_1^{\mathrm{T}}(x) - \frac{1}{2\gamma^2}g_1(\hat{x})g_1^{\mathrm{T}}(x) + K^{\mathrm{T}}(\hat{x})g_1^{\mathrm{T}}(x)$$

$$B_{22} = A_1(\hat{x}) + \frac{1}{2}g_1(\hat{x})\rho^{\mathrm{T}}\rho g_1^{\mathrm{T}}(\hat{x}) + \frac{1}{2\gamma^2}g_1(\hat{x})g_1^{\mathrm{T}}(\hat{x}) - K^{\mathrm{T}}(\hat{x})g_1^{\mathrm{T}}(\hat{x}) - g_1(\hat{x})K(\hat{x})$$

构造如下李雅普诺夫泛函

$$V(X(t)) = V_1 + V_2 \tag{6.14}$$

其中, $V_1 = 2\overline{H}(X(t))$, $V_2 = \displaystyle\int_{t-h}^{t} \nabla^{\mathrm{T}}\overline{H}(X(\tau))P\nabla\overline{H}(X(\tau))\mathrm{d}\tau$, 并令

$$Q(X(t)) = V(X(t)) + \int_0^t (\|z(s)\|^2 - \gamma^2 \|w(s)\|^2)\,\mathrm{d}s \tag{6.15}$$

现在, 我们表明 $Q(X(t)) \leqslant 0$ 成立, 意味着

$$\int_0^t \|z(s)\|^2\,\mathrm{d}s \leqslant \gamma^2 \int_0^t \|w(s)\|^2\,\mathrm{d}s \tag{6.16}$$

沿着闭环系统 (6.13) 的轨道计算 V_1 的导数, 易得

$$\begin{aligned}
\dot{V}_1 &= 2\nabla^{\mathrm{T}}\overline{H}(X(t))B(X)\nabla\overline{H}(X(t)) + 2\nabla^{\mathrm{T}}\overline{H}(X(t))F(X)\nabla\overline{H}(X(t-h)) \\
&\quad + 2\nabla^{\mathrm{T}}\overline{H}(X(t))\overline{g}(X)w \\
&= \nabla^{\mathrm{T}}\overline{H}(X(t))[B(X) + B^{\mathrm{T}}(X)]\nabla\overline{H}(X(t)) + 2\nabla^{\mathrm{T}}\overline{H}(X(t))\overline{g}(X)w \\
&\quad + 2\nabla^{\mathrm{T}}\overline{H}(X(t))F(X)\nabla\overline{H}(X(t-h)) \tag{6.17}
\end{aligned}$$

另外, 注意 $B(X) = \begin{bmatrix} B_{11} & B_{12} \\ B_{21} & B_{22} \end{bmatrix}$ 和 $B_{12} = -B_{21}^{\mathrm{T}}$, 能够得到 $B(X) + B^{\mathrm{T}}(X) = \mathrm{Diag}\{B_{11} + B_{11}^{\mathrm{T}}, B_{22} + B_{22}^{\mathrm{T}}\}$。这样, 有

$$B_{11} + B_{11}^{\mathrm{T}} = A_1(x) + A_1^{\mathrm{T}}(x) - g_1(x)\rho^{\mathrm{T}}\rho g_1^{\mathrm{T}}(x) - \frac{1}{\gamma^2}g_1(x)g_1^{\mathrm{T}}(x)$$

$$\begin{aligned}
B_{22} + B_{22}^{\mathrm{T}} &= A_1(\hat{x}) + A_1^{\mathrm{T}}(\hat{x}) + g_1(\hat{x})\rho^{\mathrm{T}}\rho g_1^{\mathrm{T}}(\hat{x}) \\
&\quad + \frac{1}{\gamma^2}g_1(\hat{x})g_1^{\mathrm{T}}(\hat{x}) - 2K^{\mathrm{T}}(\hat{x})g_1^{\mathrm{T}}(\hat{x}) - 2g_1(\hat{x})K(\hat{x})
\end{aligned}$$

由此, $z = \rho g_1^{\mathrm{T}}(x)\nabla H(x(t))$ 和式 (6.17), 能够得到

$$\begin{aligned}
\dot{V}_1 &= \nabla^{\mathrm{T}}H(x(t))[A_1(x) + A_1^{\mathrm{T}}(x) - \frac{1}{\gamma^2}g_1(x)g_1^{\mathrm{T}}(x)]\nabla H(x(t)) \\
&\quad + \nabla^{\mathrm{T}}H(\hat{x}(t))[A_1(\hat{x}) + A_1^{\mathrm{T}}(\hat{x}) + g_1(\hat{x})\rho^{\mathrm{T}}\rho g_1^{\mathrm{T}}(\hat{x}) + \frac{1}{\gamma^2}g_1(\hat{x})g_1^{\mathrm{T}}(\hat{x}) \\
&\quad - 2K^{\mathrm{T}}(\hat{x})g_1^{\mathrm{T}}(\hat{x}) - 2g_1(\hat{x})K(\hat{x})]\nabla H(\hat{x}(t)) \\
&\quad + 2\nabla^{\mathrm{T}}\overline{H}(X(t))F(X)\nabla\overline{H}(X(t-h)) \\
&\quad + 2\nabla^{\mathrm{T}}\overline{H}(X(t))\overline{g}(X)w - \|z(t)\|^2 \tag{6.18}
\end{aligned}$$

根据引理 2-2, 得到

$$2\nabla^{\mathrm{T}}\overline{H}(X(t))\overline{g}(X)w \leqslant \iota\nabla^{\mathrm{T}}\overline{H}(X(t))\overline{g}(X)\overline{g}^{\mathrm{T}}(X)\nabla\overline{H}(X(t)) + \iota^{-1}w^{\mathrm{T}}w \tag{6.19}$$

其中, ι 是一个正数, 这样可得

$$
\begin{aligned}
\dot{V}_1 \leqslant {} & \nabla^{\mathrm{T}} H(x(t))[A_1(x) + A_1^{\mathrm{T}}(x) - \frac{1}{\gamma^2} g_1(x) g_1^{\mathrm{T}}(x)] \nabla H(x(t)) \\
& + \nabla^{\mathrm{T}} H(\hat{x}(t))[A_1(\hat{x}) + A_1^{\mathrm{T}}(\hat{x}) + g_1(\hat{x}) \rho^{\mathrm{T}} \rho g_1^{\mathrm{T}}(\hat{x}) + \frac{1}{\gamma^2} g_1(\hat{x}) g_1^{\mathrm{T}}(\hat{x}) \\
& - 2K^{\mathrm{T}}(\hat{x}) g_1^{\mathrm{T}}(\hat{x}) - 2g_1(\hat{x}) K(\hat{x})] \nabla H(\hat{x}(t)) \\
& + 2\nabla^{\mathrm{T}} \overline{H}(X(t)) F(X) \nabla \overline{H}(X(t - h)) \\
& + \iota \nabla^{\mathrm{T}} \overline{H}(X(t)) \overline{g}(X) \overline{g}^{\mathrm{T}}(X) \nabla \overline{H}(X(t)) + \iota^{-1} w^{\mathrm{T}} w - \|z(t)\|^2
\end{aligned}
\tag{6.20}
$$

将 $\dot{V}_1$、$\dot{V}_2$ 代入 $Q(X(t))$ 的导数, 容易得到

$$
\begin{aligned}
\dot{Q}(X(t)) \leqslant {} & \nabla^{\mathrm{T}} H(x(t))[A_1(x) + A_1^{\mathrm{T}}(x) - \frac{1}{\gamma^2} g_1(x) g_1^{\mathrm{T}}(x)] \nabla H(x(t)) \\
& + \nabla^{\mathrm{T}} H(\hat{x}(t))[A_1(\hat{x}) + A_1^{\mathrm{T}}(\hat{x}) + g_1(\hat{x}) \rho^{\mathrm{T}} \rho g_1^{\mathrm{T}}(\hat{x}) + \frac{1}{\gamma^2} g_1(\hat{x}) g_1^{\mathrm{T}}(\hat{x}) \\
& - 2K^{\mathrm{T}}(\hat{x}) g_1^{\mathrm{T}}(\hat{x}) - 2g_1(\hat{x}) K(\hat{x})] \nabla H(\hat{x}(t)) \\
& + 2\nabla^{\mathrm{T}} \overline{H}(X(t)) F(X) \nabla \overline{H}(X(t - h)) \\
& + \iota \nabla^{\mathrm{T}} \overline{H}(X(t)) \overline{g}(X) \overline{g}^{\mathrm{T}}(X) \nabla \overline{H}(X(t)) + \iota^{-1} w^{\mathrm{T}} w - \gamma^2 w^{\mathrm{T}} w \\
& + \nabla^{\mathrm{T}} \overline{H}(X(t)) P \nabla \overline{H}(X(t)) - \nabla^{\mathrm{T}} \overline{H}(X(t - h)) P \nabla \overline{H}(X(t - h)) \\
= {} & -(\gamma^2 - \iota^{-1}) w^{\mathrm{T}} w + \xi^{\mathrm{T}}(t) \Theta_1 \xi(t)
\end{aligned}
\tag{6.21}
$$

其中, $\xi(t) = [\nabla^{\mathrm{T}} \overline{H}(X(t)), \quad \nabla^{\mathrm{T}} \overline{H}(X(t - h))]^{\mathrm{T}}$。

用定理的条件, 得到 $\dot{Q}(X(t)) \leqslant 0$。从 0 到 t 积分式 (6.21), 并用零状态响应条件, 可以得到

$$
V(X(t)) + \int_0^t (\|z(s)\|^2 - \gamma^2 \|w(s)\|^2) \mathrm{d}s \leqslant 0
\tag{6.22}
$$

由此和 $V(X(t)) \geqslant 0$, 有式 (6.2) 成立。

其次, 当 $w = 0$ 时, 证明闭环系统 (6.13) 收敛到零。在 $w = 0$ 时, 系统 (6.13) 可以表达为

$$
\dot{X}(t) = B(X) \nabla \overline{H}(X(t)) + F(X) \nabla \overline{H}(X(t - h))
\tag{6.23}
$$

沿着闭环系统 (6.23) 的轨道计算 $V(X(t))$ 的导数, 用定理的条件, 类似于式 (6.17), 可得

$$
\dot{V}(X(t)) = \nabla^{\mathrm{T}} H(x(t))[A_1(x) + A_1^{\mathrm{T}}(x) - \frac{1}{\gamma^2} g_1(x) g_1^{\mathrm{T}}(x)] \nabla H(x(t))
$$

$$+\nabla^{\mathrm{T}}H(\hat{x}(t))[A_1(\hat{x})+A_1^{\mathrm{T}}(\hat{x})+g_1(\hat{x})\rho^{\mathrm{T}}\rho g_1^{\mathrm{T}}(\hat{x})$$

$$+\frac{1}{\gamma^2}g_1(\hat{x})g_1^{\mathrm{T}}(\hat{x})-2K^{\mathrm{T}}(\hat{x})g_1^{\mathrm{T}}(\hat{x})$$

$$-2g_1(\hat{x})K(\hat{x})]\nabla H(\hat{x}(t))+2\nabla^{\mathrm{T}}\overline{H}(X(t))F(X)\nabla\overline{H}(X(t-h))-\|z(t)\|^2$$

$$+\nabla^{\mathrm{T}}\overline{H}(X(t))P\nabla\overline{H}(X(t))-\nabla^{\mathrm{T}}\overline{H}(X(t-h))P\nabla\overline{H}(X(t-h))$$

$$=\nabla^{\mathrm{T}}\overline{H}(X(t))E\nabla\overline{H}(X(t))+2\nabla^{\mathrm{T}}\overline{H}(X(t))F(X)\nabla\overline{H}(X(t-h))-\|z(t)\|^2$$

$$+\nabla^{\mathrm{T}}\overline{H}(X(t))P\nabla\overline{H}(X(t))-\nabla^{\mathrm{T}}\overline{H}(X(t-h))P\nabla\overline{H}(X(t-h))$$

$$\leqslant-\iota\nabla^{\mathrm{T}}\overline{H}(X(t))\overline{g}(X)\overline{g}^{\mathrm{T}}(X)\nabla\overline{H}(X(t)) \tag{6.24}$$

注意到 $\overline{g}(X)=\begin{bmatrix}g_2(x)\\0\end{bmatrix}$，能够得到

$$\dot{V}(X(t))\leqslant-\iota\nabla^{\mathrm{T}}\overline{H}(X(t))\overline{g}(X)\overline{g}^{\mathrm{T}}(X)\nabla\overline{H}(X(t))$$

$$=-\iota\nabla^{\mathrm{T}}H(x(t))g_2(x)g_2^{\mathrm{T}}(x)\nabla H(x(t))$$

$$\leqslant-\lambda_{\min}\{g_2(x)g_2^{\mathrm{T}}(x)\}\nabla^{\mathrm{T}}H(x)\nabla H(x)\leqslant-\varpi l_2(\|x\|) \tag{6.25}$$

其中, $\varpi=\lambda_{\min}(\{g_2(x)g_2^{\mathrm{T}}(x)\})>0$, 这样有

$$\dot{V}(X(t))\leqslant-\varpi l_2(\|x\|) \tag{6.26}$$

根据定理 2-1, 可得闭环系统 (6.13) 在 $w=0$ 时渐近稳定, 证毕。

在定理 6-1, 得到了一个全局结果, 且是时滞无关的, 下面提出一个时滞相关的结果。

定理 6-2 在假设 6-1 和假设 6-2 下, 考虑系统 (6.1) 和观测器 (6.5), 对给定的 $\gamma>0$, 若存在适当维数的常矩阵 P、Z、正数 ι 和矩阵 $K(\hat{x})$ 使得

$$\gamma^2-\iota^{-1}\geqslant 0 \tag{6.27}$$

$$\Theta_2:=\begin{bmatrix}E+P+h^2Z+\iota\overline{g}(X)\overline{g}^{\mathrm{T}}(X) & F(X) & 0\\ F^{\mathrm{T}}(X) & -P & 0\\ 0 & 0 & -Z\end{bmatrix}\leqslant 0 \tag{6.28}$$

则系统基于观测器的一个 H_∞ 镇定控制器可以设计为

$$u=-K(\hat{x})\nabla H(\hat{x}(t))+v \tag{6.29}$$

$$v=-\Lambda[y(t)-\hat{y}(t)] \tag{6.30}$$

其中, E、P 以及 Λ 同于定理 6-1。

证明：构造李雅普诺夫泛函如下

$$V(X(t)) = V_1 + V_2 + V_3 \tag{6.31}$$

其中, $V_1 = 2\overline{H}(X(t))$, $V_2 = \displaystyle\int_{t-h}^{t} \nabla^{\mathrm{T}}\overline{H}(X(\tau))P\nabla\overline{H}(X(\tau))\mathrm{d}\tau$, $V_3 = h\displaystyle\int_{-h}^{0}\int_{t+\beta}^{t}$
$\nabla^{\mathrm{T}}\overline{H}(X(\alpha))Z\nabla\overline{H}(X(\alpha))\mathrm{d}\alpha\mathrm{d}\beta$, 并令

$$Q(X(t)) = V(X(t)) + \int_{0}^{t} (\|z(s)\|^2 - \gamma^2 \|w(s)\|^2)\mathrm{d}s \tag{6.32}$$

首先, 证明 $Q(X(t)) \leqslant 0$, 即

$$\int_{0}^{t} \|z(s)\|^2 \,\mathrm{d}s \leqslant \gamma^2 \int_{0}^{t} \|w(s)\|^2 \,\mathrm{d}s \tag{6.33}$$

类似于定理 6-1, 能够得到闭环系统 (6.13)。

沿着系统 (6.13) 的轨道计算 $V(X(t))$ 的导数, 有

$$
\begin{aligned}
\dot{V}_1 \leqslant\ & \nabla^{\mathrm{T}}H(x(t))[A_1(x) + A_1^{\mathrm{T}}(x) - \frac{1}{\gamma^2}g_1(x)g_1^{\mathrm{T}}(x)]\nabla H(x(t)) \\
& + \nabla^{\mathrm{T}}H(\hat{x}(t))[A_1(\hat{x}) + A_1^{\mathrm{T}}(\hat{x}) + g_1(\hat{x})\rho^{\mathrm{T}}\rho g_1^{\mathrm{T}}(\hat{x}) + \frac{1}{\gamma^2}g_1(\hat{x})g_1^{\mathrm{T}}(\hat{x}) \\
& - 2K^{\mathrm{T}}(\hat{x})g_1^{\mathrm{T}}(\hat{x}) - 2g_1(\hat{x})K(\hat{x})]\nabla H(\hat{x}(t)) \\
& + 2\nabla^{\mathrm{T}}\overline{H}(X(t))F(X)\nabla\overline{H}(X(t-h)) \\
& + \iota^{-1}w^{\mathrm{T}}w + \iota\nabla^{\mathrm{T}}\overline{H}(X(t))\bar{g}(X)\bar{g}^{\mathrm{T}}(X)\nabla\overline{H}(X(t)) - \|z(t)\|^2 \tag{6.34}
\end{aligned}
$$

$$\dot{V}_2 = \nabla^{\mathrm{T}}\overline{H}(X(t))P\nabla\overline{H}(X(t)) - \nabla^{\mathrm{T}}\overline{H}(X(t-h))P\nabla\overline{H}(X(t-h)) \tag{6.35}$$

对 V_3 的导数, 用引理 2-7, 可得

$$
\begin{aligned}
\dot{V}_3 =\ & h^2\nabla^{\mathrm{T}}\overline{H}(X(t))Z\nabla\overline{H}(X(t)) - h\int_{t-h}^{t} \nabla^{\mathrm{T}}\overline{H}(X(\alpha))Z\nabla\overline{H}(X(\alpha))\mathrm{d}\alpha \\
\leqslant\ & h^2\nabla^{\mathrm{T}}\overline{H}(X(t))Z\nabla\overline{H}(X(t)) - \int_{t-h}^{t} \nabla^{\mathrm{T}}\overline{H}(X(\alpha))\mathrm{d}\alpha Z \int_{t-h}^{t} \nabla\overline{H}(X(\alpha))\mathrm{d}\alpha \tag{6.36}
\end{aligned}
$$

代 $\dot{V}_1$、$\dot{V}_2$ 和 $\dot{V}_3$ 进入 $\dot{V}$, 易得

$$
\begin{aligned}
\dot{V} \leqslant\ & \nabla^{\mathrm{T}}H(x(t))[A_1(x) + A_1^{\mathrm{T}}(x) - \frac{1}{\gamma^2}g_1(x)g_1^{\mathrm{T}}(x)]\nabla H(x(t)) \\
& + \nabla^{\mathrm{T}}H(\hat{x}(t))[A_1(\hat{x}) + A_1^{\mathrm{T}}(\hat{x}) + g_1(\hat{x})\rho^{\mathrm{T}}\rho g_1^{\mathrm{T}}(\hat{x}) + \frac{1}{\gamma^2}g_1(\hat{x})g_1^{\mathrm{T}}(\hat{x})
\end{aligned}
$$

$$-2K^{\mathrm{T}}(\hat{x})g_1^{\mathrm{T}}(\hat{x}) - 2g_1(\hat{x})K(\hat{x})]\nabla H(\hat{x}(t)) + 2\nabla^{\mathrm{T}}\overline{H}(X(t))F(X)\nabla\overline{H}(X(t-h))$$

$$+\iota\nabla^{\mathrm{T}}\overline{H}(X(t))\overline{g}(X)\overline{g}^{\mathrm{T}}(X)\nabla\overline{H}(X(t)) + \iota^{-1}w^{\mathrm{T}}w$$

$$+\nabla^{\mathrm{T}}\overline{H}(X(t))P\nabla\overline{H}(X(t)) - \nabla^{\mathrm{T}}\overline{H}(X(t-h))P\nabla\overline{H}(X(t-h)) - \|z(t)\|^2$$

$$+h^2\nabla^{\mathrm{T}}\overline{H}(X(t))Z\nabla\overline{H}(X(t))$$

$$-\int_{t-h}^{t}\nabla^{\mathrm{T}}\overline{H}(X(\alpha))\mathrm{d}\alpha Z \int_{t-h}^{t}\nabla\overline{H}(X(\alpha))\mathrm{d}\alpha \tag{6.37}$$

由此, 并计算 $Q(X(t))$ 的导数, 得到

$$\dot{Q}(X(t)) \leqslant \nabla^{\mathrm{T}}H(x(t))[A_1(x) + A_1^{\mathrm{T}}(x) - \frac{1}{\gamma^2}g_1(x)g_1^{\mathrm{T}}(x)]\nabla H(x(t))$$

$$+\nabla^{\mathrm{T}}H(\hat{x}(t))[A_1(\hat{x}) + A_1^{\mathrm{T}}(\hat{x}) + g_1(\hat{x})\rho^{\mathrm{T}}\rho g_1^{\mathrm{T}}(\hat{x})$$

$$+\frac{1}{\gamma^2}g_1(\hat{x})g_1^{\mathrm{T}}(\hat{x}) - 2K^{\mathrm{T}}(\hat{x})g_1^{\mathrm{T}}(\hat{x})$$

$$-2g_1(\hat{x})K(\hat{x})]\nabla H(\hat{x}(t)) + 2\nabla^{\mathrm{T}}\overline{H}(X(t))F(X)\nabla\overline{H}(X(t-h))$$

$$+\iota\nabla^{\mathrm{T}}\overline{H}(X(t))\overline{g}(X)\overline{g}^{\mathrm{T}}(X)\nabla\overline{H}(X(t)) + \iota^{-1}w^{\mathrm{T}}w - \gamma^2 w^{\mathrm{T}}w$$

$$+\nabla^{\mathrm{T}}\overline{H}(X(t))P\nabla\overline{H}(X(t)) - \nabla^{\mathrm{T}}\overline{H}(X(t-h))P\nabla\overline{H}(X(t-h))$$

$$+h^2\nabla^{\mathrm{T}}\overline{H}(X(t))Z\nabla\overline{H}(X(t))$$

$$-\int_{t-h}^{t}\nabla^{\mathrm{T}}\overline{H}(X(\alpha))\mathrm{d}\alpha Z \int_{t-h}^{t}\nabla\overline{H}(X(\alpha))\mathrm{d}\alpha$$

$$=\nabla^{\mathrm{T}}\overline{H}(X(t))E\nabla\overline{H}(X(t)) + 2\nabla^{\mathrm{T}}\overline{H}(X(t))F(X)\nabla\overline{H}(X(t-h))$$

$$+\nabla^{\mathrm{T}}\overline{H}(X(t))P\nabla\overline{H}(X(t)) - \nabla^{\mathrm{T}}\overline{H}(X(t-h))P\nabla\overline{H}(X(t-h))$$

$$+\iota\nabla^{\mathrm{T}}\overline{H}(X(t))\overline{g}\overline{g}^{\mathrm{T}}\nabla\overline{H}(X(t)) + \iota^{-1}w^{\mathrm{T}}w - \gamma^2 w^{\mathrm{T}}w$$

$$+h^2\nabla^{\mathrm{T}}\overline{H}(X(t))Z\nabla\overline{H}(X(t))$$

$$-\int_{t-h}^{t}\nabla^{\mathrm{T}}\overline{H}(X(\alpha))\mathrm{d}\alpha Z \int_{t-h}^{t}\nabla\overline{H}(X(\alpha))\mathrm{d}\alpha$$

$$=-(\gamma^2 - \iota^{-1})w^{\mathrm{T}}w + \zeta^{\mathrm{T}}(t)\Theta_2\zeta(t) \tag{6.38}$$

其中, $\zeta(t) = \left[\nabla^{\mathrm{T}}\overline{H}(X(t)), \nabla^{\mathrm{T}}\overline{H}(X(t-h)), \displaystyle\int_{t-h}^{t}\nabla^{\mathrm{T}}\overline{H}(X(\alpha))\mathrm{d}\alpha\right]^{\mathrm{T}}$。

这样 $\dot{Q}(X(t)) \leqslant 0$, 从 0 到 t 积分式 (6.38), 并用零状态响应, 得到

$$V(X(t)) + \int_0^t (\|z(s)\|^2 - \gamma^2 \|w(s)\|^2)\mathrm{d}s \leqslant 0 \tag{6.39}$$

由此及 $V(X(t)) \geqslant 0$, 有 $\displaystyle\int_0^t \|z(s)\|^2 \mathrm{d}s \leqslant \gamma^2 \int_0^t \|w(s)\|^2 \mathrm{d}s$, 即式 (6.33) 成立。

其余的证明同于定理 6-1 的证明, 可得定理 6-2 成立, 证毕。

6.2.2　基于观测器的自适应鲁棒镇定控制

本节研究基于观测器的自适应鲁棒镇定问题, 为此考虑如下含有不确定量的系统

$$\begin{cases} \dot{x}(t) = A_1(x,q)\nabla H(x,q) + A_2(x,\tilde{x})\nabla H(\tilde{x}) + g_1(x)u + g_2(x)w \\ y(t) = g_1(x)^{\mathrm{T}}\nabla H(x(t)) \end{cases} \tag{6.40}$$

本节假设 q 是有界不确定常向量, 且 $\nabla H(x,q) = \nabla H(x) + \Delta_H(x,q)$, 首先给出关于系统的一个假设。

假设 6-3　假设存在适当维数的矩阵 Φ 使得

$$A_1(x,q)\Delta_H(x,q) = g_1(x)\Phi\theta \tag{6.41}$$

对 $x \in \Omega$ 成立, 其中 θ 是关于 q 的一个常向量。

在假设 6-3 下, 系统 (6.40) 可转化为

$$\begin{cases} \dot{x}(t) = A_1(x,q)\nabla H(x(t)) + A_2(x,\tilde{x})\nabla H(\tilde{x}) + g_1(x)u + g_2(x)w + g_1(x)\Phi\theta \\ y(t) = g_1^{\mathrm{T}}(x)\nabla H(x(t)) \end{cases} \tag{6.42}$$

设计其观测器如下

$$\begin{cases} \dot{\hat{x}}(t) = A_1(\hat{x})\nabla H(\hat{x}(t)) + A_2(\hat{x},\tilde{\hat{x}})\nabla H(\tilde{\hat{x}}) \\ \qquad\quad + K^{\mathrm{T}}(\hat{x})[y(t) - \hat{y}(t)] + g_1(\hat{x})u + g_1(\hat{x})\Phi\hat{\theta} \\ \hat{y} = g_1^{\mathrm{T}}(\hat{x})\nabla H(\hat{x}(t)) \end{cases} \tag{6.43}$$

由此和系统 (6.42), 得到

$$\dot{X}(t) = \overline{B}(X,q)\nabla\overline{H}(X(t)) + F(X)\nabla\overline{H}(X(t-h)) + \begin{bmatrix} g_1(x)\Phi\theta \\ g_1(\hat{x})\Phi\hat{\theta} \end{bmatrix} + \overline{g}_1(X)u + \overline{g}(X)w \tag{6.44}$$

其中, $\overline{B}(X,q) = \begin{bmatrix} A_1(x,q) & 0 \\ K^{\mathrm{T}}(\hat{x})g_1^{\mathrm{T}}(x) & A_1(\hat{x}) - K^{\mathrm{T}}(\hat{x})g_1^{\mathrm{T}}(\hat{x}) \end{bmatrix}$, $F(X) = \begin{bmatrix} A_2(x,\tilde{x}) \\ 0 \end{bmatrix}$

$\begin{bmatrix} 0 \\ A_2(\hat{x},\tilde{\hat{x}}) \end{bmatrix}$, $\overline{g}_1(X) = \begin{bmatrix} g_1(x) \\ g_1(\hat{x}) \end{bmatrix}$。

系统 (6.44) 基于观测器的自适应鲁棒镇定是: 设计控制器 $u = a(\hat{x}, y, \hat{\theta})$ 使得系统 (6.44) 当 $w = 0$ 时是自适应镇定的, 而且对任意非零的 $w \in \Psi$, 其闭环系统的零状态响应 $(\phi(s) = 0, w(s) = 0, \hat{\theta}(s) = 0, \theta(s) = 0, s \in [-h,0])$ 满足

$$\int_0^t \|z(s)\|^2 \,\mathrm{d}s \leqslant \gamma^2 \int_0^t \|w(s)\|^2 \,\mathrm{d}s, \quad \infty > t > 0 \tag{6.45}$$

对系统 (6.44) 的基于观测器的自适应鲁棒镇定问题, 有如下结果。

定理 6-3 在假设 6-1、假设 6-2 和假设 6-3 下, 考虑系统 (6.44), 对给定的 $\gamma > 0$, 若存在适当维数的正定对称矩阵 P、Z、正实数 ι 以及矩阵 $K(\hat{x})$ 使得

$$\gamma^2 - \iota^{-1} \geqslant 0 \tag{6.46}$$

$$\Theta_4 := \begin{bmatrix} N + P + h^2 Z + \iota \overline{g}(X)\overline{g}^{\mathrm{T}}(X) & F(X) & 0 \\ F^{\mathrm{T}}(X) & -P & 0 \\ 0 & 0 & -Z \end{bmatrix} \leqslant 0 \tag{6.47}$$

其中, $N = \mathrm{Diag}\{N_{11}, N_{22}\}$, $N_{11} = A_1(x, q) + A_1^{\mathrm{T}}(x, q) - \dfrac{1}{\gamma^2} g_1(x) g_1^{\mathrm{T}}(x)$, $N_{22} = A_1(\hat{x}) + A_1^{\mathrm{T}}(\hat{x}) + g_1(\hat{x})\rho^{\mathrm{T}}\rho g_1^{\mathrm{T}}(\hat{x}) + \dfrac{1}{\gamma^2} g_1(\hat{x}) g_1^{\mathrm{T}}(\hat{x}) - 2K^{\mathrm{T}}(\hat{x}) g_1^{\mathrm{T}}(\hat{x}) - 2g_1(\hat{x})K(\hat{x})$, 则系统 (6.44) 基于观测器的一个自适应 H_∞ 镇定控制器可以设计为

$$u = -K(\hat{x})\nabla H(\hat{x}(t)) + v - \Phi\hat{\theta} \tag{6.48}$$

$$v = -\Lambda[y(t) - \hat{y}(t)] \tag{6.49}$$

$$\dot{\hat{\theta}} = \Gamma \Phi^{\mathrm{T}} G^{\mathrm{T}}(X)\nabla\overline{H}(X(t)) \tag{6.50}$$

其中, $\Lambda = \dfrac{\rho^{\mathrm{T}}\rho}{2} + \dfrac{1}{2\gamma^2}$, Γ 是权矩阵, 且 $G(X) = [g_1^{\mathrm{T}}(x),\ 0]^{\mathrm{T}}$。

证明: 将式 (6.48)~ 式 (6.50) 代入式 (6.44), 可以得到

$$\dot{X}(t) = B(X, q)\nabla\overline{H}(X(t)) + F(X)\nabla\overline{H}(X(t - h)) + \overline{g}(X)w + G(X)\Phi\tilde{\theta} \tag{6.51}$$

其中, $\tilde{\theta} = \theta - \hat{\theta}$, B_{12}、B_{21}、B_{22} 同于定理 6-2

$$B(X, q) = \begin{bmatrix} B_{11} & B_{12} \\ B_{21} & B_{22} \end{bmatrix},\ F(X) = \begin{bmatrix} A_2(x, \tilde{x}) & 0 \\ 0 & A_2(\hat{x}, \hat{\tilde{x}}) \end{bmatrix}$$

$$B_{11} = A_1(x, q) - \frac{1}{2} g_1(x)\rho^{\mathrm{T}}\rho g_1^{\mathrm{T}}(x) - \frac{1}{2\gamma^2} g_1(x) g_1^{\mathrm{T}}(x)$$

构造李雅普诺夫泛函如下

$$V(X(t)) = V_1 + V_2 + V_3 \tag{6.52}$$

其中, V_1、V_2、V_3 同于定理 6-2 且令

$$Q(X(t)) = V(X(t)) + (\theta - \hat{\theta})^{\mathrm{T}}\Gamma^{-1}(\theta - \hat{\theta}) + \int_0^t (\|z(s)\|^2 - \gamma^2\|w(s)\|^2)\mathrm{d}s \tag{6.53}$$

下面表明

$$\int_0^t \|z(s)\|^2 \, \mathrm{d}s \leqslant \gamma^2 \int_0^t \|w(s)\|^2 \, \mathrm{d}s \tag{6.54}$$

沿着系统 (6.51) 的轨道计算 V_1 的导数, 可得

$$
\begin{aligned}
\dot{V}_1 &= 2\nabla^{\mathrm{T}}\overline{H}(X(t))B(X,q)\nabla\overline{H}(X(t)) + 2\nabla^{\mathrm{T}}\overline{H}(X(t))F(X)\nabla\overline{H}(X(t-h)) \\
&\quad + 2\nabla^{\mathrm{T}}\overline{H}(X(t))\overline{g}(X)w + 2\nabla^{\mathrm{T}}\overline{H}(X(t))G(X)\varPhi\tilde{\theta} \\
&= \nabla^{\mathrm{T}}\overline{H}(X(t))[B(X,q) + B^{\mathrm{T}}(X,q)]\nabla\overline{H}(X(t)) + 2\nabla^{\mathrm{T}}\overline{H}(X(t))G(X)\varPhi\tilde{\theta} \\
&\quad + 2\nabla^{\mathrm{T}}\overline{H}(X(t))F(X)\nabla\overline{H}(X(t-h)) + 2\nabla^{\mathrm{T}}\overline{H}(X(t))\overline{g}(X)w \tag{6.55}
\end{aligned}
$$

注意 $B(X,q) = \begin{bmatrix} B_{11} & B_{12} \\ B_{21} & B_{22} \end{bmatrix}$ 和 $B_{12} = -B_{21}^{\mathrm{T}}$, 可得

$$B(X,q) + B^{\mathrm{T}}(X,q) = \mathrm{Diag}\{B_{11} + B_{11}^{\mathrm{T}}, B_{22} + B_{22}^{\mathrm{T}}\}$$

$$B_{11} + B_{11}^{\mathrm{T}} = A_1(x,q) + A_1^{\mathrm{T}}(x,q) - g_1(x)\rho^{\mathrm{T}}\rho g_1^{\mathrm{T}}(x) - \frac{1}{\gamma^2}g_1(x)g_1^{\mathrm{T}}(x)$$

$$
\begin{aligned}
B_{22} + B_{22}^{\mathrm{T}} &= A_1(\hat{x}) + A_1^{\mathrm{T}}(\hat{x}) + g_1(\hat{x})\rho^{\mathrm{T}}\rho g_1^{\mathrm{T}}(\hat{x}) \\
&\quad + \frac{1}{\gamma^2}g_1(\hat{x})g_1^{\mathrm{T}}(\hat{x}) - 2K^{\mathrm{T}}(\hat{x})g_1^{\mathrm{T}}(\hat{x}) - 2g_1(\hat{x})K(\hat{x})
\end{aligned}
$$

由此及 $z = \rho g_1^{\mathrm{T}}(x)\nabla H(x(t))$ 和式 (6.55), 得到

$$
\begin{aligned}
\dot{V}_1 &= \nabla^{\mathrm{T}}H(x(t))[A_1(x,q) + A_1^{\mathrm{T}}(x,q) - g_1(x)\rho^{\mathrm{T}}\rho g_1^{\mathrm{T}}(x) - \frac{1}{\gamma^2}g_1(x)g_1^{\mathrm{T}}(x)]\nabla H(x(t)) \\
&\quad + \nabla^{\mathrm{T}}H(\hat{x}(t))[A_1(\hat{x}) + A_1^{\mathrm{T}}(\hat{x}) + g_1(\hat{x})\rho^{\mathrm{T}}\rho g_1^{\mathrm{T}}(\hat{x}) + \frac{1}{\gamma^2}g_1(\hat{x})g_1^{\mathrm{T}}(\hat{x}) \\
&\quad - 2K^{\mathrm{T}}(x)g_1^{\mathrm{T}}(\hat{x}) - 2g_1(\hat{x})K(x)]\nabla H(\hat{x}(t)) + 2\nabla^{\mathrm{T}}\overline{H}(X(t))F(X)\nabla\overline{H}(X(t-h)) \\
&\quad + 2\nabla^{\mathrm{T}}\overline{H}(X(t))\overline{g}(X)w + 2\nabla^{\mathrm{T}}\overline{H}(X(t))G((X)\varPhi\tilde{\theta} \\
&\leqslant \nabla^{\mathrm{T}}H(x(t))[A_1(x,q) + A_1^{\mathrm{T}}(x,q) - \frac{1}{\gamma^2}g_1(x)g_1^{\mathrm{T}}(x)]\nabla H(x(t)) - \|z(t)\|^2 \\
&\quad + \nabla^{\mathrm{T}}H(\hat{x}(t))[A_1(\hat{x}) + A_1^{\mathrm{T}}(\hat{x}) + g_1(\hat{x})\rho^{\mathrm{T}}\rho g_1^{\mathrm{T}}(\hat{x}) + \frac{1}{\gamma^2}g_1(\hat{x})g_1^{\mathrm{T}}(\hat{x}) \\
&\quad - 2K^{\mathrm{T}}(\hat{x})g_1^{\mathrm{T}}(\hat{x}) - 2g_1(\hat{x})K(\hat{x})]\nabla H(\hat{x}(t)) + 2\nabla^{\mathrm{T}}\overline{H}(X(t))F(X)\nabla\overline{H}(X(t-h)) \\
&\quad + \iota\nabla^{\mathrm{T}}\overline{H}(X(t))\overline{g}(X)\overline{g}^{\mathrm{T}}(X)\nabla\overline{H}(X(t)) + \iota^{-1}w^{\mathrm{T}}w \\
&\quad + 2\nabla^{\mathrm{T}}\overline{H}(X(t))G(X)\varPhi\tilde{\theta} \tag{6.56}
\end{aligned}
$$

同于定理 6-2, 可得

$$\dot{V}_2 = \nabla^{\mathrm{T}}\overline{H}(X(t))P\nabla\overline{H}(X(t)) - \nabla^{\mathrm{T}}\overline{H}(X(t-h))P\nabla\overline{H}(X(t-h)) \tag{6.57}$$

$$\dot{V}_3 \leqslant h^2\nabla^{\mathrm{T}}\overline{H}(X(t))Z\nabla\overline{H}(X(t))$$
$$- \int_{t-h}^{t}\nabla^{\mathrm{T}}\overline{H}(X(\alpha))\mathrm{d}\alpha Z \int_{t-h}^{t}\nabla\overline{H}(X(\alpha))\mathrm{d}\alpha \tag{6.58}$$

计算 $Q(X)$ 的导数, 得到

$$\dot{Q}(X(t)) = \dot{V}(t,X(t)) + \|z(t)\|^2 - \gamma^2\|w(t)\|^2 - 2(\theta - \hat{\theta})^{\mathrm{T}}\varGamma^{-1}\dot{\hat{\theta}} \tag{6.59}$$

注意 $\dot{\hat{\theta}} = \varGamma\varPhi^{\mathrm{T}}G^{\mathrm{T}}(X)\nabla\overline{H}(X(t))$, 由式 (6.56)~ 式 (6.59) 和 $\theta - \hat{\theta} = \tilde{\theta}$, 可得

$$\dot{Q}(X(t)) \leqslant \nabla^{\mathrm{T}}H(x(t))[A_1(x,q) + A_1^{\mathrm{T}}(x,q) - \frac{1}{\gamma^2}g_1(x)g_1^{\mathrm{T}}(x)]\nabla H(x(t))$$
$$+ \nabla^{\mathrm{T}}H(\hat{x}(t))[A_1(\hat{x}) + A_1^{\mathrm{T}}(\hat{x}) + g_1(\hat{x})\rho^{\mathrm{T}}\rho g_1^{\mathrm{T}}(\hat{x}) + \frac{1}{\gamma^2}g_1(\hat{x})g_1^{\mathrm{T}}(\hat{x})$$
$$- 2K^{\mathrm{T}}(\hat{x})g_1^{\mathrm{T}}(\hat{x}) - 2g_1(\hat{x})K(\hat{x})]\nabla H(\hat{x}(t))$$
$$+ 2\nabla^{\mathrm{T}}\overline{H}(X(t))F(X)\nabla\overline{H}(X(t-h))$$
$$+ \iota\nabla^{\mathrm{T}}\overline{H}(X(t))\overline{g}(X)\overline{g}^{\mathrm{T}}(X)\nabla\overline{H}(X(t)) + \iota^{-1}w^{\mathrm{T}}w - \gamma^2 w^{\mathrm{T}}w$$
$$+ \nabla^{\mathrm{T}}\overline{H}(X(t))P\nabla\overline{H}(X(t)) - \nabla^{\mathrm{T}}\overline{H}(X(t-h))P\nabla\overline{H}(X(t-h))$$
$$+ h^2\nabla^{\mathrm{T}}\overline{H}(X(t))Z\nabla\overline{H}(X(t))$$
$$- \int_{t-h}^{t}\nabla^{\mathrm{T}}\overline{H}(X(\alpha))\mathrm{d}\alpha Z \int_{t-h}^{t}\nabla\overline{H}(X(\alpha))\mathrm{d}\alpha$$
$$+ 2\nabla^{\mathrm{T}}\overline{H}(X(t))G(X)\varPhi\tilde{\theta} - 2(\theta - \hat{\theta})^{\mathrm{T}}\varGamma^{-1}\dot{\hat{\theta}}$$
$$= \nabla^{\mathrm{T}}\overline{H}(X(t))N\nabla\overline{H}(X(t)) + 2\nabla^{\mathrm{T}}\overline{H}(X(t))F(X)\nabla\overline{H}(X(t-h))$$
$$+ \nabla^{\mathrm{T}}\overline{H}(X(t))P\nabla\overline{H}(X(t)) - \nabla^{\mathrm{T}}\overline{H}(X(t-h))P\nabla\overline{H}(X(t-h))$$
$$+ \iota\nabla^{\mathrm{T}}\overline{H}(X(t))\overline{gg}^{\mathrm{T}}\nabla\overline{H}(X(t)) + \iota^{-1}w^{\mathrm{T}}w - \gamma^2 w^{\mathrm{T}}w$$
$$+ h^2\nabla^{\mathrm{T}}\overline{H}(X(t))Z\nabla\overline{H}(X(t))$$
$$- \int_{t-h}^{t}\nabla^{\mathrm{T}}\overline{H}(X(\alpha))\mathrm{d}\alpha Z \int_{t-h}^{t}\nabla\overline{H}(X(\alpha))\mathrm{d}\alpha$$
$$= -(\gamma^2 - \iota^{-1})w^{\mathrm{T}}w + \zeta^{\mathrm{T}}(t)\varTheta_4\zeta(t) \tag{6.60}$$

其中, $\zeta(t) = \left[\nabla^{\mathrm{T}}\overline{H}(X(t)), \nabla^{\mathrm{T}}\overline{H}(X(t-h)), \int_{t-h}^{t}\nabla^{\mathrm{T}}\overline{H}(X(\alpha))\mathrm{d}\alpha\right]^{\mathrm{T}}$。

根据定理的条件, 易得 $\dot{Q}(X(t)) \leqslant 0$, 同于定理 6-1 的证明可得式 (6.45) 成立。其次, 证明闭环系统 (6.51) 当 $w = 0$ 时收敛到 0。在 $w = 0$ 时, 系统可表达为

$$\dot{X}(t) = B(X, q)\nabla \overline{H}(X(t)) + F(X)\nabla \overline{H}(X(t-h)) + G(X)\Phi\tilde{\theta} \tag{6.61}$$

构建李雅普诺夫泛函如下

$$V(X(t)) = V_1 + V_2 + V_3 + (\theta - \hat{\theta})^{\mathrm{T}}\Gamma^{-1}(\theta - \hat{\theta}) \tag{6.62}$$

计算 $V(X(t))$ 的导数, 得到

$$
\begin{aligned}
\dot{V}(X(t)) \leqslant &\ \nabla^{\mathrm{T}}H(x(t))[A_1(x,q) + A_1^{\mathrm{T}}(x,q) - \frac{1}{\gamma^2}g_1(x)g_1^{\mathrm{T}}(x)]\nabla H(x(t)) \\
&+ \nabla^{\mathrm{T}}H(\hat{x}(t))[A_1(\hat{x}) + A_1^{\mathrm{T}}(\hat{x}) + g_1(\hat{x})\rho^{\mathrm{T}}\rho g_1^{\mathrm{T}}(\hat{x}) + \frac{1}{\gamma^2}g_1(\hat{x})g_1^{\mathrm{T}}(\hat{x}) \\
&- 2K^{\mathrm{T}}(\hat{x})g_1^{\mathrm{T}}(\hat{x}) - 2g_1(\hat{x})K(\hat{x})]\nabla H(\hat{x}(t)) \\
&+ 2\nabla^{\mathrm{T}}\overline{H}(X(t))F(X)\nabla \overline{H}(X(t-h)) \\
&+ \nabla^{\mathrm{T}}\overline{H}(X(t))P\nabla \overline{H}(X(t)) - \nabla^{\mathrm{T}}\overline{H}(X(t-h))P\nabla \overline{H}(X(t-h)) \\
&+ h^2\nabla^{\mathrm{T}}\overline{H}(X(t))Z\nabla \overline{H}(X(t)) \\
&- \int_{t-h}^{t}\nabla^{\mathrm{T}}\overline{H}(X(\alpha))\mathrm{d}\alpha Z \int_{t-h}^{t}\nabla \overline{H}(X(\alpha))\mathrm{d}\alpha \\
&+ 2\nabla^{\mathrm{T}}\overline{H}(X(t))G(X)\Phi\tilde{\theta} - 2(\theta - \hat{\theta})^{\mathrm{T}}\Gamma^{-1}\dot{\hat{\theta}} - \|z(t)\|^2 \\
= &\ \nabla^{\mathrm{T}}\overline{H}(X(t))N\nabla \overline{H}(X(t)) + 2\nabla^{\mathrm{T}}\overline{H}(X(t))F(X)\nabla \overline{H}(X(t-h)) \\
&+ \nabla^{\mathrm{T}}\overline{H}(X(t))P\nabla \overline{H}(X(t)) - \nabla^{\mathrm{T}}\overline{H}(X(t-h))P\nabla \overline{H}(X(t-h)) \\
&- \|z(t)\|^2 + h^2\nabla^{\mathrm{T}}\overline{H}(X(t))Z\nabla \overline{H}(X(t)) \\
&- \int_{t-h}^{t}\nabla^{\mathrm{T}}\overline{H}(X(\alpha))\mathrm{d}\alpha Z \int_{t-h}^{t}\nabla \overline{H}(X(\alpha))\mathrm{d}\alpha \\
= &\ \xi^{\mathrm{T}}(t)\Theta_4\xi(t) - \iota\nabla^{\mathrm{T}}\overline{H}(X(t))\overline{g}(X)\overline{g}^{\mathrm{T}}(X)\nabla \overline{H}(X(t) - \|z(t)\|^2 \tag{6.63}
\end{aligned}
$$

其余的证明同于定理 6-1, 因此省略, 证毕。

6.3　基于观测器的有限时间镇定控制

6.3.1　基于观测器的有限时间鲁棒镇定控制

本节研究一类一般形式非线性时滞系统基于观测器的有限时间鲁棒镇定问题。通过应用正交线性化和向量场分解方法, 首先建立原系统的一个等价哈密顿

结构形式, 据此研究该类系统基于观测器的有限时间鲁棒镇定以及自适应鲁棒镇定结果. 相较于 6.2 节, 本节研究的系统更一般, 相应所得的结果适用范围更广泛.

考虑如下非线性时滞系统

$$\begin{cases} \dot{x}(t) = f(x(t)) + \zeta(x(t))p(x(t-h)) + g(x(t))u + q(x(t))w \\ x(\tau) = \phi(\tau), \quad \forall \tau \in [-h,\ 0] \end{cases} \tag{6.64}$$

其中, $x(t) \in \Omega$ 是状态向量, Ω 是原点某一邻域, $f(x) \in \mathbb{R}^n$ 是连续向量场, $p(x) \in \mathbb{R}^n$ 是光滑的向量场满足 $f(0) = 0$ 和 $p(0) = 0$, $\zeta(x) \in \mathbb{R}^{n \times n}$ ($\zeta(0) = 0$), $g(x) \in \mathbb{R}^{n \times m}$ 和 $q(x) \in \mathbb{R}^{n \times q}$ 是适当维数的权矩阵, $h > 0$ 是时滞常数, $\phi(\tau)$ 是向量初值函数, u 和 w 分别是控制输入和外部干扰.

本节同于文献 [9], 假设原点是系统 (6.64) 的唯一平衡点, 且 $g(x)$ 有满列秩.

现在考虑系统 (6.64), 由于 $p(x)$ 是光滑的, 基于引理 2-2, 可以表达为 $p(x) = l(x)\nabla_x \bar{H}(x)$, 这样系统 (6.64) 可等价表示为

$$\begin{cases} \dot{x}(t) = f(x) + \bar{B}(x, \tilde{x})\nabla_{\tilde{x}} \bar{H}(\tilde{x}) + g(x)u + q(x)w \\ x(\tau) = \phi(\tau), \quad \forall \tau \in [-h,\ 0] \end{cases} \tag{6.65}$$

其中, $\tilde{x} := x(t-h)$, $\bar{B}(x, \tilde{x}) := \zeta(x)l(\tilde{x})$.

对 $f(x)$, 用引理 2-12 (也可以根据系统的特征, 应用其他的实现方法), 可以分解 $f(x)$ 为

$$f(x) = \frac{\langle f(x),\ \nabla_x \bar{H}(x)\rangle}{\|\nabla_x \bar{H}(x)\|^2}\nabla_x \bar{H}(x) + z_1(x) \tag{6.66}$$

这里, $z_1(x) = f(x) - \dfrac{\langle f(x),\ \nabla_x \bar{H}(x)\rangle}{\|\nabla_x \bar{H}(x)\|^2}\nabla_x \bar{H}(x)$. 很明显

$$\langle z_1(x),\ \nabla_x \bar{H}(x)\rangle = \langle f(x),\ \nabla_x \bar{H}(x)\rangle - \frac{\langle f(x),\ \nabla_x \bar{H}(x)\rangle}{\|\nabla_x \bar{H}(x)\|^2} \| \nabla_x \bar{H}(x) \|^2 = 0$$

即 $z_1(x) \perp \nabla_x \bar{H}(x)$.

因此, 得到了系统 (6.64) 的一个等价哈密顿形式

$$\begin{cases} \dot{x} = \bar{D}(x)\nabla_x \bar{H}(x) + \bar{B}(x, \tilde{x})\nabla_{\tilde{x}} \bar{H}(\tilde{x}) + g(x)u + q(x)w + z_1(x) \\ x(\tau) = \phi(\tau), \quad \forall \tau \in [-h,\ 0] \end{cases} \tag{6.67}$$

其中, $\bar{D}(x) := \dfrac{\langle f(x),\ \nabla_x \bar{H}(x)\rangle}{\|\nabla_x \bar{H}(x)\|^2}I_n$.

由上可知系统 (6.64) 等价于系统 (6.67)。下面将用该等价形式研究系统 (6.64) 的基于观测器的鲁棒镇定问题。令

$$H(x) = \sum_{i=1}^{n} (x_i^2)^{\frac{\alpha}{2\alpha-1}}, \quad \alpha > 1 \tag{6.68}$$

这样, 为了建立系统 (6.64) 的有限时间鲁棒镇定结果, 需要用哈密顿函数 (6.68) 来表达系统 (6.64), 然而前面仅仅建立了一个等价哈密顿系统 (6.67) 同着 $\bar{H}(x)$ 而不是 $H(x)$, 下面在系统 (6.67) 中用 $H(x)$ 取代 $\bar{H}(x)$。

注意 $\bar{H}(\tilde{x})$ 是光滑的, 易得 $\nabla_{\tilde{x}}\bar{H}(\tilde{x})$ 也是光滑的。根据引理 2-5, 存在某些标量函数 $a_{ij}(\tilde{x})$ $(i, j = 1, \cdots, n)$ 使得 $\nabla_{\tilde{x}}\bar{H}(\tilde{x}) := M(\tilde{x})\tilde{x}$。由此, $H(x) = \sum_{i=1}^{n}(x_i^2)^{\frac{\alpha}{2\alpha-1}}(\alpha > 1)$, $\nabla_x H(x) = \frac{2\alpha}{2\alpha-1}[x_1^{\frac{1}{2\alpha-1}}, \cdots, x_n^{\frac{1}{2\alpha-1}}]^{\mathrm{T}}$, 并注意 $\frac{2\alpha-1}{2\alpha}\mathrm{Diag}\left\{x_1^{\frac{2\alpha-2}{2\alpha-1}}, \cdots, x_n^{\frac{2\alpha-2}{2\alpha-1}}\right\}\nabla_x H(x) = [x_1, \cdots, x_n]^{\mathrm{T}} = x$, 可以得到

$$\begin{aligned}
\bar{B}(x, \tilde{x})\nabla_{\tilde{x}}\bar{H}(\tilde{x}) &= \bar{B}(x, \tilde{x})M(\tilde{x})\tilde{x} \\
&= \bar{B}(x, \tilde{x})M(\tilde{x})\mathrm{Diag}\left\{\frac{2\alpha-1}{2\alpha}\tilde{x}_1^{\frac{2\alpha-2}{2\alpha-1}}, \cdots, \frac{2\alpha-1}{2\alpha}\tilde{x}_n^{\frac{2\alpha-2}{2\alpha-1}}\right\}\nabla_{\tilde{x}}H(\tilde{x}) \\
&:= B(x, \tilde{x})\nabla_{\tilde{x}}H(\tilde{x})
\end{aligned} \tag{6.69}$$

其中, $B(x, \tilde{x}) := \bar{B}(x, \tilde{x})M(\tilde{x})\mathrm{Diag}\left\{\frac{2\alpha-1}{2\alpha}\tilde{x}_1^{\frac{2\alpha-2}{2\alpha-1}}, \cdots, \frac{2\alpha-1}{2\alpha}\tilde{x}_n^{\frac{2\alpha-2}{2\alpha-1}}\right\}$。

另外, 选 $H(x)$ 作为一个哈密顿函数, 并用正交分解方法, 可以表达系统 (6.64) 中的 $f(x)$ 为 $D(x)\nabla_x H(x) + z_2(x)$, 同着这个和式 (6.69), 可得系统 (6.64) 的一个等价形式为

$$\dot{x} = D(x)\nabla_x H(x) + B(x, \tilde{x})\nabla_{\tilde{x}}H(\tilde{x}) + g(x)u + q(x)w + z_2(x) \tag{6.70}$$

为了设计系统 (6.70) 的观测器, 假设输出信号为 $y = g^{\mathrm{T}}(x)\nabla_x H(x)$。

注 6-1　现有文献中, 在基于哈密顿函数方法来研究有限时间问题时, 通常用能量整形方法来转化待研究的系统为 (6.68) 的哈密顿形式 (文献 [10] 和文献 [11])。然而在本节中, 因为系统的状态不可用, 不可能用传统的能量整形方法, 这是不同于现有文献研究的问题, 是本节的一个难点。另外, 值得指出的是, 本节为了发展一般的结果, 通过用正交分解方法, 把系统 (6.64) 转化为系统 (6.70)。事实上, 对某些具体的系统也可以采用其他的分解方法。

现在给出基于观测器的有限时间鲁棒镇定的定义。

设计一个如下的基于观测器的输出反馈控制器 $u = a(\hat{x}, y)$, 观测器系统为 $\dot{\hat{x}} = f(\hat{x}, y, u)$, 使得系统 (6.64) (或系统 (6.70)) 在这个控制器下当干扰 $w = 0$ 时

有限时间收敛到 0, 且对任意的 $w \in \Theta$ (这里 Θ 是关于干扰 w 的有界集), 其闭环系统的零状态响应 ($\phi(\tau) = 0$, $w(\tau) = 0, \tau \in [-h, 0]$) 条件满足

$$\int_0^T \|z(t)\|^2 dt \leqslant \gamma^2 \int_0^T \|w(t)\|^2 dt, \quad \infty > T > 0 \tag{6.71}$$

其中, $\gamma > 0$ 是给定的干扰抑制水平, 且罚信号 z 具有如下形式

$$z = Fy \tag{6.72}$$

这里, F 是一个适当维数的权矩阵。

假设 6-4 在系统 (6.64) (或系统 (6.70)) 中的 w 满足 $\Theta = \{w \in \mathbb{R}^q : \mu^2 \int_0^{+\infty} w^{\mathrm{T}}(t) w(t) dt \leqslant 1\}$, 其中, μ 是一个正常数。

对系统 (6.70), 设计其观测器系统为

$$\dot{\hat{x}} = D(\hat{x}) \nabla_{\hat{x}} H(\hat{x}) + B(\hat{x}, \tilde{\hat{x}}) \nabla_{\tilde{\hat{x}}} H(\tilde{\hat{x}}) + g(\hat{x}) u + K^{\mathrm{T}}(\hat{x})[y - g^{\mathrm{T}}(\hat{x}) \nabla_{\hat{x}} H(\hat{x})] \tag{6.73}$$

其中, $\tilde{\hat{x}} = \hat{x}(t-h)$, $K^{\mathrm{T}}(\hat{x})$ 是一个适当维数的权矩阵。将 y 代入系统 (6.73), 可得

$$\dot{\hat{x}} = [D(\hat{x}) - K^{\mathrm{T}}(\hat{x}) g^{\mathrm{T}}(\hat{x})] \nabla_{\hat{x}} H(\hat{x}) + B(\hat{x}, \tilde{\hat{x}}) \nabla_{\tilde{\hat{x}}} H(\tilde{\hat{x}}) + g(\hat{x}) u + K^{\mathrm{T}}(\hat{x}) g^{\mathrm{T}}(x) \nabla_x H(x) \tag{6.74}$$

进一步地, 同于文献 [12] 和文献 [13], 假设 Ω 有如下形式

$$\Omega := \left\{ x : (\alpha_\kappa)^{\mathrm{T}} x \leqslant 1, \kappa = 1, 2, \cdots, n \right\} \tag{6.75}$$

其中, α_κ ($\kappa = 1, 2, \cdots, n$) 是已知的常数。

对系统 (6.70), 有下述结果。

定理 6-4 在假设 6-4 下, 考虑系统 (6.70) 和系统 (6.73), 假设 $\lambda_{\max}\{B^{\mathrm{T}}(x, \tilde{x}) B(x, \tilde{x})\}$ 是 $H(x)$ 的高阶项, 且对给定的 $\gamma > 0$ 有

① 存在适当维数的常矩阵 $P > I_{2n}$, $Q > 0$, $R > 0$ 及常数 ν 使得 $\nu \leqslant \gamma^2$ 和

$$\Phi = \begin{bmatrix} L + P + h^2 R & T(X, \tilde{X}) & Q \\ T^{\mathrm{T}}(X, \tilde{X}) & -P & -Q \\ Q & -Q & -R \end{bmatrix} \leqslant 0 \tag{6.76}$$

② 存在正实数 s、μ 使得

$$\begin{bmatrix} 2s - \left(\dfrac{\gamma^2}{\mu^2}\right)^{\frac{2\alpha-1}{\alpha}} & -s(\alpha_\kappa)^{\mathrm{T}} \\ -s\alpha_\kappa & I_n \end{bmatrix} \geqslant 0, \quad \kappa = 1, 2, \cdots, n \tag{6.77}$$

成立, 其中, $X = [x^{\mathrm{T}}, \hat{x}^{\mathrm{T}}]^{\mathrm{T}}$, $H(X) = H(x) + H(\hat{x})$, $L = \mathrm{Diag}\{L_1, L_2\}$, $T(X, \tilde{X}) = \mathrm{Diag}\{B(x, \tilde{x}), B(\hat{x}, \tilde{\hat{x}})\}$, $L_1 = D(x) + D^{\mathrm{T}}(x) - \dfrac{1}{\gamma^2} g(x) g^{\mathrm{T}}(x) + \nu^{-1} q(x) q^{\mathrm{T}}(x)$, $L_2 = D(\hat{x}) + D^{\mathrm{T}}(\hat{x}) + g(\hat{x}) F^{\mathrm{T}} F g^{\mathrm{T}}(\hat{x}) + \dfrac{1}{\gamma^2} g(\hat{x}) g^{\mathrm{T}}(\hat{x}) - 2K^{\mathrm{T}}(\hat{x}) g^{\mathrm{T}}(\hat{x}) - 2g(\hat{x}) K(\hat{x})$。则系统 (6.70) 基于观测器 (6.73) 的有限时间鲁棒镇定控制器能被设计为

$$u = -K(\gamma)[y - g^{\mathrm{T}}(\hat{x}) \nabla_{\hat{x}} H(\hat{x})] + v \tag{6.78}$$

其中, $K(\gamma) = 0.5F^{\mathrm{T}}F + \dfrac{1}{2\gamma^2} I_m$

$$v = -K(\hat{x}) \nabla_{\hat{x}} H(\hat{x}) \tag{6.79}$$

证明: 注意式 (6.70)、式 (6.74) 和式 (6.78), 可以得到如下增广系统

$$\begin{cases} \dot{X} = \bar{R}(X) \nabla_X H(X) + T(X, \tilde{X}) \nabla_{\tilde{X}} H(\tilde{X}) + G(X)v + F(X)w + Z(X) \\ y = g^{\mathrm{T}}(x) \nabla_x H(x) \end{cases} \tag{6.80}$$

其中, $X = [x^{\mathrm{T}}, \hat{x}^{\mathrm{T}}]^{\mathrm{T}}$, $H(X) = H(x) + H(\hat{x})$, $T(X, \tilde{X}) = \mathrm{Diag}\{B(x, \tilde{x}), B(\hat{x}, \tilde{\hat{x}})\}$, $G(X) = [g^{\mathrm{T}}(x), g^{\mathrm{T}}(\hat{x})]^{\mathrm{T}}$, $F(X) = [q^{\mathrm{T}}(x), 0]^{\mathrm{T}}$, $Z(X) = [z_2^{\mathrm{T}}(x), 0]^{\mathrm{T}}$, $\bar{R}(X) := \begin{bmatrix} \bar{R}_{11} & \bar{R}_{12} \\ \bar{R}_{21} & \bar{R}_{22} \end{bmatrix}$

$$\begin{cases} \bar{R}_{11} = D(x) - 0.5 g(x) F^{\mathrm{T}} F g^{\mathrm{T}}(x) - 0.5 \dfrac{1}{\gamma^2} g(x) g^{\mathrm{T}}(x) \\ \bar{R}_{12} = 0.5 g(x) F^{\mathrm{T}} F g^{\mathrm{T}}(\hat{x}) + 0.5 \dfrac{1}{\gamma^2} g(x) g^{\mathrm{T}}(\hat{x}) \\ \bar{R}_{21} = -0.5 g(\hat{x}) F^{\mathrm{T}} F g^{\mathrm{T}}(x) - 0.5 \dfrac{1}{\gamma^2} g(\hat{x}) g^{\mathrm{T}}(x) + K^{\mathrm{T}}(\hat{x}) g^{\mathrm{T}}(x) \\ \bar{R}_{22} = D(\hat{x}) + 0.5 g(\hat{x}) F^{\mathrm{T}} F g^{\mathrm{T}}(\hat{x}) + 0.5 \dfrac{1}{\gamma^2} g(\hat{x}) g^{\mathrm{T}}(\hat{x}) - K^{\mathrm{T}}(\hat{x}) g^{\mathrm{T}}(\hat{x}) \end{cases} \tag{6.81}$$

将 v 代入式 (6.80), 易得

$$\begin{cases} \dot{X} = R(X) \nabla_X H(X) + T(X, \tilde{X}) \nabla_{\tilde{X}} H(\tilde{X}) + F(X)w + Z(X) \\ y = g^{\mathrm{T}}(x) \nabla_x H(x) \end{cases} \tag{6.82}$$

这里, $R(X) := \begin{bmatrix} R_{11} & R_{12} \\ R_{21} & R_{22} \end{bmatrix}$, $R_{11} = \bar{R}_{11}$, $R_{21} = \bar{R}_{21}$, $R_{12} = 0.5 g(x) F^{\mathrm{T}} F g^{\mathrm{T}}(\hat{x}) + 0.5 \dfrac{1}{\gamma^2} g(x) g^{\mathrm{T}}(\hat{x}) - g(x) K(\hat{x})$, $R_{22} = D(\hat{x}) + 0.5 g(\hat{x}) F^{\mathrm{T}} F g^{\mathrm{T}}(\hat{x}) + 0.5 \dfrac{1}{\gamma^2} g(\hat{x}) g^{\mathrm{T}}(\hat{x}) - K^{\mathrm{T}}(\hat{x}) g^{\mathrm{T}}(\hat{x}) - g(\hat{x}) K(\hat{x})$。

接下来, 证明系统 (6.82) 是有限时间稳定的。首先表明式 (6.82) 是鲁棒稳定的, 然后证明当 $w = 0$ 时系统是有限时间镇定的。构造李雅普诺夫泛函如下

$$V(t, X_t) = 2H(X) + V_1 + V_2 + V_3 \tag{6.83}$$

其中, $V_1 = \displaystyle\int_{t-h}^{t} \nabla_X^{\mathrm{T}} H(X(s)) P \nabla_X H(X(s)) \mathrm{d}s$, $V_2 = \left(\displaystyle\int_{t-h}^{t} \nabla_X H(X(s)) \mathrm{d}s \right)^{\mathrm{T}} Q$
$\displaystyle\int_{t-h}^{t} \nabla_X H(X(s)) \mathrm{d}s$, $V_3 = h \displaystyle\int_{-h}^{0} \int_{t+\varsigma}^{t} \nabla_X^{\mathrm{T}} H(X(s)) R \nabla_X H(X(s)) \mathrm{d}s \mathrm{d}\varsigma$。

计算 $V(t, X_t)$ 的导数, 用 $\nabla_X^{\mathrm{T}} H(X) Z(X) = 0$, 有

$$\dot{V}(t, X_t)$$
$$\leqslant 2\nabla_X^{\mathrm{T}} H(X) R(X) \nabla_X H(X) + 2\nabla_X^{\mathrm{T}} H(X) T(X, \tilde{X}) \nabla_{\tilde{X}} H(\tilde{X})$$
$$- \nabla_{\tilde{X}}^{\mathrm{T}} H(\tilde{X}) P \nabla_{\tilde{X}} H(\tilde{X}) + h^2 \nabla_X^{\mathrm{T}} H(X) R \nabla_X H(X) + \nabla_X^{\mathrm{T}} H(X) P \nabla_X H(X)$$
$$- \left(\int_{t-h}^{t} \nabla_X H(X(s)) \mathrm{d}s \right)^{\mathrm{T}} R \int_{t-h}^{t} \nabla_X H(X(s)) \mathrm{d}s + 2\nabla_X^{\mathrm{T}} H(X) F(X) w$$
$$+ 2\nabla_X^{\mathrm{T}} H(X(t)) Q \int_{t-h}^{t} \nabla_X H(X(s)) \mathrm{d}s - 2\nabla_{\tilde{X}}^{\mathrm{T}} H(\tilde{X}) Q \int_{t-h}^{t} \nabla_X H(X(s)) \mathrm{d}s$$
$$\leqslant \nabla_X^{\mathrm{T}} H(X) [L_m + \nu^{-1} F(X) F^{\mathrm{T}}(X)] \nabla_X H(X) + \nu \|w\|^2$$
$$+ 2\nabla_X^{\mathrm{T}} H(X) T(X, \tilde{X}) \nabla_{\tilde{X}} H(\tilde{X})$$
$$- \nabla_{\tilde{X}}^{\mathrm{T}} H(\tilde{X}) P \nabla_{\tilde{X}} H(\tilde{X}) - \left(\int_{t-h}^{t} \nabla_X H(X(s)) \mathrm{d}s \right)^{\mathrm{T}} R \int_{t-h}^{t} \nabla_X H(X(s)) \mathrm{d}s$$
$$+ 2\nabla_X^{\mathrm{T}} H(X(t)) Q \int_{t-h}^{t} \nabla_X H(X(s)) \mathrm{d}s$$
$$- 2\nabla_{\tilde{X}}^{\mathrm{T}} H(\tilde{X}) Q \int_{t-h}^{t} \nabla_X H(X(s)) \mathrm{d}s \tag{6.84}$$

其中, $L_m := R(X) + R^{\mathrm{T}}(X) + P + h^2 R$。另外, 注意 $R(X) = \begin{bmatrix} R_{11} & R_{12} \\ R_{21} & R_{22} \end{bmatrix}$
和 $R_{12} = -R_{21}^{\mathrm{T}}$, 能够得到 $R(X) + R^{\mathrm{T}}(X) = \mathrm{Diag}\{R_{11} + R_{11}^{\mathrm{T}}, R_{22} + R_{22}^{\mathrm{T}}\}$。对项 $R_{11} + R_{11}^{\mathrm{T}}$, 有

$$\begin{cases} R_{11} + R_{11}^{\mathrm{T}} = D(x) + D^{\mathrm{T}}(x) - g(x) F^{\mathrm{T}} F g^{\mathrm{T}}(x) - \frac{1}{\gamma^2} g(x) g^{\mathrm{T}}(x) \\ R_{22} + R_{22}^{\mathrm{T}} = D(\hat{x}) + D^{\mathrm{T}}(\hat{x}) + g(\hat{x}) F^{\mathrm{T}} F g^{\mathrm{T}}(\hat{x}) + \frac{1}{\gamma^2} g(\hat{x}) g^{\mathrm{T}}(\hat{x}) \\ \quad - 2K^{\mathrm{T}}(\hat{x}) g^{\mathrm{T}}(\hat{x}) - 2g(\hat{x}) K(\hat{x}) \end{cases} \tag{6.85}$$

由此, $F(X) = [q^{\mathrm{T}}(x), 0]^{\mathrm{T}}$, $z = Fy$ 和式 (6.84), 可得

$$
\begin{aligned}
\dot{V}(t, X_t) \leqslant\ & \nabla_x^{\mathrm{T}} H(x)[R_{11} + R_{11}^{\mathrm{T}} \\
& + \nu^{-1} q(x) q^{\mathrm{T}}(x)] \nabla_x H(x) + \nabla_{\hat{x}}^{\mathrm{T}} H(\hat{x})[R_{22} + R_{22}^{\mathrm{T}}] \nabla_{\hat{x}} H(\hat{x}) \\
& + \nabla_X^{\mathrm{T}} H(X)[P + h^2 R] \nabla_X H(X) + 2 \nabla_X^{\mathrm{T}} H(X) T(X, \tilde{X}) \nabla_{\tilde{X}} H(\tilde{X}) \\
& - \nabla_{\tilde{X}}^{\mathrm{T}} H(\tilde{X}) P \nabla_{\tilde{X}} H(\tilde{X}) + \nu \|w\|^2 \\
& - \left(\int_{t-h}^t \nabla_X H(X(s)) \mathrm{d}s \right)^{\mathrm{T}} R \int_{t-h}^t \nabla_X H(X(s)) \mathrm{d}s \\
& + 2 \nabla_X^{\mathrm{T}} H(X(t)) Q \int_{t-h}^t \nabla_X H(X(s)) \mathrm{d}s \\
& - 2 \nabla_{\tilde{X}}^{\mathrm{T}} H(\tilde{X}) Q \int_{t-h}^t \nabla_X H(X(s)) \mathrm{d}s \\
=\ & \nabla_x^{\mathrm{T}} H(x)[D(x) + D^{\mathrm{T}}(x) - \frac{1}{\gamma^2} g(x) g^{\mathrm{T}}(x) + \nu^{-1} q(x) q^{\mathrm{T}}(x)] \nabla_x H(x) - \|z\|^2 \\
& + \nabla_X^{\mathrm{T}} H(X)[P + h^2 R] \nabla_X H(X) + 2 \nabla_X^{\mathrm{T}} H(X) T(X, \tilde{X}) \nabla_{\tilde{X}} H(\tilde{X}) \\
& - \nabla_{\tilde{X}}^{\mathrm{T}} H(\tilde{X}) P \nabla_{\tilde{X}} H(\tilde{X}) + \nu \|w\|^2 \\
& - \left(\int_{t-h}^t \nabla_X H(X(s)) \mathrm{d}s \right)^{\mathrm{T}} R \int_{t-h}^t \nabla_X H(X(s)) \mathrm{d}s \\
& + \nabla_{\hat{x}}^{\mathrm{T}} H(\hat{x})[R_{22} + R_{22}^{\mathrm{T}}] \nabla_{\hat{x}} H(\hat{x}) \\
& + 2 \nabla_X^{\mathrm{T}} H(X(t)) Q \int_{t-h}^t \nabla_X H(X(s)) \mathrm{d}s \\
& - 2 \nabla_{\tilde{X}}^{\mathrm{T}} H(\tilde{X}) Q \int_{t-h}^t \nabla_X H(X(s)) \mathrm{d}s
\end{aligned}
$$

用 L_1、L_2、L 和定理的条件①, 有

$$
\begin{aligned}
\dot{V} \leqslant\ & \nabla_x^{\mathrm{T}} H(x) L_1 \nabla_x H(x) + \nabla_{\hat{x}}^{\mathrm{T}} H(\hat{x}) L_2 \nabla_{\hat{x}} H(\hat{x}) - \|z\|^2 \\
& + \nabla_X^{\mathrm{T}} H(X)[P + h^2 R] \nabla_X H(X) + 2 \nabla_X^{\mathrm{T}} H(X) T(X, \tilde{X}) \nabla_{\tilde{X}} H(\tilde{X}) \\
& - \nabla_{\tilde{X}}^{\mathrm{T}} H(\tilde{X}) P \nabla_{\tilde{X}} H(\tilde{X}) + \nu \|w\|^2 \\
& - \left(\int_{t-h}^t \nabla_X H(X(s)) \mathrm{d}s \right)^{\mathrm{T}} R \int_{t-h}^t \nabla_X H(X(s)) \mathrm{d}s \\
& + 2 \nabla_X^{\mathrm{T}} H(X(t)) Q \int_{t-h}^t \nabla_X H(X(s)) \mathrm{d}s - 2 \nabla_{\tilde{X}}^{\mathrm{T}} H(\tilde{X}) Q \int_{t-h}^t \nabla_X H(X(s)) \mathrm{d}s \\
=\ & \eta^{\mathrm{T}} \Phi \eta + \nu \|w\|^2 - \|z\|^2 \leqslant \nu \|w\|^2 - \|z\|^2 \tag{6.86}
\end{aligned}
$$

其中, $\eta = \left[\nabla_X^{\mathrm{T}} H(X), \ \nabla_{\tilde{X}}^{\mathrm{T}} H(\tilde{X}), \ \left(\int_{t-h}^{t} \nabla_X H(X(s)) \mathrm{d}s \right)^{\mathrm{T}} \right]^{\mathrm{T}}$。

首先, 表明式 (6.71) 成立。为此令 $J(t, X) := V(t, X_t) + \int_0^t (\|z(s)\|^2 - \gamma^2 \|w(s)\|^2) \mathrm{d}s$。接下来, 表明 $J(t, X) \leqslant 0$。将式 (6.86) 代入 $\dot{J}(t, X)$, 并注意 $\nu \leqslant \gamma^2$, 有

$$\dot{J}(t, X) = \dot{V}(t, X_t) + [\|z(t)\|^2 - \gamma^2 \|w(t)\|^2]$$
$$\leqslant \nu \|w\|^2 - \|z\|^2 + [\|z\|^2 - \gamma^2 \|w\|^2] \leqslant 0 \tag{6.87}$$

在零状态响应条件下, 从 0 到 t 积分式 (6.87), 可得

$$V(t, X_t) + \int_0^t (\|z(s)\|^2 - \gamma^2 \|w(s)\|^2) \mathrm{d}s \leqslant 0 \tag{6.88}$$

由此和 $V(t, X_t) \geqslant 0$, 有 $\int_0^t \|z(s)\|^2 \mathrm{d}s \leqslant \gamma^2 \int_0^t \|w(s)\|^2 \mathrm{d}s$, 即式 (6.71) 成立。

其次, 在干扰 $w \in \Theta$ 下, 表明 $x(t)$ 或 $\hat{x}(t) \in \Omega$ 对 $\forall t > 0$ 和 $\phi = 0$ 成立。

由式 (6.88)、$H(X) = H(x) + H(\hat{x})$ 和假设 6-4, 能得到

$$\sum_{i=1}^{n} (x_i^2)^{\frac{\alpha}{2\alpha-1}} = H(x) \leqslant H(X) \leqslant V(t, X_t) \leqslant \gamma^2 \int_0^t \|w(s)\|^2 \mathrm{d}s \leqslant \frac{\gamma^2}{\mu^2}$$

由此和引理 2-6, 有

$$(\|x\|^2)^{\frac{\alpha}{2\alpha-1}} \leqslant \sum_{i=1}^{n} (x_i^2)^{\frac{\alpha}{2\alpha-1}} \leqslant \frac{\gamma^2}{\mu^2} \tag{6.89}$$

即 $x^{\mathrm{T}} x \leqslant \left(\dfrac{\gamma^2}{\mu^2} \right)^{\frac{2\alpha-1}{\alpha}}$。

根据式 (6.75), 需证明

$$x^{\mathrm{T}} x - \left(\frac{\gamma^2}{\mu^2} \right)^{\frac{2\alpha-1}{\alpha}} \leqslant 0$$
$$\text{s.t. } 2 - 2(\alpha_\kappa)^{\mathrm{T}} x \geqslant 0, \quad \kappa = 1, 2, \cdots, n$$

用 S-过程和条件②, 可得系统的轨道对 $t > 0$, $\phi = 0$ 和 $w \in \Theta$ 仍在 Ω 内。对 $\hat{x}$ 类似可证。由上可得系统 (6.82) 在所设计的控制器 (6.78) 和 (6.79) 及观测器 (6.73) 下是鲁棒镇定的。

最后, 证明闭环系统 (6.82) 在 $w = 0$ 时是有限时间稳定的。事实上, 从式 (6.86) 和条件①, 很明显若 $w = 0$, 则 $\dot{V} < 0$, 意味着系统 (6.82) 是渐近

稳定的。现在证明系统 (6.82) 在 $w = 0$ 时有限时间稳定。为此令 $V(X) = 2H(X)$, 并注意 $R(X) + R^{\mathrm{T}}(X) = \mathrm{Diag}\{R_{11} + R_{11}^{\mathrm{T}}, R_{22} + R_{22}^{\mathrm{T}}\}$ 和 $T(X, \tilde{X}) = \mathrm{Diag}\{B(x, \tilde{x}), B(\hat{x}, \tilde{\hat{x}})\}$, 有

$$
\begin{aligned}
\dot{V}(X) &\leqslant \nabla_X^{\mathrm{T}} H(X)[R(X) + R^{\mathrm{T}}(X)]\nabla_X H(X) + \nabla_X^{\mathrm{T}} H(X)\nabla_X H(X) \\
&\quad + \nabla_{\tilde{X}}^{\mathrm{T}} H(\tilde{X}) T^{\mathrm{T}}(X, \tilde{X}) T(X, \tilde{X}) \nabla_{\tilde{X}} H(\tilde{X}) \\
&\leqslant \nabla_X^{\mathrm{T}} H(X)[R(X) + R^{\mathrm{T}}(X) + I_{2n}]\nabla_X H(X) \\
&\quad + \nabla_{\tilde{X}}^{\mathrm{T}} H(\tilde{X}) T^{\mathrm{T}}(X, \tilde{X}) T(X, \tilde{X}) \nabla_{\tilde{X}} H(\tilde{X}) \\
&= \nabla_x^{\mathrm{T}} H(x)[R_{11}(x) + R_{11}^{\mathrm{T}}(x) + I_n]\nabla_x H(x) \\
&\quad + \nabla_{\hat{x}}^{\mathrm{T}} H(\hat{x})[R_{22}(\hat{x}) + R_{22}^{\mathrm{T}}(\hat{x}) + I_n]\nabla_{\hat{x}} H(\hat{x}) \\
&\quad + \nabla_{\tilde{x}}^{\mathrm{T}} H(\tilde{x}) B^{\mathrm{T}}(x, \tilde{x}) B(x, \tilde{x}) \nabla_{\tilde{x}} H(\tilde{x}) \\
&\quad + \nabla_{\tilde{\hat{x}}}^{\mathrm{T}} H(\tilde{\hat{x}}) B^{\mathrm{T}}(\hat{x}, \tilde{\hat{x}}) B(\hat{x}, \tilde{\hat{x}}) \nabla_{\tilde{\hat{x}}} H(\tilde{\hat{x}})
\end{aligned} \tag{6.90}
$$

因为 $\lambda_{\max}\{B^{\mathrm{T}}(x, \tilde{x})B(x, \tilde{x})\}$ 是 $H(x)$ 的高阶项, 能得到

$$
\lim_{\|x\| \to 0} \frac{\lambda_{\max}\{B^{\mathrm{T}}(x, \tilde{x})B(x, \tilde{x})\}}{H(x)} = 0
$$

即对任意小正数 c_1, 总存在实数 $\mu_1 > 0$ 使得

$$
\frac{\lambda_{\max}\{B^{\mathrm{T}}(x, \tilde{x})B(x, \tilde{x})\}}{H(x)} < c_1, \quad 0 < \|x\| \leqslant \mu_1 \tag{6.91}
$$

类似的, 由 $\lambda_{\max}\{B^{\mathrm{T}}(x, \tilde{x})B(x, \tilde{x})\}$ 是 $H(x)$ 的高阶项, 易得 $\lambda_{\max}\{B^{\mathrm{T}}(\hat{x}, \tilde{\hat{x}}) B(\hat{x}, \tilde{\hat{x}})\}$ 是 $H(\hat{x})$ 的高阶项。这样对某小正数 c_2, 总存在实数 $\mu_2 > 0$ 使得当 $0 < \|\hat{x}\| \leqslant \mu_2$ 时

$$
\frac{\lambda_{\max}\{B^{\mathrm{T}}(\hat{x}, \tilde{\hat{x}})B(\hat{x}, \tilde{\hat{x}})\}}{H(\hat{x})} < c_2 \tag{6.92}
$$

令 $\Omega_i := \{x : \|x\| \leqslant \mu_i\}$ $(i = 1, 2)$, 并取 $\bar{\Omega} := \Omega_1 \cap \Omega_2 \cap \Omega$, 则 $\bar{\Omega} \subset \Omega$。

现在表明对 x 或 $\hat{x} \in \bar{\Omega}$, 系统是有限时间稳定的。事实上, 将式 (6.91) 和式 (6.92) 代入式 (6.90), 可得

$$
\begin{aligned}
\dot{V}(X) &\leqslant \nabla_x^{\mathrm{T}} H(x)[R_{11}(x) + R_{11}^{\mathrm{T}}(x) + I_n]\nabla_x H(x) \\
&\quad + \nabla_{\hat{x}}^{\mathrm{T}} H(\hat{x})[R_{22}(\hat{x}) + R_{22}^{\mathrm{T}}(\hat{x}) + I_n]\nabla_{\hat{x}} H(\hat{x}) \\
&\quad + c_1 H(x)\nabla_{\tilde{x}}^{\mathrm{T}} H(\tilde{x}) \nabla_{\tilde{x}} H(\tilde{x}) + c_2 H(\hat{x})\nabla_{\tilde{\hat{x}}}^{\mathrm{T}} H(\tilde{\hat{x}}) \nabla_{\tilde{\hat{x}}} H(\tilde{\hat{x}})
\end{aligned} \tag{6.93}
$$

因为 $P \geqslant I_{2n}$ 和定理的条件①, 很明显有 $\lambda_{\max}\{R_{11}(x) + R_{11}^{\mathrm{T}}(x) + I_n\} :\leqslant m_1 < 0$ 和 $\lambda_{\max}\{R_{22}(\hat{x}) + R_{22}^{\mathrm{T}}(\hat{x}) + I_n\} \leqslant m_2 < 0$, 由此和式 (6.93), 得到

$$\dot{V}(X) \leqslant m_1 \nabla_x^{\mathrm{T}} H(x) \nabla_x H(x) + m_2 \nabla_{\hat{x}}^{\mathrm{T}} H(\hat{x}) \nabla_{\hat{x}} H(\hat{x})$$
$$+ c_1 H(x) \nabla_{\tilde{x}}^{\mathrm{T}} H(\tilde{x}) \nabla_{\tilde{x}} H(\tilde{x}) + c_2 H(\hat{x}) \nabla_{\tilde{\hat{x}}}^{\mathrm{T}} H(\tilde{\hat{x}}) \nabla_{\tilde{\hat{x}}} H(\tilde{\hat{x}}) \quad (6.94)$$

另外, 注意 $\nabla_x^{\mathrm{T}} H(x) \nabla_x H(x) = \left(\dfrac{2\alpha}{2\alpha - 1}\right)^2 \sum\limits_{i=1}^{n} (x_i^2)^{\frac{1}{2\alpha - 1}}$, 用引理 2-6, 得到

$$\sum_{i=1}^{n} (x_i^2)^{\frac{1}{2\alpha - 1}} = \sum_{i=1}^{n} [(x_i^2)^{\frac{\alpha}{2\alpha - 1}}]^{\frac{1}{\alpha}} \geqslant \left[\sum_{i=1}^{n} (x_i^2)^{\frac{\alpha}{2\alpha - 1}}\right]^{\frac{1}{\alpha}} = (H(x))^{\frac{1}{\alpha}} \quad (6.95)$$

类似的, 可得

$$\sum_{i=1}^{n} (\hat{x}_i^2)^{\frac{1}{2\alpha - 1}} \geqslant (H(\hat{x}))^{\frac{1}{\alpha}} \quad (6.96)$$

$$\begin{cases} \nabla_x^{\mathrm{T}} H(x) \nabla_x H(x) \geqslant \left(\dfrac{2\alpha}{2\alpha - 1}\right)^2 (H(x))^{\frac{1}{\alpha}} \\ \nabla_{\hat{x}}^{\mathrm{T}} H(\hat{x}) \nabla_{\hat{x}} H(\hat{x}) \geqslant \left(\dfrac{2\alpha}{2\alpha - 1}\right)^2 (H(\hat{x}))^{\frac{1}{\alpha}} \end{cases} \quad (6.97)$$

将式 (6.97) 代入式 (6.94), 注意 $m_1 < 0$ 和 $m_2 < 0$, 得到

$$\dot{V}(X) \leqslant \left(\frac{2\alpha}{2\alpha - 1}\right)^2 m_1 (H(x))^{\frac{1}{\alpha}} + m_2 \left(\frac{2\alpha}{2\alpha - 1}\right)^2 (H(\hat{x}))^{\frac{1}{\alpha}}$$
$$+ c_1 H(x) \nabla_{\tilde{x}}^{\mathrm{T}} H(\tilde{x}) \nabla_{\tilde{x}} H(\tilde{x}) + c_2 H(\hat{x}) \nabla_{\tilde{\hat{x}}}^{\mathrm{T}} H(\tilde{\hat{x}}) \nabla_{\tilde{\hat{x}}} H(\tilde{\hat{x}})$$
$$= \left[m_1 \left(\frac{2\alpha}{2\alpha - 1}\right)^2 + c_1 H(x)^{1 - \frac{1}{\alpha}} \nabla_{\tilde{x}}^{\mathrm{T}} H(\tilde{x}) \nabla_{\tilde{x}} H(\tilde{x})\right] (H(x))^{\frac{1}{\alpha}}$$
$$+ \left[m_2 \left(\frac{2\alpha}{2\alpha - 1}\right)^2 + c_2 H(\hat{x})^{1 - \frac{1}{\alpha}} \nabla_{\tilde{\hat{x}}}^{\mathrm{T}} H(\tilde{\hat{x}}) \nabla_{\tilde{\hat{x}}} H(\tilde{\hat{x}})\right] (H(\hat{x}))^{\frac{1}{\alpha}} \quad (6.98)$$

注意 c_1 和 c_2 充分小, 以及 $H(x)^{1 - \frac{1}{\alpha}} \nabla_{\tilde{x}}^{\mathrm{T}} H(\tilde{x}) \nabla_{\tilde{x}} H(\tilde{x})$ 和 $H(\hat{x})^{1 - \frac{1}{\alpha}} \nabla_{\tilde{\hat{x}}}^{\mathrm{T}} H(\tilde{\hat{x}}) \nabla_{\tilde{\hat{x}}} H(\tilde{\hat{x}})$ 有界, 易得 $c_1 H(x)^{1 - \frac{1}{\alpha}} \nabla_{\tilde{x}}^{\mathrm{T}} H(\tilde{x}) \nabla_{\tilde{x}} H(\tilde{x})$ 和 $c_2 H(\hat{x})^{1 - \frac{1}{\alpha}} \nabla_{\tilde{\hat{x}}}^{\mathrm{T}} H(\tilde{\hat{x}}) \nabla_{\tilde{\hat{x}}} H(\tilde{\hat{x}})$ 也是充分小。

因此, 从 $m_1 < 0$ 和 $m_2 < 0$, 可知存在常数 n_1 和 n_2 使得 $\left(\dfrac{2\alpha}{2\alpha - 1}\right)^2 m_1 + c_1 H(x)^{1 - \frac{1}{\alpha}} \nabla_{\tilde{x}}^{\mathrm{T}} H(\tilde{x}) \nabla_{\tilde{x}} H(\tilde{x}) \leqslant n_1 < 0$, $m_2 \left(\dfrac{2\alpha}{2\alpha - 1}\right)^2 + c_2 H(\hat{x})^{1 - \frac{1}{\alpha}} \nabla_{\tilde{\hat{x}}}^{\mathrm{T}} H(\tilde{\hat{x}}) \nabla_{\tilde{\hat{x}}}$

$H(\tilde{x}) \leqslant n_2 < 0$。选取 $m = \min\{n_1,\ n_2\}$，有

$$\dot{V}(X) \leqslant m[(H(x))^{\frac{1}{\alpha}} + (H(\hat{x}))^{\frac{1}{\alpha}}] \tag{6.99}$$

根据引理 2-6 $\left(\sum_{j=1}^{n}|x_j|\right)^p \leqslant \sum_{j=1}^{n}|x_j|^p$，得到 $(H(x))^{\frac{1}{\alpha}} + (H(\hat{x}))^{\frac{1}{\alpha}} \geqslant (H(x) + H(\hat{x}))^{\frac{1}{\alpha}} = (H(X))^{\frac{1}{\alpha}}$，同着式 (6.99)，易得

$$\dot{V}(X) \leqslant m[(H(x))^{\frac{1}{\alpha}} + (H(\hat{x}))^{\frac{1}{\alpha}}] \leqslant \frac{m}{2^{\frac{1}{\alpha}}}(V(X))^{\frac{1}{\alpha}} \tag{6.100}$$

即引理 2-1 的条件③成立，证毕。

注 6-2　在定理 6-4 中，为了得到基于观测器的有限时间鲁棒镇定控制结果，提出了 $\lambda_{\max}\{B^{\mathrm{T}}(x,\tilde{x})B(x,\tilde{x})\}$ 是 $H(x)$ 的高阶项这一条件，很明显这个条件有些苛刻，而且由于应用了泛函 (6.83)，不能直接得到引理 2-1 的条件③。下面通过替换这个条件，提出另外一个结果。

定理 6-5　在假设 6-4 下，考虑系统 (6.70) 和系统 (6.73)，若对给定的 $\gamma > 0$ 有

① 存在常数 $\varepsilon > 0$，$\nu > 0$，以及适当维数的常矩阵 L_1，L_2，$P_1 > 0$，$P_2 > 0$，$Q > 0$，$R_1 > 0$，$R_2 > 0$，$M_1 < 0$，$M_2 < 0$ 和 $N < 0$ 使得 $\mathrm{e}^{\kappa r}\nu \leqslant \gamma^2$，$D(x) + D^{\mathrm{T}}(x) - \dfrac{1}{\gamma^2}g(x)g^{\mathrm{T}}(x) + \nu^{-1}q(x)q^{\mathrm{T}}(x) + 2H(X)P_1 + 2H(X)h^2R_1 - H(X)M_1 + \varepsilon^{-1}I_n \leqslant L_1 < 0, 2H(X)P - \varepsilon T^{\mathrm{T}}(X,\tilde{X})T(X,\tilde{X}) + H(X)N \geqslant 0$

$$R_{22} + R_{22}^{\mathrm{T}} + 2H(X)P_2 + 2H(X)h^2R_2 - H(X)M_2 + \varepsilon^{-1}I_n \leqslant L_2 < 0 \tag{6.101}$$

$$\Phi = \begin{bmatrix} M & 0 & 2Q \\ 0 & N & -2Q \\ 2Q & -2Q & -2R \end{bmatrix} \leqslant 0 \tag{6.102}$$

② 存在正实数 s 和 μ 使得

$$\begin{bmatrix} 2s - \left(\dfrac{\gamma^2}{\mu^2}\right)^{\frac{2\alpha-1}{\alpha}} & -s(\alpha_\kappa)^{\mathrm{T}} \\ -s\alpha_\kappa & I_n \end{bmatrix} \geqslant 0, \quad \kappa = 1, 2, \cdots, n \tag{6.103}$$

成立，其中，$R_{22} + R_{22}^{\mathrm{T}} = D(\hat{x}) + D^{\mathrm{T}}(\hat{x}) + g(\hat{x})F^{\mathrm{T}}Fg^{\mathrm{T}}(\hat{x}) + \dfrac{1}{\gamma^2}g(\hat{x})g^{\mathrm{T}}(\hat{x}) - 2K^{\mathrm{T}}(\hat{x})g^{\mathrm{T}}(\hat{x}) - 2g(\hat{x})K(\hat{x})$，$\kappa := h\lambda_{\max}\{P\} + h^2\lambda_{\max}\{Q\} + 0.5h^2\lambda_{\max}\{R\}$ 和 $r := \max\{\nabla_{X_t}^{\mathrm{T}}H(X_t)\nabla_{X_t}H(X_t) : X_t \in \Omega\}$，$P(= \mathrm{Diag}\{P_1, P_2\}) > 0$，$R(=$

Diag$\{R_1, R_2\}) > 0$, $M(=$ Diag$\{M_1, M_2\}) < 0$, 则系统 (6.70) 基于观测器 (6.73) 的一个有限时间鲁棒镇定控制器可以设计为

$$u = -K(\gamma)[y - g^{\mathrm{T}}(\hat{x})\nabla_{\hat{x}}H(\hat{x})] + v \tag{6.104}$$

其中, $K(\gamma) = 0.5F^{\mathrm{T}}F + \dfrac{1}{2\gamma^2}I_m$

$$v = -K(\hat{x})\nabla_{\hat{x}}H(\hat{x}) \tag{6.105}$$

证明: 注意式 (6.70)、式 (6.74)、式 (6.104) 和式 (6.105), 类似于定理 6-4 的证明, 得到如下增广系统

$$\dot{X} = R(X)\nabla_X H(X) + T(X, \tilde{X})\nabla_{\tilde{X}}H(\tilde{X}) + F(X)w + Z(X) \tag{6.106}$$

其中, X、$H(X)$、$R(X)$、$T(X, \tilde{X})$、$F(X)$ 和 $Z(X)$ 同于定理 6-4。

构造如下的李雅普诺夫泛函

$$V(t, X_t) = 2\mathrm{e}^{V_1+V_2+V_3}H(X) := 2G(t)H(X) \tag{6.107}$$

这里 V_1、V_2、V_3 同于定理 6-4。

计算 $V(t, X_t)$ 的导数, 同于定理 6-4 的证明, 可得

$$
\begin{aligned}
\dot{V}(t, X_t) \leqslant{}& G(t)\Big[2\nabla_X^{\mathrm{T}}H(X)R(X)\nabla_X H(X) + 2\nabla_X^{\mathrm{T}}H(X)T(X, \tilde{X})\nabla_{\tilde{X}}H(\tilde{X}) \\
&+2\nabla_X^{\mathrm{T}}H(X)H(X)P\nabla_X H(X) \\
&-2\nabla_{\tilde{X}}^{\mathrm{T}}H(\tilde{X})H(X)P\nabla_{\tilde{X}}H(\tilde{X}) \\
&+2H(X)h^2\nabla_X^{\mathrm{T}}H(X(t))R\nabla_X H(X(t)) \\
&-2H(X)\Big(\int_{t-h}^{t}\nabla_X H(X(s))\mathrm{d}s\Big)^{\mathrm{T}}R\int_{t-h}^{t}\nabla_X H(X(s))\mathrm{d}s \\
&+2\nabla_X^{\mathrm{T}}H(X)F(X)w \\
&+4H(X)\nabla_X^{\mathrm{T}}H(X(t))Q\int_{t-h}^{t}\nabla_X H(X(s))\mathrm{d}s \\
&-4H(X)\nabla_{\tilde{X}}^{\mathrm{T}}H(\tilde{X})Q\int_{t-h}^{t}\nabla_X H(X(s))\mathrm{d}s\Big] \\
\leqslant{}& G(t)\Big[\nabla_x^{\mathrm{T}}H(x)\bar{L}\nabla_x H(x) - \nabla_{\tilde{X}}^{\mathrm{T}}H(\tilde{X})[2H(X)P \\
&-\varepsilon T^{\mathrm{T}}(X, \tilde{X})T(X, \tilde{X}) + H(X)N]\nabla_{\tilde{X}}H(\tilde{X}) \\
&-2H(X)\Big(\int_{t-h}^{t}\nabla_X H(X(s))\mathrm{d}s\Big)^{\mathrm{T}}R\int_{t-h}^{t}\nabla_X H(X(s))\mathrm{d}s
\end{aligned}
$$

$$+2\nabla_X^{\mathrm{T}}H(X)F(X)w$$

$$+4H(X)\nabla_X^{\mathrm{T}}H(X(t))Q\int_{t-h}^{t}\nabla_XH(X(s))\mathrm{d}s$$

$$-4H(X)\nabla_{\tilde{X}}^{\mathrm{T}}H(\tilde{X})Q\int_{t-h}^{t}\nabla_XH(X(s))\mathrm{d}s\Big]$$

$$+H(X)\nabla_X^{\mathrm{T}}H(X(t))M\nabla_XH(X)+H(X)\nabla_{\tilde{X}}^{\mathrm{T}}H(\tilde{X})N\nabla_{\tilde{X}}H(\tilde{X})$$

$$+\nabla_{\hat{x}}^{\mathrm{T}}H(\hat{x})L_2\nabla_{\hat{x}}H(\hat{x})\Big] \tag{6.108}$$

由此, $2H(X)P-\varepsilon T^{\mathrm{T}}(X,\tilde{X})T(X,\tilde{X})+H(X)N\geqslant 0$ 和 $\Phi\leqslant 0$, 并注意 $F(X)=[q^{\mathrm{T}}(x),0]^{\mathrm{T}}$ (即 $F(X)F^{\mathrm{T}}(X)=\mathrm{Diag}\{q(x)q^{\mathrm{T}}(x),0\}$), 易得

$$\dot{V}(t,x_t)\leqslant G(t)\Big[\nabla_x^{\mathrm{T}}H(x)\bar{L}\nabla_xH(x)+H(X)\nabla_X^{\mathrm{T}}H(X)M\nabla_XH(X)$$

$$+H(X)\nabla_{\tilde{X}}^{\mathrm{T}}H(\tilde{X})N\nabla_{\tilde{X}}H(\tilde{X})$$

$$-2H(X)\Big(\int_{t-h}^{t}\nabla_XH(X(s))\mathrm{d}s\Big)^{\mathrm{T}}R\int_{t-h}^{t}\nabla_XH(X(s))\mathrm{d}s$$

$$+2\nabla_X^{\mathrm{T}}H(X)F(X)w$$

$$+4H(X)\nabla_X^{\mathrm{T}}H(X(t))Q\int_{t-h}^{t}\nabla_XH(X(s))\mathrm{d}s$$

$$-4H(X)\nabla_{\tilde{X}}^{\mathrm{T}}H(\tilde{X})Q\int_{t-h}^{t}\nabla_XH(X(s))\mathrm{d}s+\nabla_{\hat{x}}^{\mathrm{T}}H(\hat{x})L_2\nabla_{\hat{x}}H(\hat{x})\Big]$$

$$\leqslant G(t)\Big[\nabla_x^{\mathrm{T}}H(x)\bar{L}\nabla_xH(x)+\nu^{-1}\nabla_X^{\mathrm{T}}H(X)F(X)F^{\mathrm{T}}(X)\nabla_XH(X)$$

$$+\nu\|w\|^2+\nabla_{\hat{x}}^{\mathrm{T}}H(\hat{x})L_2\nabla_{\hat{x}}H(\hat{x})\Big]$$

$$=G(t)\Big[\nabla_x^{\mathrm{T}}H(x)[\bar{L}+\nu^{-1}q(x)q^{\mathrm{T}}(x)]\nabla_xH(x)$$

$$+\nu\|w\|^2+\nabla_{\hat{x}}^{\mathrm{T}}H(\hat{x})L_2\nabla_{\hat{x}}H(\hat{x})\Big] \tag{6.109}$$

其中, $\bar{L}:=R_{11}+R_{11}^{\mathrm{T}}+2H(X)P_1+\varepsilon^{-1}I_n+2H(X)h^2R_1-H(X)M_1$, $\eta=\Big[\nabla_X^{\mathrm{T}}H(X),\ \nabla_{\tilde{X}}^{\mathrm{T}}H(\tilde{X}),\ \Big(\int_{t-h}^{t}\nabla_XH(X(s)\big)\mathrm{d}s)^{\mathrm{T}}\Big]^{\mathrm{T}}$ 。

注意 $R_{11}+R_{11}^{\mathrm{T}}=D(x)+D^{\mathrm{T}}(x)-g(x)F^{\mathrm{T}}Fg^{\mathrm{T}}(x)-\dfrac{1}{\gamma^2}g(x)g^{\mathrm{T}}(x)$, $R_{22}+R_{22}^{\mathrm{T}}=D(\hat{x})+D^{\mathrm{T}}(\hat{x})+g(\hat{x})F^{\mathrm{T}}Fg^{\mathrm{T}}(\hat{x})+\dfrac{1}{\gamma^2}g(\hat{x})g^{\mathrm{T}}(\hat{x})-2K^{\mathrm{T}}(\hat{x})g^{\mathrm{T}}(\hat{x})-2g(\hat{x})K(\hat{x})$。 $P=\mathrm{Diag}\{P_1,\ P_2\}$, $R=\mathrm{Diag}\{R_1,\ R_2\}$, $M=\mathrm{Diag}\{M_1,\ M_2\}$ 且 $R_{22}+R_{22}^{\mathrm{T}}+2H(X)P_2+$

$2H(X)h^2R_2 - H(X)M_2 + \varepsilon^{-1}I_n \leqslant L_2 < 0$, 能得到

$$
\begin{aligned}
\dot{V}(t, x_t) \leqslant {}& G(t)\Big[\nabla_x^{\mathrm{T}}H(x)[D(x) + D^{\mathrm{T}}(x) - g(x)F^{\mathrm{T}}Fg^{\mathrm{T}}(x) \\
& -\frac{1}{\gamma^2}g(x)g^{\mathrm{T}}(x) + \nu^{-1}q(x)q^{\mathrm{T}}(x) \\
& +2H(X)P_1 + 2H(X)h^2R_1 - H(X)M_1 + \varepsilon^{-1}I_n]\nabla_x H(x) \\
& +\nabla_{\hat{x}}^{\mathrm{T}}H(\hat{x})[R_{22} + R_{22}^{\mathrm{T}} + 2H(X)P_2 + 2H(X)h^2R_2 - H(X)M_2 \\
& +\varepsilon^{-1}I_n]\nabla_{\hat{x}}H(\hat{x}) + \nu\|w\|^2\Big] \\
= {}& G(t)\Big[\nabla_x^{\mathrm{T}}H(x)[D(x) + D^{\mathrm{T}}(x) - \frac{1}{\gamma^2}g(x)g^{\mathrm{T}}(x) + \nu^{-1}q(x)q^{\mathrm{T}}(x) \\
& +2H(X)P_1 + 2H(X)h^2R_1 - H(X)M_1 + \varepsilon^{-1}I_n]\nabla_x H(x) \\
& +\nu\|w\|^2 - \|z\|^2 + \nabla_{\hat{x}}^{\mathrm{T}}H(\hat{x})L_2\nabla_{\hat{x}}H(\hat{x})\Big] \\
\leqslant {}& G(t)\Big[\nabla_x^{\mathrm{T}}H(x)L_1\nabla_x H(x) + \nabla_{\hat{x}}^{\mathrm{T}}H(\hat{x})L_2\nabla_{\hat{x}}H(\hat{x}) \\
& +\nu\|w\|^2 - \|z\|^2\Big]
\end{aligned}
\tag{6.110}
$$

首先表明式 (6.71) 成立。为此令 $J(t, X) := V(t, X_t) + \int_0^t (\|z(s)\|^2 - \gamma^2\|w(s)\|^2)\,\mathrm{d}s$。

将式 (6.110) 代入 $\dot{J}(t, X)$, 并用条件 $L_1 < 0$ 和 $L_2 < 0$, 有

$$
\dot{J}(t, X) \leqslant G(t)\Big[\nu\|w\|^2 - \|z\|^2\Big] + [\|z(t)\|^2 - \gamma^2\|w(t)\|^2]
\tag{6.111}
$$

注意 $G(t) = \mathrm{e}^{V_1 + V_2 + V_3}$, $\left(\int_{t-h}^t x(s)\mathrm{d}s\right)^{\mathrm{T}} Q \int_{t-h}^t x(s)\mathrm{d}s \leqslant h\int_{t-h}^t x^{\mathrm{T}}(s)Qx(s)\mathrm{d}s$, 引理 2-7 和 $r := \max\{\nabla_{X_t}^{\mathrm{T}}H(X_t)\nabla_{X_t}H(X_t) : X_t \in \Omega\}$, 可得 $G(t) \leqslant \mathrm{e}^{(h\lambda_{\max}\{P\} + h^2\lambda_{\max}\{Q\} + 0.5h^2\lambda_{\max}\{R\})r} = \mathrm{e}^{\kappa r}$。另外, 很明显 $1 \leqslant G(t)$, 这样有

$$
1 \leqslant G(t) \leqslant \mathrm{e}^{\kappa r}
\tag{6.112}
$$

因此, 根据式 (6.111) 和式 (6.112), 并用 $\mathrm{e}^{\kappa r}\nu \leqslant \gamma^2$, 得到

$$
\dot{J}(t, X) \leqslant \mathrm{e}^{\kappa r}\nu\|w\|^2 - \|z\|^2 + [\|z(t)\|^2 - \gamma^2\|w(t)\|^2] \leqslant 0
\tag{6.113}
$$

在零状态响应条件下, 从 0 到 t 积分式 (6.113), 可得

$$
V(t, X_t) + \int_0^t (\|z(s)\|^2 - \gamma^2\|w(s)\|^2)\mathrm{d}s \leqslant 0
\tag{6.114}
$$

由此和 $V(t, X_t) \geqslant 0$, 有 $\int_0^t \|z(s)\|^2 \mathrm{d}s \leqslant \gamma^2 \int_0^t \|w(s)\|^2 \mathrm{d}s$, 即式 (6.71) 成立。

其次, 当有干扰 $w \in \Theta$ 时, 表明对 $\forall t > 0$ 和 $\phi = 0$, $x(t)$ ($\hat{x}(t)$) $\in \Omega$ 成立。

由式 (6.114), $G(t) \geqslant 1$, $H(X) = H(x) + H(\hat{x})$ 和假设 6-4, 能得到 $\sum_{i=1}^{n} (x_i^2)^{\frac{\alpha}{2\alpha-1}}$

$= H(x) \leqslant H(X) \leqslant V(t, X_t) \leqslant \gamma^2 \int_0^t \|w(s)\|^2 \mathrm{d}s \leqslant \dfrac{\gamma^2}{\mu^2}$. 其余证明同于定理 6-4, 省略。

最后, 我们证明闭环系统 (6.121) 在 $w = 0$ 时有限时间稳定。事实上, 从式 (6.110) 和条件①, 若 $w = 0$, 则

$$\dot{V}(t, X_t) \leqslant G(t) \Big[\nabla_x^{\mathrm{T}} H(x) L_1 \nabla_x H(x) + \nabla_{\hat{x}}^{\mathrm{T}} H(\hat{x}) L_2 \nabla_{\hat{x}} H(\hat{x}) - \|z\|^2 \Big]$$
$$\leqslant G(t) \chi \Big[\nabla_x^{\mathrm{T}} H(x) \nabla_x H(x) + \nabla_{\hat{x}}^{\mathrm{T}} H(\hat{x}) \nabla_{\hat{x}} H(\hat{x}) \Big] \tag{6.115}$$

其中, $\chi := \max\{\lambda_{\max}\{L_1\}, \ \lambda_{\max}\{L_2\}\}$。

$\nabla_x^{\mathrm{T}} H(x) \nabla_x H(x) = \left(\dfrac{2\alpha}{2\alpha-1}\right)^2 \sum_{i=1}^{n} (x_i^2)^{\frac{1}{2\alpha-1}}$, 用引理 2-6, 可得 $\sum_{i=1}^{n} (x_i^2)^{\frac{1}{2\alpha-1}} = \sum_{i=1}^{n} [(x_i^2)^{\frac{\alpha}{2\alpha-1}}]^{\frac{1}{\alpha}} \geqslant \left[\sum_{i=1}^{n} (x_i^2)^{\frac{\alpha}{2\alpha-1}}\right]^{\frac{1}{\alpha}} = (H(x))^{\frac{1}{\alpha}}$, 即

$$\nabla_x^{\mathrm{T}} H(x) \nabla_x H(x) \geqslant \left(\dfrac{2\alpha}{2\alpha-1}\right)^2 (H(x))^{\frac{1}{\alpha}} \tag{6.116}$$

同样的, 能够得到

$$\nabla_{\hat{x}}^{\mathrm{T}} H(\hat{x}) \nabla_{\hat{x}} H(\hat{x}) \geqslant \left(\dfrac{2\alpha}{2\alpha-1}\right)^2 (H(\hat{x}))^{\frac{1}{\alpha}} \tag{6.117}$$

同着式 (6.115)~ 式 (6.117), 注意 $H(X) = H(x) + H(\hat{x})$, $\chi < 0$ 及引理 2-6, 有

$$\dot{V}(t, X_t) \leqslant 2^{\frac{-1}{\alpha}} \chi \left(\dfrac{2\alpha}{2\alpha-1}\right)^2 (G(t))^{1-\frac{1}{\alpha}} [2G(t)H(X)]^{\frac{1}{\alpha}} \tag{6.118}$$

另外, 用 $(G(t))^{1-\frac{1}{\alpha}} \geqslant 1$ 和 $\chi < 0$, 能得到 $\dot{V}(t, X_t) \leqslant \dfrac{\chi}{2^{\frac{1}{\alpha}}} \left(\dfrac{2\alpha}{2\alpha-1}\right)^2 (V(t, X_t))^{\frac{1}{\alpha}}$, 意味着引理 2-1 的条件③成立。证毕。

注 6-3　在定理 6-5 中, 通过构造一个新的李雅普诺夫泛函 (6.107), 移除了定理 6-4 中 $\lambda_{\max}\{B^{\mathrm{T}}(X, \tilde{X})B(X, \tilde{X})\}$ 是 $H(X)$ 的高阶项这个条件, 是应用该泛函的一个优势。另一个优势是通过用该泛函容易得到引理 2-1 的导数条件③。

从定理 6-5, 容易得到下面的推论。

推论 6-1 在假设 6-4 下, 考虑系统 (6.70) 和系统 (6.73), 若对给定的 $\gamma > 0$, 有

① 存在常数 $\varepsilon > 0$, $\nu > 0$, 适当维数的常矩阵 L_1, L_2, $P_1 > 0$, $P_2 > 0$ 使得 $\mathrm{e}^{\kappa r} \nu \leqslant \gamma^2$ 和

$$D(x) + D^{\mathrm{T}}(x) - \frac{1}{\gamma^2} g(x) g^{\mathrm{T}}(x) + \nu^{-1} q(x) q^{\mathrm{T}}(x) + 2H(X)P_1 + \varepsilon^{-1} I_n \leqslant L_1 < 0$$

$$2H(X)P - \varepsilon T^{\mathrm{T}}(X, \tilde{X}) T(X, \tilde{X}) \geqslant 0$$

$$R_{22} + R_{22}^{\mathrm{T}} + 2H(X)P_2 + \varepsilon^{-1} I_n \leqslant L_2 < 0 \tag{6.119}$$

② 存在正实数 s、μ 使得

$$\begin{bmatrix} 2s - \left(\dfrac{\gamma^2}{\mu^2}\right)^{\frac{2\alpha-1}{\alpha}} & -s(\alpha_\kappa)^{\mathrm{T}} \\ -s\alpha_\kappa & I_n \end{bmatrix} \geqslant 0, \quad \kappa = 1, 2, \cdots, n \tag{6.120}$$

成立, 其中 $R_{22} + R_{22}^{\mathrm{T}} = D(\hat{x}) + D^{\mathrm{T}}(\hat{x}) + g(\hat{x}) F^{\mathrm{T}} F g^{\mathrm{T}}(\hat{x}) + \dfrac{1}{\gamma^2} g(\hat{x}) g^{\mathrm{T}}(\hat{x}) - 2K^{\mathrm{T}}(\hat{x}) g^{\mathrm{T}}(\hat{x}) - 2g(\hat{x}) K(\hat{x})$, $\kappa := h \lambda_{\max}\{P\}$, $r := \max\{\|\nabla_{X_t} H(X_t)\|^2 : X_t \in \Omega\}$, $P(= \mathrm{Diag}\{P_1, P_2\}) > 0$, 则系统 (6.70) 的基于观测器 (6.73) 的有限时间鲁棒镇定控制器可以设计为式 (6.104) 和式 (6.105)。

证明: 用式 (6.70)、式 (6.74)、式 (6.104) 和式 (6.105), 同于定理 6-4 的证明, 可以得到如下的增广系统

$$\dot{X} = R(X) \nabla_X H(X) + T(X, \tilde{X}) \nabla_{\tilde{X}} H(\tilde{X}) + F(X)w + Z(X) \tag{6.121}$$

其中, X、$H(X)$、$R(X)$、$T(X, \tilde{X})$、$F(X)$ 和 $Z(X)$ 同于定理 6-4。

构造如下的李雅普诺夫泛函

$$V(t, X_t) = 2\mathrm{e}^{V_1} H(X) := 2G(t) H(X) \tag{6.122}$$

其中, $V_1 = \displaystyle\int_{t-h}^{t} \nabla_X^{\mathrm{T}} H(X(s)) P \nabla_X H(X(s)) \mathrm{d}s$, 得到

$$\dot{V}_1 = \nabla_X^{\mathrm{T}} H(X(t)) P \nabla_X H(X(t)) - \nabla_{\tilde{X}}^{\mathrm{T}} H(\tilde{X}) P \nabla_{\tilde{X}}^{\mathrm{T}} H(\tilde{X}) \tag{6.123}$$

计算 $V(t, X_t)$ 的导数, 同于定理 6-5 的证明, 有

$$\dot{V}(t, X_t) \leqslant G(t) \Big[\nabla_X^{\mathrm{T}} H(X) [R(X) + R^{\mathrm{T}}(X) + 2H(X)P$$

$$+\varepsilon^{-1}I_{2n}]\nabla_X H(X) - \nabla_{\tilde{X}}^{\mathrm{T}} H(\tilde{X})[2H(X)P$$
$$-\varepsilon T^{\mathrm{T}}(X,\tilde{X})T(X,\tilde{X})]\nabla_{\tilde{X}} H(\tilde{X}) + 2\nabla_X^{\mathrm{T}} H(X)F(X)w\Big] \quad (6.124)$$

注意 $2H(X)P - \varepsilon T^{\mathrm{T}}(X,\tilde{X})T(X,\tilde{X}) \geqslant 0$ 和 $R(X) + R^{\mathrm{T}}(X) = \mathrm{Diag}\{R_{11} + R_{11}^{\mathrm{T}},\ R_{22} + R_{22}^{\mathrm{T}}\}$，能够得到

$$\dot{V}(t, X_t) \leqslant G(t)\Big[\nabla_X^{\mathrm{T}} H(X)[R(X) + R^{\mathrm{T}}(X)$$
$$+2H(X)P + \varepsilon^{-1}I_{2n}]\nabla_X H(X) + 2\nabla_X^{\mathrm{T}} H(X)F(X)w\Big]$$
$$\leqslant G(t)\Big[\nabla_x^{\mathrm{T}} H(x)[R_{11} + R_{11}^{\mathrm{T}} + 2H(X)P_1 + \varepsilon^{-1}I_n]\nabla_x H(x)$$
$$+2\nabla_X^{\mathrm{T}} H(X)F(X)w$$
$$+\nabla_{\hat{x}}^{\mathrm{T}} H(\hat{x})[R_{22} + R_{22}^{\mathrm{T}} + 2H(X)P_2 + \varepsilon^{-1}I_n]\nabla_{\hat{x}} H(\hat{x})\Big] \quad (6.125)$$

由此和 $F(X) = [q^{\mathrm{T}}(x), 0]^{\mathrm{T}}$ (即 $F(X)F^{\mathrm{T}}(X) = \mathrm{Diag}\{q(x)q^{\mathrm{T}}(x), 0\}$)，易得

$$\dot{V}(t, X_t) \leqslant G(t)\Big[\nabla_x^{\mathrm{T}} H(x)[R_{11} + R_{11}^{\mathrm{T}} + 2H(X)P_1 + \varepsilon^{-1}I_n + \nu^{-1}q(x)q^{\mathrm{T}}(x)]\nabla_x H(x)$$
$$+\nabla_{\hat{x}}^{\mathrm{T}} H(\hat{x})[R_{22} + R_{22}^{\mathrm{T}} + 2H(X)P_2 + \varepsilon^{-1}I_n]\nabla_{\hat{x}} H(\hat{x}) + \nu\|w\|^2\Big] \quad (6.126)$$

用 $R_{11} + R_{11}^{\mathrm{T}}$、$R_{22} + R_{22}^{\mathrm{T}}$ 和 $P = \mathrm{Diag}\{P_1, P_2\}$ 和 $R_{22} + R_{22}^{\mathrm{T}} + 2H(X)P_2 + \varepsilon^{-1}I_n \leqslant L_2 < 0$，能够得到

$$\dot{V}(t, x_t) \leqslant G(t)\Big[\nabla_x^{\mathrm{T}} H(x)[D(x) + D^{\mathrm{T}}(x) - g(x)F^{\mathrm{T}}Fg^{\mathrm{T}}(x)$$
$$-\frac{1}{\gamma^2}g(x)g^{\mathrm{T}}(x) + \nu^{-1}q(x)q^{\mathrm{T}}(x)$$
$$+2H(X)P_1 + \varepsilon^{-1}I_n]\nabla_x H(x) + \nabla_{\hat{x}}^{\mathrm{T}} H(\hat{x})L_2\nabla_{\hat{x}} H(\hat{x}) + \nu\|w\|^2\Big]$$
$$\leqslant G(t)\Big[\nabla_x^{\mathrm{T}} H(x)L_1\nabla_x H(x) + \nabla_{\hat{x}}^{\mathrm{T}} H(\hat{x})L_2\nabla_{\hat{x}} H(\hat{x}) + \nu\|w\|^2 - \|z\|^2\Big] \quad (6.127)$$

其余证明同于定理 6-5, 故省略。

注 6-4　为了得到一般的结果, 我们提出了定理 6-5。与定理 6-5 相比, 在推论 6-1 中, 通过应用一个简化的泛函 (6.122), 给出了一个简洁的结果。而且, 同于定理 6-5, 推论 6-1 也是一个时滞相关的结果。

下面给出一个论证例子表明结果的有效性。

例 6-1　考虑如下非线性时滞系统

$$\begin{cases} \dot{x}_1 = -\dfrac{8}{3}x_1^{\frac{1}{3}} + 0.2x_2 + 0.2x_1x_1(t-h) + 0.3x_1x_2x_2(t-h) + u \\ \dot{x}_2 = -0.1x_2x_1^{\frac{1}{3}} - \dfrac{8}{3}x_2^{\frac{1}{3}} + 0.3x_2^2x_2(t-h) + 0.1w \\ \dot{x}_3 = x_2x_1^{\frac{4}{3}} - \dfrac{8}{3}x_3^{\frac{1}{3}} + 0.5x_2x_3x_3(t-h) + 0.1w \end{cases} \quad (6.128)$$

其中, $x = (x_1, x_2, x_3)^{\mathrm{T}} \in \Omega = \{(x_1,\ x_2,\ x_3) : |x_1| \leqslant 0.3,\ |x_2| \leqslant 0.3,\ |x_3| \leqslant 0.3\}$, 令 $H(x) = x_1^{\frac{4}{3}} + x_2^{\frac{4}{3}} + x_3^{\frac{4}{3}}$ 同着 $\alpha = 2$。下面用推论 6-1 设计系统 (6.128) 的基于观测器的有限时间鲁棒控制器。

为此, 选取 $\varepsilon = 100$, $P_1 = I_3$ 和 $P_2 = I_3$, 有 $2H(X)P - \varepsilon T^{\mathrm{T}}(X, \tilde{X})T(X, \tilde{X}) \geqslant 0$。令 $h \leqslant 0.19$, $\nu = 0.1$, $\kappa = 0.2$, $F = I_3$, $K(\hat{x}) = 2[1,\ 0,\ 0]$ 和 $\gamma = 0.4$, 易得推论 6-1 的条件①也成立。另外, 选 $s = 0.45$, $\mu = 1$, 可得到推论 6-1 的条件②成立。为了表明结论的有效性, 在如下参量条件下, 给出了一些仿真结果。初值条件: $\phi = (0.01,\ -0.01,\ 0.01)$ 和 $\hat{\phi} = (-0.01,\ 0.01,\ -0.01)$, 时滞 $h = 0.1$。为了验证控制器关于外部干扰的鲁棒性, 在时间持续区间 $0.05 \sim 0.1s$ 内, 加入干扰 $w = 4$, 仿真结果如图 6.1~ 图 6.4 所示。

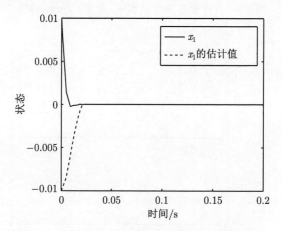

图 6.1 在控制器 u 下状态 x_1 和 $\hat{x}_1$ 的响应曲线

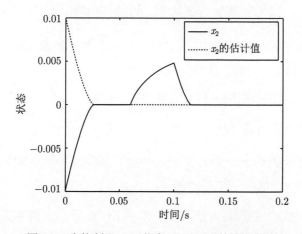

图 6.2 在控制器 u 下状态 x_2 和 $\hat{x}_2$ 的响应曲线

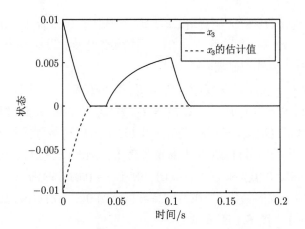

图 6.3　在控制器 u 下状态 x_3 和 $\hat{x}_3$ 的响应曲线

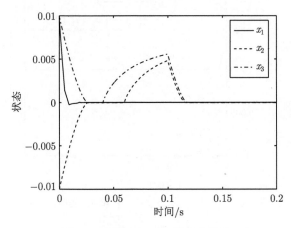

图 6.4　系统 (6.128) 的状态曲线

在设计的有限时间鲁棒镇定控制器下, 原系统和观测器系统的状态当干扰 w 消失后在 0.15s 内趋于一致, 且都收敛到平衡点。

6.3.2　基于观测器的有限时间自适应鲁棒镇定控制

考虑如下非线性时滞系统

$$
\begin{cases}
\dot{x}(t) = f(x,\ p) + \ell(x,\ p) g(x, \tilde{x}, p) + g_1(x) u + g_2(x) w \\
x(\tau) = \phi(\tau), \quad \forall \tau \in [-h,\ 0]
\end{cases}
\tag{6.129}
$$

其中, $x(t) \in \Omega \subset \mathbb{R}^n$ 是状态向量, $\tilde{x} := x(t-h)$, Ω 是原点的某有界凸邻域, p 是常有界不确定性, $f(x) \in \mathbb{R}^n$ 是连续向量场, $\ell(x, p) \in \mathbb{R}^{n \times n}$ $(\ell(0, p) = 0)$ 是适当维

数的权矩阵, $g(x) \in \mathbb{R}^n$ 是光滑向量场满足 $g(0) = 0$, $h > 0$ 是时滞常数, $\phi(\theta)$ 是一个向量值初值函数, $g_1(x)$ 和 $g_2(x)$ 是适当维数的权矩阵, u 和 w 分别是输入和外部干扰。

由引理 2-5, 若 $g(x)(\in \mathbb{R}^n)$ 光滑且 $g(0) = 0$, 则 $g(x) := M(x)x$。下面给出一些假设条件。

假设 6-5[14] 假设对 $0 \neq x \in \Omega$, $g(x)$ 的 Jacobi 矩阵 $J_g(x)$ 非奇异。

假设 6-6 假设 $g(x, \tilde{x}, p) = g(\tilde{x}) + \nabla g(x, p)$, 且存在适当维数的常矩阵 Φ 使得 $\ell(x, p)\nabla g(x, p) = g_1(x)\Phi^{\mathrm{T}}\theta$ 成立, 其中 $\theta \in \mathbb{R}^{n_1}$ 是关于 p 的常向量。进一步假设 $g_1(x)g_1^{\mathrm{T}}(x) \leqslant \sigma\|x\|^2 I_n$ 同着 $\sigma > 0$ 是一个常数。

根据假设 6-6, 得到

$$
\begin{cases}
\dot{x}(t) = f(x,\ p) + \ell(x,\ p)g(\tilde{x}) + g_1(x)\Phi^{\mathrm{T}}\theta + g_1(x)u + g_2(x)w \\
x(\tau) = \phi(\tau), \quad \forall \tau \in [-h,\ 0]
\end{cases}
\tag{6.130}
$$

令

$$
H(x) = \sum_{i=1}^{n}(x_i^2)^{\frac{\alpha}{2\alpha-1}}, \quad \alpha > 1
\tag{6.131}
$$

并注意到 $g(x)$ 光滑, 易得

$$
\begin{aligned}
g(x) &= M(x)x = M(x)\frac{2\alpha - 1}{2\alpha}\mathrm{Diag}\left\{x_1^{\frac{2\alpha-2}{2\alpha-1}},\ x_2^{\frac{2\alpha-2}{2\alpha-1}},\ \cdots,\ x_n^{\frac{2\alpha-2}{2\alpha-1}}\right\}\nabla_x H(x) \\
&:= M(x)N(x)\nabla_x H(x)
\end{aligned}
\tag{6.132}
$$

其中, $\mathrm{Diag}\{*\}$ 表示对角矩阵。

将式 (6.132) 代入系统 (6.130), 有

$$
\begin{cases}
\dot{x}(t) = f(x,\ p) + B(x, \tilde{x}\ p)\nabla_{\tilde{x}} H(\tilde{x}) + g_1(x)\Phi^{\mathrm{T}}\theta + g_1(x)u + g_2(x)w \\
x(\tau) = \phi(\tau), \quad \forall \tau \in [-h,\ 0]
\end{cases}
\tag{6.133}
$$

其中, $B(x, \tilde{x}\ p) = \ell(x,\ p)M(\tilde{x})N(\tilde{x})$。

用正交线性化方法, 系统 (6.133) 进一步等价为

$$
\begin{cases}
\dot{x}(t) = D(x,p)\nabla_x H(x) + B(x, \tilde{x}\ p)\nabla_{\tilde{x}} H(\tilde{x}) + \tilde{z}(x,p) + g_1(x)u + g_2(x)w \\
\qquad + g_1(x)\Phi^{\mathrm{T}}\theta \\
x(\tau) = \phi(\tau), \quad \forall \tau \in [-h, 0]
\end{cases}
\tag{6.134}
$$

其中

$$D(x,p) := \begin{cases} \dfrac{\langle f(x,p), \nabla_x H(x)\rangle}{\|\nabla_x H(x)\|^2}, & x \neq 0 \\ 0, & x = 0 \end{cases} \tag{6.135}$$

$$\tilde{z}(x,p) := \begin{cases} f(x,p) - D(x,p)\nabla_x H(x), & x \neq 0 \\ 0, & x = 0 \end{cases}$$

而且, 从 $\tilde{z}(x,p) \perp \nabla_x H(x)$ 可以得到 $\langle \tilde{z}(x,p), \nabla_x H(x)\rangle = 0$。

　　注意到系统 (6.130) 等价于系统 (6.134), 本节研究等价系统 (6.134) 基于观测器的有限时间自适应鲁棒镇定问题。为此, 令输出 $y = g_1^{\mathrm{T}}(x)\nabla_x H(x)$。

　　本节假设系统 (6.134) 的结构无法复制 (即观测器系统中不含有 p), 则设计的观测器如下

$$\begin{aligned} \dot{\hat{x}}(t) = {}& D(\hat{x})\nabla_{\hat{x}} H(\hat{x}) + B(\hat{x},\tilde{x})\nabla_{\tilde{x}} H(\tilde{x}) + g_1(\hat{x})u \\ & + K^{\mathrm{T}}(\hat{x})[y - g_1^{\mathrm{T}}(\hat{x})\nabla_{\hat{x}} H(\hat{x})] + g_1(\hat{x})\Phi^{\mathrm{T}}\hat{\theta} \end{aligned} \tag{6.136}$$

将 y 代入系统 (6.136), 可得

$$\begin{aligned} \dot{\hat{x}} = {}& [D(\hat{x}) - K^{\mathrm{T}}(\hat{x})g_1^{\mathrm{T}}(\hat{x})]\nabla_{\hat{x}} H(\hat{x}) + B(\hat{x},\tilde{x})\nabla_{\tilde{x}} H(\tilde{x}) \\ & + g_1(\hat{x})u + K^{\mathrm{T}}(\hat{x})g_1^{\mathrm{T}}(x)\nabla_x H(x) + g_1(\hat{x})\Phi^{\mathrm{T}}\hat{\theta} \end{aligned} \tag{6.137}$$

则有下面的结果。

　　定理 6-6　在假设 6-5 和假设 6-6 下, 考虑系统 (6.134) 和系统 (6.137), 若对给定的 $\gamma > 0$, 有

　　① 存在常数 $\varepsilon_i > 0$ $(i = 1,2,3)$, 以及适当维数的常矩阵 L_1, L_2, $P_1 > 0$, $P_2 > 0$, $Q > 0$ 使得 $\mathrm{e}^{\kappa r}\varepsilon_3 \leqslant \gamma^2$ 和

$$D(x,p) + D^{\mathrm{T}}(x,p) - \frac{1}{\gamma^2}g_1(x)g_1^{\mathrm{T}}(x) + 2H(X)P_1$$

$$+ \varepsilon_1^{-1}I_n + \varepsilon_3^{-1}g_2(x)g_2^{\mathrm{T}}(x) \leqslant L_1 < 0$$

$$2H(X)P_1 - \varepsilon_1 B^{\mathrm{T}}(x,\tilde{x},p)B(x,\tilde{x},p) \geqslant 0, \quad 2H(X)P_2 - \varepsilon_2 B^{\mathrm{T}}(\hat{x},\tilde{x})B(\hat{x},\tilde{x}) \geqslant 0$$

$$R_{22} + R_{22}^{\mathrm{T}} + 2H(X)P_2 + \varepsilon_2^{-1}I_n \leqslant L_2 < 0 \tag{6.138}$$

　　② 存在正实数 s 和 μ 使得

$$\begin{bmatrix} 2s - \dfrac{r^{\frac{2\alpha-2}{2\alpha-1}}\gamma^2}{2\mu^2} & -s\alpha_i^{\mathrm{T}} \\ -s\alpha_i & I_n \end{bmatrix} \geqslant 0, \quad \kappa = 1, 2, \cdots, n \tag{6.139}$$

成立, 其中, $X = [x^{\mathrm{T}}, \hat{x}^{\mathrm{T}}]^{\mathrm{T}}$, $H(X) = H(x) + H(\hat{x})$, $R_{22} + R_{22}^{\mathrm{T}} = D(\hat{x}) + D^{\mathrm{T}}(\hat{x}) + g(\hat{x})F^{\mathrm{T}}Fg^{\mathrm{T}}(\hat{x}) + \dfrac{1}{\gamma^2}g(\hat{x})g^{\mathrm{T}}(\hat{x}) - 2K^{\mathrm{T}}(\hat{x})g^{\mathrm{T}}(\hat{x}) - 2g(\hat{x})K(\hat{x})$, $\kappa := h\lambda_{\max}\{P\}$ 和 $r := \max\{\nabla_{X_t}^{\mathrm{T}}H(X_t)\nabla_{X_t}H(X_t) : X_t \in \Omega\}$, $P(= \mathrm{Diag}\{P_1, P_2\}) > 0$, 则系统 (6.134) 基于观测器 (6.137) 的一个有限时间自适应鲁棒镇定控制器可以设计为

$$u = -K(\gamma)[y - g^{\mathrm{T}}(\hat{x})\nabla_{\hat{x}}H(\hat{x})] + v \qquad (6.140)$$

其中

$$v = -K(\hat{x})\nabla_{\hat{x}}H(\hat{x}) - \Phi^{\mathrm{T}}\hat{\theta}, \qquad (6.141)$$

$K(\gamma) = 0.5F^{\mathrm{T}}F + \dfrac{1}{2\gamma^2}I_m$, $\dot{\hat{\theta}} = G(t)Q\Phi G^{\mathrm{T}}(X)\nabla_X H(X)$ 且 $G(t) := \mathrm{e}^{V_1}$, $G(X) = [g_1^{\mathrm{T}}(x), 0]^{\mathrm{T}}$

$$V_1 = \int_{t-h}^{t} \nabla_X^{\mathrm{T}}H(X(s))P\nabla_X H(X(s))\mathrm{d}s \qquad (6.142)$$

证明: 注意式 (6.134)、式 (6.137) 和式 (6.140), 可以得到如下增广系统

$$\begin{cases} \dot{X} = \bar{R}(X)\nabla_X H(X) + T(X, \tilde{X})\nabla_{\tilde{X}}H(\tilde{X}) \\ \qquad + G_1(X)v + F(X)w + Z(X) + \begin{bmatrix} g_1(x)\Phi\theta \\ g_1(\hat{x})\Phi\hat{\theta} \end{bmatrix} \\ y = g^{\mathrm{T}}(x)\nabla_x H(x) \end{cases} \qquad (6.143)$$

其中, $T(X, \tilde{X}) = \mathrm{Diag}\{B(x, \tilde{x}, p), B(\hat{x}, \tilde{\hat{x}})\}$, $G_1(X) = [g_1^{\mathrm{T}}(x), g_1^{\mathrm{T}}(\hat{x})]^{\mathrm{T}}$, $F(X) = [g_2^{\mathrm{T}}(x), 0]^{\mathrm{T}}$, $Z(X) = [\tilde{z}(x, p), 0]^{\mathrm{T}}$, $\bar{R}(X) := \begin{bmatrix} \bar{R}_{11} & \bar{R}_{12} \\ \bar{R}_{21} & \bar{R}_{22} \end{bmatrix}$

$$\begin{cases} \bar{R}_{11} = D(x, p) - 0.5g_1(x)F^{\mathrm{T}}Fg_1^{\mathrm{T}}(x) - 0.5\dfrac{1}{\gamma^2}g_1(x)g_1^{\mathrm{T}}(x) \\ \bar{R}_{12} = 0.5g_1(x)F^{\mathrm{T}}Fg_1^{\mathrm{T}}(\hat{x}) + 0.5\dfrac{1}{\gamma^2}g_1(x)g_1^{\mathrm{T}}(\hat{x}) \\ \bar{R}_{21} = -0.5g_1(\hat{x})F^{\mathrm{T}}Fg_1^{\mathrm{T}}(x) - 0.5\dfrac{1}{\gamma^2}g_1(\hat{x})g_1^{\mathrm{T}}(x) + K^{\mathrm{T}}(\hat{x})g_1^{\mathrm{T}}(x) \\ \bar{R}_{22} = D(\hat{x}) + 0.5g_1(\hat{x})F^{\mathrm{T}}Fg_1^{\mathrm{T}}(\hat{x}) + 0.5\dfrac{1}{\gamma^2}g_1(\hat{x})g_1^{\mathrm{T}}(\hat{x}) - K^{\mathrm{T}}(\hat{x})g_1^{\mathrm{T}}(\hat{x}) \end{cases} \qquad (6.144)$$

将 v 代入式 (6.143), 易得

$$\begin{cases} \dot{X} = R(X)\nabla_X H(X) + T(X, \tilde{X}, p)\nabla_{\tilde{X}}H(\tilde{X}) + F(X)w \\ \qquad + Z(X) + G(X)\Phi^{\mathrm{T}}\tilde{\theta} \\ y = g^{\mathrm{T}}(x)\nabla_x H(x) \end{cases} \qquad (6.145)$$

这里 $\tilde{\theta} = \theta - \hat{\theta}$, $R(X) := \begin{bmatrix} R_{11} & R_{12} \\ R_{21} & R_{22} \end{bmatrix}$, $R_{11} = \bar{R}_{11}$, $R_{21} = \bar{R}_{21}$, $R_{12} = 0.5g_1(x)$

$F^{\mathrm{T}}Fg_1^{\mathrm{T}}(\hat{x}) + 0.5\dfrac{1}{\gamma^2}g_1(x)g_1^{\mathrm{T}}(\hat{x}) - g_1(x)K(\hat{x})$, $R_{22} = D(\hat{x}) + 0.5g_1(\hat{x})F^{\mathrm{T}}Fg_1^{\mathrm{T}}(\hat{x}) +$

$0.5\dfrac{1}{\gamma^2}g_1(\hat{x})g_1^{\mathrm{T}}(\hat{x}) - K^{\mathrm{T}}(\hat{x})g_1^{\mathrm{T}}(\hat{x}) - g_1(\hat{x})K(\hat{x})$.

接下来, 证明系统 (6.145) 是有限时间自适应鲁棒镇定的。首先表明系统 (6.145) 是鲁棒稳定的, 然后再证明当 $w = 0$ 时系统是有限时间镇定的。

构造如下李雅普诺夫泛函

$$V(t, X_t) = 2G(t)H(X) \tag{6.146}$$

并令

$$D(t, X_t, \hat{\theta}) := V(t, X_t) + \int_0^t (\|z(s)\|^2 - \gamma^2\|w(s)\|^2)\mathrm{d}s + (\theta - \hat{\theta}(t))^{\mathrm{T}}Q^{-1}(\theta - \hat{\theta}(t)) \tag{6.147}$$

首先, 证明 $D(t, X_t, \hat{\theta}) \leqslant 0$, 即

$$\int_0^{\mathrm{T}} \|z(s)\|^2\mathrm{d}s \leqslant \gamma^2 \int_0^{\mathrm{T}} \|w(s)\|^2\mathrm{d}s \tag{6.148}$$

沿着闭环系统 (6.145) 的轨道计算 $V(t, x_t)$ 导数, 并用 $\nabla_x^{\mathrm{T}}H(x)Z(x) = 0$, 易得

$$\begin{aligned}
\dot{V}(t, X_t) \leqslant G(t)\Big[&\nabla_X^{\mathrm{T}}H(X)(R(X) + R^{\mathrm{T}}(X) + 2H(X)P)\nabla_x H(x) \\
&+ 2\nabla_x^{\mathrm{T}}H(x)B(x, \tilde{x}, p)\nabla_{\tilde{x}}H(\tilde{x}) \\
&+ 2\nabla_{\hat{x}}^{\mathrm{T}}H(\hat{x})B(\hat{x}, \tilde{\hat{x}})\nabla_{\tilde{\hat{x}}}H(\tilde{\hat{x}}) + 2\nabla_x^{\mathrm{T}}H(x)g_2(x)w \\
&- 2H(X)\nabla_{\tilde{X}}^{\mathrm{T}}H(\tilde{X})P\nabla_{\tilde{X}}H(\tilde{X}) + 2\nabla_X^{\mathrm{T}}H(X)G(X)\Phi^{\mathrm{T}}\tilde{\theta}\Big]
\end{aligned} \tag{6.149}$$

应用引理 2-2, 得到

$$\begin{aligned}
&2\nabla_x^{\mathrm{T}}H(x)B(x, \tilde{x}, p)\nabla_{\tilde{x}}H(\tilde{x}) \\
&\leqslant \varepsilon_1^{-1}\nabla_x^{\mathrm{T}}H(x)\nabla_x H(x) \\
&\quad + \varepsilon_1\nabla_{\tilde{x}}^{\mathrm{T}}H(\tilde{x})B^{\mathrm{T}}(x, \tilde{x}, p)B(x, \tilde{x}, p)\nabla_{\tilde{x}}H(\tilde{x})
\end{aligned} \tag{6.150}$$

$$\begin{aligned}
2\nabla_{\hat{x}}^{\mathrm{T}}H(\hat{x})B(\hat{x}, \tilde{\hat{x}})\nabla_{\tilde{\hat{x}}}H(\tilde{\hat{x}}) &\leqslant \varepsilon_2^{-1}\nabla_{\hat{x}}^{\mathrm{T}}H(\hat{x})\nabla_{\hat{x}}H(\hat{x}) \\
&\quad + \varepsilon_2\nabla_{\tilde{\hat{x}}}^{\mathrm{T}}H(\tilde{\hat{x}})B^{\mathrm{T}}(\hat{x}, \tilde{\hat{x}})B(\hat{x}, \tilde{\hat{x}})\nabla_{\tilde{\hat{x}}}H(\tilde{\hat{x}})
\end{aligned} \tag{6.151}$$

$$2\nabla_x^{\mathrm{T}}H(x)g_2(x)w \leqslant \varepsilon_3^{-1}\nabla_x^{\mathrm{T}}H(x)g_2(x)g_2^{\mathrm{T}}(x)\nabla_x H(x) + \varepsilon_3 w^{\mathrm{T}}w \tag{6.152}$$

另外, $R_{12} = -R_{21}^{\mathrm{T}}$, 可得 $R(x) + R^{\mathrm{T}}(x) = \begin{bmatrix} R_{11} + R_{11}^{\mathrm{T}} & 0 \\ 0 & R_{22} + R_{22}^{\mathrm{T}} \end{bmatrix}$, 由此和 $P(= \mathrm{Diag}\{P_1, P_2\}) > 0$, 有

$$\begin{aligned} &\nabla_X^{\mathrm{T}}H(X)(R(x) + R^{\mathrm{T}}(x) + 2H(X)P)\nabla_x H(x) \\ &= \nabla_x^{\mathrm{T}}H(x)(R_{11} + R_{11}^{\mathrm{T}} + 2H(X)P_1)\nabla_x H(x) \\ &\quad + \nabla_{\hat{x}}^{\mathrm{T}}H(\hat{x})(R_{22} + R_{22}^{\mathrm{T}} + 2H(X)P_2)\nabla_{\hat{x}}H(\hat{x}) \end{aligned} \tag{6.153}$$

将式 (6.150)~ 式 (6.153) 代入式 (6.149), 可得

$$\begin{aligned} \dot{V}(t, X_t) \leqslant G(t)\Big[&\nabla_x^{\mathrm{T}}H(x)(R_{11} + R_{11}^{\mathrm{T}} + 2H(X)P_1 + \varepsilon_1^{-1}I_n \\ &+ \varepsilon_3^{-1}g_2(x)g_2^{\mathrm{T}}(x))\nabla_x H(x) + \nabla_{\hat{x}}^{\mathrm{T}}H(\hat{x})(R_{22} \\ &+ R_{22}^{\mathrm{T}} + 2H(X)P_2 + \varepsilon_2^{-1}I_n)\nabla_{\hat{x}}H(\hat{x}) + \varepsilon_3 w^{\mathrm{T}}w \\ &- \nabla_{\tilde{x}}^{\mathrm{T}}H(\tilde{x})[2H(X)P_1 - \varepsilon_1 B^{\mathrm{T}}(x, \tilde{x}, p)B(x, \tilde{x}, p)]\nabla_{\tilde{x}}H(\tilde{x}) \\ &- \nabla_{\tilde{\hat{x}}}^{\mathrm{T}}H(\tilde{\hat{x}})[2H(X)P_2 - \varepsilon_2 B^{\mathrm{T}}(\hat{x}, \tilde{\hat{x}})B(\hat{x}, \tilde{\hat{x}})]\nabla_{\tilde{\hat{x}}}H(\tilde{\hat{x}}) \\ &+ 2\nabla_X^{\mathrm{T}}H(X)G(X)\Phi^{\mathrm{T}}\tilde{\theta}\Big] \end{aligned} \tag{6.154}$$

用定理的条件①, 可得到

$$\begin{aligned} \dot{V}(t, X_t) \leqslant G(t)\Big[&\nabla_x^{\mathrm{T}}H(x)(R_{11} + R_{11}^{\mathrm{T}} + 2H(X)P_1 + \varepsilon_1^{-1}I_n \\ &+ \varepsilon_3^{-1}g_2(x)g_2^{\mathrm{T}}(x))\nabla_x H(x) \\ &+ \nabla_{\hat{x}}^{\mathrm{T}}H(\hat{x})L_2\nabla_{\hat{x}}H(\hat{x}) + \varepsilon_3 w^{\mathrm{T}}w + 2\nabla_X^{\mathrm{T}}H(X)G(X)\Phi^{\mathrm{T}}\tilde{\theta}\Big] \end{aligned} \tag{6.155}$$

由于 $R_{11} = D(x, p) - 0.5g_1(x)F^{\mathrm{T}}Fg_1^{\mathrm{T}}(x) - 0.5\dfrac{1}{\gamma^2}g_1(x)g_1^{\mathrm{T}}(x)$ 和 $z = Fy$, 有

$$\begin{aligned} \dot{V}(t, X_t) \leqslant G(t)\Big[&\nabla_x^{\mathrm{T}}H(x)L_1\nabla_x H(x) + \nabla_{\hat{x}}^{\mathrm{T}}H(\hat{x})L_2\nabla_{\hat{x}}H(\hat{x}) \\ &+ 2\nabla_X^{\mathrm{T}}H(X)G(X)\Phi^{\mathrm{T}}\tilde{\theta}\Big] + G(t)[\varepsilon_3\|w\|^2 - \|z\|^2] \end{aligned} \tag{6.156}$$

将式 (6.156) 代入 $\dot{D}(t, X_t, \hat{\theta})$, 并注意 $\dot{\hat{\theta}} = G(t)Q\Phi G^{\mathrm{T}}(X)\nabla_X H(X)$, 可得

$$\begin{aligned} \dot{D}(t, X_t, \hat{\theta}) \leqslant &G(t)\{\nabla_x^{\mathrm{T}}H(x)L_1\nabla_x H(x) + \nabla_{\hat{x}}^{\mathrm{T}}H(\hat{x})L_2\nabla_{\hat{x}}H(\hat{x})\} \\ &+ 2G(t)\nabla_X^{\mathrm{T}}H(X)G(X)\Phi^{\mathrm{T}}\tilde{\theta} - \gamma^2\|w\|^2 + \|z\|^2 \end{aligned}$$

$$+G(t)[\varepsilon_3\|w\|^2 - \|z\|^2] - 2G(t)\nabla_x^{\mathrm{T}}H(X)G(x)\Phi^{\mathrm{T}}(\theta - \hat{\theta})$$
$$= G(t)\{\nabla_x^{\mathrm{T}}H(x)L_1\nabla_x H(x) + \nabla_{\hat{x}}^{\mathrm{T}}H(\hat{x})L_2\nabla_{\hat{x}}H(\hat{x})\}$$
$$-\gamma^2\|w\|^2 + \|z\|^2 + G(t)[\varepsilon_3\|w\|^2 - \|z\|^2] \tag{6.157}$$

由于 $G(t) \geqslant 1$, 因此 $G(t)\|z\|^2 \geqslant \|z\|^2$, 这样有

$$\dot{D}(t,X_t,\hat{\theta}) \leqslant G(t)\{\nabla_x^{\mathrm{T}}H(x)L_1\nabla_x H(x)$$
$$+\nabla_{\hat{x}}^{\mathrm{T}}H(\hat{x})L_2\nabla_{\hat{x}}H(\hat{x})\} - \gamma^2\|w\|^2 + G(t)\varepsilon_3\|w\|^2 \tag{6.158}$$

另一方面, 根据 $G(t) = \mathrm{e}^{V_1}$, 得到

$$G(t) \leqslant \mathrm{e}^{h\lambda_{\max}\{P\}r} = \mathrm{e}^{\kappa r} \tag{6.159}$$

注意条件 $\mathrm{e}^{\kappa r}\varepsilon_3 \leqslant \gamma^2$, 得到

$$\dot{D}(t,X_t,\hat{\theta}) \leqslant G(t)\{\nabla_x^{\mathrm{T}}H(x)L_1\nabla_x H(x) + \nabla_{\hat{x}}^{\mathrm{T}}H(\hat{x})L_2\nabla_{\hat{x}}H(\hat{x})\} < 0 \tag{6.160}$$

从 0 到 T 积分 $\dot{D}(t,X_t,\hat{\theta})$, 并用零状态响应条件, 可得

$$V(t,X_t) + \int_0^T (\|z(s)\|^2 - \gamma^2\|w(s)\|^2)\mathrm{d}s \leqslant 0 \tag{6.161}$$

由此可得 (6.148) 成立。

用 $x^{\mathrm{T}}x = \sum_{i=1}^n x_i^2$ 和 $\dfrac{\alpha}{2\alpha-1} < 1$, 易得

$$x^{\mathrm{T}}x = r^2\sum_{i=1}^n \left(\frac{x_i}{r}\right)^2 \leqslant r^2\sum_{i=1}^n \left[\left(\frac{x_i}{r}\right)^2\right]^{\frac{\alpha}{2\alpha-1}}$$
$$= \frac{r^2}{r^{\frac{2\alpha}{2\alpha-1}}}\sum_{i=1}^n (x_i^2)^{\frac{\alpha}{2\alpha-1}} = r^{\frac{2\alpha-2}{2\alpha-1}}H(x) \tag{6.162}$$

由式 (6.161)、式 (6.162) 及 $G(t) \geqslant 1$, 并注意假设 6-4, 有

$$x^{\mathrm{T}}x \leqslant r^{\frac{2\alpha-2}{2\alpha-1}}H(x) \leqslant G(t)r^{\frac{2\alpha-2}{2\alpha-1}}H(x) = \frac{1}{2}r^{\frac{2\alpha-2}{2\alpha-1}}V(t,x_t)$$
$$\leqslant r^{\frac{2\alpha-2}{2\alpha-1}}\frac{\gamma^2}{2}\int_0^T \|w(s)\|^2\mathrm{d}s \leqslant \frac{r^{\frac{2\alpha-2}{2\alpha-1}}\gamma^2}{2\mu^2}$$

意味着 $\|x\|^2 \leqslant \dfrac{r^{\frac{2\alpha-2}{2\alpha-1}}\gamma^2}{2\mu^2}$。

接下来, 表明对 $\forall t > 0$, $\phi = 0$, p 以及 $w \in \Theta$, 轨道 $x(t) \in \Omega$ 成立. 为此, 需要证明

$$x^{\mathrm{T}}x - \frac{r^{\frac{2\alpha-2}{2\alpha-1}}\gamma^2}{2\mu^2} \leqslant 0, \ \text{s.t.} \ \ 2 - 2\alpha_i^{\mathrm{T}}x \geqslant 0, \ i = 1, \cdots, n \tag{6.163}$$

事实上, 从条件②和 S-过程, 可得.

现在证明当 $w = 0$ 时, $x(t)$ 是有限时间内收敛的.

从式 (6.160) 和式 (6.147), 容易得到

$$\dot{V}(t, X_t) \leqslant G(t)\{\nabla_x^{\mathrm{T}}H(x)L_1\nabla_x H(x) + \nabla_{\hat{x}}^{\mathrm{T}}H(\hat{x})L_2\nabla_{\hat{x}}H(\hat{x})\}$$
$$- \|z\|^2 + 2G(t)(\theta - \hat{\theta})^{\mathrm{T}}\Phi G^{\mathrm{T}}(X)\nabla_X H(X) \tag{6.164}$$

首先表明 $\|\hat{\theta}(t)\|$ 是有界的. 注意到式 (6.160), 可得闭环系统在 $w = 0$ 时是局部渐近稳定的, 由此得到 $\hat{\theta}(t)$ 是有界的, 即存在某一常数 $\bar{M} > 0$ 使得

$$\|\hat{\theta}(t)\| \leqslant \bar{M}, \ \ t > 0 \tag{6.165}$$

下面表明引理 2-1 的导数条件③在 $w = 0$ 时成立.

用式 (6.165) 及 θ 是一个有界量, 可得

$$(\theta - \hat{\theta}(t))^{\mathrm{T}}\Phi(x)G^{\mathrm{T}}(x)\nabla_x H(x) \leqslant \|(\theta - \hat{\theta}(t))^{\mathrm{T}}\|\|\Phi G^{\mathrm{T}}(X)\nabla_X H(X)\|$$
$$\leqslant \hat{M}\|\Phi G^{\mathrm{T}}(X)\nabla_X H(X)\| \tag{6.166}$$

其中, $\hat{M} := \max\{\|\theta\|\} + \bar{M} > 0$ 是一个常数.

接下来, 为了表明引理 2-1 的导数条件③成立, 需要表明 $\|\Phi G^{\mathrm{T}}(X)\nabla_X H(X)\|$ 是 $(V(t, x_t))^{\frac{1}{\alpha}}$ 的高阶项.

为此, 令 $\rho := \lambda_{\max}\{\Phi^{\mathrm{T}}\Phi\}$, 并用 $\lambda_{\max}\{G(X)G^{\mathrm{T}}(X)\} = \lambda_{\max}\left\{\begin{bmatrix} g_1(x)g_1^{\mathrm{T}}(x) \\ 0 \end{bmatrix}\right.$

$\left.\begin{bmatrix} 0 \\ 0 \end{bmatrix}\right\} = \lambda_{\max}\{g_1(x)g_1^{\mathrm{T}}(x)\} \leqslant \sigma\|x\|^2$, 式 (6.162) 以及假设 6-6, 可以得到

$$\|\Phi G^{\mathrm{T}}(x)\nabla_X H(X)\|$$
$$= (\nabla_X^{\mathrm{T}}H(X)G(X)\Phi^{\mathrm{T}}\Phi G^{\mathrm{T}}(X)\nabla_X H(X))^{\frac{1}{2}}$$
$$\leqslant (\rho\sigma)^{\frac{1}{2}}r^{\frac{\alpha-1}{2\alpha-1}}\frac{2\alpha}{2\alpha - 1}(H(x))^{\frac{1}{2}}\left(\sum_{i=1}^n (x_i^2)^{\frac{1}{2\alpha-1}} + \sum_{i=1}^n (\hat{x}_i^2)^{\frac{1}{2\alpha-1}}\right)^{\frac{1}{2}} \tag{6.167}$$

用引理 2-3, 易得 $\sum_{i=1}^{n}(x_i^2)^{\frac{1}{2\alpha-1}} = \sum_{i=1}^{n}[(x_i^2)^{\frac{\alpha}{2\alpha-1}}]^{\frac{1}{\alpha}} \leqslant n^{\frac{\alpha-1}{\alpha}}\left[\sum_{i=1}^{n}(x_i^2)^{\frac{\alpha}{2\alpha-1}}\right]^{\frac{1}{\alpha}} = n^{\frac{\alpha-1}{\alpha}}(H(x))^{\frac{1}{\alpha}}$。由此, 式 (6.167) 和 $G(t) \geqslant 1$, 可得 $\|\Phi(x)G^{\mathrm{T}}(x)\nabla_x H(x)\| \leqslant (\rho\sigma)^{\frac{1}{2}}r^{\frac{\alpha-1}{2\alpha-1}}\dfrac{2\alpha}{2\alpha-1}n^{\frac{\alpha-1}{2\alpha}}(H(X))^{\frac{1}{2}}(H(X))^{\frac{1}{2\alpha}} := \mu(H(X))^{\frac{1}{2}+\frac{1}{2\alpha}} \leqslant \mu(G(t)H(X))^{\frac{\alpha+1}{2\alpha}}$ $\leqslant \mu(V(t,X_t))^{\frac{\alpha+1}{2\alpha}}$, 其中, $\mu = (\rho\sigma)^{\frac{1}{2}}r^{\frac{\alpha-1}{2\alpha-1}}\dfrac{2\alpha}{2\alpha-1}n^{\frac{\alpha-1}{2\alpha}}$。

从 $\alpha > 1$, 容易看到 $\|\Phi(x)G^{\mathrm{T}}(X)\nabla_X H(X)\|$ 是 $(V(t,X_t))^{\frac{1}{\alpha}}$ 的高阶项。另外, 对式 (6.164) 中的 $\nabla_x^{\mathrm{T}}H(x)L_1\nabla_x H(x)+\nabla_{\hat{x}}^{\mathrm{T}}H(\hat{x})L_2\nabla_{\hat{x}}H(\hat{x})$, 注意 $\lambda_{\max}\{L_1,\ L_2\} < 0$ 和

$$\sum_{i=1}^{n}(x_i^2)^{\frac{1}{2\alpha-1}} = \sum_{i=1}^{n}[(x_i^2)^{\frac{\alpha}{2\alpha-1}}]^{\frac{1}{\alpha}} \geqslant \left[\sum_{i=1}^{n}(x_i^2)^{\frac{\alpha}{2\alpha-1}}\right]^{\frac{1}{\alpha}} = (H(x))^{\frac{1}{\alpha}} \tag{6.168}$$

有

$$\nabla_x^{\mathrm{T}}H(x)L_1\nabla_x H(x) + \nabla_{\hat{x}}^{\mathrm{T}}H(\hat{x})L_2\nabla_{\hat{x}}H(\hat{x})$$
$$\leqslant \lambda_{\max}\{L_1,\ L_2\}[\nabla_x^{\mathrm{T}}H(x)\nabla_x H(x) + \nabla_{\hat{x}}^{\mathrm{T}}H(\hat{x})\nabla_{\hat{x}}H(\hat{x})]$$
$$\leqslant \lambda_{\max}\{L_1,\ L_2\}[(H(x))^{\frac{1}{\alpha}} + (H(\hat{x}))^{\frac{1}{\alpha}}] \tag{6.169}$$

对 $(H(x))^{\frac{1}{\alpha}} + (H(\hat{x}))^{\frac{1}{\alpha}}$, 用引理 2-3, 有 $(H(x))^{\frac{1}{\alpha}} + (H(\hat{x}))^{\frac{1}{\alpha}} \geqslant (H(x)+H(\hat{x}))^{\frac{1}{\alpha}} = (H(X))^{\frac{1}{\alpha}}$。由此可得

$$\nabla_x^{\mathrm{T}}H(x)L_1\nabla_x H(x) + \nabla_{\hat{x}}^{\mathrm{T}}H(\hat{x})L_2\nabla_{\hat{x}}H(\hat{x}) \leqslant \lambda_{\max}\{L_1,\ L_2\}(H(X))^{\frac{1}{\alpha}} \tag{6.170}$$

将式 (6.170) 代入式 (6.164), 用 $G(t) > 1$ 和 $\lambda_{\max}\{L_1,\ L_2\} < 0$, 得到

$$\dot{V}(t,X_t) \leqslant G(t)\lambda_{\max}\{L_1,L_2\}(H(X))^{\frac{1}{\alpha}} + 2G(t)(\theta-\hat{\theta})^{\mathrm{T}}\Phi G^{\mathrm{T}}(X)\nabla_X H(X)$$
$$\leqslant \lambda_{\max}\{L_1,L_2\}(V(t,X_t))^{\frac{1}{\alpha}} + 2G(t)(\theta-\hat{\theta})^{\mathrm{T}}\Phi G^{\mathrm{T}}(X)\nabla_X H(X) \tag{6.171}$$

注意到 $\|\Phi(x)G^{\mathrm{T}}(X)\nabla_X H(X)\|$ 是 $(V(t,X_t))^{\frac{1}{\alpha}}$ 的高阶项, 以及 $G(t) \leqslant \mathrm{e}^{\kappa r}$ 在 Ω 内有界, 则存在某个邻域 $\hat{\Omega} \subset \Omega$ 使得 $\lambda_{\max}\{L_1,\ L_2\}(V(t,X_t))^{\frac{1}{\alpha}} + 2G(t)(\theta-\hat{\theta}(t))^{\mathrm{T}}\Phi G^{\mathrm{T}}(x)\nabla_X H(X)$ 是负定的, 即

$$\dot{V}(t,X_t) \leqslant \left(\lambda_{\max}\{L_1,\ L_2\} + 2\mathrm{e}^{Kr^2}\hat{M}\mu(V(t,X_t))^{\frac{\alpha-1}{2\alpha}}\right)(V(t,X_t))^{\frac{1}{\alpha}}$$
$$:= m_1(V(t,X_t))^{\frac{1}{\alpha}} \tag{6.172}$$

其中, $m_1 < 0$ 在 $\hat{\Omega}$ 内成立。

意味着当 $x \in \hat{\Omega}$ 且 $w = 0$ 时, x 在一个有限时间内收敛到 0。注意到引理 2-4 以及闭环系统在 Ω 内渐近收敛, 可得结论成立, 证毕。

6.4 本 章 小 结

本章主要基于哈密顿函数方法研究一般的非线性时滞系统基于观测器方法的鲁棒渐近镇定和有限时间鲁棒镇定问题, 给出了一些时滞无关和相关的镇定条件。不同于常规基于观测器的结果, 通过应用扩维方法, 本章发展了一些更一般的结论, 并据此研究了一般形式的非线性时滞系统基于观测器的镇定问题, 而且也给出了一般形式非线性时滞系统基于观测器的自适应鲁棒镇定结果, 建立了若干简洁的镇定条件, 仿真表明了结果的有效性。

参 考 文 献

[1] Batmani Y, Khaloozadeh H. On the design of observer for nonlinear time-delay systems. Asian Journal of Control, 2014, 16(4): 1191-1201.

[2] Du J L, Hu X, Krstic M, et al. Robust dynamic positioning of ships with disturbances under input saturation. Automatica, 2016, 73: 207-214.

[3] Ester S, Ignacio P, Jos V. Estimation of nonstationary process variance in multistage manufacturing processes using a model-based observer. IEEE Transactions on Automation Science and Engineering, 2019, 16(2): 741-754.

[4] Kchaou C, Gassara H, El-Hajjaji A. Robust observer-based control design for uncertain singular systems with time-delay. International Journal of Adaptive Control and Signal Processing, 2014, 28(2): 169-183.

[5] Ma Y C, Yang P J, Yan Y F, et al. Robust observer-based passive control for uncertain singular time-delay systems subject to actuator saturation. ISA Transactions, 2017, 67(3): 9-18.

[6] Sung H C, Park J B, Joo Y H. Robust observer-based fuzzy control for variable speed wind power system: LMI approach. International Journal of Control, Automation, and Systems, 2011, 9(6): 1103-1110.

[7] Xie X P, Yue D, Peng C. Observer design of discrete-time fuzzy systems based on an alterable weights method. IEEE Transactions on Cybernetics, 2020, 50(4): 1430-1439.

[8] Xie X P, Yue D, Park J H. Observer-based state estimation of discrete-time fuzzy systems based on a joint switching mechanism for adjacent instants. IEEE Transactions on Cybernetics, 2019, Doi: 10.1109/tcyb.2019.2917929.

[9] Moulay E, Dambrine M, Yeganefar N, et al. Finite-time stability and stabilization of time-delay systems. System and Control Letters, 2008, 57(7): 561-566.

[10] Yang R M, Guo R W. Adaptive finite-time robust control of nonlinear delay Hamiltonian systems via Lyapunmov-Krasovskii method. Asian Journal of Control, 2018, 20(2): 1-11.

[11] Wang Y Z, Li C W, Cheng D Z. Generalized Hamiltonian realization of time-invariant nonlinear systems. Automatica, 2003, 39(8): 1437-1443.

[12] Boyd S, Ghaoui L E, Feron E, et al. Linear Matrix Inequalities in System and Control Theory. Philadelphia: SIAM, 1994.

[13] Coutinho D F, de Souza C E. Delay-dependent robust stability and L_2-gain analysis of a class of nonlinear time-delay systems. Automatica, 2008, 44(4): 2006-2018.

[14] Mazenc F, Bliman P. Backstepping design for time-delay nonlinear systems. IEEE Transactions on Automatic Control, 2006, 51(1): 149-154.

第 7 章 非线性时滞系统的吸引域估计

7.1 引　言

在研究系统时, 稳定性分析是一个很重要的方面, 然而另一个重要的研究方面是如何确定一个稳定性系统的吸引域, 对于非线性系统来说这是很难的, 且几乎不可能找到其精确区域, 在这种情形下建立其吸引域的估计结果成了唯一有效的途径。在过去的几十年里, 已经得到一些无时滞系统[1,2] 以及有时滞系统[3-5] 的吸引域估计结果。然而这些结果均是针对线性系统或近似线性化系统, 对一般形式的非线性时滞系统, 仍需进一步研究。

本章系统地研究了非线性时滞系统的吸引域估计问题, 基于正交线性化方法和哈密顿函数方法分别研究了非线性时滞系统的无穷时间以及有限时间吸引域估计问题, 给出了几个易于检验的、简洁的结果。7.1 节是引言; 7.2 节研究无穷时间吸引域估计; 7.3 节研究有限时间吸引域估计, 建立了常时滞和时变时滞系统的相关结果; 7.4 节是本章小结。

7.2 无穷时间吸引域估计

考虑如下非线性时滞系统

$$\begin{cases} \dot{x}(t) = f(x) + g(\tilde{x}) \\ x(\theta) = \phi(\theta), \quad \theta \in [-h_2, \, 0] \end{cases} \tag{7.1}$$

其中, $\tilde{x} := x(t-h)$, $f(x)$ 与 $g(x)$ 满足 $f(0) = 0$ 和 $g(0) = 0$ 是两个 n 维光滑向量场, $\phi(\theta)$ 是 n 维向量初值函数。

对系统 (7.1) 中的 $g(x)$, 给出如下一般的假设。

假设 7-1 假设存在一个 $n \times n$ 矩阵 $M(x)$ 和一个光滑向量场 $h(x)$ 同着其 Jacobi 矩阵 $J_{h(x)} := A(x)$ 非奇异使得 $g(x) = M(x)h(x)$ 在 Ω 内成立, 其中 $\Omega \subset \mathbb{R}^n$ 是原点的某个凸邻域。

注 7-1 根据文献 [6], 如果 $g(x)$ 的 Jacobi 矩阵 J_g 有一个 $r \times r$ $(1 < r \leqslant n)$ 非奇异主对角块, 则存在一个 $n \times n$ 矩阵 $M(x)$ 和一个向量场 $h(x)$ 同着 $J_{h(x)}$ 非

奇异使得 $g(x) = M(x)h(x)$。值得指出的是, 具有非奇异主对角块的系统构成了一大类系统, 如电力系统和机械系统等 [7]。

本节的主要目标是研究系统 (7.1) 的吸引域估计, 为此用正交线性化方法转化系统 (7.1) 为如下形式

$$\begin{cases} \dot{y}(t) = B(x, \tilde{x})\tilde{y} + D(x)y + G(x) \\ y(\theta) = h(\phi(\theta)), \quad \forall \theta \in [-h_2, 0] \end{cases} \tag{7.2}$$

其中, $\tilde{y} := y(t-h))$, $x = h^{-1}(y)$, $\tilde{x} = h^{-1}(\tilde{y})$, $y^{\mathrm{T}}G(x) = 0$

$$B(x, \tilde{x}) := A(x)M(\tilde{x})$$

$$D(x) := \begin{cases} \dfrac{\langle A(x)f(x), h(x)\rangle}{\|h(x)\|^2}I_n, & h(x) \neq 0 \\ 0, & h(x) = 0 \end{cases} \tag{7.3}$$

下面给出吸引域估计的定义和邻域 Ω_1 的具体表示形式。

定义 7-1[5]　若系统 (7.1) 的零解是渐近稳定的, 则集合 $\Theta = \Big\{ \phi \in \Lambda : \lim\limits_{t \to \infty} x(t, \phi) = 0 \Big\}$ 称为系统 (7.1) 的吸引域。

本节假设邻域集满足如下形式

$$\Omega_1 := \Big\{ y \in h(\Omega) : \alpha_i^{\mathrm{T}} y \leqslant 1, i = 1, 2, \cdots, m \Big\} \tag{7.4}$$

其中, $\alpha_i \ (i = 1, 2, \cdots, m)$ 是一些常向量, 定义了 Ω_1 的 m 条边。

定理 7-1　考虑系统 (7.1), 如果

① 假设 7-1 成立, 且存在常数 $P > 0$ 以及常正定矩阵 Q、Z 使得下列条件在 Ω 内成立

$$\Phi := \begin{bmatrix} 2PD(x) + Q + hZ & PB(x, \tilde{x}) \\ B^{\mathrm{T}}(x, \tilde{x})P^{\mathrm{T}} & -Q \end{bmatrix} < 0 \tag{7.5}$$

② 存在正实数 k、s 使得

$$k - h - \frac{h^3}{2} - 1 \geqslant 0 \tag{7.6}$$

以及如下最优问题

$$\min \eta$$

$$\text{s.t.} \begin{bmatrix} 2s - k & -s\alpha_i^{\mathrm{T}} \\ -s\alpha_i & P \end{bmatrix} \geqslant 0 \tag{7.7}$$

$$\eta \geqslant \max\{P, \lambda_{\max}(Q),\ \lambda_{\max}(Z)\} \tag{7.8}$$

有解 η^*, 这里 $i = 1, 2, ..., m$, 则集合

$$\Theta_d = \left\{\phi \in \Lambda : \eta^*\|h(\phi)\|^2 \leqslant 1\right\} \tag{7.9}$$

是系统 (7.1) 的一个吸引域估计。

证明: 考虑等价系统 (7.2), 构建如下的 L-K 泛函

$$V(t, y_t) = V_1(y) + V_2(t, y_t) + V_3(t, y_t) \tag{7.10}$$

其中, $y_t := y(t + \theta)$, $V_1(y) := y^{\mathrm{T}}(t)Py(t)$

$$\begin{cases} V_2(t, y_t) = \displaystyle\int_{t-h}^t y^{\mathrm{T}}(s)Qy(s)\mathrm{d}s \\[3mm] V_3(t, y_t) = h\displaystyle\int_{t-h}^t \int_s^t y^{\mathrm{T}}(\tau)Zy(\tau)\mathrm{d}s\mathrm{d}\tau \end{cases} \tag{7.11}$$

沿着系统 (7.2) 的轨道, 计算 V 的导数, 并注意 $y^{\mathrm{T}}G(x) = 0$, 可以得到

$$\begin{aligned} \dot{V} &\leqslant 2y^{\mathrm{T}}P[B(x, \tilde{x})y(t - h) + D(x)y] + y^{\mathrm{T}}Qy - y^{\mathrm{T}}(t - h)Qy(t - h) + hy^{\mathrm{T}}Zy \\ &= y^{\mathrm{T}}[2PD(x) + Q + hZ]y + 2y^{\mathrm{T}}PB(x, \tilde{x})y(t - h) - y^{\mathrm{T}}(t - h)Qy(t - h) \\ &= \zeta^{\mathrm{T}}\Phi\zeta < 0 \end{aligned} \tag{7.12}$$

其中, $\zeta = [y^{\mathrm{T}},\ y^{\mathrm{T}}(t - h)]^{\mathrm{T}}$。

根据该定理的条件①, 可得式 (7.10) 中的 $V(t, y_t)$ 是系统 (7.2) 的一个 L-K 泛函候选函数。

令 $\Psi := \left\{y_t \in h(\Lambda) : V(t, y_t) \leqslant k\right\}$。在该定理的条件①下, 如果 $\Psi \subset \Omega_1$ 成立, 则 Ψ 是一个正不变集, 下面证明 $\Psi \subset \Omega_1$。

由于 $V_1(y) \leqslant V(t, y_t)$, 易得集合

$$\Psi_1 := \left\{y \in h(\Lambda) : V_1(y) \leqslant k\right\} \tag{7.13}$$

包含 Ψ, 其中, $V_1 = y^{\mathrm{T}}Py$。因此, 只需证明 $\Psi_1 \subset \Omega_1$。

注意到

$$\Omega_1 = \left\{y \in h(\Omega) : \alpha_i^{\mathrm{T}}y \leqslant 1, i = 1, 2, \cdots, m\right\} \tag{7.14}$$

并根据式 (7.13) 和式 (7.14), 若使 $\Psi_1 \subset \Omega_1$ 成立, 需要

$$y^{\mathrm{T}}Py - k \leqslant 0, \quad \forall y \in h(\Lambda)$$

$$\text{s.t.} \quad 2 - 2\alpha_i^{\mathrm{T}} y \geqslant 0, \quad i = 1, 2, \cdots, m \tag{7.15}$$

成立。应用 S-过程和条件 (7.7) 可得。

接下来, 还需说明式 (7.9) 是系统 (7.1) 的一个吸引域估计, 这需要证明 $V(h(\phi)) \leqslant k$ 对 $\forall \phi \in \Theta_d$ 成立, 根据式 (7.8) 和 $\phi \in \Theta_d$, 只需证明

$$h(\phi)^{\mathrm{T}} Ph(\phi) - k + h + \frac{h^3}{2} \leqslant 0, \quad \forall \phi \in \Lambda : \eta\|h(\phi)\|^2 \leqslant 1 \tag{7.16}$$

注意条件 (7.6)、式 (7.8) 和 $\eta\|h(\phi)\|^2 \leqslant 1$, 有

$$k \geqslant h + \frac{h^3}{2} + 1 \geqslant h + \frac{h^3}{2} + \eta\|h(\phi)\|^2 \geqslant h + \frac{h^3}{2} + h(\phi)^{\mathrm{T}} Ph(\phi) \tag{7.17}$$

由此可推出对 $\forall \phi \in \Theta_d$, $V(h(\phi)) \leqslant k$ 成立, 证毕。

在定理 7-1 中, 基于李雅普诺夫泛函方法, 建立了系统 (7.1) 的一个吸引域估计结果, 接下来, 基于李雅普诺夫函数方法, 提出系统 (7.1) 的一个更为简洁的吸引域估计结果。

定理 7-2　考虑系统 (7.1), 如果

① 假设 7-1 成立, 且存在常数 $p > 1$ 使得如下条件在 Ω 内成立

$$\Phi := \begin{bmatrix} D(x) + D(x) + pI_n & B(x, \tilde{x}) \\ B^{\mathrm{T}}(x, \tilde{x}) & -I_n \end{bmatrix} < 0 \tag{7.18}$$

② 存在正实数 k、s 使得如下最优问题

$$\min \eta$$

$$\text{s.t.} \quad \begin{bmatrix} 2s - k & -s\alpha_i^{\mathrm{T}} \\ -s\alpha_i & I_n \end{bmatrix} \geqslant 0 \tag{7.19}$$

$$\eta k \geqslant 1 \tag{7.20}$$

有解 η^*, 这里 $i = 1, 2, \cdots, m$, 则集合

$$\Theta_d = \left\{ \phi \in \Lambda : \eta^* \|h(\phi)\|^2 \leqslant 1 \right\} \tag{7.21}$$

是系统 (7.1) 的一个吸引域估计。

证明：考虑等价系统 (7.2), 用定理 2-2 来研究其稳定性问题, 为此构建如下的李雅普诺夫函数

$$V(y) = y^{\mathrm{T}}(t) y(t) \tag{7.22}$$

沿着系统 (7.2) 的轨道, 计算 $V(y)$ 导数, 并注意 $y^{\mathrm{T}} G(x) = 0$, 得到

$$\dot{V}(y) = 2y^{\mathrm{T}}[B(x,\tilde{x})\tilde{y} + D(x)y + G(x)] = 2y^{\mathrm{T}}[B(x,\tilde{x})\tilde{y} + D(x)y] \quad (7.23)$$

由此和 $y^{\mathrm{T}}(t-h)y(t-h) \leqslant py^{\mathrm{T}}(t)y(t)$ (此处 $p > 1$ 是一个常数), 有

$$\begin{aligned}
\dot{V} &\leqslant 2y^{\mathrm{T}}[B(x,\tilde{x})y(t-h) + D(x)y] + py^{\mathrm{T}}(t)y(t) - y^{\mathrm{T}}(t-h)y(t-h) \\
&= y^{\mathrm{T}}[D(x) + D(x) + pI_n]y + 2y^{\mathrm{T}}(t)B(x,\tilde{x})y(t-h) - y^{\mathrm{T}}(t-h)y(t-h) \\
&= \zeta^{\mathrm{T}}\Phi\zeta < 0
\end{aligned} \quad (7.24)$$

其中, $\zeta = [y^{\mathrm{T}}, \ y^{\mathrm{T}}(t-h)]^{\mathrm{T}}$。由此可得系统是渐近稳定的。

令 $\Psi := \left\{ y \in h(\Lambda) : V(y) \leqslant k \right\}$, 下面证明 $\Psi \subset \Omega_1$。由于 $V(y) = y^{\mathrm{T}}y$, 注意到

$$\Omega_1 = \left\{ y \in h(\Omega) : \alpha_i^{\mathrm{T}}y \leqslant 1, i = 1, 2, \cdots, m \right\} \quad (7.25)$$

同于定理 7-1, 并用条件 (7.19) 可得 $\Psi \subset \Omega_1$ 成立。接下来, 证明式 (7.21) 是系统 (7.1) 的一个吸引域估计, 只需证明 $h(\phi)^{\mathrm{T}}h(\phi) \leqslant k, \ \forall \phi \in \Lambda : \eta\|h(\phi)\|^2 \leqslant 1$。注意条件 (7.20) 和 $\eta\|h(\phi)\|^2 \leqslant 1$, 有 $k \geqslant \dfrac{1}{\eta} \geqslant h(\phi)^{\mathrm{T}}h(\phi)$, 由此可推出对 $\forall \phi \in \Theta_d, V(h(\phi)) \leqslant k$ 成立, 证毕。

例 7-1 考虑如下非线性时滞系统 [5]

$$\begin{cases} \dot{x}_1 = x_2 \\ \dot{x}_2 = -x_1 - 2x_2 - 2x_2(t-\tau) + 0.5x_2^3(t-\tau) \end{cases} \quad (7.26)$$

其中, $x = [x_1, \ x_2]^{\mathrm{T}} \in \Omega = \{(x_1, \ x_2) : x_1^2 + x_2^2 \leqslant 2.8^2\}, \tau = 1$。

根据定理 7-1, 易得系统 (7.26) 的一个吸引域估计为

$$\Theta_d = \left\{ \phi(t) \in C^1[-1,0] : \|\phi(t)\| \leqslant 1.7355, \ \|\dot{\phi}(t)\| \leqslant 7.071 \times 10^4 \right\} \quad (7.27)$$

其中, $\phi(t) : [-1,0] \mapsto \mathbb{R}^2$。

另外, 用文献 [5] 中的方法, 系统 (7.26) 的一个吸引域估计为 $\Theta_d = \{\phi \in C^1[-1,0] : \|\phi(t)\| \leqslant 1.25, \ \|\dot{\phi}(t)\| \leqslant 10^4\}$, 小于本节所得到的结果。

7.3 有限时间吸引域估计

7.3.1 常时滞系统的有限时间吸引域估计

本节研究了一类非线性时滞哈密顿系统的有限时间吸引域估计问题, 并提出了一个时滞相关的结果。

考虑系统

$$
\begin{cases}
\dot{x}(t) = (J(x) - R(x))\nabla_x H(x) + T(x)\nabla_{\tilde{x}} H(\tilde{x}) \\
x(\tau) = \phi(\tau), \quad \forall \tau \in [-h,\ 0]
\end{cases}
\tag{7.28}
$$

其中, $x(t) \in \Omega \subseteq \mathbb{R}^n$ 是状态向量, Ω 是原点的某有界凸邻域, $J(x)(\in \mathbb{R}^{n \times n})$ 是一个反对称结构矩阵, $R(x)(\in \mathbb{R}^{n \times n})$ 是正定对称矩阵, $\tilde{x}(t) := x(t-h)$, $h > 0$ 是常时滞, $T(x) \in \mathbb{R}^{n \times n}$, $H(x)$ 是哈密顿函数具有如下形式

$$
H(x) = \sum_{i=1}^n (x_i^2)^{\frac{\alpha}{2\alpha-1}}
\tag{7.29}
$$

在这里 $\alpha > 1$ 是实数, $\nabla_x H(x)$ 是 $H(x)$ 在 x 处的梯度向量, $\phi(\tau)$ 是一个向量值初值函数。同于文献 [8], 假设系统 (7.28) 拥有前向唯一解。

本节基于构造的具体李雅普诺夫泛函, 首先提出一个时滞相关的有限时间稳定性结果, 然后发展系统 (7.28) 的一个有限时间吸引域估计结果。

对系统 (7.28) 的有限时间稳定性结果, 基于 L-K 泛函有限时间稳定性判据, 可以得到如下结果。

定理 7-3 考虑系统 (7.28), 假设哈密顿函数有 (7.29) 的形式, 且存在常数 $\varepsilon > 0$, 适当维数的常矩阵 $L < 0$ 和 $P > 0$ 使得 $-2R(x) + 2H(x)I_n \leqslant L$, $2H(x)I_n - \varepsilon T^{\mathrm{T}}(x)T(x) \geqslant 0 (x \in \Omega)$, 以及不等式成立 $m := \lambda_{\max}(L + \varepsilon^{-1}I_n + hP) < 0$, 其中, $\lambda_{\max}(*)$ 表示 $*$ 的最大特征值, 则系统 (7.28) 是有限时间稳定的。

证明: 为证明定理, 需要表明在该定理的条件下满足有限时间稳定性判据的所有条件。为此构建如下的李雅普诺夫泛函形式

$$
\begin{aligned}
V(t, x_t) &= 2\mathrm{e}^{\int_{t-h}^t \nabla_x^{\mathrm{T}} H(x(s))\nabla_x H(x(s))\mathrm{d}s + \int_{-h}^0 \int_{t+\varsigma}^t \frac{\nabla_x^{\mathrm{T}} H(x(s))P\nabla_x H(x(s))}{2M}\mathrm{d}s\mathrm{d}\varsigma} H(x) \\
&:= 2G(t)H(x(t))
\end{aligned}
\tag{7.30}
$$

其中, $0 < M := \max\limits_{x \in \Omega}\{H(x)\}$。

很明显, 该李雅普诺夫泛函满足有限时间判据引理 2-1 的条件①。另一方面, 因为

$$
\int_{t-h}^t \nabla_x^{\mathrm{T}} H(x(s))\nabla_x H(x(s))\mathrm{d}s + \int_{-h}^0 \int_{t+\varsigma}^t \frac{\nabla_x^{\mathrm{T}} H(x(s))P\nabla_x H(x(s))}{2M}\mathrm{d}s\mathrm{d}\varsigma \geqslant 0
$$

容易得到 $G(t) \geqslant 1$, 所以该李雅普诺夫泛函满足有限时间判据的条件②。接下来, 证明有限时间判据的条件③成立。

沿着系统 (7.28) 的轨道计算 $V(t, x_t)$ 的导数, 并用引理 2-2, 有

$$\dot{V}(t, x_t) \leqslant G(t)\Big[\nabla_x^{\mathrm{T}} H(x)(-2R(x) + 2H(x)I_n)\nabla_x H(x) + \varepsilon^{-1}\nabla_x^{\mathrm{T}} H(x)\nabla_x H(x)$$
$$+ \varepsilon\nabla_{\tilde{x}}^{\mathrm{T}} H(\tilde{x})T^{\mathrm{T}}(x)T(x)\nabla_{\tilde{x}} H(\tilde{x}) - 2\nabla_{\tilde{x}}^{\mathrm{T}} H(\tilde{x})H(x)I_n\nabla_{\tilde{x}} H(\tilde{x})$$
$$+ h\frac{\nabla_x^{\mathrm{T}} H(x)H(x)P\nabla_x H(x)}{M}\Big] \tag{7.31}$$

注意到 $H(x) \leqslant M$, 可以得到 $1 \geqslant \dfrac{H(x)}{M}$, 根据该定理的条件, 有

$$\dot{V}(t, x_t) \leqslant G(t)\Big[\nabla_x^{\mathrm{T}} H(x)(L + \varepsilon^{-1}I_n + hP)\nabla_x H(x)$$
$$- \nabla_{\tilde{x}}^{\mathrm{T}} H(\tilde{x})\big(2H(x)I_n - \varepsilon T^{\mathrm{T}}(x)T(x)\big)\nabla_{\tilde{x}} H(\tilde{x})\Big]$$
$$\leqslant G(t)\lambda_{\max}(L + \varepsilon^{-1}I_n + hP)\left(\frac{2\alpha}{2\alpha-1}\right)^2 \sum_{i=1}^{n}(x_i^2)^{\frac{1}{2\alpha-1}} \tag{7.32}$$

由引理 2-6, 易得

$$\sum_{i=1}^{n}(x_i^2)^{\frac{1}{2\alpha-1}} = \sum_{i=1}^{n}[(x_i^2)^{\frac{\alpha}{2\alpha-1}}]^{\frac{1}{\alpha}} \geqslant \left[\sum_{i=1}^{n}(x_i^2)^{\frac{\alpha}{2\alpha-1}}\right]^{\frac{1}{\alpha}} = (H(x))^{\frac{1}{\alpha}} \tag{7.33}$$

将式 (7.33) 代入式 (7.32), 并注意 $\lambda_{\max}(L + \varepsilon^{-1}I_n + hP) < 0$, 有

$$\dot{V}(t, x_t) \leqslant G(t)\lambda_{\max}(L + \varepsilon^{-1}I_n + hP)\left(\frac{2\alpha}{2\alpha-1}\right)^2 (H(x))^{\frac{1}{\alpha}}$$
$$= m\left(\frac{2\alpha}{2\alpha-1}\right)^2 G(t)(H(x))^{\frac{1}{\alpha}}$$

另外, 用 $G(t) \geqslant 1$ 和 $m < 0$, 得到

$$\dot{V}(t, x_t) \leqslant m\left(\frac{2\alpha}{2\alpha-1}\right)^2 (G(t))^{\frac{1}{\alpha}}(H(x))^{\frac{1}{\alpha}}(G(t))^{1-\frac{1}{\alpha}} \leqslant \frac{m}{2^{\frac{1}{\alpha}}}\left(\frac{2\alpha}{2\alpha-1}\right)^2 (V(t, x_t))^{\frac{1}{\alpha}}$$

意味着引理 2-1 的条件③成立。由引理 2-1, 容易得到该定理成立, 证毕。当系统 (7.28) 中的 $T(x) = 0$, 由定理 7-4, 容易得到下列无时滞系统的结果。

推论 7-1 在 $T(x) = 0$ 时, 考虑系统 (7.28)。假设哈密顿函数有 (7.29) 中的形式, 且 $m := \lambda_{\max}\{2R(x)\} < 0(x \in \Omega)$ 成立, 则系统 (7.28) 是有限时间稳定的, 其中, $\lambda_{\max}(*)$ 表示 $*$ 的最大特征值。

接下来, 通过应用定理 7-3, 建立系统 (7.28) 有限时间吸引域结果。为了方便分析, 采用了一个传统的集合 $\Omega^{[9]}$

$$\Omega := \left\{x \in \mathbb{R}^n : \alpha_i^{\mathrm{T}} x \leqslant 1, i = 1, 2, \cdots, m\right\} \tag{7.34}$$

其中, α_i $(i = 1, 2, \cdots, m)$ 是一个常向量, 定义了区域 Ω 的 m 条边。

对系统 (7.28) 的有限时间吸引域估计, 给出如下结果。

定理 7-4　在定理 7-3 的所有条件下, 考虑系统 (7.28), 假设存在正实数 k 和 s 使得

$$
\begin{bmatrix}
2s - k & -s\alpha_i^{\mathrm{T}} \\
-s\alpha_i & r^{-\frac{2\alpha-2}{2\alpha-1}}I_n
\end{bmatrix} \geqslant 0, \quad i = 1, 2, \cdots, m \tag{7.35}
$$

和最优问题

$$
\min \eta
$$

$$
\text{s.t.} \ \ k\eta - 2e^{h+0.5h^2} \geqslant 0 \tag{7.36}
$$

$$
\eta^{\frac{1}{\alpha}} \geqslant \max\left\{\left(\frac{2\alpha}{2\alpha-1}\right)^2 n^{\frac{\alpha-1}{\alpha}}, \left(\frac{2\alpha}{2\alpha-1}\right)^2 n^{\frac{\alpha-1}{\alpha}} \frac{\lambda_{\max}\{P\}}{2M}\right\} \tag{7.37}
$$

有一个解 (η^*, P^*), 则

$$
\Theta_d = \left\{\phi \in h(\Lambda) : \eta^* H(\phi) \leqslant 1\right\} \tag{7.38}
$$

是系统 (7.28) 的一个吸引域估计, 其中, n 是状态的维数, $r := \max\{\|x\| : x \in \Omega\}$ 和 $M := \max\limits_{x \in \Omega}\{H(x)\}$。

证明: 在定理 7-3 的所有条件下, 能够得到在式 (7.30) 中的 $V(t, x_t)$ 是系统 (7.28) 的一个李雅普诺夫泛函。令 $\Psi := \left\{x_t \in h(\Lambda) : V(t, x_t) \leqslant k\right\}$, 在定理 7-4 的所有条件下, 如果 $\Psi \subset \Omega$ 成立, 则 Ψ 是一个正不变集。接下来, 表明 $\Psi \subset \Omega$ 成立。

注意到 $x^{\mathrm{T}}x = \sum\limits_{i=1}^{n} x_i^2$ 和 $\dfrac{\alpha}{2\alpha-1} < 1$, 易得

$$
\begin{aligned}
x^{\mathrm{T}}x &= r^2 \sum_{i=1}^{n}\left(\frac{x_i}{r}\right)^2 \leqslant r^2 \sum_{i=1}^{n}\left[\left(\frac{x_i}{r}\right)^2\right]^{\frac{\alpha}{2\alpha-1}} \\
&= \frac{r^2}{r^{\frac{2\alpha}{2\alpha-1}}} \sum_{i=1}^{n}(x_i^2)^{\frac{\alpha}{2\alpha-1}} = r^{\frac{2\alpha-2}{2\alpha-1}}H(x)
\end{aligned} \tag{7.39}
$$

在 Ω 内成立。

由于 $G(t) \geqslant 1$ 和 $H(x) \leqslant V(t, x_t)$, 有 $r^{-\frac{2\alpha-2}{2\alpha-1}}x^{\mathrm{T}}x \leqslant V(t, x_t)$, 即

$$
\Psi_1 := \left\{x \in \mathbb{R}^n : r^{-\frac{2\alpha-2}{2\alpha-1}}x^{\mathrm{T}}x \leqslant k\right\} \tag{7.40}
$$

能使得 $\Psi \subset \Psi_1$ 成立。因此, 为了证明 $\Psi \subset \Omega$, 应该表明 $\Psi_1 \subset \Omega$。

注意

$$\Omega = \left\{ x \in \mathbb{R}^n : \alpha_i^{\mathrm{T}} x \leqslant 1, i = 1, 2, \cdots, m \right\} \tag{7.41}$$

根据式 (7.40) 和式 (7.41), 为说明 $\Psi_1 \subset \Omega$ 成立, 需要证明

$$r^{-\frac{2\alpha-2}{2\alpha-1}} x^{\mathrm{T}} x - k \leqslant 0$$

$$\text{s.t.} \quad 2 - 2\alpha_i^{\mathrm{T}} x \geqslant 0, \quad i = 1, 2, \cdots, m \tag{7.42}$$

用 S-过程和条件 (7.35), 可得 $\Psi_1 \subset \Omega$, 意味着 $\Psi \subset \Omega$。

现在, 表明式 (7.38) 是系统 (7.28) 的一个有限时间吸引域估计. 为此, 需要证明对 $\forall \phi \in \Theta_d$, $V(0, \phi) \leqslant k$ 成立. 根据引理 2-3, 得到 $\sum\limits_{i=1}^{n} (x_i^2)^{\frac{1}{2\alpha-1}} = \sum\limits_{i=1}^{n} [(x_i^2)^{\frac{\alpha}{2\alpha-1}}]^{\frac{1}{\alpha}} \leqslant n^{\frac{\alpha-1}{\alpha}} \left[\sum\limits_{i=1}^{n} (x_i^2)^{\frac{\alpha}{2\alpha-1}} \right]^{\frac{1}{\alpha}} = n^{\frac{\alpha-1}{\alpha}} (H(x))^{\frac{1}{\alpha}}$. 注意 $\nabla_x^{\mathrm{T}} H(x) \nabla_x H(x) = \left(\dfrac{2\alpha}{2\alpha-1} \right)^2 \sum\limits_{i=1}^{n} (x_i^2)^{\frac{1}{2\alpha-1}}$, 易得

$$\nabla_x^{\mathrm{T}} H(x) \nabla_x H(x) \leqslant \left(\frac{2\alpha}{2\alpha-1} \right)^2 n^{\frac{\alpha-1}{\alpha}} (H(x))^{\frac{1}{\alpha}} \tag{7.43}$$

另外, 根据式 (7.43), 很明显如下不等式成立

$$V(t, x_t) \leqslant 2H(x) \mathrm{e}^{(\frac{2\alpha}{2\alpha-1})^2 n^{\frac{\alpha-1}{\alpha}} \{ \int_{t-h}^{t} (H(x(s)))^{\frac{1}{\alpha}} \mathrm{d}s + \frac{\lambda_{\max}\{P\}}{2M} \int_{-h}^{0} \int_{t+\varsigma}^{t} (H(x(s)))^{\frac{1}{\alpha}} \mathrm{d}s \mathrm{d}\varsigma \}} \tag{7.44}$$

这样, 为了证明对 $\forall \phi \in \Theta_d$ 有 $V(0, \phi) \leqslant k$ 成立, 需要表明

$$2H(\phi) \mathrm{e}^{(\frac{2\alpha}{2\alpha-1})^2 n^{\frac{\alpha-1}{\alpha}} \{ \int_{-h}^{0} (H(\phi))^{\frac{1}{\alpha}} \mathrm{d}s + \frac{\lambda_{\max}\{P\}}{2M} \int_{-h}^{0} \int_{\varsigma}^{0} (H(\phi))^{\frac{1}{\alpha}} \mathrm{d}s \mathrm{d}\varsigma \}} - k \leqslant 0 \tag{7.45}$$

用式 (7.37) 和 $\eta^{\frac{1}{\alpha}} (H(\phi))^{\frac{1}{\alpha}} \leqslant 1$, 不等式 (7.45) 成立如果 $2H(\phi) \mathrm{e}^{h+0.5h^2} - k \leqslant 0$ 对 $\eta H(\phi) \leqslant 1$, 也就是下面不等式成立: $\mathrm{e}^{h+0.5h^2} \leqslant \dfrac{k\eta}{2}$, 而这等价于条件 (7.36), 根据条件 (7.36), 能得到 $V(0, \phi) \leqslant k$, 证毕。

本节将给出一个例子表明如何用所得的理论结果来研究某些非线性时滞 (哈密顿) 系统的有限时间吸引域估计。

例 7-2 考虑非线性时滞系统 [8]

$$\dot{x}(t) = -|x(t)|^{\beta} \mathrm{sgn}(x(t))(1 + x^2(t-h)) + x|x(t-h)|^{\beta} \mathrm{sgn}(x(t-h)) \tag{7.46}$$

其中, $x \in \Omega = \{x \in \mathbb{R}^1 : |x| \leqslant 0.5\}$, $\beta = 0.5$。

　　根据定理 7-4, 系统 (7.46) 是局部有限时间稳定的。另外, 令 $k = 0.3$ 和 $\eta = 49.2603$, 则条件 (7.36) 和条件 (7.37) 成立。通过选择 $\alpha = 2$ 和 $s = 0.3$, 有 $\alpha|x| \leqslant 1$ 和条件 (7.35) 成立。这样定理 7-4 的所有条件都满足, 从定理 7-4, 系统的有限时间吸引域估计为

$$\Theta_d = \{\phi(t) \in C^1[-h, 0] : |\phi(t)| \leqslant 0.0744\} \tag{7.47}$$

其中, $\phi(t) : [-h, 0] \mapsto \mathbb{R}^1$ 是微分向量值初值条件。

7.3.2　时变时滞系统的有限时间吸引域估计

　　本节研究一般形式非线性时变时滞系统的有限时间吸引域估计问题。

　　考虑如下非线性时变时滞系统

$$\begin{cases} \dot{x}(t) = f(x(t)) + \ell(x)g(x(t - d(t))) \\ x(\theta) = \phi(\theta), \quad \theta \in [-h_2, 0] \end{cases} \tag{7.48}$$

其中, x_t, $f(0) = 0$ 与 $g(0)$, $\ell(0) = 0$, $\phi(\theta)$ 是 n 维向量初值函数, $d(t)$ 是一个连续可微的时变时滞函数并满足如下限制条件

$$0 < h_1 \leqslant d(t) \leqslant h_2 \tag{7.49}$$

$$\mu_1 \leqslant \dot{d}(t) \leqslant \mu_2 \tag{7.50}$$

其中, h_1、h_2、μ_1 和 μ_2 是已知的常数。

　　下面给出关于系统 (7.48) 中 $g(x)$ 的一个假设。

　　假设 7-2　当 $x \neq 0$ 时, $g(x)$ 的 Jacobi 矩阵 $J_g(x) := A(x)$ 是非奇异的。

　　在假设 7-2 下, $y = g(x)$ 在 Ω 内微分同胚, 取 $y = g(x)$ 作为一个坐标变换, 系统 (7.48) 可转化为

$$\begin{cases} \dot{y}(t) = B(x, x_d)y_d + D(x)y + G(x) \\ y(\theta) = h(\phi(\theta)), \quad \forall \theta \in [-h_2, 0] \end{cases} \tag{7.51}$$

其中, y_d, $B(x, x_d) = A(x)\ell(x)$

$$D(x) := \begin{cases} \dfrac{\langle A(x)f(x), \, g(x) \rangle}{\|g(x)\|^2} I_n, & x \neq 0 \\ 0, & x = 0 \end{cases} \tag{7.52}$$

且 $G(x) \perp g(x)$。

本节假设邻域集满足如下形式

$$\Omega_1 := \left\{ y \in h(\Omega) : \alpha_i^{\mathrm{T}} y \leqslant 1, i = 1, 2, \cdots, m \right\} \tag{7.53}$$

其中, α_i $(i = 1, 2, \cdots, m)$ 是一些常向量, 定义了 Ω_1 的 m 条边。

定理 7-5 考虑系统 (7.48) 同着式 (7.49) 和式 (7.50) 且 μ_1 和 μ_2 是已知的常数, 若假设 7-2 成立, 且

① 存在常数 $\beta > 1$ 和 $k > 0$, 以及适当维数的常正定矩阵 Q_i $(i = 1, 2, 3)$, Z_j $(j = 1, 2)$ 和任意矩阵 N 使得不等式 $\langle A(x)f(x), g(x) \rangle \leqslant -k\|g(x)\|^{\frac{2}{\beta}}$, $h_1^2 y^{\mathrm{T}} y Z_1 + h_{12}^2 y^{\mathrm{T}} y Z_2 - y N^{\mathrm{T}} N y^{\mathrm{T}} \leqslant 0$ 以及如下不等式在 Ω 内成立

$$\Phi(x, x_d) = \begin{bmatrix} \Gamma_{11} & y^{\mathrm{T}} y Z_1 & \Gamma_{13} & 0 \\ * & \Gamma_{22} & y^{\mathrm{T}} y Z_2 & 0 \\ * & * & \Gamma_{33} & y^{\mathrm{T}} y Z_2 \\ * & * & * & \Gamma_{44} \end{bmatrix} < 0 \tag{7.54}$$

② 存在正实数 k、s、ι 使得

$$\begin{bmatrix} 2s - k & -s\alpha_i^{\mathrm{T}} \\ -s\alpha_i & I_n \end{bmatrix} \geqslant 0, \quad i = 1, 2, \cdots, m \tag{7.55}$$

及最优问题

$$\min \eta$$
$$\text{s.t.} \quad k\eta - 2\mathrm{e}^{h_2 + \frac{h_1^3}{2} + \frac{h_{12}^2(h_1 + h_2)}{2}} \geqslant 0 \tag{7.56}$$
$$\eta \geqslant \max_{1 \leqslant i \leqslant 3} \{\lambda_{\max}(Q_i)\} \tag{7.57}$$
$$\iota \geqslant \max_{1 \leqslant i \leqslant 2} \{\lambda_{\max}(Z_i)\} \tag{7.58}$$

有一个解 (η^*, P^*), 则

$$\Theta_d = \left\{ \phi \in \Lambda : \eta^* \|g(\phi)\|^2 \leqslant 1, \iota \|\dot{g}(\phi)\|^2 \leqslant 1 \right\} \tag{7.59}$$

是系统 (7.48) 的一个吸引域估计, 其中, $h_{12} := h_2 - h_1$, $\Gamma_{11} = D(x) + y^{\mathrm{T}} y(Q_1 - Z_1) + D^{\mathrm{T}}(x) y N^{\mathrm{T}} N y^{\mathrm{T}} D(x)$, $\Gamma_{13} = B(x, x_d) + D^{\mathrm{T}}(x) y N^{\mathrm{T}} N y^{\mathrm{T}} B(x, x_d)$, $\Gamma_{22} = y^{\mathrm{T}} y(-Q_1 + Q_2 - Z_1 - Z_2)$, $\Gamma_{33} = y^{\mathrm{T}} y \Big\{ -(1 - \mu_2)Q_2 + (1 - \mu_1)Q_3 - 2Z_2 + B^{\mathrm{T}}(x, x_d) y N^{\mathrm{T}} N y^{\mathrm{T}} B(x, x_d) \Big\}$, $\Gamma_{44} = y^{\mathrm{T}} y(-Q_3 - Z_2)$.

证明：考虑系统 (7.51), 构建如下的 L-K 泛函

$$V(t, y_t) = e^{V_2(t, y_t) + V_3(t, y_t)} V_1(y) := G(t) V_1(y) \tag{7.60}$$

其中, $V_1(y) := y^T(t) y(t)$

$$\begin{cases} V_2(t, y_t) = \displaystyle\int_{t-h_1}^{t} y^T(s) Q_1 y(s) \mathrm{d}s + \int_{t-d(t)}^{t-h_1} y^T(s) Q_2 y(s) \mathrm{d}s \\ \qquad\quad + \displaystyle\int_{t-h_2}^{t-d(t)} y^T(s) Q_3 y(s) \mathrm{d}s \\ V_3(t, y_t) = h_1 \displaystyle\int_{t-h_1}^{t} \int_{s}^{t} \dot{y}^T(\tau) Z_1 \dot{y}(\tau) \mathrm{d}s \mathrm{d}\tau \\ \qquad\quad + h_{12} \displaystyle\int_{-h_2}^{-h_1} \int_{t+s}^{t} \dot{y}^T(\tau) Z_2 \dot{y}(\tau) \mathrm{d}s \mathrm{d}\tau \end{cases} \tag{7.61}$$

注意到 $y^T G(h^{-1}(y)) = 0$, 可得

$$\dot{V}_1 = y^T \{2D(x)\} y + 2y^T B(x, x_d) y_d + 2y^T G(h^{-1}(y))$$

$$\quad = 2y^T D(x) y + 2y^T B(x, x_d) y_d$$

$$\dot{V}_2 \leqslant y^T Q_1 y + y^T(t - h_1) \{-Q_1 + Q_2\} y(t - h_1)$$

$$\qquad + y_d^T \{-(1 - \mu_2) Q_2 + (1 - \mu_1) Q_3\} y_d + y^T(t - h_2)(-Q_3) y(t - h_2)$$

$$\dot{V}_3 = h_1^2 \dot{y}^T(t) Z_1 \dot{y}(t) + h_{12}^2 \dot{y}^T(t) Z_2 \dot{y}(t)$$

$$\qquad - h_1 \int_{t-h_1}^{t} \dot{y}^T(s) Z_1 \dot{y}(s) \mathrm{d}s - h_{12} \int_{t-h_2}^{t-h_1} \dot{y}^T(s) Z_2 \dot{y}(s) \mathrm{d}s$$

$$\quad = h_1^2 \dot{y}^T(t) Z_1 \dot{y}(t) + h_{12}^2 \dot{y}^T(t) Z_2 \dot{y}(t) - h_1 \int_{t-h_1}^{t} \dot{y}^T(s) Z_1 \dot{y}(s) \mathrm{d}s$$

$$\qquad - h_{12} \int_{t-d(t)}^{t-h_1} \dot{y}^T(s) Z_2 \dot{y}(s) \mathrm{d}s - h_{12} \int_{t-h_2}^{t-d(t)} \dot{y}^T(s) Z_2 \dot{y}(s) \mathrm{d}s$$

由 Jensen 不等式可得

$$-h_1 \int_{t-h_1}^{t} \dot{y}^T(s) Z_1 \dot{y}(s) \mathrm{d}s \leqslant -[y(t) - y(t - h_1)]^T Z_1 [y(t) - y(t - h_1)] \tag{7.62}$$

$$\begin{cases} -h_{12} \displaystyle\int_{t-d(t)}^{t-h_1} \dot{y}^T(s) Z_2 \dot{y}(s) \mathrm{d}s \leqslant -[y(t - h_1) - y_d]^T Z_2 [y(t - h_1) - y_d] \\ -h_{12} \displaystyle\int_{t-h_2}^{t-d(t)} \dot{y}^T(s) Z_2 \dot{y}(s) \mathrm{d}s \leqslant -[y_d - y(t - h_2)]^T Z_2 [y_d - y(t - h_2)] \end{cases} \tag{7.63}$$

有

$$
\begin{aligned}
\dot{V}_2 + \dot{V}_3 = {} & y^{\mathrm{T}}\big\{Q_1 - Z_1\big\}y + y^{\mathrm{T}}(t-h_1)\big\{-Q_1 + Q_2 - Z_1 - Z_2\big\}y(t-h_1) \\
& + y_d^{\mathrm{T}}\big\{-(1-\mu_2)Q_2 + (1-\mu_1)Q_3 - 2Z_2\big\}y_d \\
& + y^{\mathrm{T}}(t-h_2)(-Q_3 - Z_2)y(t-h_2) + 2y^{\mathrm{T}}Z_1 y(t-h_1) + 2y^{\mathrm{T}}(t-h_1)Z_2 y_d \\
& + 2y_d^{\mathrm{T}}Z_2 y(t-h_2) + h_1^2 \dot{y}^{\mathrm{T}}(t)Z_1 \dot{y}(t) + h_{12}^2 \dot{y}^{\mathrm{T}}(t)Z_2 \dot{y}(t)
\end{aligned}
\tag{7.64}
$$

沿着系统 (7.51) 的轨道, 计算 $V(t, y_t)$ 的导数可得

$$
\begin{aligned}
\dot{V}(t, y_t) \leqslant G(t)\Big[& y^{\mathrm{T}}\big\{D(x) + D(x) + y^{\mathrm{T}}y(Q_1 - Z_1)\big\}y \\
& + y^{\mathrm{T}}(t-h_1)y^{\mathrm{T}}y\big\{-Q_1 + Q_2 - Z_1 - Z_2\big\}y(t-h_1) \\
& + y_d^{\mathrm{T}}y^{\mathrm{T}}y\big\{-(1-\mu_2)Q_2 + (1-\mu_1)Q_3 - 2Z_2\big\}y_d + 2y^{\mathrm{T}}B(x,x_d)y_d \\
& + y^{\mathrm{T}}(t-h_2)y^{\mathrm{T}}y(-Q_3 - Z_2)y(t-h_2) + 2y^{\mathrm{T}}y^{\mathrm{T}}yZ_1 y(t-h_1) \\
& + 2y^{\mathrm{T}}(t-h_1)y^{\mathrm{T}}yZ_2 y_d + 2y_d^{\mathrm{T}}y^{\mathrm{T}}yZ_2 y(t-h_2) \\
& + h_1^2 \dot{y}^{\mathrm{T}}(t)y^{\mathrm{T}}yZ_1 \dot{y}(t) + h_{12}^2 \dot{y}^{\mathrm{T}}(t)y^{\mathrm{T}}yZ_2 \dot{y}(t)\Big]
\end{aligned}
\tag{7.65}
$$

注意到 $y^{\mathrm{T}}G(h^{-1}(y)) = 0$ 和式 (7.51), 可得

$$
y^{\mathrm{T}}\dot{y}(t) = y^{\mathrm{T}}B(x,x_d)y_d + y^{\mathrm{T}}D(x)y
\tag{7.66}
$$

由此可得存在一个适当维数的矩阵 N 使得

$$
Ny^{\mathrm{T}}\dot{y}(t) = Ny^{\mathrm{T}}B(x,x_d)y_d + Ny^{\mathrm{T}}D(x)y
\tag{7.67}
$$

这样得到

$$
\begin{aligned}
\dot{y}^{\mathrm{T}}(t)yN^{\mathrm{T}}Ny^{\mathrm{T}}\dot{y}(t) = {} & [Ny^{\mathrm{T}}B(x,x_d)y_d + Ny^{\mathrm{T}}D(x)y]^T[Ny^{\mathrm{T}}B(x,x_d)y_d \\
& + Ny^{\mathrm{T}}D(x)y] \\
= {} & y^{\mathrm{T}}D^{\mathrm{T}}(x)yN^{\mathrm{T}}Ny^{\mathrm{T}}D(x)y \\
& + 2y^{\mathrm{T}}D^{\mathrm{T}}(x)yN^{\mathrm{T}}Ny^{\mathrm{T}}B(x,x_d)y_d \\
& + y_d^{\mathrm{T}}B^{\mathrm{T}}(x,x_d)yN^{\mathrm{T}}Ny^{\mathrm{T}}B(x,x_d)y_d
\end{aligned}
$$

由此和式 (7.65), 有

$$
\dot{V}(t, y_t) \leqslant G(t)\Big[y^{\mathrm{T}}\big\{D(x) + D(x) + y^{\mathrm{T}}y(Q_1 - Z_1) + D^{\mathrm{T}}(x)yN^{\mathrm{T}}Ny^{\mathrm{T}}D(x)\big\}y
$$

$$+y^{\mathrm{T}}(t-h_1)y^{\mathrm{T}}y\Big\{-Q_1+Q_2-Z_1-Z_2\Big\}y(t-h_1)$$

$$+y_d^{\mathrm{T}}y^{\mathrm{T}}y\Big\{-(1-\mu_2)Q_2+(1-\mu_1)Q_3-2Z_2$$

$$+B^{\mathrm{T}}(x,x_d)yN^{\mathrm{T}}Ny^{\mathrm{T}}B(x,x_d)\Big\}y_d$$

$$+2y^{\mathrm{T}}[B(x,x_d)+D^{\mathrm{T}}(x)yN^{\mathrm{T}}Ny^{\mathrm{T}}B(x,x_d)]y_d$$

$$+y^{\mathrm{T}}(t-h_2)y^{\mathrm{T}}y(-Q_3-Z_2)y(t-h_2)$$

$$+2y^{\mathrm{T}}y^{\mathrm{T}}yZ_1y(t-h_1)+2y^{\mathrm{T}}(t-h_1)y^{\mathrm{T}}yZ_2y_d$$

$$+2y_d^{\mathrm{T}}y^{\mathrm{T}}yZ_2y(t-h_2)+\dot{y}^{\mathrm{T}}(t)[h_1^2y^{\mathrm{T}}yZ_1$$

$$+h_{12}^2y^{\mathrm{T}}yZ_2-yN^{\mathrm{T}}Ny^{\mathrm{T}}]\dot{y}(t)\Big] \tag{7.68}$$

根据条件 $h_1^2y^{\mathrm{T}}yZ_1+h_{12}^2y^{\mathrm{T}}yZ_2-yN^{\mathrm{T}}Ny^{\mathrm{T}}\leqslant 0$, 可得

$$\dot{V}(t,y_t)\leqslant G(t)\Big[y^{\mathrm{T}}D(x)y+y^{\mathrm{T}}\Big\{D(x)+y^{\mathrm{T}}y(Q_1-Z_1)+D^{\mathrm{T}}(x)yN^{\mathrm{T}}Ny^{\mathrm{T}}D(x)\Big\}y$$

$$+y^{\mathrm{T}}(t-h_1)y^{\mathrm{T}}y\Big\{-Q_1+Q_2-Z_1-Z_2\Big\}y(t-h_1)$$

$$+y_d^{\mathrm{T}}y^{\mathrm{T}}y\Big\{-(1-\mu_2)Q_2+(1-\mu_1)Q_3-2Z_2$$

$$+B^{\mathrm{T}}(x,x_d)yN^{\mathrm{T}}Ny^{\mathrm{T}}B(x,x_d)\Big\}y_d$$

$$+2y^{\mathrm{T}}[B(x,x_d)+D^{\mathrm{T}}(x)yN^{\mathrm{T}}Ny^{\mathrm{T}}B(x,x_d)]y_d$$

$$+y^{\mathrm{T}}(t-h_2)y^{\mathrm{T}}y(-Q_3-Z_2)y(t-h_2)+2y^{\mathrm{T}}y^{\mathrm{T}}yZ_1y(t-h_1)$$

$$+2y^{\mathrm{T}}(t-h_1)y^{\mathrm{T}}yZ_2y_d$$

$$+2y_d^{\mathrm{T}}y^{\mathrm{T}}yZ_2y(t-h_2)\Big]=G(t)y^{\mathrm{T}}D(x)y+G(t)\zeta^{\mathrm{T}}\Phi(x,\ x_d)\zeta \tag{7.69}$$

其中, $\zeta=[y^{\mathrm{T}},\ y^{\mathrm{T}}(t-h_1),\ y_d^{\mathrm{T}},\ y^{\mathrm{T}}(t-h_2)]^{\mathrm{T}}$。

用该定理的条件①, 易得

$$\dot{V}(t,y_t)\leqslant G(t)y^{\mathrm{T}}D(x)y \tag{7.70}$$

注意到 $D(x)=\dfrac{\langle A(x)f(x),\ g(x)\rangle}{\|g(x)\|^2}I_n$, 以及 $y=g(x)$, 有

$$\dot{V}(t,y_t)\leqslant G(t)y^{\mathrm{T}}D(x)y=G(t)g^{\mathrm{T}}(x)A(x)f(x)$$

$$=-k(G(t))^{1-\frac{1}{\beta}}(G(t)\|g(x)\|^2)^{\frac{1}{\beta}}$$

$$=-k(G(t))^{1-\frac{1}{\beta}}(G(t)y^{\mathrm{T}}y)^{\frac{1}{\beta}}$$

$$=-k(G(t))^{1-\frac{1}{\beta}}(V(t,\ y_t)^{\frac{1}{\beta}} \tag{7.71}$$

另外, 由于 $G(t) \geqslant 1$, $1 - \dfrac{1}{\beta} > 0$ 和 $k > 0$, 可得

$$\dot{V}(t, y_t) \leqslant -k(V(t), \ y_t)^{\frac{1}{\beta}} \tag{7.72}$$

意味着系统是有限时间稳定的。

根据该定理的条件①可得式 (7.60) 中的 $V(t, y_t)$ 是系统 (7.51) 的一个 L-K 泛函候选函数。

令 $\Psi := \left\{ y_t \in h(\Lambda) : V(t, y_t) \leqslant k \right\}$。在定理 7-5 的所有条件下, 如果 $\Psi \subset \Omega$ 成立, 则 Ψ 是一个正不变集。接下来, 表明 $\Psi \subset \Omega$ 成立。

注意到 $G(t) > 1$, 可得 $V(t, y_t) \geqslant y^{\mathrm{T}} y$, 即

$$\Psi_1 := \left\{ x \in h(\Lambda) : y^{\mathrm{T}} y \leqslant k \right\} \tag{7.73}$$

使得 $\Psi \subset \Psi_1$ 成立。因此, 为了证明 $\Psi \subset \Omega$, 应该表明 $\Psi_1 \subset \Omega$。

注意

$$\Omega = \left\{ x \in \mathbb{R}^n : \alpha_i^{\mathrm{T}} y \leqslant 1, i = 1, 2, \cdots, m \right\} \tag{7.74}$$

根据式 (7.73) 和式 (7.74), 为说明 $\Psi_1 \subset \Omega$ 成立, 需要证明

$$y^{\mathrm{T}} y - k \leqslant 0$$
$$\text{s.t.} \quad 2 - 2\alpha_i^{\mathrm{T}} y \geqslant 0, \quad i = 1, 2, \cdots, m \tag{7.75}$$

用 S-过程和条件 (7.55), 可得 $\Psi_1 \subset \Omega$, 即 $\Psi \subset \Omega$。

现在, 表明式 (7.59) 是系统 (7.48) 的一个有限时间吸引域估计。为此, 需要证明对 $\forall \phi \in \Theta_d$, $V(0, \phi) \leqslant k$ 成立。为此需要表明 $g^{\mathrm{T}}(\phi) g(\phi) \mathrm{e}^{h_2 + \frac{h_1^3}{2} + \frac{h_{12}^2(h_1 + h_2)}{2}} \leqslant k$ 成立, 即当 $\eta H(\phi) \leqslant 1$ 时, $g^{\mathrm{T}}(\phi) g(\phi) \mathrm{e}^{h_2 + \frac{h_1^3}{2} + \frac{h_{12}^2(h_1 + h_2)}{2}} \leqslant k$, 也就是 $\mathrm{e}^{h_2 + \frac{h_1^3}{2} + \frac{h_{12}(h_1^2 + h_2^2)}{2}} \leqslant \dfrac{k\eta}{2}$ 成立, 而这等价于条件 (7.56), 根据条件 (7.56), 能得到 $V(0, \phi) \leqslant k$, 证毕。

7.4 本 章 小 结

本章首先研究了一般形式非线性时滞系统的无穷时间吸引域估计问题。在此基础上, 研究了非线性时滞系统的有限时间吸引域估计问题, 基于正交线性化方法和哈密顿泛函方法分别给出了相应的估计结果。本章所得的结果简洁, 便于应用。

参 考 文 献

[1] Cao J D. An estimation of the domain of attraction and convergence rate for Hopfield continuous feedback neural networks. Physics Letters A, 2004, 325: 370-374.

[2] Khalil H. Nonlinear Systems. New York: Prentice Hall, 2002.

[3] Melchor A, Niculescu S. Estimates of the attraction region for a class of nonlinear time delay systems. IMA Journal of Mathematical Control and Information, 2007, 24: 523-550.

[4] Yang R M, Wang Y Z. Stability analysis and estimate of domain of attraction for a class of nonlinear time-varying delay systems. Acta Automatica Sinica, 2012, 38(5): 716-724.

[5] Coutinho D F, de Souza C E. Delay-dependent robust stability and L_2-gain analysis of a class of nonlinear time-delay systems. Automatica, 2008, 44(4): 2006-2018.

[6] Wang Y Z, Li C W, Cheng D Z. Generalized Hamiltonian realization of time-invariant nonlinear systems. Automatica, 2003, 39(8): 1437-1443.

[7] Wang Y Z, Feng G, Cheng D Z, et al. Adaptive L_2 disturbance attenuation control of multimachine power systems with SMES units. Automatica, 2006, 42(7): 1121-1132.

[8] Moulay E, Dambrine M, Yeganefar N, et al. Finite time stability and stabilization of time-delay systems. Systems and Control Letters, 2008, 57(7): 561-566.

[9] Boyd S, Ghaoui L E, Feron E, et al. Linear Matrix Inequalities in System and Control Theory. Philadelphia: SIAM, 1994.

第 8 章　船舶动力定位系统控制

8.1　引　言

本章系统地研究了船舶动力定位系统的有限时间镇定问题, 得到了一些有限时间结果, 而且依据建立的观测器系统, 也研究了该类系统基于观测器的鲁棒镇定问题。在此基础上, 还初步研究了同时镇定问题, 设计了两艘船舶系统的同时镇定控制器, 并发展了鲁棒自适应同时镇定结果。8.1 节是引言; 8.2 节研究船舶动力定位系统的有限时间控制, 分别基于李雅普诺夫函数以及泛函方法建立了相应的有限时间结果; 8.3 节是基于观测器的船舶动力定位系统鲁棒控制, 给出了鲁棒镇定和自适应鲁棒镇定结果; 8.4 节研究船舶动力定位系统的同时镇定控制, 依据建立的等价模型, 结合扩维技术, 发展了两艘船舶动力定位系统的自适应同时镇定以及自适应鲁棒同时镇定结果; 8.5 节是本章小结。

8.2　船舶动力定位系统的有限时间控制

本节研究一类同时具有执行器故障和饱和的动力定位船舶有限时间控制问题。首先, 通过应用积分反步方法, 建立船舶动力定位系统的等效模型; 然后基于构造的李雅普诺夫函数, 并设计适当的有限时间镇定控制器, 给出了系统的有限时间镇定和鲁棒镇定结果。

8.2.1　基于李雅普诺夫函数方法的船舶动力定位系统有限时间控制

1) 预备工作

考虑如下的船舶动力定位系统

$$\begin{cases} \dot{\eta} = R(\psi)v \\ M\dot{v} = -Dv + \tau + d(t) \end{cases} \tag{8.1}$$

其中, $\eta = (x, y, \psi)^{\mathrm{T}}$ 是轮船的位置和艏向, $R(\psi)$ 是旋转矩阵

$$R(\psi) = \begin{bmatrix} \cos\psi & -\sin\psi & 0 \\ \sin\psi & \cos\psi & 0 \\ 0 & 0 & 1 \end{bmatrix}, \quad v = (\mu, \upsilon, \gamma)^{\mathrm{T}}$$

是速度向量, $M > 0$ 是惯性矩阵, $D > 0$ 是阻尼矩阵, $\tau = [\tau_1, \tau_2, \tau_3]^{\mathrm{T}}$ 是控制向量, $d(t)$ 是干扰。

很明显, 船舶执行器受到饱和约束的限制, 故令 $\mathrm{sat}(\tau) = [\mathrm{sat}(\tau_1), \mathrm{sat}(\tau_2), \mathrm{sat}(\tau_3)]^{\mathrm{T}}$, 并且饱和函数可以表示为 $\mathrm{sat}(\tau_i) = \tau_i(t) + \theta_i(t)$, 其中

$$\theta_i(t) = \begin{cases} 0, & |\tau_i| < \tau_{mi} \\ \mathrm{sgn}(\tau_i)\tau_{mi} - \tau_i(t), & |\tau_i| \geqslant \tau_{mi} \end{cases} \tag{8.2}$$

τ_{mi} 是第 i 个控制允许输入的最大值, $\mathrm{sgn}(\cdot)$ 是一个符号函数。

假设系统由 3 个执行器控制, 则执行器故障描述为

$$\tau_i = l_{ii}(t)u_i + \bar{u}_i, \quad i = 1, 2, 3 \tag{8.3}$$

其中, τ_i 是执行器产生的实际控制量, u_i 是期望的控制转矩, $\bar{u}_i$ 是不确定的执行器故障。l_{ii} 表示执行器效率, 满足 $0 < \varepsilon_i \leqslant l_{ii} \leqslant 1$, $\varepsilon = \mathrm{Diag}\{\varepsilon_1, \varepsilon_2, \varepsilon_3\}$。值得指出的是, 如果 $l_{ii} = 1$ 表示第 i 个执行器能够正常运行, $0 < l_{ii} < 1$ 意味着第 i 个执行器会部分失去效力, 但仍能运行。因此, τ 可以表示为

$$\tau = L(t)u + \bar{u} \tag{8.4}$$

其中, τ 是实际的控制向量, u 是期望的控制输入向量, $\bar{u}$ 表示不确定故障, 而 $L(t)$ 表示执行器效率。

根据式 (8.4), 系统 (8.1) 可以写为

$$\begin{cases} \dot{\eta} = R(\psi)v \\ M\dot{v} = -Dv + L(t)u + \xi(t) \end{cases} \tag{8.5}$$

其中, $\xi(t) = L(t)\theta(t) + \bar{u}(t) + d(t)$。

由于 $R^{-1}(\psi)$ 存在且 $R^{-1}(\psi) = R^{\mathrm{T}}(\psi)$, 由式 (8.5) 可得 $v = R^{-1}(\psi)\dot{\eta}$, 进一步可得 $\dot{v} = R^{-1}(\psi)\ddot{\eta} + R^{-1}(\dot{\psi})\dot{\eta}$, 这样有

$$\ddot{\eta} = R(\psi)M^{-1}[-Dv + L(t)u + \xi(t)] - R(\psi)R^{-1}(\dot{\psi})\dot{\eta} \tag{8.6}$$

令 $x_1 = \eta$ 和 $x_2 = \dot{\eta}$, 可得

$$\begin{cases} \dot{x}_1 = x_2 \\ \dot{x}_2 = \Psi[-DR^{-1}(\psi)x_2 + L(t)u] + T_d \end{cases} \tag{8.7}$$

其中, $\Psi = R(\psi)M^{-1}$, $T_d = \Psi\xi(t) - R(\psi)R^{-1}(\dot{\psi})x_2$。本节假设存在一个正常数 λ, 使得 $\|T_d\| \leqslant \lambda$, 且引入如下变量

$$z = x_2 - \phi_1(x_1) \tag{8.8}$$

进一步, 设计两个辅助函数分别为

$$\begin{cases} \phi_1(x_1) = -k_1\mathrm{sgn}(x_1)|x_1|^\alpha \\ \phi_2(z) = -k_2\mathrm{sgn}(z)|z|^\alpha - \chi \end{cases} \tag{8.9}$$

其中, $0 < \alpha < 1$, k_1 和 k_2 是两个对角正定矩阵, 且令

$$\chi = \int_0^t [z(s) - k_3\mathrm{sgn}(\chi)|\chi|^\alpha]\mathrm{d}s \tag{8.10}$$

从式 (8.8) 和式 (8.10), 系统 (8.7) 可表达为

$$\begin{cases} \dot{x}_1 = z + \phi_1(x_1) \\ \dot{\chi} = z - k_3\mathrm{sgn}(\chi)|\chi|^\alpha \\ \dot{z} = -\Psi DR^{-1}(\psi)x_2 + \Psi L(t)u + T_d - \dot{\phi}_1(x_1) \end{cases} \tag{8.11}$$

接下来, 提出本节的主要结果。

2) 主要结果

定理 8-1 考虑满足条件 (8.9) 的系统 (8.11), 如果存在常数 $0 < \alpha < 1$, $\kappa > 0$, $k_j > 0 (j = 1, 2, 3)$, $\varepsilon_0 > 0$, 使得 $\kappa > \dfrac{1}{\varepsilon_0} - 1$, 其中, $\varepsilon_0 = \min\{\varepsilon_1, \varepsilon_2, \varepsilon_3\}$, 则在如下控制器下系统是有限时稳定的

$$u = u_n + u_a \tag{8.12}$$

其中

$$u_n = \Psi^{-1}(\dot{\phi}_1(x_1) - x_1 + \phi_2(z) - \lambda\mathrm{sgn}(z)) + DR^{-1}(\psi)x_2$$

$$u_a = -\kappa\lambda_{\max}\{\Psi\}L^{-1}\Psi^{-1}L\mathrm{sggn}(z)|u_n|$$

这里 $\mathrm{sgn}(z) = [\mathrm{sgn}(z_1), \mathrm{sgn}(z_2), \mathrm{sgn}(z_3)]^{\mathrm{T}}$, $\mathrm{sggn}(z) = \mathrm{Diag}[\mathrm{sgn}(z_1), \mathrm{sgn}(z_2), \mathrm{sgn}(z_3)]$, Ψ 和 L 都是可逆矩阵。

证明: 为了建立有限时间结果, 利用步步迭代方法, 分以下两个步骤来完成。

第一步, 构造李雅普诺夫函数为

$$V_1 = 0.5x_1^{\mathrm{T}}x_1 \tag{8.13}$$

沿着系统的轨道计算 V_1 的导数, 有

$$
\begin{aligned}
\dot{V}_1 &= x_1^{\mathrm{T}} \dot{x}_1 = x_1^{\mathrm{T}}(z - k_1 \mathrm{sgn}(x_1)|x_1|^{\alpha}) \\
&= -k_1 \sum_{i=1}^{3} |x_{1i}^2|^{\frac{\alpha+1}{2}} + x_1^{\mathrm{T}} z \\
&\leqslant -k_1 \left(\sum_{i=1}^{3} x_{1i}^2 \right)^{\frac{\alpha+1}{2}} + x_1^{\mathrm{T}} z \leqslant -l V_1^m + x_1^{\mathrm{T}} z
\end{aligned} \tag{8.14}
$$

其中, $l = 2^m k_1$, $m = \dfrac{\alpha+1}{2}$。很明显, 若 $z = 0$, 则系统递减且在有限时间内收敛到平衡点。

第二步, 进一步构造李雅普诺夫函数如下

$$
V_2 = 0.5 x_1^{\mathrm{T}} x_1 + 0.5 \chi^{\mathrm{T}} \chi + 0.5 z^{\mathrm{T}} z \tag{8.15}
$$

计算 V_2 的导数, 可得

$$
\begin{aligned}
\dot{V}_2 &= x_1^{\mathrm{T}}(z + \phi_1(x_1) + \chi^{\mathrm{T}}(z - k_3 \mathrm{sgn}(\chi)|\chi|^{\alpha})) + z^{\mathrm{T}}(-\Psi D R^{-1}(\psi) x_2 \\
&\quad + \Psi u_n - \Psi(I_3 - L) u_n + \Psi L(t) u_a + T_d - \dot{\phi}_1(x_1))
\end{aligned} \tag{8.16}
$$

将式 (8.11) 和式 (8.12) 代入式 (8.16), 得

$$
\begin{aligned}
\dot{V}_2 &= -x_1^{\mathrm{T}} k_1 \mathrm{sgn}(x_1)|x_1|^{\alpha} - \chi^{\mathrm{T}} k_3 \mathrm{sgn}(\chi)|\chi|^{\alpha} - z^{\mathrm{T}} k_2 \mathrm{sgn}(z)|z|^{\alpha} \\
&\quad - \lambda z^{\mathrm{T}} \mathrm{sgn}(z) + z^{\mathrm{T}} T_d - z^{\mathrm{T}} \Psi(I_3 - L) u_n \\
&\quad - k \lambda_{\max}\{\Psi\} z^{\mathrm{T}} L \mathrm{sggn}(z))|u_n|
\end{aligned} \tag{8.17}
$$

其中, $\lambda z^{\mathrm{T}} \mathrm{sgn}(z) = \lambda(|z_1| + |z_2| + |z_3|) \geqslant \lambda \|z\|$ 且 $z^{\mathrm{T}} T_d \leqslant \|T_d\| \|z\| \leqslant \lambda \|z\|$, 由此可得

$$
\begin{aligned}
\dot{V}_2 &\leqslant -x_1^{\mathrm{T}} k_1 \mathrm{sgn}(x_1)|x_1|^{\alpha} - \chi^{\mathrm{T}} k_3 \mathrm{sgn}(\chi)|\chi|^{\alpha} - z^{\mathrm{T}} k_2 \mathrm{sgn}(z)|z|^{\alpha} \\
&\quad - z^{\mathrm{T}} \Psi(I_3 - L) u_n - k \lambda_{\max}\{\Psi\} z^{\mathrm{T}} L \mathrm{sggn}(z))|u_n|
\end{aligned}
$$

由于 $l_{ii} \leqslant 1$, 有 $-z^{\mathrm{T}} \Psi(I_3 - L) u_n \leqslant \lambda_{\max}\{\Psi\} \displaystyle\sum_{i=1}^{3} (1 - l_{ii})|z_i||u_{ni}|$。另外, 注意 $\mathrm{sggn}(z) = \mathrm{Diag}\{\mathrm{sgn}(z_1), \cdots, \mathrm{sgn}(z_n)\}$ 和 $l_{ii} \geqslant \varepsilon_0$, 可得

$$
\dot{V}_2 \leqslant -x_1^{\mathrm{T}} k_1 \mathrm{sgn}(x_1)|x_1|^{\alpha} - \chi^{\mathrm{T}} k_3 \mathrm{sgn}(\chi)|\chi|^{\alpha} - z^{\mathrm{T}} k_2 \mathrm{sgn}(z)|z|^{\alpha}
$$

$$+\lambda_{\max}\{\varPsi\}\sum_{i=1}^{3}(1-l_{ii}(k+1))|z_i||u_{ni}|$$

$$\leqslant -x_1^{\mathrm{T}}k_1\mathrm{sgn}(x_1)|x_1|^{\alpha}-\chi^{\mathrm{T}}k_3\mathrm{sgn}(\chi)|\chi|^{\alpha}-z^{\mathrm{T}}k_2\mathrm{sgn}(z)|z|^{\alpha}$$

$$+\lambda_{\max}\{\varPsi\}\sum_{i=1}^{3}(1-\varepsilon_0(k+1))|z_i||u_{ni}| \tag{8.18}$$

用条件 $k>\dfrac{1}{\varepsilon_0}-1$ 和引理 2-6, 得到

$$\dot{V}_2\leqslant -k_1\sum_{i=1}^{3}|x_{1i}|^{\alpha+1}-k_2\sum_{i=1}^{3}|z_i|^{\alpha+1}-k_3\sum_{i=1}^{3}|\chi_i|^{\alpha+1}$$

$$\leqslant -\bar{k}_1\left(0.5\sum_{i=1}^{3}x_{1i}^2\right)^u-\bar{k}_2\left(0.5\sum_{i=1}^{3}z_i^2\right)^u-\bar{k}_3\left(0.5\sum_{i=1}^{3}\chi_i^2\right)^u$$

$$\leqslant -\bar{c}_1V_2^u \tag{8.19}$$

其中, $\bar{K}_j(j=1,2,3)=2^uk_j$, $u=\dfrac{1+\alpha}{2}$, $\bar{c}=\min(\bar{k}_1,\bar{k}_2,\bar{k}_3)$, 证毕。

注 8-1 由于不能直接设计系统的有限时间控制器来稳定每个状态, 因此研究该类系统的有限时间控制非常困难。本节通过引入虚拟控制器 (8.8) 并加入积分项 (8.9), 得到了系统的等价形式 (8.11)。

8.2.2 基于李雅普诺夫泛函方法的船舶动力定位系统有限时间控制

基于李雅普诺夫泛函方法, 本节研究船舶动力定位系统的有限时间控制。为此考虑定位系统 [1]

$$\dot{\eta}=R(\psi)v \tag{8.20}$$

$$M\dot{v}=-Dv+\tau+\omega \tag{8.21}$$

其中, η, v, $R(\psi)$, $M>0$, $D>0$, τ 同于 8.2.1 节, ω 是干扰。

假设 8-1 假设存在 λ 使得 $\|\omega\|\leqslant\lambda$。

本节仍然考虑输入饱和问题, 并同于文献 [2], 表达饱和项为对角矩阵形式 $\tau=B\tau_c$, 其中, $\tau_c(=[\tau_{c1},\tau_{c2},\tau_{c3}]^{\mathrm{T}})$, $\tau_i=\mathrm{sat}(\tau_{ci})=\beta_i\tau_{ci}$ 满足

$$\beta_i=\begin{cases}\dfrac{\tau_{i\max}}{\tau_{ci}}, & \tau_{ci}>\tau_{i\max}\\[2mm] 1, & \tau_{i\max}>\tau_{ci}>\tau_{i\min}\\[2mm] \dfrac{\tau_{i\min}}{\tau_{ci}}, & \tau_{ci}<\tau_{i\min}\end{cases}$$

$\tau_{i\max}$ 和 $\tau_{i\min}$ 是船舶推进系统所产生控制力的最大最小界, 可逆矩阵 $B = \text{Diag}(\beta_i)$, 同着这个系统 (8.21) 可表达为

$$M\dot{v} = -Dv + B\tau_c + \omega \tag{8.22}$$

注意不能直接得到系统 (8.20) 的有限时间结果, 这样, 类似于文献 [3], 令 x_1 和 x_2 分别为

$$x_1 = \eta - \eta_d \tag{8.23}$$
$$x_2 = v - \theta \tag{8.24}$$

其中, $\eta_d \in \mathbb{R}^3$ 代表期望的位置, $\theta \in \mathbb{R}^3$ 可设计为

$$\theta = -R^{-1}(\psi)k_1\text{sgn}(x_1)|x_1|^\alpha \tag{8.25}$$

同着 $k_1 = \text{Diag}(k_{11}, k_{12}, k_{13})$ 是正定对角矩阵。

计算式 (8.23) 和式 (8.24) 的导数, 得到

$$\dot{x}_1 = R(\psi)(x_2 + \theta) \tag{8.26}$$
$$M\dot{x}_2 = -D(x_2 + \theta) + B\tau_c + \omega - M\dot{\theta} \tag{8.27}$$

另外, 由于在信号传输和舵的执行过程中存在延迟现象, 且为了建立一般的结果, 同于文献 [4], 研究如下加入时滞项的船舶动力定位系统

$$M\dot{x}_2 = -D(x_2 + \theta) + P(x_1, x_2)x_2(t - h) + B\tau_c + \omega - M\dot{\theta} \tag{8.28}$$

其中, $P(x_1, x_2) := P \in \mathbb{R}^3$ 是权矩阵。

下面提出系统 (8.26) 和系统 (8.28) 的一些主要结果。

定理 8-2　在假设 8-1 下, 考虑系统 (8.26) 和系统 (8.28), 若存在常数 $0 < \alpha < 1$, 正定矩阵 Q、N、k_1 以及 k_2 满足

$$\Theta = \begin{bmatrix} Q - 2N & P \\ P^{\mathrm{T}} & -Q \end{bmatrix} \leqslant 0 \tag{8.29}$$

则系统在如下控制器下是有限时间稳定的

$$\begin{aligned} B\tau_c = &-R^{\mathrm{T}}(\psi)x_1 + M\dot{\theta} + D(x_2 + \theta) - \lambda - Nx_2 - k_2\text{sgn}(x_2)|x_2|^\alpha \\ &- \left(\int_{t-h}^t x_2^{\mathrm{T}}Qx_2\mathrm{d}s\right)^\varepsilon \frac{x_2}{\|x_2\|^2} \end{aligned} \tag{8.30}$$

其中, θ 在式 (8.25) 中给出, $\varepsilon = \dfrac{\alpha+1}{2}$, $k_2 = \mathrm{Diag}(k_{21}, k_{22}, k_{23})$。

证明：将式 (8.30) 代入式 (8.28), 可得

$$M\dot{x}_2 = -R^{\mathrm{T}}(\psi)x_1 + Px_2(t-h) - \lambda + \omega - Nx_2 - k_2\mathrm{sgn}(x_2)|x_2|^\alpha$$
$$- \left(\int_{t-h}^t x_2^{\mathrm{T}}Qx_2\mathrm{d}s\right)^\varepsilon \frac{x_2}{\|x_2\|^2} \tag{8.31}$$

构造如下的李雅普诺夫泛函

$$V(t) = x_1^{\mathrm{T}}x_1 + x_2^{\mathrm{T}}Mx_2 + \int_{t-h}^t x_2^{\mathrm{T}}Qx_2\mathrm{d}s \tag{8.32}$$

根据式 (8.31) 以及假设 8-1, 计算 V 的导数有

$$\dot{V}(t) \leqslant 2x_1^{\mathrm{T}}R(\psi)\theta - 2x_2^{\mathrm{T}}k_2\mathrm{sgn}(x_2)|x_2|^\alpha - 2x_2^{\mathrm{T}}Nx_2 - 2\left(\int_{t-h}^t x_2^{\mathrm{T}}Qx_2\mathrm{d}s\right)^\varepsilon$$
$$+ 2x_2^{\mathrm{T}}Px_2(t-h) + x_2^{\mathrm{T}}Qx_2 - x_2^{\mathrm{T}}(t-h)Qx_2(t-h)$$
$$= 2x_1^{\mathrm{T}}R(\psi)\theta - 2x_2^{\mathrm{T}}k_2\mathrm{sgn}(x_2)|x_2|^\alpha - 2\left(\int_{t-h}^t x_2^{\mathrm{T}}Qx_2\mathrm{d}s\right)^\varepsilon + \Phi^{\mathrm{T}}\Theta\Phi \tag{8.33}$$

其中, $\Phi = [x_2^{\mathrm{T}}, x_2^{\mathrm{T}}(t-h)]^{\mathrm{T}}$。

从式 (8.25) 和式 (8.29), 有

$$\dot{V}(t) \leqslant -2x_1^{\mathrm{T}}k_1\mathrm{sgn}(x_1)|x_1|^\alpha - 2x_2^{\mathrm{T}}k_2\mathrm{sgn}(x_2)|x_2|^\alpha - 2\left(\int_{t-h}^t x_2^{\mathrm{T}}Qx_2\mathrm{d}s\right)^\varepsilon \tag{8.34}$$

用引理 2-6 和式 (8.34), 可以得到

$$\dot{V}(t) = -2k_1\sum_{i=1}^3 |x_{1i}|^{\alpha+1} - 2k_2\sum_{i=1}^3 |x_{2i}|^{\alpha+1} - 2\int_{t-h}^t x_2^{\mathrm{T}}Qx_2\mathrm{d}s)^\varepsilon$$
$$\leqslant -2k_1\left(\sum_{i=1}^3 x_{1i}^2\right)^\varepsilon - 2k_2\left(\sum_{i=1}^3 x_{2i}^2\right)^\varepsilon - 2\left(\int_{t-h}^t x_2^{\mathrm{T}}Qx_2\mathrm{d}s\right)^\varepsilon$$
$$\leqslant -\kappa V^\varepsilon \tag{8.35}$$

其中, $\kappa = \min(2k_1, 2k_2, 2)$。由引理 2-1, 可得系统是有限时间稳定的, 证毕。

注 8-2　在定理 8-2 中, 为得到系统 (8.26) 和系统 (8.28) 的有限时间镇定结果, 本节设计了含有分母的控制器 (8.30)。值得指出的是, 由于控制器 (8.30) 包含 $\dot{\theta}$ 和分母 $\|x_2\|^2$, 意味着在实际应用时不容易实现。

接下来, 通过采用新的设计方法, 提出一个更为实用的结果, 为此, 令

$$\theta = -R^{-1}(\psi)k_1x_1 \tag{8.36}$$

并将其代入系统 (8.26) 和系统 (8.28), 有

$$\dot{x}_1 = -k_1 x_1 + R(\psi)x_2$$

$$M\dot{x}_2 = -D(x_2 + \theta) + P(X)x_2(t-h) + B\tau_c + \omega - M\dot{\theta} \tag{8.37}$$

其中, $X(t) = [x_1^{\mathrm{T}}, x_2^{\mathrm{T}}]^{\mathrm{T}}$。另外, 因为 $M\dot{\theta}$ 有界, 故可以看为干扰的一部分且令 $W = \omega - M\dot{\theta}$。这样, 得到

$$\dot{x}_1 = -k_1 x_1 + R(\psi)x_2$$

$$M\dot{x}_2 = -Dx_2 + DR^{-1}(\psi)k_1 x_1 + P(X)x_2(t-h) + B\tau_c + W \tag{8.38}$$

由此, 系统 (8.2.2) 可以写成

$$\dot{X}(t) = AX + CX(t-h) + E\tau_c + FW \tag{8.39}$$

其中, $A = \begin{bmatrix} -k_1 & R(\psi) \\ M^{-1}DR^{-1}(\psi)k_1 & -M^{-1}D \end{bmatrix}$, $C = \begin{bmatrix} 0 & 0 \\ 0 & M^{-1}P(X) \end{bmatrix}$, $E = \begin{bmatrix} 0 \\ M^{-1}B \end{bmatrix}$, $F = \begin{bmatrix} 0 \\ M^{-1} \end{bmatrix}$。

为了方便分析, 下面先给出当 $W = 0$ 情形下的一个镇定结果。

定理 8-3　考虑系统 (8.39), 假设 $\lambda_{\max}\{C^{\mathrm{T}}C\}$ 是 $X^{\mathrm{T}}X$ 的一个高阶项, 且存在常矩阵 Q、k_1 和 k_3 使得如下不等式成立

$$\Pi = \begin{bmatrix} Q - I_n & C \\ C^{\mathrm{T}} & -Q \end{bmatrix} \leqslant 0 \tag{8.40}$$

则系统的一个有限时间镇定控制器可设计为

$$E\tau_c = -AX - 0.5X - k_3 \mathrm{sgn}(X)|X|^{\alpha} \tag{8.41}$$

证明：将式 (8.41) 代入式 (8.39), 得到如下闭环系统

$$\begin{aligned} \dot{X}(t) &= AX + CX(t-h) - AX - 0.5X - k_3\mathrm{sgn}(X)|X|^{\alpha} \\ &= CX(t-h) - 0.5X - k_3\mathrm{sgn}(X)|X|^{\alpha} \end{aligned} \tag{8.42}$$

构造李雅普诺夫泛函如下

$$V(t) = X^{\mathrm{T}}X + \int_{t-h}^{t} X^{\mathrm{T}}QX\mathrm{d}s \tag{8.43}$$

沿着系统 (8.42) 的轨道计算 $V(t)$ 的导数, 有

$$
\begin{aligned}
\dot{V}(t) &= 2X^{\mathrm{T}}(CX(t-h) - 0.5X - k_3\mathrm{sgn}(X)|X|^\alpha) \\
&\quad + X^{\mathrm{T}}QX - X^{\mathrm{T}}(t-h)QX(t-h) \\
&= X^{\mathrm{T}}(Q - I_n)X + 2X^{\mathrm{T}}CX(t-h) - 2k_3|X|^{\alpha+1} \\
&\quad - X^{\mathrm{T}}(t-h)QX(t-h)
\end{aligned} \tag{8.44}
$$

其中, $|X|^{1+\alpha} := (|x_1|^{\alpha+1}, |x_2|^{\alpha+1})^{\mathrm{T}}$。

根据该定理的条件 (8.40), 易得

$$
\dot{V}(t) = \Lambda^{\mathrm{T}}\Pi\Lambda - 2k_3|X|^{\alpha+1} < 0 \tag{8.45}
$$

其中, $\Lambda = [X^{\mathrm{T}}, X^{\mathrm{T}}(t-h)]^{\mathrm{T}}$。从式 (8.45), 很明显在 $W = 0$ 时, $\dot{V} < 0$ 成立, 可以得到系统 (8.39) 是渐近稳定的。

现在表明系统 (8.39) 在控制器 (8.41) 下是有限时间镇定。也就是通过应用引理 2-4, 先证明系统 (8.39) 是局部有限时间稳定的。为此令 $V(X) = X^{\mathrm{T}}X$, 有

$$
\begin{aligned}
\dot{V}(X) &= 2X^{\mathrm{T}}(AX + CX(t-h) + E\tau_c) \\
&= 2X^{\mathrm{T}}CX(t-h) - X^{\mathrm{T}}X - 2k_3|X|^{\alpha+1} \\
&\leqslant X^{\mathrm{T}}(t-h)C^{\mathrm{T}}CX(t-h) + X^{\mathrm{T}}X - X^{\mathrm{T}}X - 2k_3|X|^{\alpha+1} \\
&= -2k_3|X|^{\alpha+1} + X^{\mathrm{T}}(t-h)C^{\mathrm{T}}CX(t-h)
\end{aligned} \tag{8.46}
$$

由于 $\lambda_{\max}\{C^{\mathrm{T}}C\}$ 是 $X^{\mathrm{T}}X$ 的高阶项, 可以得到 $\lim\limits_{\|X\|\to 0} \dfrac{\lambda_{\max}\{C^{\mathrm{T}}C\}}{X^{\mathrm{T}}X} = 0$, 即对某充分小正数 d_1, 总存在 $e_1 > 0$ 使得

$$
\frac{\lambda_{\max}\{C^{\mathrm{T}}C\}}{X^{\mathrm{T}}X} < d_1, \quad 0 < \|X\| \leqslant e_1 \tag{8.47}
$$

将式 (8.47) 代入式 (8.46), 得到

$$
\begin{aligned}
\dot{V}(X) &\leqslant d_1 X^{\mathrm{T}}X X^{\mathrm{T}}(t-h)X(t-h) - 2k_3(\|X\|^2)^{\frac{1+\alpha}{2}} \\
&= [-2k_3 + d_1(\|X\|^2)^{\frac{1-\alpha}{2}} X^{\mathrm{T}}(t-h)X(t-h)](\|X\|^2)^{\frac{1+\alpha}{2}} \\
&= [-2k_3 + d_1(\|X\|^2)^{\frac{1-\alpha}{2}} X^{\mathrm{T}}(t-h)X(t-h)]V^\varepsilon
\end{aligned} \tag{8.48}
$$

注意 d_1 是充分小数, 且 $(\|X\|^2)^{\frac{1-\alpha}{2}} X^{\mathrm{T}}(t-h)X(t-h)$ 有界, 得到 $d_1(\|X\|^2)^{\frac{1-\alpha}{2}} X^{\mathrm{T}}(t-h)X(t-h)$ 也是充分小的。因此存在 $m < 0$ 使得 $-2k_3 + d_1(\|X\|^2)^{\frac{1-\alpha}{2}} X^{\mathrm{T}}(t-h)X(t-h) \leqslant m < 0$, 则有

$$
\dot{V}(X) \leqslant mV^\varepsilon \tag{8.49}
$$

意味着引理 2-1 的条件③成立。从引理 2-4, 可得闭环系统是有限时间稳定的, 证毕。

下面基于定理 8-3 提出有限时间鲁棒镇定结果。为此给出如下鲁棒镇定结果的定义, 且假设罚信号 $z = GX$。

有限时间鲁棒控制问题是设计一个控制器使得闭环系统在该控制器下当 $W = 0$ 时有限时间收敛, 且对非零的 $W \in \Omega$, 闭环系统的零状态响应 $(\phi(\tau) = 0, W(\tau) = 0, \tau \in [h, 0])$ 满足

$$\int_0^t \|z(s)\|^2 \, \mathrm{d}s \leqslant \gamma^2 \int_0^t \|W(s)\|^2 \, \mathrm{d}s, \quad \infty > t > 0 \tag{8.50}$$

定理 8-4　对给定的 $\gamma > 0$, 考虑系统 (8.39), 假设 $\lambda_{\max}\{C^{\mathrm{T}}C\}$ 是 $X^{\mathrm{T}}X$ 的高阶项, 且存在正定矩阵 Q 和常数 $\zeta > 0$, $\alpha \in (0, 1)$, k_1 和 k_4 使得 $\zeta \leqslant \gamma^2$ 以及

$$\Xi = \begin{bmatrix} Q - I_n + \zeta^{-1}FF^{\mathrm{T}} & C \\ C^{\mathrm{T}} & -Q \end{bmatrix} \leqslant 0 \tag{8.51}$$

成立, 则系统 (8.39) 的一个有限时间鲁棒镇定控制器可以设计为

$$E\tau_c = -0.5G^{\mathrm{T}}GX - AX - 0.5X - k_4\mathrm{sgn}(X)|X|^\alpha \tag{8.52}$$

其中, $z = GX$, k_4 是一个正常数。

证明: 将式 (8.52) 代入系统 (8.39), 能得到

$$\begin{aligned} \dot{X} &= AX + CX(t - h) - 0.5G^{\mathrm{T}}GX - AX - 0.5X - k_4\mathrm{sgn}(X)|X|^\alpha + FW \\ &= CX(t - h) - 0.5G^{\mathrm{T}}GX - 0.5X - k_4\mathrm{sgn}(X)|X|^\alpha + FW \end{aligned} \tag{8.53}$$

构造李雅普诺夫泛函为

$$V(t) = X^{\mathrm{T}}X + \int_{t-h}^t X^{\mathrm{T}}QX\mathrm{d}s \tag{8.54}$$

计算 $V(t)$ 的导数并用式 (8.53), 有

$$\begin{aligned} \dot{V}(t) &= 2X^{\mathrm{T}}(CX(t - h) - 0.5G^{\mathrm{T}}GX - 0.5X - k_4\mathrm{sgn}(X)|X|^\alpha + FW) \\ &\quad + X^{\mathrm{T}}QX - X(t - h)^{\mathrm{T}}QX(t - h) = X^{\mathrm{T}}(Q - I_n)X + 2X^{\mathrm{T}}CX(t - h) \\ &\quad - X^{\mathrm{T}}G^{\mathrm{T}}GX + 2X^{\mathrm{T}}FW - X(t - h)^{\mathrm{T}}QX(t - h) - 2k_4|X|^{\alpha+1} \end{aligned} \tag{8.55}$$

根据引理 2-2 以及式 (8.51), 可得

$$
\begin{aligned}
\dot{V}(t) &\leqslant X^{\mathrm{T}}(Q - I_n)X + 2X^{\mathrm{T}}CX(t-h) - ||z||^2 + \zeta^{-1}X^{\mathrm{T}}FF^{\mathrm{T}}X \\
&\quad + \zeta||W||^2 - X^{\mathrm{T}}(t-h)QX(t-h) - 2k_4|X|^{\alpha+1} \\
&= X^{\mathrm{T}}(Q - I_n + \zeta^{-1}FF^{\mathrm{T}})X - ||z||^2 + \zeta||W||^2 - X^{\mathrm{T}}(t-h)QX(t-h) \\
&\quad + 2X^{\mathrm{T}}CX(t-h) - 2k_4|X|^{\alpha+1} = \Lambda^{\mathrm{T}}\varXi\Lambda + \zeta||W||^2 - ||z||^2 - 2k_4|X|^{\alpha+1} \\
&\leqslant \zeta||W||^2 - ||z||^2
\end{aligned}
\tag{8.56}
$$

首先, 表明式 (8.50) 成立。为此令 $J(t,X) := V(t) + \int_0^t (||z||^2 - \gamma^2||W||^2)\mathrm{d}s$, 并证明 $J(t,X) \leqslant 0$。

将式 (8.56) 代入 $\dot{J}(t,X)$, 用 $\zeta \leqslant \gamma^2$, 有

$$
\begin{aligned}
\dot{J}(t,X) &= \dot{V}(t) + ||z(t)||^2 - \gamma^2||W(t)||^2 \\
&\leqslant \zeta||W||^2 - ||z||^2 + ||z||^2 - \gamma^2||W||^2 \leqslant 0
\end{aligned}
\tag{8.57}
$$

在零状态响应条件下, 从 0 到 t 积分式 (8.57), 得到

$$
V(t) + \int_0^t (||z||^2 - \gamma^2||W||^2)\mathrm{d}s \leqslant 0
\tag{8.58}
$$

因此和 $V(t) \geqslant 0$, 有 $\int_0^t ||z(s)||^2\mathrm{d}s \leqslant \gamma^2\int_0^t ||W(s)||^2\mathrm{d}s$, 即式 (8.50) 成立。

其次, 证明系统 (8.39) 在 $W = 0$ 时有限时间稳定。

事实上, 从式 (8.56), 可知若 $W = 0$, 则 $\dot{V} < 0$, 意味着系统 (8.39) 是渐近稳定的。下面表明系统 (8.39) 是有限时间稳定的。为此令 $V(X) = X^{\mathrm{T}}X$, 有

$$
\begin{aligned}
\dot{V}(X) &= 2X^{\mathrm{T}}(AX + CX(t-h) - 0.5G^{\mathrm{T}}GX - AX - 0.5X - k_4\mathrm{sgn}(X)|X|^{\alpha}) \\
&= 2X^{\mathrm{T}}CX(t-h) - ||z||^2 - X^{\mathrm{T}}X - 2k_4|X|^{\alpha+1} \\
&\leqslant X^{\mathrm{T}}X + X^{\mathrm{T}}(t-h)C^{\mathrm{T}}CX(t-h) - X^{\mathrm{T}}X - 2k_4|X|^{\alpha+1} \\
&\leqslant -2k_4|X|^{\alpha+1} + X^{\mathrm{T}}(t-h)C^{\mathrm{T}}CX(t-h)
\end{aligned}
\tag{8.59}
$$

其余证明同于定理 8-3, 省略, 证毕。

注 8-3 在定理 8-3 和定理 8-4 中, 为得到有限时间镇定结果, 提出了如下条件: $\lambda_{\max}\{C^{\mathrm{T}}C\}$ 是 $X^{\mathrm{T}}X$ 的高阶项。很明显, 这个条件很保守, 而且由于用了传统的李雅普诺夫泛函 (8.43) 和 (8.54), 无法直接得到引理 2-1 的条件③, 这就是要应用引理 2-4 并分两步证明的原因。

下面通过构造新的李雅普诺夫泛函, 移除这些限制条件.

定理 8-5 对给定的 $\gamma > 0$, 考虑系统 (8.39), 若存在正常数 ζ, σ, $\alpha \in (0, 1)$ 和适当维数的常矩阵 $T > 0$, $Q > 0$, $k_5 > 0$, S 使得 $\mathrm{e}^{Kr^2}\zeta \leqslant \gamma^2$

$$A + A^{\mathrm{T}} - \frac{1}{\sigma^2}I_m + \zeta^{-1}FF^{\mathrm{T}} + XX^{\mathrm{T}}T + XX^{\mathrm{T}}Q \leqslant 0 \tag{8.60}$$

$$\Delta = \begin{bmatrix} -T & S \\ S^{\mathrm{T}} & -Q \end{bmatrix} \leqslant 0 \tag{8.61}$$

则系统 (8.39) 的有限时间鲁棒镇定控制器可以设计为

$$E\tau_c = -0.5G^{\mathrm{T}}GX + (XX^{\mathrm{T}}S - C)X(t-h) - \frac{1}{2\sigma^2}X - k_5\mathrm{sgn}(X)|X|^\alpha \tag{8.62}$$

其中, $K := h\lambda_{\max}\{Q\}$, $r := ||X(t)||$.

证明: 将式 (8.62) 代入式 (8.39) 得到

$$\dot{X}(t) = AX - 0.5G^{\mathrm{T}}GX + XX^{\mathrm{T}}SX(t-h) - \frac{1}{2\sigma^2}X - k_5\mathrm{sgn}(X)|X|^\alpha + FW \tag{8.63}$$

构造李雅普诺夫泛函

$$V(t, X) = \mathrm{e}^{\int_{t-h}^{t} X^{\mathrm{T}}QX\mathrm{d}s}X^{\mathrm{T}}X = G(t)X^{\mathrm{T}}X \tag{8.64}$$

沿着系统 (8.63) 的轨道计算 $V(t)$ 的导数, 可得

$$\dot{V} = G(t)[2X^{\mathrm{T}}AX - X^{\mathrm{T}}G^{\mathrm{T}}GX - X^{\mathrm{T}}\frac{1}{\sigma^2}X + 2X^{\mathrm{T}}XX^{\mathrm{T}}SX(t-h) - 2k_5|X|^{\alpha+1}$$
$$+ 2X^{\mathrm{T}}FW + X^{\mathrm{T}}XX^{\mathrm{T}}QX - X^{\mathrm{T}}XX^{\mathrm{T}}(t-h)QX(t-h)] \tag{8.65}$$

用 $z = GX$ 和引理 2-2, 易得

$$\dot{V} \leqslant G(t)[2X^{\mathrm{T}}AX - ||z||^2 - X^{\mathrm{T}}\frac{1}{\sigma^2}X + 2X^{\mathrm{T}}XX^{\mathrm{T}}SX(t-h)$$
$$-2k_5|X|^{\alpha+1} + \zeta^{-1}X^{\mathrm{T}}FF^{\mathrm{T}}X$$
$$+\zeta||W||^2 + X^{\mathrm{T}}XX^{\mathrm{T}}TX - X^{\mathrm{T}}XX^{\mathrm{T}}TX + X^{\mathrm{T}}XX^{\mathrm{T}}QX$$
$$-X^{\mathrm{T}}XX^{\mathrm{T}}(t-h)QX(t-h)]$$
$$= G(t)[X^{\mathrm{T}}(2A - \frac{1}{\sigma^2}I_n + \zeta^{-1}FF^{\mathrm{T}} + XX^{\mathrm{T}}T + XX^{\mathrm{T}}Q)X$$
$$-||z||^2 - 2k_5|X|^{\alpha+1} + \zeta||W||^2$$
$$+X^{\mathrm{T}}X(-X^{\mathrm{T}}TX + 2X^{\mathrm{T}}SX^{\mathrm{T}}(t-h) - X^{\mathrm{T}}(t-h)QX(t-h))] \tag{8.66}$$

根据式 (8.60) 和式 (8.61), 有

$$\dot{V} \leqslant G(t)[\zeta||W||^2 - ||z||^2 - 2k_5|X|^{\alpha+1}] \tag{8.67}$$

现在, 证明式 (8.50) 成立。为此令 $D(t,X) := V(t) + \int_0^t (||z||^2 - \gamma^2||W||^2)\mathrm{d}s$。接下来, 表明 $\dot{D}(t,X) \leqslant 0$。将式 (8.67) 代入 $\dot{D}(t,X)$, 可得

$$\begin{aligned}
\dot{D}(t,X) &= \dot{V}(t) + ||z(t)||^2 - \gamma^2||W(t)||^2 \\
&\leqslant G(t)\zeta||W||^2 - G(t)||z||^2 + ||z||^2 \\
&\quad - \gamma^2||W||^2 - 2k_5 G(t)|X|^{\alpha+1}
\end{aligned} \tag{8.68}$$

注意 $G(t) \geqslant 1$, 有

$$-G(t)||z||^2 \leqslant -||z||^2 \tag{8.69}$$

用 $K = h\lambda_{\max}\{Q\}$ 和 $||X(t)|| \leqslant r$, 可得到

$$G(t) \leqslant \mathrm{e}^{h\lambda_{\max}\{Q\}r^2} = \mathrm{e}^{Kr^2} \tag{8.70}$$

根据式 (8.69)、式 (8.70) 和 $\mathrm{e}^{Kr^2}\zeta \leqslant \gamma^2$, 得到

$$\dot{D}(t,X) \leqslant -2k_5 G(t)||x^2||^\varepsilon = -2k_5 G^{\frac{1-\alpha}{2}}||Gx^2||^\varepsilon = -2k_5 G^{\frac{1-\alpha}{2}}V^\varepsilon \tag{8.71}$$

从 0 到 T 积分式 (8.71), 并用零状态响应条件, 可得式 (8.50) 成立。

现在证明 $W = 0$ 时, 闭环系统 (8.63) 的状态 $X(t)$ 在一个有限时间内收敛到 0。注意到式 (8.71), 得到

$$\dot{D}(t,X) = \dot{V}(t,X) + ||z||^2 \leqslant -2k_5 G^{\frac{1-\alpha}{2}}V^\varepsilon \tag{8.72}$$

由此可得

$$\dot{V}(t,X) \leqslant -2k_5 G^{\frac{1-\alpha}{2}}V^\varepsilon - ||z||^2 \leqslant -2k_5 G^{\frac{1-\alpha}{2}}V^\varepsilon \tag{8.73}$$

由于 $G(t) \leqslant \mathrm{e}^{Kr^2}$ 有界, 所以 $l = -2k_5 G^{\frac{1-\alpha}{2}} < 0$。这样在 $W = 0$ 时, $\dot{V}(t,X) \leqslant lV^\varepsilon$ 成立, 意味着 X 在一个有限时间内收敛到 0, 证毕。

注 8-4　在定理 8-5 中, 基于构造新的李雅普诺夫泛函 (8.64), 移除了定理 8-3 和定理 8-4 中的条件: $\lambda_{\max}\{C^{\mathrm{T}}C\}$ 是 $X^{\mathrm{T}}X$ 的高阶项。这是选择该泛函的一个优势, 另一个优势是容易建立引理 2-1 的导数条件③。

8.3　基于观测器的船舶动力定位系统鲁棒控制

本节应用哈密顿函数方法, 研究含有时滞的船舶动力定位系统基于观测器的鲁棒控制问题。首先, 将动力定位系统转换为哈密顿形式, 并设计其观测器系统。在此基础上, 利用增广技术发展了基于观测器的鲁棒镇定和鲁棒自适应镇定结果, 设计了相应的控制器。

1) 预备工作

考虑如下船舶动态定位模型

$$\begin{cases} \dot{\eta} = R(\varphi)\upsilon \\ M\dot{\upsilon} = u - D\upsilon + w \end{cases} \tag{8.74}$$

为了应用哈密顿方法研究系统 (8.74), 首先把系统转换为哈密顿形式, 为此, 令 x_1 和 x_2 为

$$x_1 = \upsilon - \alpha_1 \tag{8.75}$$

$$x_2 = \eta - \eta_d \tag{8.76}$$

其中, η_d 代表期望的位置, $\dot{x}_2 = \dot{\eta}$ 和 $\alpha_1 \in \mathbb{R}^3$ 满足

$$\alpha_1 = -k_1 x_2 \tag{8.77}$$

同着 $k_1 \in \mathbb{R}^{3\times3}$ 是一个常正定矩阵。

将式 (8.75)～ 式 (8.77) 代入式 (8.74), 有

$$\begin{cases} M\dot{x}_1 = u - Dx_1 + Dk_1 x_2 - M\dot{\alpha}_1 + w \\ \dot{x}_2 = R(\varphi)x_1 - R(\varphi)k_1 x_2 \end{cases} \tag{8.78}$$

计算 α_1 的导数并用式 (8.78), 可得

$$\dot{\alpha}_1 = -k_1 \dot{x}_2 = -k_1 R(\varphi)x_1 + k_1 R(\varphi)k_1 x_2 \tag{8.79}$$

将式 (8.79) 代入式 (8.78), 易得

$$\begin{cases} M\dot{x}_1(t) = u + ax_1(t) + bx_2(t) + w \\ \dot{x}_2(t) = R(\varphi)x_1(t) - R(\varphi)k_1 x_2(t) \end{cases} \tag{8.80}$$

其中, $a = -D + Mk_1 R(\varphi), b = Dk_1 - Mk_1 R(\varphi)k_1$。

很明显, 轮船速度的响应存在时滞现象, 意味着状态 x_1 包含有时滞。因此, 同于文献 [5], 本节考虑了如下更一般的含有时滞的动态定位系统

$$\begin{cases} M\dot{x}_1(t) = u + ax_1(t) - D_1x_1(t-h) + bx_2(t) + w \\ \dot{x}_2(t) = R(\varphi)x_1(t) - R(\varphi)k_1x_2(t) \end{cases} \quad (8.81)$$

其中, $D_1 \in \mathbb{R}^{3\times3}$ 为权矩阵。

注 8-5　从式 (8.74), 易知 $\dot{\eta}$ 不包含控制项 u, 意味着在应用哈密顿函数方法时, 不可能设计其阻尼控制器。因此, 同于文献 [6] 和文献 [7], 引入了式 (8.75) 和式 (8.76), 据此建立了系统 (8.74) 的等价形式 (8.81)。

现在把系统 (8.81) 等价转为哈密顿形式。为此基于系统 (8.81) 的结构, 选取如下特殊的哈密顿形式

$$H(x) = \frac{1}{2}x_1^{\mathrm{T}}x_1 + \frac{1}{2}x_2^{\mathrm{T}}x_2 \quad (8.82)$$

则可以表达系统 (8.81) 为

$$\dot{x}(t) = A_1(x)\nabla H(x(t)) + A_2(x)\nabla H(x(t-h)) + g(x)u + g(x)w \quad (8.83)$$

其中

$$x(t) = [x_1^{\mathrm{T}}(t),\ x_2^{\mathrm{T}}(t)]^{\mathrm{T}},\ \nabla H(x(t)) := \frac{\partial H(x(t))}{\partial x}, \nabla H(x(t-h)) := \frac{\partial H(x(t-h))}{\partial x}$$

$$A_1(x) = \begin{bmatrix} M^{-1}a & M^{-1}b \\ R(\varphi) & -R(\varphi)k_1 \end{bmatrix}, A_2(x) = \begin{bmatrix} -M^{-1}D_1 & 0 \\ 0 & 0 \end{bmatrix}, g(x) = \begin{bmatrix} M^{-1} \\ 0_{3\times3} \end{bmatrix}$$

很明显 $g(x)$ 有满列秩。另外, 令输出 $y(t) = g^{\mathrm{T}}(x)\nabla H(x(t))$。

2) 基于观测器的鲁棒镇定

根据式 (8.83), 可设计其观测器系统如下

$$\begin{cases} \dot{\hat{x}}(t) = A_1(\hat{x})\nabla H(\hat{x}(t)) + A_2(\hat{x})\nabla H(\hat{x}(t-h)) \\ \qquad + g(\hat{x})u + k_2^{\mathrm{T}}M^{\mathrm{T}}[y(t) - \hat{y}(t)] + g(\hat{x})w \\ \hat{y}(t) = g^{\mathrm{T}}(\hat{x})\nabla H(\hat{x}(t)) \end{cases} \quad (8.84)$$

由此和式 (8.83), 并用增广技术, 可得

$$\dot{X}(t) = \overline{B}(X)\nabla\overline{H}(X(t)) + F(X)\nabla\overline{H}(X(t-h)) + \overline{g}(X)u + \overline{g}(X)w \quad (8.85)$$

其中, $k_2 \in \mathbb{R}^{3\times6}$ 是权矩阵, $X(t) := [x^{\mathrm{T}},\ \hat{x}^{\mathrm{T}}]^{\mathrm{T}}$, $\overline{H}(X(t)) = H(x(t)) + H(\hat{x}(t))$, $\overline{H}(X(t-h)) = H(x(t-h)) + H(\hat{x}(t-h))$, $\overline{g}(X) = [g^{\mathrm{T}}(x),\ g^{\mathrm{T}}(\hat{x})]^{\mathrm{T}}$, $\overline{B}(X) = \begin{bmatrix} A_1(x) & 0 \\ k_2^{\mathrm{T}}M^{\mathrm{T}}g^{\mathrm{T}}(x) & A_1(\hat{x}) - k_2^{\mathrm{T}}M^{\mathrm{T}}g^{\mathrm{T}}(\hat{x}) \end{bmatrix}$, $F(X) = \begin{bmatrix} A_2(x) & 0 \\ 0 & A_2(\hat{x}) \end{bmatrix}$。

注 8-6　值得指出的是, 为了研究基于观测器的控制结果, 通常用误差方法, 也就是设计原系统的线性或近似线性模型并进行差处理 [8-10], 但对一般的非线性系统来说, 不可能用误差方法 (由于在 $A_1(x)$ 中存在 $R(\varphi)$, a 和 b, 本节研究的系统 (8.83) 不是线性模型). 因此受文献 [11] 的启发, 通过增广技术得到一个扩维系统 (8.85), 是不同于现有文献采用的方法 [8-10]。

下面给出定义和假设。

系统 (8.85) 基于观测器的鲁棒镇定是: 设计基于观测器的输出反馈控制器 $u = a(\hat{x}, y)$ 和观测器系统 $\dot{\hat{x}} = f(\hat{x}, y, u)$ 使得系统 (8.85) 的状态在该控制器下当 $w = 0$ 时渐近稳定, 且对 $w \in \Psi (\Psi$ 是关于 w 的有界区域), 闭环系统的零状态响应条件 $(\phi(s) = 0, w(s) = 0, s \in [-h, 0])$ 满足

$$\int_0^t \|z(s)\|^2 \, \mathrm{d}s \leqslant \gamma^2 \int_0^t \|w(s)\|^2 \, \mathrm{d}s, \ \infty > t > 0 \tag{8.86}$$

其中, $\gamma > 0$ 是干扰抑制水平, z 是罚信号被定义为

$$z(t) = \rho g_1^{\mathrm{T}}(x) \nabla H(x(t)) \tag{8.87}$$

$\rho \in \mathbb{R}^{3 \times 3}$ 是权矩阵, $g_1(x) = g(x)M = \begin{bmatrix} I_{3 \times 3} \\ 0_{3 \times 3} \end{bmatrix}$, 且 $g_1(x)$ 有满列秩。

假设 8-2　假设 $H(x)$ 和 $\nabla H(x)$ 满足

$$\varepsilon_1(\|x\|) \leqslant H(x) \leqslant \varepsilon_2(\|x\|) \tag{8.88}$$

$$l_1(\|x\|) \leqslant \nabla^{\mathrm{T}} H(x)) \nabla H(x) \leqslant l_2(\|x\|) \tag{8.89}$$

其中, ε_1、ε_2、l_1、l_2 是 $\mathcal{K}$ 类函数。

很明显, 假设 8-2 对哈密顿函数 (8.82) 来说是成立的。

假设 8-3　假设干扰 w 满足如下条件

$$\Psi = \left\{ w \in \mathbb{R}^q : c^2 \int_0^{+\infty} w^{\mathrm{T}} w \mathrm{d}t \leqslant 1 \right\} \tag{8.90}$$

其中, c 是一个正实数。

对系统 (8.85) 基于观测器的鲁棒镇定, 有下面的结果。

定理 8-6　在假设 8-2 和假设 8-3 下, 考虑系统 (8.85), 对给定的 $\gamma > 0$, 若存在适当维数的正定矩阵 P、正实数 ι 和常矩阵 k_2 使得

$$\gamma^2 - \iota^{-1} \geqslant 0 \tag{8.91}$$

$$\Theta_1 := \begin{bmatrix} E + P + \iota\overline{g}(X)\overline{g}^{\mathrm{T}}(X) & F(X) \\ F^{\mathrm{T}}(X) & -P \end{bmatrix} \leqslant 0 \tag{8.92}$$

其中, $E = \mathrm{Diag}\{E_{11}, E_{22}\}$, $E_{11} = A_1(x) + A_1^{\mathrm{T}}(x) - \dfrac{1}{\gamma^2}g_1(x)g_1^{\mathrm{T}}(x)$, $E_{22} = A_1(\hat{x}) +$ $A_1^{\mathrm{T}}(\hat{x}) + g_1(\hat{x})\rho^{\mathrm{T}}\rho g_1^{\mathrm{T}}(\hat{x}) + \dfrac{1}{\gamma^2}g_1(\hat{x})g_1^{\mathrm{T}}(\hat{x}) - 2k_2^{\mathrm{T}}g_1^{\mathrm{T}}(\hat{x}) - 2g_1(\hat{x})k_2$, 则系统 (8.85) 基于观测器的一个 H_∞ 镇定控制器可以设计为

$$u = -Mk_2\nabla H(\hat{x}(t)) + M\beta(t) \tag{8.93}$$

$$\beta(t) = -\Lambda[M^{\mathrm{T}}y(t) - M^{\mathrm{T}}\hat{y}(t)] \tag{8.94}$$

其中, $\Lambda = \dfrac{\rho^{\mathrm{T}}\rho}{2} + \dfrac{1}{2\gamma^2}I_m(m = 3)$。

证明: 将式 (8.93) 和式 (8.94) 代入式 (8.85), 能得到

$$\dot{X}(t) = B(X)\nabla\overline{H}(X(t)) + F(X)\nabla\overline{H}(X(t-h)) + \overline{g}(X)w \tag{8.95}$$

其中, $B(X) = \begin{bmatrix} B_{11} & B_{12} \\ B_{21} & B_{22} \end{bmatrix}$, $F(X) = \begin{bmatrix} A_2(x) & 0 \\ 0 & A_2(\hat{x}) \end{bmatrix}$

$$B_{11} = A_1(x) - \frac{1}{2}g_1(x)\rho^{\mathrm{T}}\rho g_1^{\mathrm{T}}(x) - \frac{1}{2\gamma^2}g_1(x)g_1^{\mathrm{T}}(x)$$

$$B_{12} = \frac{1}{2}g_1(x)\rho^{\mathrm{T}}\rho g_1^{\mathrm{T}}(\hat{x}) + \frac{1}{2\gamma^2}g_1(x)g_1^{\mathrm{T}}(\hat{x}) - g_1(x)k_2$$

$$B_{21} = -\frac{1}{2}g_1(\hat{x})\rho^{\mathrm{T}}\rho g_1^{\mathrm{T}}(x) - \frac{1}{2\gamma^2}g_1(\hat{x})g_1^{\mathrm{T}}(x) + k_2^{\mathrm{T}}g_1^{\mathrm{T}}(x)$$

$$B_{22} = A_1(\hat{x}) + \frac{1}{2}g_1(\hat{x})\rho^{\mathrm{T}}\rho g_1^{\mathrm{T}}(\hat{x}) + \frac{1}{2\gamma^2}g_1(\hat{x})g_1^{\mathrm{T}}(\hat{x}) - k_2^{\mathrm{T}}g_1^{\mathrm{T}}(\hat{x}) - g_1(\hat{x})k_2$$

构造李雅普诺夫泛函如下

$$V(X(t)) = V_1 + V_2 \tag{8.96}$$

其中, $V_1 = 2\overline{H}(X(t))$, $V_2 = \int_{t-h}^t \nabla^{\mathrm{T}}\overline{H}(X(\tau))P\nabla\overline{H}(X(\tau))\mathrm{d}\tau$, 令

$$Q(X(t)) = V(X(t)) + \int_0^t (\|z(s)\|^2 - \gamma^2\|w(s)\|^2)\,\mathrm{d}s \tag{8.97}$$

很显然, $V(X(t))$ 满足

$$2\varepsilon_1(\|X\|) \leqslant V(X(t)) \leqslant 2\varepsilon_2(\|X\|) + h\pi l_2(\|X\|) \tag{8.98}$$

其中, $\pi = \lambda_{\max}(P) > 0$, 令 $\varepsilon = 2\varepsilon_1(\|X\|), l = 2\varepsilon_2(\|X\|) + h\pi l_2(\|X\|)$, 由此可得存在 $\mathcal{K}$ 类函数 ε 和 l 使得

$$\varepsilon(\|X\|) \leqslant V(X(t)) \leqslant l(\|X\|) \tag{8.99}$$

首先, 表明 $Q(X(t)) \leqslant 0$ 成立, 意味着

$$\int_0^t \|z(s)\|^2 \, ds \leqslant \gamma^2 \int_0^t \|w(s)\|^2 \, ds \tag{8.100}$$

沿着闭环系统 (8.95) 的轨道计算 V_1 的导数, 可得

$$\begin{aligned}
\dot{V}_1 &= 2\nabla^T \overline{H}(X(t)) B(X) \nabla \overline{H}(X(t)) + 2\nabla^T \overline{H}(X(t)) F(X) \nabla \overline{H}(X(t-h)) \\
&\quad + 2\nabla^T \overline{H}(X(t)) \overline{g}(X) w \\
&= \nabla^T \overline{H}(X(t))[B(X) + B^T(X)] \nabla \overline{H}(X(t)) + 2\nabla^T \overline{H}(X(t)) \overline{g}(X) w \\
&\quad + 2\nabla^T \overline{H}(X(t)) F(X) \nabla \overline{H}(X(t-h))
\end{aligned} \tag{8.101}$$

注意, $B(X) = \begin{bmatrix} B_{11} & B_{12} \\ B_{21} & B_{22} \end{bmatrix}$ 以及 $B_{12} = -B_{21}^T$, 得到 $B(X) + B^T(X) = \mathrm{Diag}\{B_{11} + B_{11}^T, B_{22} + B_{22}^T\}$, 且 $B_{11} + B_{11}^T = A_1(x) + A_1^T(x) - g_1(x)\rho^T \rho g_1^T(x) - \dfrac{1}{\gamma^2} g_1(x) g_1^T(x)$, $B_{22} + B_{22}^T = A_1(\hat{x}) + A_1^T(\hat{x}) + g_1(\hat{x})\rho^T \rho g_1^T(\hat{x}) + \dfrac{1}{\gamma^2} g_1(\hat{x}) g_1^T(\hat{x}) - 2k_2^T g_1^T(\hat{x}) - 2g_1(\hat{x})k_2$, 由此, $z = \rho g_1^T(x)\nabla H(x(t))$ 和式 (8.101), 易得

$$\begin{aligned}
\dot{V}_1 &= \nabla^T H(x(t))[A_1(x) + A_1^T(x) - g_1(x)\rho^T \rho g_1^T(x) - \frac{1}{\gamma^2} g_1(x) g_1^T(x)] \nabla H(x(t)) \\
&\quad + \nabla^T H(\hat{x}(t))[A_1(\hat{x}) + A_1^T(\hat{x}) + g_1(\hat{x})\rho^T \rho g_1^T(\hat{x}) + \frac{1}{\gamma^2} g_1(\hat{x}) g_1^T(\hat{x}) \\
&\quad - 2k_2^T g_1^T(\hat{x}) - 2g_1(\hat{x})k_2] \nabla H(\hat{x}(t)) + 2\nabla^T \overline{H}(X(t)) F(X) \nabla \overline{H}(X(t-h)) \\
&\quad + 2\nabla^T \overline{H}(X(t)) \overline{g}(X) w \\
&= \nabla^T H(x(t))[A_1(x) + A_1^T(x) - \frac{1}{\gamma^2} g_1(x) g_1^T(x)] \nabla H(x(t)) \\
&\quad + \nabla^T H(\hat{x}(t))[A_1(\hat{x}) + A_1^T(\hat{x}) + g_1(\hat{x})\rho^T \rho g_1^T(\hat{x}) + \frac{1}{\gamma^2} g_1(\hat{x}) g_1^T(\hat{x}) \\
&\quad - 2k_2^T g_1^T(\hat{x}) - 2g_1(\hat{x})k_2] \nabla H(\hat{x}(t)) + 2\nabla^T \overline{H}(X(t)) F(X) \nabla \overline{H}(X(t-h)) \\
&\quad + 2\nabla^T \overline{H}(X(t)) \overline{g}(X) w - \|z(t)\|^2
\end{aligned} \tag{8.102}$$

根据引理 2-2, 可得

$$2\nabla^T \overline{H}(X(t)) \overline{g} w \leqslant \iota \nabla^T \overline{H}(X(t)) \overline{g} \overline{g}^T \nabla \overline{H}(X(t)) + \iota^{-1} w^T w \tag{8.103}$$

其中, ι 是正常数使得

$$\dot{V}_1 \leqslant \nabla^\mathrm{T} H(x(t))[A_1(x) + A_1^\mathrm{T}(x) - \frac{1}{\gamma^2} g_1(x) g_1^\mathrm{T}(x)] \nabla H(x(t))$$

$$+ \nabla^\mathrm{T} H(\hat{x}(t))[A_1(\hat{x}) + A_1^\mathrm{T}(\hat{x}) + g_1(\hat{x}) \rho^\mathrm{T} \rho g_1^\mathrm{T}(\hat{x}) + \frac{1}{\gamma^2} g_1(\hat{x}) g_1^\mathrm{T}(\hat{x})$$

$$- 2k_2^\mathrm{T} g_1^\mathrm{T}(\hat{x}) - 2g_1(\hat{x}) k_2] \nabla H(\hat{x}(t)) + 2\nabla^\mathrm{T} \overline{H}(X(t)) F(X) \nabla \overline{H}(X(t-h))$$

$$+ \iota \nabla^\mathrm{T} \overline{H}(X(t)) \overline{g}(X) \overline{g}^\mathrm{T}(X) \nabla \overline{H}(X(t)) + \iota^{-1} w^\mathrm{T} w - \|z(t)\|^2 \tag{8.104}$$

计算 V_2 的导数, 有

$$\dot{V}_2 = \nabla^\mathrm{T} \overline{H}(X(t)) P \nabla \overline{H}(X(t)) - \nabla^\mathrm{T} \overline{H}(X(t-h)) P \nabla \overline{H}(X(t-h)) \tag{8.105}$$

由此并将 $\dot{V}_1$、$\dot{V}_2$ 代入 $Q(X(t))$ 的导数, 得到

$$\dot{Q}(X(t)) \leqslant \nabla^\mathrm{T} H(x(t))[A_1(x) + A_1^\mathrm{T}(x) - \frac{1}{\gamma^2} g_1(x) g_1^\mathrm{T}(x)] \nabla H(x(t))$$

$$+ \nabla^\mathrm{T} H(\hat{x}(t))[A_1(\hat{x}) + A_1^\mathrm{T}(\hat{x}) + g_1(\hat{x}) \rho^\mathrm{T} \rho g_1^\mathrm{T}(\hat{x}) + \frac{1}{\gamma^2} g_1(\hat{x}) g_1^\mathrm{T}(\hat{x})$$

$$- 2k_2^\mathrm{T} g_1^\mathrm{T}(\hat{x}) - 2g_1(\hat{x}) k_2] \nabla H(\hat{x}(t)) + 2\nabla^\mathrm{T} \overline{H}(X(t)) F(X) \nabla \overline{H}(X(t-h))$$

$$+ \iota \nabla^\mathrm{T} \overline{H}(X(t)) \overline{g}(X) \overline{g}^\mathrm{T}(X) \nabla \overline{H}(X(t)) + \iota^{-1} w^\mathrm{T} w - \gamma^2 w^\mathrm{T} w$$

$$+ \nabla^\mathrm{T} \overline{H}(X(t)) P \nabla \overline{H}(X(t)) - \nabla^\mathrm{T} \overline{H}(X(t-h)) P \nabla \overline{H}(X(t-h))$$

$$= -(\gamma^2 - \iota^{-1}) w^\mathrm{T} w + \xi^\mathrm{T}(t) \Theta_1 \xi(t) \tag{8.106}$$

其中, $\xi(t) = \left[\nabla^\mathrm{T} \overline{H}(X(t)), \nabla^\mathrm{T} \overline{H}(X(t-h))\right]^\mathrm{T}$。

用定理的条件有 $\dot{Q}(X(t)) \leqslant 0$。从 0 到 t 积分式 (8.106), 用零状态响应条件, 得到

$$V(X(t)) + \int_0^t (\|z(s)\|^2 - \gamma^2 \|w(s)\|^2) \mathrm{d}s \leqslant 0 \tag{8.107}$$

由此和 $V(X(t)) \geqslant 0$, 可得式 (8.86) 成立。

其次, 证明闭环系统 (8.95) 在 $w = 0$ 时收敛到 0。若 $w = 0$, 则轮船系统可表示为

$$\dot{X}(t) = B(X) \nabla \overline{H}(X(t)) + F(X) \nabla \overline{H}(X(t-h)) \tag{8.108}$$

沿着系统 (8.108) 的轨道, 计算 $V(X(t))$ 的导数, 同于式 (8.101), 可得

$$\dot{V}(X(t)) = \dot{V}_1 + \dot{V}_2 = \nabla^\mathrm{T} H(x(t))[A_1(x) + A_1^\mathrm{T}(x) - \frac{1}{\gamma^2} g_1(x) g_1^\mathrm{T}(x)] \nabla H(x(t))$$

$$+ \nabla^\mathrm{T} H(\hat{x}(t))[A_1(\hat{x}) + A_1^\mathrm{T}(\hat{x}) + g_1(\hat{x}) \rho^\mathrm{T} \rho g_1^\mathrm{T}(\hat{x})$$

$$+\frac{1}{\gamma^2}g_1(\hat{x})g_1^{\mathrm{T}}(\hat{x}) - 2k_2^{\mathrm{T}}g_1^{\mathrm{T}}(\hat{x})$$

$$-2g_1(\hat{x})k_2]\nabla H(\hat{x}(t)) + 2\nabla^{\mathrm{T}}\overline{H}(X(t))F(X)\nabla\overline{H}(X(t-h)) - \|z(t)\|^2$$

$$+\nabla^{\mathrm{T}}\overline{H}(X(t))P\nabla\overline{H}(X(t)) - \nabla^{\mathrm{T}}\overline{H}(X(t-h))P\nabla\overline{H}(X(t-h))$$

$$=\xi^{\mathrm{T}}(t)\Theta_1\xi(t) - \iota\nabla^{\mathrm{T}}\overline{H}(X(t))\overline{g}(X)\overline{g}^{\mathrm{T}}(X)\nabla\overline{H}(X(t)) - \|z(t)\|^2 \tag{8.109}$$

从定理 8-6 及假设 8-2, 得到

$$\begin{aligned}\dot{V}(X(t)) &\leqslant \xi^{\mathrm{T}}(t)\Theta_1\xi(t) - \|z(t)\|^2 \leqslant -\|z(t)\|^2 \\ &\leqslant -\left\|\rho g_1^{\mathrm{T}}(x)\nabla H(x(t))\right\|^2 \leqslant -\lambda_{\min}\{g_1(x)\rho^{\mathrm{T}}\rho g_1^{\mathrm{T}}(x)\}\|l_2(\|x\|) \\ &\leqslant -\varpi l_2(\|x\|)\end{aligned} \tag{8.110}$$

其中, $\varpi = \lambda_{\min}(\{g_1(x)\rho^{\mathrm{T}}\rho g_1^{\mathrm{T}}(x)\}) > 0$, 有

$$\dot{V}(X(t)) \leqslant -\varpi l_2(\|x\|) \tag{8.111}$$

可得系统 (8.95) 在 $w = 0$ 时渐近稳定, 证毕。

定理 8-6 是一个时滞无关的结果, 接下来提出一个时滞相关的结果。

定理 8-7　在假设 8-2 和假设 8-3 下, 考虑系统 (8.85), 对 $\gamma > 0$, 若存在适当维数的正定矩阵 P、Z、正数 ι 和常矩阵 k_2 使得

$$\gamma^2 - \iota^{-1} \geqslant 0 \tag{8.112}$$

$$\Theta_2 := \begin{bmatrix} E + P + h^2 Z + \iota\overline{g}(X)\overline{g}^{\mathrm{T}}(X) & F(X) & 0 \\ F^{\mathrm{T}}(X) & -P & 0 \\ 0 & 0 & -Z \end{bmatrix} \leqslant 0 \tag{8.113}$$

则系统 (8.85) 基于观测器的一个 H_∞ 镇定控制器可以设计为

$$u = -Mk_2\nabla H(\hat{x}(t)) + M\beta(t) \tag{8.114}$$

$$\beta(t) = -\Lambda[M^{\mathrm{T}}y(t) - M^{\mathrm{T}}\hat{y}(t)] \tag{8.115}$$

其中, E、P、k_2、Λ 同于定理 8-6。

证明：考虑如下李雅普诺夫泛函

$$V(X(t)) = V_1 + V_2 + V_3 \tag{8.116}$$

其中, $V_1 = 2\overline{H}(X(t))$, $V_2 = \displaystyle\int_{t-h}^t \nabla^{\mathrm{T}}\overline{H}(X(\tau))P\nabla\overline{H}(X(\tau))\mathrm{d}\tau$, $V_3 = h\displaystyle\int_{-h}^0\int_{t+\beta}^t$

$\nabla^{\mathrm{T}}\overline{H}(X(\alpha))Z\nabla\overline{H}(X(\alpha))\mathrm{d}\alpha\mathrm{d}\beta$ 并令 $Q(X(t)) = V(X(t)) + \displaystyle\int_0^t (\|z(s)\|^2 - \gamma^2\|$

$w(s)\|^2)\mathrm{d}s$。

首先, 证明 $Q(X(t)) \leqslant 0$, 即

$$\int_0^t \|z(s)\|^2\,\mathrm{d}s \leqslant \gamma^2 \int_0^t \|w(s)\|^2\,\mathrm{d}s \tag{8.117}$$

同于定理 8-6, 可得系统 (8.95)。沿着系统 (8.95) 的轨道计算 $V(X(t))$ 的导数, 易得

$$\begin{aligned}
\dot{V} \leqslant\ & \nabla^{\mathrm{T}}H(x(t))[A_1(x) + A_1^{\mathrm{T}}(x) - \frac{1}{\gamma^2}g_1(x)g_1^{\mathrm{T}}(x)]\nabla H(x(t)) \\
&+ \nabla^{\mathrm{T}}H(\hat{x}(t))[A_1(\hat{x}) + A_1^{\mathrm{T}}(\hat{x}) + g_1(\hat{x})\rho^{\mathrm{T}}\rho g_1^{\mathrm{T}}(\hat{x}) + \frac{1}{\gamma^2}g_1(\hat{x})g_1^{\mathrm{T}}(\hat{x}) \\
&- 2k_2^{\mathrm{T}}g_1^{\mathrm{T}}(\hat{x}) - 2g_1(\hat{x})k_2]\nabla H(\hat{x}(t)) + 2\nabla^{\mathrm{T}}\overline{H}(X(t))F(X)\nabla\overline{H}(X(t-h)) \\
&+ \iota\nabla^{\mathrm{T}}\overline{H}(X(t))\overline{g}(X)\overline{g}^{\mathrm{T}}(X)\nabla\overline{H}(X(t)) + \iota^{-1}w^{\mathrm{T}}w \\
&+ \nabla^{\mathrm{T}}\overline{H}(X(t))P\nabla\overline{H}(X(t)) - \nabla^{\mathrm{T}}\overline{H}(X(t-h))P\nabla\overline{H}(X(t-h)) - \|z(t)\|^2 \\
&+ h^2\nabla^{\mathrm{T}}\overline{H}(X(t))Z\nabla\overline{H}(X(t)) \\
&- \int_{t-h}^t \nabla^{\mathrm{T}}\overline{H}(X(\alpha))\mathrm{d}\alpha Z \int_{t-h}^t \nabla\overline{H}(X(\alpha))\mathrm{d}\alpha
\end{aligned} \tag{8.118}$$

由此, 并计算 $Q(X(t))$ 的导数, 可得

$$\begin{aligned}
\dot{Q}(X(t)) \leqslant\ & \nabla^{\mathrm{T}}H(x(t))\left[A_1(x) + A_1^{\mathrm{T}}(x) - \frac{1}{\gamma^2}g_1(x)g_1^{\mathrm{T}}(x)\right]\nabla H(x(t)) \\
&+ \nabla^{\mathrm{T}}H(\hat{x}(t))[A_1(\hat{x}) + A_1^{\mathrm{T}}(\hat{x}) + g_1(\hat{x})\rho^{\mathrm{T}}\rho g_1^{\mathrm{T}}(\hat{x}) \\
&+ \frac{1}{\gamma^2}g_1(\hat{x})g_1^{\mathrm{T}}(\hat{x}) - 2k_2^{\mathrm{T}}g_1^{\mathrm{T}}(\hat{x}) \\
&- 2g_1(\hat{x})k_2]\nabla H(\hat{x}(t)) + 2\nabla^{\mathrm{T}}\overline{H}(X(t))F(X)\nabla\overline{H}(X(t-h)) \\
&+ \iota\nabla^{\mathrm{T}}\overline{H}(X(t))\overline{g}(X)\overline{g}^{\mathrm{T}}(X)\nabla\overline{H}(X(t)) + \iota^{-1}w^{\mathrm{T}}w - \gamma^2 w^{\mathrm{T}}w \\
&+ \nabla^{\mathrm{T}}\overline{H}(X(t))P\nabla\overline{H}(X(t)) - \nabla^{\mathrm{T}}\overline{H}(X(t-h))P\nabla\overline{H}(X(t-h)) \\
&+ h^2\nabla^{\mathrm{T}}\overline{H}(X(t))Z\nabla\overline{H}(X(t)) \\
&- \int_{t-h}^t \nabla^{\mathrm{T}}\overline{H}(X(\alpha))\mathrm{d}\alpha Z \int_{t-h}^t \nabla\overline{H}(X(\alpha))\mathrm{d}\alpha
\end{aligned}$$

$$
\begin{aligned}
&= \nabla^{\mathrm{T}} \overline{H}(X(t)) E \nabla \overline{H}(X(t)) + 2\nabla^{\mathrm{T}} \overline{H}(X(t)) F(X) \nabla \overline{H}(X(t-h)) \\
&\quad + \nabla^{\mathrm{T}} \overline{H}(X(t)) P \nabla \overline{H}(X(t)) - \nabla^{\mathrm{T}} \overline{H}(X(t-h)) P \nabla \overline{H}(X(t-h)) \\
&\quad + \iota \nabla^{\mathrm{T}} \overline{H}(X(t)) \overline{g} \overline{g}^{\mathrm{T}} \nabla \overline{H}(X(t)) + \iota^{-1} w^{\mathrm{T}} w - \gamma^2 w^{\mathrm{T}} w \\
&\quad + h^2 \nabla^{\mathrm{T}} \overline{H}(X(t)) Z \nabla \overline{H}(X(t)) \\
&\quad - \int_{t-h}^{t} \nabla^{\mathrm{T}} \overline{H}(X(\alpha)) \mathrm{d}\alpha \, Z \int_{t-h}^{t} \nabla \overline{H}(X(\alpha)) \mathrm{d}\alpha \\
&= -(\gamma^2 - \iota^{-1}) w^{\mathrm{T}} w + \zeta^{\mathrm{T}}(t) \Theta_2 \zeta(t) \tag{8.119}
\end{aligned}
$$

其中, $\zeta(t) = \left[\nabla^{\mathrm{T}} \overline{H}(X(t)), \ \nabla^{\mathrm{T}} \overline{H}(X(t-h)), \ \int_{t-h}^{t} \nabla^{\mathrm{T}} \overline{H}(X(\alpha)) \mathrm{d}\alpha \right]^{\mathrm{T}}$。

用定理的条件, 能够得到 $\dot{Q}(X(t)) \leqslant 0$。从 0 到 t 积分式 (8.119) 可得

$$
V(X(t)) + \int_0^t (\|z(s)\|^2 - \gamma^2 \|w(s)\|^2) \mathrm{d}s \leqslant 0 \tag{8.120}
$$

由此和 $V(X(t)) \geqslant 0$ 有 $\int_0^t \|z(s)\|^2 \, \mathrm{d}s \leqslant \gamma^2 \int_0^t \|w(s)\|^2 \, \mathrm{d}s$, 即式 (8.117) 成立。

其次, 证明闭环系统 (8.95) 在 $w = 0$ 时收敛到 0。为此沿着系统 (8.108) 计算 $V(X(t))$ 的导数并同于定理 8-6 的证明, 可得结果成立, 证毕。

3) 基于观测器的自适应鲁棒镇定

下面提出系统 (8.83) 在含有不确定参量时基于观测器的鲁棒自适应控制结果, 在这种情形下, 系统可以表达为

$$
\begin{cases}
\dot{x}(t) = A_1(x, q) \nabla H(x(t), q) + A_2(x) \nabla H(x(t-h)) + g(x)u + g(x)w \\
y(t) = g^{\mathrm{T}}(x) \nabla H(x(t))
\end{cases} \tag{8.121}
$$

q 是一个有界不确定常参量, $A_1(x, 0) = A_1(x)$, $\nabla H(x, q) = \nabla H(x) + \Delta_H(x, q)$。

假设 8-4 假设存在适当维数的常矩阵 Φ 使得

$$
A_1(x, q) \Delta_H(x, q) = g(x) \Phi \theta \tag{8.122}
$$

对 $x \in \Omega$ 成立, 其中, θ 是关于 q 的不确定的常向量。

在假设 8-4 下, 系统 (8.121) 可以表示为

$$
\begin{cases}
\dot{x}(t) = A_1(x, q) \nabla H(x(t)) + A_2(x) \nabla H(x(t-h)) + g(x)u \\
\qquad + g(x)w + g(x) \Phi \theta \\
y(t) = g^{\mathrm{T}}(x) \nabla H(x(t))
\end{cases} \tag{8.123}
$$

由式 (8.123), 可以设计其观测器系统为

$$
\begin{cases}
\dot{\hat{x}}(t) = A_1(\hat{x},0)\nabla H(\hat{x}(t)) + A_2(\hat{x})\nabla H(\hat{x}(t-h)) \\
\qquad + k_2^{\mathrm{T}} M^{\mathrm{T}}[y(t) - \hat{y}(t)] + g(\hat{x})u + g(\hat{x})w + g(\hat{x})\Phi\hat{\theta} \\
\hat{y}(t) = g^{\mathrm{T}}(\hat{x})\nabla H(\hat{x}(t))
\end{cases}
\tag{8.124}
$$

由此和系统 (8.123), 得到

$$
\dot{X}(t) = \overline{B}(X,q)\nabla\overline{H}(X(t)) + F(X)\nabla\overline{H}(X(t-h))
$$
$$
+ \begin{bmatrix} g(x)\Phi\theta \\ g(\hat{x})\Phi\hat{\theta} \end{bmatrix} + \overline{g}(X)u + \overline{g}(X)w
\tag{8.125}
$$

其中, $\overline{B}(X,q) = \begin{bmatrix} A_1(x,q) & 0 \\ k_2^{\mathrm{T}} M^{\mathrm{T}} g^{\mathrm{T}}(x) & A_1(\hat{x}) - k_2^{\mathrm{T}} M^{\mathrm{T}} g^{\mathrm{T}}(\hat{x}) \end{bmatrix}$, $F(X) = \begin{bmatrix} A_2(x) \\ 0 \end{bmatrix}$

$\begin{bmatrix} 0 \\ A_2(\hat{x}) \end{bmatrix}$。

系统 (8.125) 基于观测器的自适应鲁棒镇定是: 设计基于观测器的输出反馈控制器 $u = a(\hat{x}, y, \hat{\theta})$ 以及观测器系统 $\dot{\hat{x}} = f(\hat{x}, y, u)$ 使得系统 (8.125) 的状态在该控制器下当 $w = 0$ 时是渐近稳定的, 且对 $w \in \Psi$, 在其零状态响应条件 $(\phi(s) = 0, w(s) = 0, \hat{\theta}(s) = 0, \theta(s) = 0, \ s \in [-h, 0])$ 下满足

$$
\int_0^t \|z(s)\|^2 \, \mathrm{d}s \leqslant \gamma^2 \int_0^t \|w(s)\|^2 \, \mathrm{d}s, \quad \infty > t > 0
\tag{8.126}
$$

对系统 (8.125) 的基于观测器的鲁棒自适应镇定问题, 有下面的结果。

定理 8-8 在假设 8-2～假设 8-4 下, 考虑系统 (8.125), 对 $\gamma > 0$, 假设存在适当维数的正定对称矩阵 P、Z、正实数 ι 以及常矩阵 k_2 使得

$$
\gamma^2 - \iota^{-1} \geqslant 0
\tag{8.127}
$$

$$
\Theta_4 := \begin{bmatrix} N + P + h^2 Z + \iota \overline{g}(X)\overline{g}^{\mathrm{T}}(X) & F(X) & 0 \\ F^{\mathrm{T}}(X) & -P & 0 \\ 0 & 0 & -Z \end{bmatrix} \leqslant 0
\tag{8.128}
$$

其中, $N = \mathrm{Diag}\{N_{11}, N_{22}\}$, $N_{11} = A_1(x,q) + A_1^{\mathrm{T}}(x,q) - \dfrac{1}{\gamma^2} g_1(x) g_1^{\mathrm{T}}(x)$, $N_{22} = A_1(\hat{x}) + A_1^{\mathrm{T}}(\hat{x}) + g_1(\hat{x})\rho^{\mathrm{T}}\rho g_1^{\mathrm{T}}(\hat{x}) + \dfrac{1}{\gamma^2} g_1(\hat{x}) g_1^{\mathrm{T}}(\hat{x}) - 2k_2^{\mathrm{T}} g_1^{\mathrm{T}}(\hat{x}) - 2g_1(\hat{x})k_2$, 则系统

(8.125) 的一个 H_∞ 自适应镇定控制器可以设计为

$$u = -Mk_2\nabla H(\hat{x}(t)) + M\beta(t) - \Phi\hat{\theta} \tag{8.129}$$

$$\beta(t) = -\Lambda[M^\mathrm{T}y(t) - M^\mathrm{T}\hat{y}(t)] \tag{8.130}$$

$$\dot{\hat{\theta}} = \Gamma\Phi^\mathrm{T}G^\mathrm{T}(X)\nabla\overline{H}(X(t)) \tag{8.131}$$

其中, $\Lambda = \dfrac{\rho^\mathrm{T}\rho}{2} + \dfrac{1}{2\gamma^2}I_m(m=3)$, $\Gamma \in \mathbb{R}^{6\times 6}$ 是权矩阵, 且 $G(X) = [g^\mathrm{T}(x),\ 0_{3\times 6}]^\mathrm{T}$。

　　证明: 将式 (8.129)~ 式 (8.131) 代入式 (8.125), 可得

$$\dot{X}(t) = B(X,q)\nabla\overline{H}(X(t)) + F(X)\nabla\overline{H}(X(t-h)) + \overline{g}(X)w + G(X)\Phi\tilde{\theta} \tag{8.132}$$

其中, $\tilde{\theta} = \theta - \hat{\theta}$, $B(X,q) = \begin{bmatrix} B_{11} & B_{12} \\ B_{21} & B_{22} \end{bmatrix}$, $F(X) = \begin{bmatrix} A_2(x) & 0 \\ 0 & A_2(\hat{x}) \end{bmatrix}$

$$B_{11} = A_1(x,q) - \frac{1}{2}g_1(x)\rho^\mathrm{T}\rho g_1^\mathrm{T}(x) - \frac{1}{2\gamma^2}g_1(x)g_1^\mathrm{T}(x)$$

$$B_{12} = \frac{1}{2}g_1(x)\rho^\mathrm{T}\rho g_1^\mathrm{T}(\hat{x}) + \frac{1}{2\gamma^2}g_1(x)g_1^\mathrm{T}(\hat{x}) - g_1(x)k_2$$

$$B_{21} = -\frac{1}{2}g_1(\hat{x})\rho^\mathrm{T}\rho g_1^\mathrm{T}(x) - \frac{1}{2\gamma^2}g_1(\hat{x})g_1^\mathrm{T}(x) + k_2^\mathrm{T}g_1^\mathrm{T}(x)$$

$$B_{22} = A_1(\hat{x}) + \frac{1}{2}g_1(\hat{x})\rho^\mathrm{T}\rho g_1^\mathrm{T}(\hat{x}) + \frac{1}{2\gamma^2}g_1(\hat{x})g_1^\mathrm{T}(\hat{x}) - k_2^\mathrm{T}g_1^\mathrm{T}(\hat{x}) - g_1(\hat{x})k_2$$

构造李雅普诺夫泛函如下

$$V(X(t)) = V_1 + V_2 + V_3 \tag{8.133}$$

其中, $V_1 = 2\overline{H}(X(t))$, $V_2 = \displaystyle\int_{t-h}^t \nabla^\mathrm{T}\overline{H}(X(\tau))P\nabla\overline{H}(X(\tau))\mathrm{d}\tau$, $V_3 = h\displaystyle\int_{-h}^0\int_{t+\beta}^t$ $\nabla^\mathrm{T}\overline{H}(X(\alpha))Z\nabla\overline{H}(X(\alpha))\mathrm{d}\alpha\mathrm{d}\beta$, 且令 $Q(X(t)) = V(X(t)) + (\theta-\hat{\theta})^\mathrm{T}\Gamma^{-1}(\theta-\hat{\theta}) + \displaystyle\int_0^t(\|z(s)\|^2 - \gamma^2\|w(s)\|^2)\mathrm{d}s$。

　　现在表明 $Q(X(t)) \leqslant 0$, 意味着

$$\int_0^t \|z(s)\|^2\,\mathrm{d}s \leqslant \gamma^2\int_0^t \|w(s)\|^2\,\mathrm{d}s \tag{8.134}$$

沿着系统 (8.132) 的轨道计算 V_1 的导数, 易得

$$\dot{V}_1 = \nabla^\mathrm{T}\overline{H}(X(t))[B(X,q) + B^\mathrm{T}(X,q)]\nabla\overline{H}(X(t)) + 2\nabla^\mathrm{T}\overline{H}(X(t))G(X)\Phi\tilde{\theta}$$

$$+2\nabla^{\mathrm{T}}\overline{H}(X(t))F(X)\nabla\overline{H}(X(t-h)) + 2\nabla^{\mathrm{T}}\overline{H}(X(t))\overline{g}(X)w \tag{8.135}$$

注意, $B(X,q) = \begin{bmatrix} B_{11} & B_{12} \\ B_{21} & B_{22} \end{bmatrix}$ 和 $B_{12} = -B_{21}^{\mathrm{T}}$, 可得 $B(X,q) + B^{\mathrm{T}}(X,q) = \mathrm{Diag}\{B_{11} + B_{11}^{\mathrm{T}}, B_{22} + B_{22}^{\mathrm{T}}\}$, 有

$$B_{11} + B_{11}^{\mathrm{T}} = A_1(x,q) + A_1^{\mathrm{T}}(x,q) - g_1(x)\rho^{\mathrm{T}}\rho g_1^{\mathrm{T}}(x) - \frac{1}{\gamma^2}g_1(x)g_1^{\mathrm{T}}(x)$$

$$B_{22} + B_{22}^{\mathrm{T}} = A_1(\hat{x}) + A_1^{\mathrm{T}}(\hat{x}) + g_1(\hat{x})\rho^{\mathrm{T}}\rho g_1^{\mathrm{T}}(\hat{x}) + \frac{1}{\gamma^2}g_1(\hat{x})g_1^{\mathrm{T}}(\hat{x}) - 2k_2^{\mathrm{T}}g_1^{\mathrm{T}}(\hat{x}) - 2g_1(\hat{x})k_2$$

由此 $z = \rho g_1^{\mathrm{T}}(x)\nabla H(x(t))$ 和式 (8.135), 能得到

$$\begin{aligned} \dot{V}_1 &= \nabla^{\mathrm{T}}H(x(t))[A_1(x,q) + A_1^{\mathrm{T}}(x,q) - \frac{1}{\gamma^2}g_1(x)g_1^{\mathrm{T}}(x)]\nabla H(x(t)) \\ &\quad + \nabla^{\mathrm{T}}H(\hat{x}(t))[A_1(\hat{x}) + A_1^{\mathrm{T}}(\hat{x}) + g_1(\hat{x})\rho^{\mathrm{T}}\rho g_1^{\mathrm{T}}(\hat{x}) + \frac{1}{\gamma^2}g_1(\hat{x})g_1^{\mathrm{T}}(\hat{x}) \\ &\quad - 2k_2^{\mathrm{T}}g_1^{\mathrm{T}}(\hat{x}) - 2g_1(\hat{x})k_2]\nabla H(\hat{x}(t)) + 2\nabla^{\mathrm{T}}\overline{H}(X(t))F(X)\nabla\overline{H}(X(t-h)) \\ &\quad + 2\nabla^{\mathrm{T}}\overline{H}(X(t))\overline{g}(X)w + 2\nabla^{\mathrm{T}}\overline{H}(X(t))G(X)\Phi\tilde{\theta} - \|z(t)\|^2 \end{aligned} \tag{8.136}$$

用引理 2-2 和式 (8.136), 可得

$$\begin{aligned} \dot{V}_1 &\leqslant \nabla^{\mathrm{T}}H(x(t))[A_1(x,q) + A_1^{\mathrm{T}}(x,q) - \frac{1}{\gamma^2}g_1(x)g_1^{\mathrm{T}}(x)]\nabla H(x(t)) - \|z(t)\|^2 \\ &\quad + \nabla^{\mathrm{T}}H(\hat{x}(t))[A_1(\hat{x}) + A_1^{\mathrm{T}}(\hat{x}) + g_1(\hat{x})\rho^{\mathrm{T}}\rho g_1^{\mathrm{T}}(\hat{x}) + \frac{1}{\gamma^2}g_1(\hat{x})g_1^{\mathrm{T}}(\hat{x}) \\ &\quad - 2k_2^{\mathrm{T}}g_1^{\mathrm{T}}(\hat{x}) - 2g_1(\hat{x})k_2]\nabla H(\hat{x}(t)) + 2\nabla^{\mathrm{T}}\overline{H}(X(t))F(X)\nabla\overline{H}(X(t-h)) \\ &\quad + \iota\nabla^{\mathrm{T}}\overline{H}(X(t))\overline{g}(X)\overline{g}^{\mathrm{T}}(X)\nabla\overline{H}(X(t)) + \iota^{-1}w^{\mathrm{T}}w \\ &\quad + 2\nabla^{\mathrm{T}}\overline{H}(X(t))G(X)\Phi\tilde{\theta} \end{aligned} \tag{8.137}$$

计算 $Q(X(t))$ 的导数, 得到

$$\dot{Q}(X(t)) = \dot{V}(t,X(t)) + \|z(t)\|^2 - \gamma^2\|w(t)\|^2 - 2(\theta - \hat{\theta})^{\mathrm{T}}\Gamma^{-1}\dot{\hat{\theta}} \tag{8.138}$$

注意 $\dot{\hat{\theta}} = \Gamma\Phi^{\mathrm{T}}G^{\mathrm{T}}(X)\nabla\overline{H}(X(t))$, 由式 (8.137)、式 (8.138) 和式 $\theta - \hat{\theta} = \tilde{\theta}$, 易得

$$\begin{aligned} \dot{Q}(X(t)) &\leqslant \nabla^{\mathrm{T}}H(x(t))[A_1(x,q) + A_1^{\mathrm{T}}(x,q) - \frac{1}{\gamma^2}g_1(x)g_1^{\mathrm{T}}(x)]\nabla H(x(t)) \\ &\quad + \nabla^{\mathrm{T}}H(\hat{x}(t))[A_1(\hat{x}) + A_1^{\mathrm{T}}(\hat{x}) + g_1(\hat{x})\rho^{\mathrm{T}}\rho g_1^{\mathrm{T}}(\hat{x}) + \frac{1}{\gamma^2}g_1(\hat{x})g_1^{\mathrm{T}}(\hat{x}) \end{aligned}$$

$$-2k_2^{\mathrm{T}}g_1^{\mathrm{T}}(\hat{x}) - 2g_1(\hat{x})k_2]\nabla H(\hat{x}(t)) + 2\nabla^{\mathrm{T}}\overline{H}(X(t))F(X)\nabla\overline{H}(X(t-h))$$

$$+\iota\nabla^{\mathrm{T}}\overline{H}(X(t))\overline{g}(X)\overline{g}^{\mathrm{T}}(X)\nabla\overline{H}(X(t)) + \iota^{-1}w^{\mathrm{T}}w - \gamma^2 w^{\mathrm{T}}w$$

$$+\nabla^{\mathrm{T}}\overline{H}(X(t))P\nabla\overline{H}(X(t)) - \nabla^{\mathrm{T}}\overline{H}(X(t-h))P\nabla\overline{H}(X(t-h))$$

$$+h^2\nabla^{\mathrm{T}}\overline{H}(X(t))Z\nabla\overline{H}(X(t))$$

$$-\int_{t-h}^{t}\nabla^{\mathrm{T}}\overline{H}(X(\alpha))\mathrm{d}\alpha Z\int_{t-h}^{t}\nabla\overline{H}(X(\alpha))\mathrm{d}\alpha$$

$$+2\nabla^{\mathrm{T}}\overline{H}(X(t))G(X)\Phi\tilde{\theta} - 2(\theta - \hat{\theta})^{\mathrm{T}}\Gamma^{-1}\dot{\hat{\theta}}$$

$$= -(\gamma^2 - \iota^{-1})w^{\mathrm{T}}w + \zeta^{\mathrm{T}}(t)\Theta_4\zeta(t) \tag{8.139}$$

其中, $\zeta(t) = \left[\nabla^{\mathrm{T}}\overline{H}(X(t)), \nabla^{\mathrm{T}}\overline{H}(X(t-h)), \int_{t-h}^{t}\nabla^{\mathrm{T}}\overline{H}(X(\alpha))\mathrm{d}\alpha\right]^{\mathrm{T}}$。

用定理的条件, 可得 $\dot{Q}(X(t)) \leqslant 0$。从 0 到 t 积分式 (8.139), 有 $Q(X(t)) = V(X(t)) + (\theta - \hat{\theta})^{\mathrm{T}}\Gamma^{-1}(\theta - \hat{\theta}) + \int_0^t (\|z(s)\|^2 - \gamma^2\|w(s)\|^2)\mathrm{d}s \leqslant 0$。由此和 $V(X(t)) \geqslant 0$, 有 $\int_0^t \|z(s)\|^2\,\mathrm{d}s \leqslant \gamma^2\int_0^t \|w(s)\|^2\,\mathrm{d}s$, 即式 (8.126) 成立。

其次, 证明闭环系统 (8.132) 在 $w = 0$ 时收敛到 0。若 $w = 0$, 系统可表达为

$$\dot{X}(t) = B(X,q)\nabla\overline{H}(X(t)) + F(X)\nabla\overline{H}(X(t-h)) + G(X)\Phi\hat{\theta} \tag{8.140}$$

构造李雅普诺夫泛函如下 $V(X(t)) = V_1 + V_2 + V_3 + (\theta - \hat{\theta})^{\mathrm{T}}\Gamma^{-1}(\theta - \hat{\theta})$。沿着系统 (8.140) 的轨道计算 $V(X(t))$ 的导数, 得到

$$\dot{V}(X(t)) \leqslant \nabla^{\mathrm{T}}H(x(t))[A_1(x,q) + A_1^{\mathrm{T}}(x,q) - \frac{1}{\gamma^2}g_1(x)g_1^{\mathrm{T}}(x)]\nabla H(x(t))$$

$$+\nabla^{\mathrm{T}}H(\hat{x}(t))[A_1(\hat{x}) + A_1^{\mathrm{T}}(\hat{x}) + g_1(\hat{x})\rho^{\mathrm{T}}\rho g_1^{\mathrm{T}}(\hat{x}) + \frac{1}{\gamma^2}g_1(\hat{x})g_1^{\mathrm{T}}(\hat{x})$$

$$-2k_2^{\mathrm{T}}g_1^{\mathrm{T}}(\hat{x}) - 2g_1(\hat{x})k_2]\nabla H(\hat{x}(t)) + 2\nabla^{\mathrm{T}}\overline{H}(X(t))F(X)\nabla\overline{H}(X(t-h))$$

$$+\nabla^{\mathrm{T}}\overline{H}(X(t))P\nabla\overline{H}(X(t)) - \nabla^{\mathrm{T}}\overline{H}(X(t-h))P\nabla\overline{H}(X(t-h))$$

$$+h^2\nabla^{\mathrm{T}}\overline{H}(X(t))Z\nabla\overline{H}(X(t))$$

$$-\int_{t-h}^{t}\nabla^{\mathrm{T}}\overline{H}(X(\alpha))\mathrm{d}\alpha Z\int_{t-h}^{t}\nabla\overline{H}(X(\alpha))\mathrm{d}\alpha$$

$$+2\nabla^{\mathrm{T}}\overline{H}(X(t))G(X)\Phi\tilde{\theta} - 2(\theta - \hat{\theta})^{\mathrm{T}}\Gamma^{-1}\dot{\hat{\theta}} - \|z(t)\|^2$$

$$= \nabla^{\mathrm{T}}\overline{H}(X(t))N\nabla\overline{H}(X(t)) + 2\nabla^{\mathrm{T}}\overline{H}(X(t))F(X)\nabla\overline{H}(X(t-h))$$

$$+\nabla^{\mathrm{T}}\overline{H}(X(t))P\nabla\overline{H}(X(t)) - \nabla^{\mathrm{T}}\overline{H}(X(t-h))P\nabla\overline{H}(X(t-h)) - \|z(t)\|^2$$

$$+h^2\nabla^{\mathrm{T}}\overline{H}(X(t))Z\nabla\overline{H}(X(t))$$

$$-\int_{t-h}^{t}\nabla^{\mathrm{T}}\overline{H}(X(\alpha))\mathrm{d}\alpha Z\int_{t-h}^{t}\nabla\overline{H}(X(\alpha))\mathrm{d}\alpha$$

$$=\xi^{\mathrm{T}}(t)\Theta_4\xi(t)-\iota\nabla^{\mathrm{T}}\overline{H}(X(t))\overline{g}(X)\overline{g}^{\mathrm{T}}(X)\nabla\overline{H}(X(t)-\|z(t)\|^2 \tag{8.141}$$

从该定理和假设 8-4, 得到 $\dot{V}(X(t)) \leqslant \xi^{\mathrm{T}}(t)\Theta_4\xi(t) - \|z(t)\|^2 \leqslant -\|z(t)\|^2 \leqslant -\|\rho g_1^{\mathrm{T}}(x)\nabla H(x(t))\|^2 \leqslant -\|\rho g_1^{\mathrm{T}}(x)\|^2 l_2(\|x\|) \leqslant -\varpi l_2(\|x\|)$。其余证明同于定理 8-6, 省略。

8.4 船舶动力定位系统的同时镇定控制

本节拟采用哈密顿方法研究两艘船舶动力定位系统的鲁棒同时镇定问题, 建立其同时镇定和鲁棒自适应同时镇定判别条件。首先, 将两个水面三自由度的船舶模型转化为端口受控哈密顿模型。然后, 基于扩维技术, 构建一个扩维哈密顿系统, 据此研究其同时镇定和鲁棒自适应同时镇定问题。最后, 通过仿真验证表明所设计控制器的有效性。

1) 引理和预备工作

本节给出两艘动力定位船舶系统的同时镇定以及鲁棒自适应同时镇定结果, 首先给出引理和预备工作。

考虑系统

$$\dot{x} = f(x) + g_1(x)u + g_2(x)\omega \tag{8.142}$$

其中, $x \in \mathbb{R}^n$ 是状态, $u \in \mathbb{R}^m$ 为输入, $\omega \in \mathbb{R}^s$ 是干扰, $g_1(x)$、$g_2(x)$ 是适当维数的权矩阵。

L_2 干扰抑制问题是: 给定一个罚信号 $z = q(x)$ 和干扰抑制水平 $\gamma > 0$, 找一个反馈控制器 $u = k(x)$ 以及一个正定函数 $V(x)$ 使得如下 γ 耗散不等式沿着闭环系统的轨道成立

$$\dot{V} + Q(x) \leqslant \frac{1}{2}\left\{\gamma^2\|\omega\|^2 - \|z\|^2\right\}, \quad \forall \omega \in L_2 \tag{8.143}$$

其中, $Q(x)$ 是一个非负定函数。

注 8-7 从不等式 (8.143), 易得如下性质:

① 从 ω 到 z 的 L_2 干扰增益小于 γ;

② 当 $\omega = 0$, 闭环系统是稳定的, 且若 $Q(x) \neq 0 (\forall x \neq 0)$, 则闭环系统是渐近稳定的。

对 L_2 干扰抑制问题, 基于哈密顿系统给出一个判断方法。

考虑如下一般的哈密顿系统

$$\begin{cases} \dot{x} = [J(x) - R(x)] \nabla H + g_1(x) u + g_2(x) \omega \\ z = h(x) g_1^{\mathrm{T}}(x) \nabla H \end{cases} \tag{8.144}$$

其中, $R(x) \geqslant 0, h(x)$ 是一个权矩阵, ∇H 是 $H(x)$ 的梯度向量。

给定一干扰抑制水平 $\gamma > 0$, 并令 $z = h(x) g_1^{\mathrm{T}}(x) \nabla H$, 则有

引理 8-1[11]　考虑系统 (8.144), 假设给定干扰抑制水平 $\gamma > 0$, 若

$$R(x) + \frac{1}{2\gamma^2} \left[g_1(x) g_1^{\mathrm{T}}(x) - g_2(x) g_2^{\mathrm{T}}(x) \right] \geqslant 0 \tag{8.145}$$

成立, 且设计控制器为

$$u = - \left[\frac{1}{2} h^{\mathrm{T}}(x) h(x) + \frac{1}{2\gamma^2} I_m \right] g_1^{\mathrm{T}}(x) \nabla H \tag{8.146}$$

则基于系统 (8.144) 和控制器 (8.146) 的闭环系统满足如下的耗散不等式

$$\dot{H} + dH \left[R - \frac{1}{2\gamma^2} \left(g_2(x) g_2^{\mathrm{T}}(x) - g_1(x) g_1^{\mathrm{T}}(x) \right) \right] \nabla H$$

$$\leqslant \frac{1}{2} \left\{ \gamma^2 \parallel \omega \parallel^2 - \parallel z \parallel^2 \right\} \tag{8.147}$$

其中, $Q(x) = dH \left[R - \dfrac{1}{2\gamma^2} \left(g_2(x) g_2^{\mathrm{T}}(x) - g_1(x) g_1^{\mathrm{T}}(x) \right) \right] \nabla H$。

下面研究船舶动力定位系统的同时镇定问题, 本节用到的动力定位船舶数学模型为

$$\begin{cases} \dot{\eta} = R(\psi)v \\ M\dot{v} = -Dv + \tau + \omega \end{cases} \tag{8.148}$$

本节将用哈密顿函数方法研究系统 (8.148) 的同时镇定问题, 首先需要转化模型 (8.148) 为哈密顿形式, 为此定义位置误差向量 x_1 为

$$x_1 = \eta - \eta_d \tag{8.149}$$

其中, η_d 是期望的位置。从式 (8.148) 和式 (8.149), 有

$$\dot{x_1} = R(\psi) v \tag{8.150}$$

此外, 定义 $x_2 \in \mathbb{R}^3$, 有

$$x_2 = v - \alpha_1 \tag{8.151}$$

其中, $\alpha_1 \in \mathbb{R}^3$ 满足

$$\alpha_1 = R^{-1}(\psi)(-k_1 x_1) \tag{8.152}$$

且 $k_1 \in \mathbb{R}^{3\times 3}$ 是正定对角矩阵。

对式 (8.151) 两边求导得

$$\dot{v} = \dot{x}_2 + \dot{\alpha}_1 \tag{8.153}$$

将式 (8.149)~ 式 (8.153) 代入式 (8.148), 可得

$$\begin{cases} \dot{x}_1 = R(\psi) x_2 - k_1 x_1 \\ \dot{x}_2 = -M^{-1} D x_2 + M^{-1} D R^{-1}(\psi) k_1 x_1 + M^{-1}\tau + M^{-1}\omega - \dot{\alpha}_1 \end{cases} \tag{8.154}$$

定义 τ 为

$$\tau = D\alpha_1 + M\dot{\alpha}_1 - MR^{\mathrm{T}}(\psi) x_1 + u \tag{8.155}$$

其中, u 是新的输入, 由此和系统 (8.154), 得到

$$\begin{cases} \dot{x}_1 = R(\psi) x_2 - k_1 x_1 \\ \dot{x}_2 = -R^{\mathrm{T}}(\psi) x_1 - M^{-1} D x_2 + M^{-1} u + M^{-1}\omega \end{cases} \tag{8.156}$$

这样系统 (8.156) 可表达为如下哈密顿形式

$$\dot{x} = [J(x) - R(x)]\nabla_x H(x) + \widetilde{g}(x)u + \widetilde{g}(x)\omega \tag{8.157}$$

$$y = g^{\mathrm{T}}(x)\nabla H(x) \tag{8.158}$$

其中, $J(x) = \begin{bmatrix} 0 & R(\psi) \\ -R^{-1}(\psi) & 0 \end{bmatrix}$, $R(x) = \begin{bmatrix} k_1 & 0 \\ 0 & M^{-1}D \end{bmatrix}$, $H(x) = \dfrac{1}{2}\sum_{i=1}^{3}(x_{1i}^2) + \dfrac{1}{2}\sum_{i=1}^{3}(x_{2i}^2)$, $\widetilde{g}(x) = [0, \ M^{-\mathrm{T}}]^{\mathrm{T}}$。很明显, 系统 (8.156) 等价于系统 (8.157)。

2) 自适应同时镇定

当船舶动力定位哈密顿结构中含有不确定性时, 其动态方程为

$$\begin{cases} \dot{x} = [J_1(x, p_1) - R_1(x, p_1)]\nabla H_1(x, p_1) + g_1(x) u \\ y_1 = g_1^{\mathrm{T}}(x)\nabla H_1(x) \end{cases} \tag{8.159}$$

$$\begin{cases} \dot{\xi} = [J_1(\xi, p_2) - R_2(\xi, p_2)]\nabla H_2(\xi, p_2) + g_2(\xi)u \\ y_2 = g_2^{\mathrm{T}}(\xi)\nabla H_2(\xi) \end{cases} \tag{8.160}$$

其中, p_1、p_2 定义了参量的不确定性, 并当 $p_i = 0$, $J_i(x, 0) = J_i(x)$, $R_i(x, 0) = R_i(x)$ 和 $H_i(x, 0) = H_i(x), i = 1, 2$; p_1 和 p_2 被假设为足够小以保证系统的哈密顿特性不变, $J_i^{\mathrm{T}}(x, p_i) = -J_i(x, p_i)$ 和 $R_i(x, p_i) \geqslant 0, i = 1, 2$。

下面提出系统 (8.159) 和系统 (8.160) 的自适应同时镇定结果。

定理 8-9 假设

① 存在对称矩阵 $K \in \mathbb{R}^{6\times 6}$ 使得

$$\begin{cases} \overline{R}_1(x, p_1) := R_1(x, p_1) + K_{11}(x, x) > 0 \\ \overline{R}_2(\xi, p_2) := R_2(\xi, p_2) - K_{22}(\xi, \xi) > 0 \end{cases} \tag{8.161}$$

其中, $K_{ij}(x, \xi) = g_i(x)Kg_j^{\mathrm{T}}(\xi), i, j = 1, 2$;

② 存在适当维数的矩阵 Φ 使得

$$[J_i(x, p_i) - R_i(x, p_i)]\Delta_{H_i(x, p_i)} = g_i(x)\Phi\theta, \quad i = 1, 2 \tag{8.162}$$

其中, $\Delta_{H_i(x, p_i)} = \nabla H_i(x, p_i) - \nabla H_i(x)$, θ 是关于 p_1 和 p_2 的不确定的常向量。

则在如下控制器下

$$\begin{cases} u = -K(y_1 - y_2) - \Phi\hat{\theta} \\ \dot{\hat{\theta}} = Q\Phi^{\mathrm{T}}(y_1 + y_2) \end{cases} \tag{8.163}$$

系统 (8.159) 和系统 (8.160) 可以同时被镇定, 其中, $\hat{\theta}$ 是 θ 的估计, 且 $Q > 0$ 是自适应常增益矩阵。

证明: 将式 (8.163) 代入式 (8.159) 和式 (8.160), 用该定理条件②, 得到

$$\begin{cases} \dot{x} = [J_1(x, p_1) - R_1(x, p_1)]\nabla H_1(x) - K_{11}(x, x)\nabla H_1(x) \\ \qquad + K_{12}(x, \xi)\nabla H_2(\xi) + g_1(x)\Phi(\theta - \hat{\theta}) \\ \dot{\xi} = [J_2(\xi, p_2) - R_2(\xi, p_2)]\nabla H_2(\xi) - K_{21}(\xi, x)\nabla H_1(x) \\ \qquad + K_{22}(\xi, \xi)\nabla H_2(\xi) + g_2(\xi)\Phi(\theta - \hat{\theta}) \\ \dot{\hat{\theta}} = Q\Phi^{\mathrm{T}}(g_1^{\mathrm{T}}(x)\nabla H_1(x) + g_2^{\mathrm{T}}(\xi)\nabla H_2(\xi)) \end{cases} \tag{8.164}$$

进而系统 (8.164) 可表示为

$$\begin{bmatrix} \dot{x} \\ \dot{\xi} \\ \dot{\hat{\theta}} \end{bmatrix} = \begin{bmatrix} J_1(x, p_1) - \overline{R}_1(x, p_1) & K_{12}(x, \xi) & -g_1(x)\Phi Q \\ -K_{21}(\xi, x) & J_2(\xi, p_2) - \overline{R}_2(\xi, p_2) & -g_2(\xi)\Phi Q \\ Q\Phi^{\mathrm{T}}g_1^{\mathrm{T}}(x) & Q\Phi^{\mathrm{T}}g_2^{\mathrm{T}}(\xi) & 0 \end{bmatrix}$$

$$\begin{bmatrix} \nabla H_1(x) \\ \nabla H_2(\xi) \\ -Q^{-1}(\theta - \hat{\theta}) \end{bmatrix} \tag{8.165}$$

令 $X := [x^{\mathrm{T}}, \xi^{\mathrm{T}}, \hat{\theta}^{\mathrm{T}}]^{\mathrm{T}}$, $H(X) := H_1(x) + H_2(\xi) + 0.5(\theta - \hat{\theta})^{\mathrm{T}}Q^{-1}(\theta - \hat{\theta})$

$$J(X,p) = \begin{bmatrix} J_1(x,p_1) & K_{12}(x,\xi) & -g_1(x)\varPhi Q \\ -K_{21}(\xi,x) & J_2(\xi,p_2) & -g_2(\xi)\varPhi Q \\ (g_1(x)\varPhi Q)^{\mathrm{T}} & (g_2(\xi)\varPhi Q)^{\mathrm{T}} & 0 \end{bmatrix}$$

$$R(X,p) = \begin{bmatrix} \overline{R}_1(x,p_1) & 0 & 0 \\ 0 & \overline{R}_2(\xi,p_2) & 0 \\ 0 & 0 & 0 \end{bmatrix}$$

且 $p = [p_1^{\mathrm{T}}, p_2^{\mathrm{T}}]^{\mathrm{T}}$, 则系统 (8.165) 可能表达为 $\dot{X} = [J(X,p) - R(X,p)]\nabla H(X)$。

注意 $K_{12}^{\mathrm{T}}(x,\xi) = K_{21}(\xi,x)$, $J(X,p)$ 是反对称矩阵, 从该定理的条件①, $R(X, p)$ 是半正定的, 因此系统是耗散的。由耗散哈密顿系统的特性知, 系统收敛。其余证明同于文献 [11], 省略。

3) 自适应鲁棒同时镇定

本节基于上节所得自适应同时镇定结果, 研究系统 (8.159) 和系统 (8.160) 的自适应鲁棒同时镇定问题。

为此考虑系统 (8.159) 和系统 (8.160) 并增加了外部干扰

$$\begin{cases} \dot{x} = [J_1(x,p_1) - R_1(x,p_1)]\nabla H_1(x,p_1) + g_1(x)u + \overline{g}_1(x)\omega \\ y_1 = g_1^{\mathrm{T}}(x)\nabla H_1(x) \end{cases} \tag{8.166}$$

$$\begin{cases} \dot{\xi} = [J_1(\xi,p_2) - R_2(\xi,p_2)]\nabla H_2(\xi,p_2) + g_2(\xi)u + \overline{g}_2(\xi)\omega \\ y_2 = g_2^{\mathrm{T}}(\xi)\nabla H_2(\xi) \end{cases} \tag{8.167}$$

给定干扰抑制水平 $\gamma > 0$, 选取

$$z = \Lambda(y_1 + y_2) \tag{8.168}$$

作为罚信号, 其中 Λ 是适当维数的权矩阵。

对自适应鲁棒同时镇定问题, 有下面的结果。

定理 8-10 假设

① 存在对称矩阵 $K \in \mathbb{R}^{6 \times 6}$ 使得

$$\begin{cases} \overline{R}_1(x, p_1) := R_1(x, p_1) + K_{11}(x, x) > 0 \\ \overline{R}_2(\xi, p_2) := R_2(\xi, p_2) - K_{22}(\xi, \xi) > 0 \end{cases} \tag{8.169}$$

其中, $K_{ij}(x, \xi) = g_i(x) K g_j^{\mathrm{T}}(\xi), i, j = 1, 2$;

② 存在适当维数的矩阵 Φ 使得

$$[J_i(x, p_i) - R_i(x, p_i)] \Delta_{H_i(x, p_i)} = g_i(x) \Phi \theta, \quad i = 1, 2 \tag{8.170}$$

其中, $\Delta_{H_i(x, p_i)} = \nabla H_i(x, p_i) - \nabla H_i(x)$;

③ $\overline{g}_1 = g_1 = [0, \ M_1^{-\mathrm{T}}]^{\mathrm{T}}, \overline{g}_2 = g_2 = [0, \ M_2^{-\mathrm{T}}]^{\mathrm{T}}$, 则

$$\begin{cases} u = -K(y_1 - y_2) - \left[\dfrac{1}{2} \Lambda^{\mathrm{T}} \Lambda + \dfrac{1}{2\gamma^2} I_6\right](y_1 + y_2) - \Phi \hat{\theta} \\ \dot{\hat{\theta}} = Q \Phi^{\mathrm{T}}(y_1 + y_2) \end{cases} \tag{8.171}$$

是系统 (8.166) 和系统 (8.167) 的一个鲁棒自适应控制器, $\hat{\theta}$ 是 θ 的估计且 $Q > 0$ 是自适应增益常矩阵。

证明： 重写系统 (8.171) 如下

$$\begin{cases} \begin{cases} u = -K(y_1 - y_2) - \Phi \hat{\theta} + v \\ \dot{\hat{\theta}} = Q \Phi^{\mathrm{T}}(y_1 + y_2) \end{cases} \\ v = -\left[\dfrac{1}{2} \Lambda^{\mathrm{T}} \Lambda + \dfrac{1}{2\gamma^2} I_6\right](y_1 + y_2) \end{cases} \tag{8.172}$$

将式 (8.172) 的第一部分代入式 (8.166) 和式 (8.167), 根据定理 8-9 和条件②, 可表达系统 (8.166) 和系统 (8.167) 为

$$\dot{X} = [J(X, p) - R(X, p)] \nabla H(X) + G(X) v + \overline{G}(X) \omega \tag{8.173}$$

其中, $X := [x^{\mathrm{T}}, \xi^{\mathrm{T}}, \hat{\theta}^{\mathrm{T}}]^{\mathrm{T}}, p = [p_1^{\mathrm{T}}, p_2^{\mathrm{T}}]^{\mathrm{T}}, H(X) := H_1(x) + H_2(\xi) + \dfrac{1}{2}(\theta - \hat{\theta})^{\mathrm{T}} Q^{-1}(\theta - \hat{\theta})$

$$J(X, p) = \begin{bmatrix} J_1(x, p_1) & K_{12}(x, \xi) & -g_1(x) \Phi Q \\ -K_{12}(x, \xi) & J_2(\xi, p_2) & -g_2(\xi) \Phi Q \\ (g_1(x) \Phi Q)^{\mathrm{T}} & (g_2(\xi) \Phi Q)^{\mathrm{T}} & 0 \end{bmatrix}$$

$$R(X, p) = \begin{bmatrix} \overline{R}_1(x, p_1) & 0 & 0 \\ 0 & \overline{R}_2(\xi, p_2) & 0 \\ 0 & 0 & 0 \end{bmatrix}$$

$$G(X) := [g_1^T(x), g_2^T(\xi), 0]^T, \quad \overline{G}(X) := [\overline{g}_1^T(x), \overline{g}_2^T(\xi), 0]^T$$

另外, 罚函数 (8.168) 可以表示为

$$z = \Lambda G^T(X)\nabla H(X) \tag{8.174}$$

从条件①和③, 得到

$$R(X, p) + 0.5\frac{1}{\gamma^2}[G(X)G^T(X) - \overline{G}(X)\overline{G}^T(X)] = R(X, p) \geqslant 0 \tag{8.175}$$

满足引理 8-1 的所有条件, 从引理 8-1, 系统 (8.173) 的鲁棒自适应同时镇定控制器可以设计为

$$v = -\left[0.5\Lambda^T\Lambda + 0.5\frac{1}{\gamma^2}I_6\right]G^T(X)\nabla H(X)$$

$$= -\left[0.5\Lambda^T\Lambda + 0.5\frac{1}{\gamma^2}I_6\right](y_1 + y_2) \tag{8.176}$$

且 γ 耗散不等式 $\dot{H} + \nabla^T H(X)R(X, p)\nabla H(X) \leqslant \frac{1}{2}\{\gamma^2 \parallel \omega \parallel^2 - \parallel z \parallel^2\}$。沿着闭环系统 (8.173) 和系统 (8.176) 轨道成立, 其中, $Q(x) = \nabla^T H(X)R(X, p)\nabla H(X)$。当 $\omega = 0$, $\dot{H} \leqslant -\nabla^T H(X)R(X, p)\nabla H(X) = -\nabla^T H_1(x)\overline{R}_1(x, p_1)\nabla H_1(x) - \nabla^T H_2(\xi)\overline{R}_2(\xi, p_2)\nabla H_2(\xi) < 0$, 证毕。

4) 论证例子

本节通过一个论证例子说明所得结果的有效性, 为此选取文献 [12] 中的船舶动力定位系统模型, 其中, $M = \begin{bmatrix} 5.3122 \times 10^6 & 0 & 0 \\ 0 & 8.2831 \times 10^6 & 0 \\ 0 & 0 & 3.7454 \times 10^9 \end{bmatrix}$,

$D = \begin{bmatrix} 5.0242 \times 10^4 & 0 & 0 \\ 0 & 2.7299 \times 10^5 & -4.3933 \times 10^6 \\ 0 & -4.3933 \times 10^6 & 4.1894 \times 10^8 \end{bmatrix}$。

两艘船的初始速度为 (1m/s, 0.8m/s, 2rad/s), (1.2m/s, 1m/s, 3rad/s), 初始位置分别是 (10m, 5m, 0°), (15m, 10m, 0°), 控制器中的参量选为 $K = \mathrm{Diag}\{1, -1, 2, 1, -1, 2\}$, $k_1 = \mathrm{Diag}\{0.5, 0.5, 0.5\}$, $\Lambda = \mathrm{Diag}\{0.2, 0.3, 0.4\}$, $\gamma = 0.4$, $M_\delta = 0.2M$, $Q = 1$。为了表明对抗干扰的能力, 在 1~2s 的时间间隔内增加了一个幅值为 1 的方波。仿真结果如图 8.1~ 图 8.6 所示。

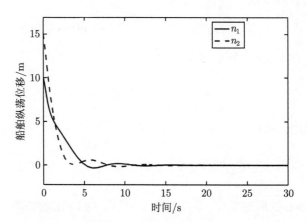

图 8.1 两艘船舶纵荡位置状态 (n_1, n_2) 响应曲线

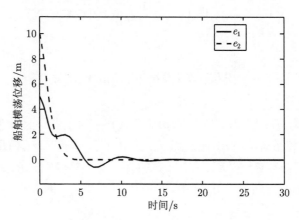

图 8.2 两艘船舶横荡位置状态 (e_1, e_2) 响应曲线

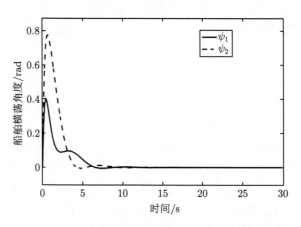

图 8.3 两艘船舶艏摇位置状态 (ψ_1, ψ_2) 响应曲线

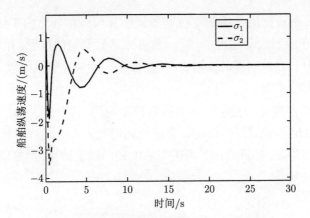

图 8.4 两艘船舶纵荡速度 (σ_1, σ_2) 响应曲线

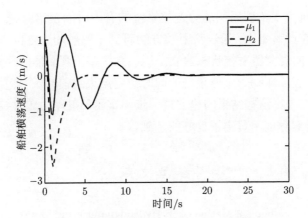

图 8.5 两艘船舶横荡速度 (μ_1, μ_2) 响应曲线

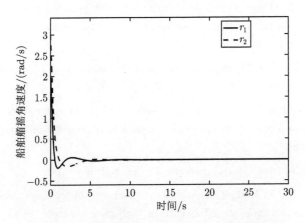

图 8.6 两艘船舶艏摇角速度 (r_1, r_2) 响应曲线

可以看出, 所设计的鲁棒镇定控制器能够克服外部环境的干扰力, 达到同时镇定的目的。在船舶运动过程中, 艏向角首先达到期望的位置, 接着是纵向位移, 最后是横向位移; 在控制器的作用下, 船舶逐渐向期望定位点收敛, 并且位置与艏向在 25s 内均趋于稳定。

本节研究了两艘动力定位船舶的同时镇定问题, 设计了两艘船舶的输出反馈控制器, 并且给出了一般同时镇定、自适应同时镇定和自适应鲁棒同时镇定控制结果。需要指出的是, 尽管给出了两艘船舶的同时镇定结果, 但是以上结果不难推广到多于两艘的情形。

8.5　本 章 小 结

本章首先研究了单艘船舶动力定位系统的有限时间镇定问题, 给出了有限时间镇定结果。在此基础上, 通过哈密顿方法研究了船舶动力定位系统的观测器设计, 并用所设计的观测器系统状态建立了船舶系统基于观测器的鲁棒控制结果。进一步, 给出了两艘船舶动力定位系统的同时镇定结果, 提出了一些简洁、实用的鲁棒自适应控制结果。这些结果的建立进一步丰富了船舶动力定位控制系统的相关理论, 同时为其实际应用奠定了良好的基础。

参 考 文 献

[1] Fossen T I. Handbook of Marine Craft Hydrodynamics and Motion Control. Hoboken: Joho Wiley, 2011.

[2] Tarbouriech S, Gomes D S J M. Synthesis of controllers for continuous-time delay systems with saturating controls via LMIs. IEEE Transactions on Automatic Control, 2000, 45(1): 105-111.

[3] Du J L, Hu X, Krsti M, et al. Robust dynamic positioning of ships with disturbances under input saturation. Automatica, 2016, 73: 207-214.

[4] Xia G Q, Xue J J, Jiao J P. Dynamic positioning control system with input time-delay using fuzzy approximation approach. International Journal of Fuzzy Systems, 2018, 20(2): 630-639.

[5] Fosseen T I. Marine Control Systems. Berlin: Springer, 2002.

[6] Du J L, Hu X, Liu H B, et al. Adaptive robust output feedback control for a marine dynamic positioning system based on a high-gain observer. IEEE Transactions on Neural Networks and Learning Systems, 2015, 26(11): 2775-2786.

[7] Zhou P, Yang R M, Zhang G Y, et al. Adaptive robust simultaneous stabilization of two dynamic positioning vessels based on a port-controlled Hamiltonian (PCH) model. Energies, 2019, 12(20): 3936.

[8] Zwierzewicz Z. The design of ship autopilot via observer based adaptive feedback linearization// The 20th International Conference on Methods and Models in Automation and Robotics, Miedzyzdroje, 2015.

[9] Jiang F, Bian H. Research on ship formation control algorithm based on linear active disturbance rejection technology. Digital Technology and Applications, 2016, 6: 148-149.

[10] Du J L, Wang S Y, Zhang X K. Nonlinear observer design for ship dynamic positioning system. Ship Engineering, 2012, 34(3): 58-61.

[11] Wang Y Z. Generalized Hamiltonian Control System Theory: Implementation, Control and Application. Beijing: Science Press, 2017.

[12] Hu X. Reserch on Nonlinear Control for Dynamic Positioning of Ships. Dalian: Dalian Maritime University, 2018.